安全可靠大采高支护设备新技术

中煤北京煤矿机械有限责任公司　编著

编写人员　钱建钢　赵宏珠　刘国柱　王　建
　　　　　　李炳涛　李传明　钱洋喜　包冬生
　　　　　　陈　捷　吕金龙

煤 炭 工 业 出 版 社

·北　京·

内 容 提 要

全书共分 13 章，主要内容包括我国大采高综采工作面液压支架发展沿革，大采高综采工作面矿压特点及液压支架支护阻力分析研究，大采高液压支架设计方法，当代大采高液压支架设计范例，当代大采高液压支架设计计算与制造工艺，电液控制系统在大采高液压支架上的应用和发展，当代大采高液压支架稳定性及其工作面稳定系统的研究，大采高综采工作面特种支架的设计研究，当代大采高综采工作面巷道超前支护技术的开发与研究，大采高综采工作面成套设备配套选型，大采高工作面设备配套选型的相关技术研究，大采高采掘工作面瓦斯及其防治措施，采高 7 m 以上液压支架开发及配套设备的发展。

本书可供煤矿技术和管理人员及科研院校相关专业师生参考。

前　言

我国至今已查明的煤炭资源有 1.3×10^{12} t，其中厚煤层储量占 45% 左右，厚煤层产量占总产量的 40% 以上。我国厚煤层资源储量丰富，分布范围广，是我国实现高产高效矿井的主采煤层。厚煤层的合理开采对我国煤炭行业生产经营的可持续发展具有举足轻重的作用。

我国厚煤层开采主要采用分层开采、放顶煤开采和大采高开采 3 种方法。多年的开采实践证明：大采高开采在煤层赋存条件适宜的条件下，比其他两种采煤方法好。因此，近十年来大采高综采技术和设备飞速发展，经济效果明显提升。

根据《大采高液压支架技术条件》（MT 550—1996）规定，最大高度大于或等于 3800 mm，用于一次采全高工作面的液压支架称为大采高液压支架，对应的回采工作面称为大采高工作面。至今大采高综采已在我国多个矿区推广使用，如全部使用国产设备的邢台、西山、淮南、龙口、开滦和黄陵等矿区采高在 4.5 m 左右，工作面长 150 m 左右，最高年产 $(150 \sim 350) \times 10^4$ t。部分使用引进设备的晋城、神华、宁夏等矿区采高在 5.5 m 以上，工作面长达 360 m，最高年产达 $(800 \sim 1600) \times 10^4$ t。取得如此良好的经济指标主要依靠不断改进经营管理方式和提高技术水平。提高综采工作面单产主要靠加大工作面几何参数和提高配套设备能力及可靠性。

加大工作面几何参数包括：采高加高，工作面增长，推进距离加大（推进速度加快），巷道断面尺寸加高、加宽等。综采工作面高产高效采矿条件的变化，要求其设备与工作面相适应。目前工作面采高已达 7.0 m，工作面长度已达 367 m，推进距离已达 4000 m 以上，巷道断面大于 20 m^2。

提高配套设备能力及可靠性包括：过渡支架（含排头支架）、端头支架、超前支护支架，采煤机，运输设备——刮板输送机、桥式转载机、破碎机、可伸缩带式输送机，乳化液泵站及喷雾泵站，供电设备，掘进机及其配套设备和辅助运输设施等。此属综采成套设备发展对上述变化条件的适应和保障。其中支护设备的发展是"龙头"，是成败的关键。

至今我国已研发制造出最大结构高度达 7.0 m 的两柱掩护式电液控制液压支架，3×1000 kW 装机功率的重型刮板输送机，2245 kW 装机功率的大采高电牵引采煤机，成套设备能力可达 1000×10^4 t/a。

综采工作面参数加大是国内外高产高效发展趋势，随其发展的综采、综掘和辅助运输成套设备的研发也紧随其后。随着工作面采高加大，厚煤层一次采全高综采工作面支护设备（大采高液压支架）近期取得了长足进步，为高产高效综采起到了推动和保证作用。

根据我国大采高液压支架的市场需求，从 1981 年起中煤北京煤矿机械有限责任公司（简称中煤北煤机公司）开发研制 BY320/23/45 型掩护式液压支架和 BC520/25/47 型支撑掩护式液压支架以来，经历了大采高研制初探、提高和发展 3 个阶段，至今已研制出 6.3 m 高、工作阻力达 13000 kN、电液控制的当代大采高液压支架，总共研制售出了 130 种大采高液压支架。最近 10 年研制售出了 92 种大采高液压支架，占总研制售出大采高液压支架的 70.8%，其中 4.8~6.3 m 高的液压支架有 49 种，占总研制售出大采高液压支架的 37.7%，而 5.8~6.3 m 高的液压支架就有 21 种，占 16.2%；工作阻力达 7500~9000 kN 和 9500~13000 kN 的大采高液压支架分别有 34 种和 37 种，分别占 26.2% 和 28.5%；掩护式大采高液压支架有 91 种，占 70.0%。近年来大采高液压支架基本全部推广了电液控制。这些高度大、工作阻力高、选用掩护式、电液控制的大采高液压支架，标志着中煤北煤机公司研制售出的当代大采高液压支架是成熟的、先进的。

随着大采高综采技术的迅猛发展，近 20 年中煤北煤机公司还研制售出了大量的大采高综采工作面特种支架——端头支架、过渡支架（含排头支架）和巷道超前支架。

(1) 20 年来中煤北煤机公司研制售出了 39 项端头支架，含 48 种端头支架，其中"两架一组"的有 21 种，占 43.8%；"三架一组"的有 24 种，占 50.0%。这些支架分布在 32 个矿区和煤矿。支架高度在 5.5~6.3 m、工作阻力大于 8000 kN 的有 36 项，占开发售出端头支架的 92.3%。也就是说，近年来大采高液压支架工作面基本上都配有端头支架。

(2) 15 年来，中煤北煤机公司研制售出了过渡支架 53 种，其主要技术特征与工作面中间支架基本相同，主要结构特点是顶梁加长。过渡支架分布在 45 个矿区和煤矿，占工作面总数的平均值为 3.67%，最高达 7.87%。大采高过渡支架（含排头支架）已普及至大采高综采工作面。

（3）近年来我国20余个大采高综采工作面所属矿区和煤矿使用了中煤北煤机公司研制的巷道超前支架，包括27个研制项目，其中"两架一组"的有11种，占40.7%；"三架一组"的有7种，占25.9%；"四架一组"的有6种，占22.2%；"五架一组"的有1种，占3.7%；前后架铰接的有2种，占7.4%；适用于异形巷道的有3种。开发的大采高巷道超前支架以中置式居多，推移方式以前后推移为主，有23种，占85.2%。支架工作阻力为8670～42660 kN，支架高度为1400～4500 mm，支架宽度为1800～4780 mm，支架长度为8000～28520 mm，这样的支架还在发展中，随着大采高综采技术的发展和采煤方法的改革、巷道高度的加大，此支架尚有开发空间。

至今支架结构高度已达7.5 m、工作阻力已达17000 kN，支护强度已达1.46 MPa，可为矿压显现剧烈、特厚煤层综采工作面提供安全可靠的大采高支护设备，并与相应煤层赋存条件下的综采设备配套，实现综采工作面和矿井高产高效。

在此过程中，厚煤层一次采全高综采工作面支护设备技术也有很多创新，为总结提高这项技术，使其获得更大的效益，更好地适应加大工作面几何参数的采矿条件，促进综采成套设备发展，特写此书。本书主要内容是对中煤北煤机公司多年来研发制造、服务现场大采高液压支架的实践经验予以归纳总结，同时也参考了国内外相关资料和成果。

本书由中煤北煤机公司10位职工联合编写，共分13章。第一、十三章由钱建钢、赵宏珠执笔，第三章由王建执笔，第四章由包冬生执笔，第五章由陈捷执笔，第六章由钱洋喜执笔，第七章由李传明执笔，第八章由刘国柱执笔，第九章由李炳涛执笔，第十章由吕金龙执笔，前言、第二章、第十一章、第十二章、小结由赵宏珠执笔。全书由赵宏珠统稿，王建审校。

编　者

2014年6月28日

目　　次

第一章　大采高综采工作面液压支架发展沿革

20 世纪 80 年代初，为了简化工艺、减少掘进、降低成本、提高产量，我国厚煤层开采将机械化分层开采部分地改为一次采全高开采，其液压支架结构高度受我国煤机制造水平所限，最大高度为 4.7 m，采高约 4.5 m。21 世纪初为了减少煤炭损失，提高煤炭采出率，建立高产高效工作面，加之我国煤机研制水平的进步，液压支架结构高度向 6.5 m 发展，已投入使用的液压支架最大高度已达 6.2 m，采高达 6.0 m，综采工作面日产达 2.5×10^4 t，使国产大采高液压支架（大于 3.8 m 支架）走上了一个新台阶。

2006 年神华矿区上湾煤矿、哈拉沟煤矿、补连塔煤矿综采队采用国产和引进大采高成套综采设备年产分别达 1144×10^4 t、1074×10^4 t、1081×10^4 t；淮南矿区张集煤矿采用全部国产综采设备全年生产原煤 1000×10^4 t，其中综采一队在煤层平均厚度 4.1 m 条件下，年产原煤 382.17×10^4 t，最高日产 1.46×10^4 t，刷新了我国煤矿国产大采高综采的最高年产纪录。

近年来综采工作面采高已向 7 m 发展，工作面长度已达 300 m，推进长度已达 4000 m，日推进度达 20 余米，回采巷道宽达 6 m，高达 4.5 m 以上的条件下，综采工作面年产达 1200×10^4 t 以上。

由表 1-1 可知，当代大采高液压支架比前期大采高液压支架有了长足进步，其技术特征明显提高，采煤工作面参数和配套设备显著增大，效果成倍增长。因此，近年来原引进大采高液压支架的矿区开始国产化，新开发的矿区和已用前期大采高液压支架的矿区依煤层赋存条件和高产高效要求正在发展 5 m 以上液压支架，多在 5.5 m 以上。2005 年和 2006 年我国两个主要生产液压支架的工厂研制的当代大采高液压支架达 3000 多架，创历

表 1-1　当代大采高液压支架发展特征

发展阶段		前　期	当　代	正在发展
发展期间		20 世纪 80 年代起	21 世纪初起	近两年
液压支架技术特征	结构高度/m	3.8 ~ 4.7	5.0 ~ 6.5	7
	支护强度/MPa	0.5 ~ 0.7	0.8 ~ 1.2	1.4 以上
	工作阻力/kN	3200 ~ 5600	6000 ~ 12000	16000 以上
	支架宽度/m	1.5	1.75	2.0
	架型	支撑掩护式	掩护式	重型掩护式
	控制方式	手工操作	电液控制	遥控电液阀
	立柱缸径/mm	最大 320	高达 380	420 以上
	支架质量/t	15 左右	30 以上	60 左右
	型式试验	8000 ~ 1200 次	30000 ~ 50000 次	50000 次以上

表 1-1（续）

发展阶段		前 期	当 代	正在发展
发展期间		20 世纪 80 年代起	21 世纪初起	近两年
采煤工作面参数与效果	采高/m	3.6 ~ 4.5	4.8 ~ 6.2	7
	工作面长度/m	150 ~ 180	>200	400
	推进长度/m	1000 ~ 2000	最大超过 4000	6000
	采煤机功率/kW	300 ~ 600	1000 ~ 2000	2500 以上
	刮板输送机功率/kW	264 ~ 400	800 ~ 2100	3000 以上
	掩护式支架年产/10^4 t	最高达 230	高于 500	1200 以上
	支撑掩护式液压支架年产/10^4 t	最高达 150	高于 300	600 以上

史新高。国外液压支架厂家曾向我国神东和晋城矿区提供 7 套 5.0 ~ 5.5 m 大采高液压支架。我国晋城寺河煤矿采用 ZY9400/28/62 型掩护式液压支架工作面日产可达 27509 t，大同四老沟矿采用 ZZ9900/29.5/50 型支撑掩护式液压支架工作面在矿井运输条件制约的情况下，最高月产 31.5×10⁴ t。神东矿区采用全引进大采高设备效益更加显著，其中上湾矿利用 DBT8638/25.5/55 型掩护式液压支架创出了日产 50944 t 的新纪录。

总之，当代大采高液压支架发展的特点是结构高度大，工作阻力高，发展速度快，需求数量多，使用效果好。

第一节 随采高加大大采高综采工作面液压支架发展沿革

我国大采高液压支架研制随采高加大，其发展基本上分为两个阶段：一是采高小于 4.5 m；二是采高大于 5 m，并向 7 m 发展，见表 1-2。

表 1-2 中序号 1 ~ 6 部分属第一阶段，其典型代表如下：

（1）BY3600/25/50 型两柱掩护式液压支架是我国自行设计、自行制造的获国家质量金奖的产品。此产品是在从德国引进的 G320/25/45 型两柱掩护式液压支架的基础上，由北京煤矿机械厂开发的 BY320/23/45 型两柱掩护式液压支架的改进型产品。

BY320/23/45 型两柱掩护式液压支架在开滦范各庄矿、林南仓矿和邢台东庞矿的 Ⅱ₂ 顶板，采高平均达 3.8 ~ 4.5 m，倾角高达 38°的条件下使用，支架工作状态良好，年产达 100×10⁴ t，最高月产 13.5146×10⁴ t，最高工效为 43.02 t/工。

BY3600/25/50 型两柱掩护式液压支架在邢台东庞矿的 Ⅱ₂ 顶板，采高达 4.35 ~ 4.8 m 的条件下使用，取得了年产 219.7×10⁴ t 的好成绩。

（2）ZZ5200/19/45 型四柱支撑掩护式液压支架是在 BC480/22/42 型支撑掩护式液压支架在西山矿区使用后改进的架型。

表1-2　大采高液压支架工作面不同采高典型实例

类别	序号	1	2	3	4	5	6	7	8
	采高/m	4.35	4.0	4.0	4.0	4.0	4.3	5.3	6.0
	煤矿	邢台东庞矿	西山西铭矿	淮南张集矿	龙口梁家矿	大同四老沟矿	神华榆家梁矿	晋城寺河矿	神华上湾矿
条件件	煤层倾角/(°)	10~15	5	6~10	7	3~5	10	3~5	1~8
	煤层厚度/m	4.4	4.5	2.8~4.4	4.3	4.2	3.2~5.2	6.4	4~6
	工作面长度/m	160	150	200	125	181	240	220	315
	推进距离/m	2072	1130	1150	2311	830	>3000	930	>3000
	截深/m	0.8	0.6	0.8	0.6	0.8	0.865	0.865	0.865
	顶板分类	II_2	II_3	II_2	II_{1-2}	IV_3	II_2	II_2	
	底板岩性	粉砂岩	页岩	砂质泥岩	泥岩	粉砂岩			
综采成套设备	液压支架	BY3600/25/50	ZZ5200/19/45	ZZ6000/21/42	ZYY4410/23/42	ZZ9900/29.5/50	DBT8638/24/50	ST8638/25/55	ZY10800/28/63
	采煤机	MXA300/4.5	MXA300/4.5	MG400/920-WD	AM500（2×375）	MG730/19/0-WD	SL500/1815	SL-500/1715	SL-1000
	刮板输送机	SGZ764/400	SGZ764/320	SGZ800/800	SGZ764/400	SGZ1000/1050	AFC9/2×700	PF4/1132/2×700	AFC3×700
	转载机	SZZ764/132	SZZ764/132	PLM-200	SGB630/90	SZZ1000/375	AFC9/375	PF4/1332/315	AFC10/375
	带式输送机	SSJ1200/400	SSJ1000/125	SSJ1200/2×400	SSJ1000/250			CACE1400/2000	
	乳化液泵	MRB120/31.5	MRB200/31.5	DRB200/31.5	MRB160/31.5	S300 318 L/min		ZHP-3K200/200	S300/224/44.9
	总装机功率/kW	1210	1335	3500	1180				
	电压/V	3300	1140	1140~3300	1140	1140		1140	
	端头支架	ZY600/23/45	液压支架	液压支架	ZT1568/18/27				
	月推进度/m	173.0	100.0		193				
效果	工作面单产	225000 t/月	153955 t/月	1.49×10^4 t/d	31000 t/月	10879 t/d	从2002年实现大于1000×10^4 t	500000 t/月	30210 t/d
	工作面工效/(t·工$^{-1}$)	38.49	62.7		17.67		400~613		808
	综采队最高产量	219.7×10^4 t/a	145.0×10^4 t/a	363.58×10^4 t/a		315500 t/月	2008年1510×10^4 t	2003年501×10^4 t 2004年801×10^4 t	1200×10^4 t

（3）ZZ6000/21/42 型支撑掩护式液压支架是在淮南张集矿采用综采成套设备功率和生产能力均较大的前提下开发的一种新架型，获得了全部设备为国产的单产较高的效果，其年产为 363.58×10^4 t。

（4）ZYY4410/23/42 型支顶支掩式液压支架是适应围岩"三软"（顶板软、煤层软、底板软）条件的支架，它比 BYZ 型掩护式液压支架优越得多。此支架具有手套式伸缩梁及护帮装置，底座面积大，具有抬腿装置，用后立柱支撑在掩护梁上代替了平衡千斤顶，发挥了四柱底板比压较均匀的优势，使得支架有效地支护了顶板，防止了煤壁片帮；支架底板比压小而均匀，适应了围岩"三软"条件，使难采煤层取得平均月产 3.1×10^4 t 的好成绩。

（5）ZZ9900/29.5/50 型四柱支撑掩护式液压支架是在 BC560/22/35 型支撑掩护式液压支架和 TZ720/20.5/32 型支撑掩护式液压支架研制使用的基础上发展起来的，它适应"两硬"（顶板硬、煤层硬）煤层。该支架具有工作阻力大、立柱单伸缩并装有大流量阀，掩护梁直立防砸，抗冲击力强等特点，有效地解决了"两硬"难采煤层问题，并获得了良好的经济效益。

（6）DBT8638/24/50 型两柱掩护式电液控制支架的配套设备全部从国外引进。它是在 WS1.7/21/45 型（工作阻力为 6708 kN）掩护式电液控制支架的基础上改进的，其支架工作阻力和配套设备的功率与能力都加大了，因此获得了更高的经济效果，年产超过了 1500×10^4 t，比第一个引进全部大采高成套设备的开滦范各庄矿产量提高了将近 20 倍。范各庄矿 G320/23/45 型支架及其配套设备平均月产 73623 t，最高月产 86390 t。

从上述典型液压支架的发展可以看出：我国大采高液压支架在采高小于 4.5 m 这个阶段研发应用了大量产品。由于我国大采高煤层赋存丰富，不管两柱掩护式液压支架，还是四柱支撑掩护式液压支架都有用武之地。对于围岩"三软"和"两硬"难采条件，我国也相应地开发了适用支架。不论国产还是引进液压支架，其工作阻力加大，配套设备功率和能力增大都可带来良好的经济效果。

表 1-2 中序号 7、8 部分属第二阶段，其典型代表如下：

ST8638/25/55 型两柱掩护式电液控制支架及其配套设备全部从国外引进。它适应了我国煤层厚度大于 5 m，并满足了提高采出率的要求。由于该支架工作阻力加大，支架结构高度加高，配套设备功率和能力加大，事故减少，产煤时间延长，晋城寺河矿取得了年产超过 800×10^4 t 的好成绩。

ZY10800/28/63 型两柱掩护式电液控制支架是在寺河矿 ZY9400/28/62 型国产两柱掩护式液压支架的基础上，依神华上湾矿煤层赋存条件而开发的一种新产品。近年来在我国液压支架制造水平不断提高的基础上，又配上国外的电液控制系统、阀件及可靠的密封和软管，使得液压支架基本上能满足与国外先进、可靠的综采成套设备配套的要求，所以成效十分显著。在采高达 6.0 m 的条件下，日产最高超 3×10^4 t，平均月产超 70×10^4 t，年产超 700×10^4 t，向 1000×10^4 t 迈进。2008 年上湾矿采高 6.0 m 综采工作面年产 1200×10^4 t，工效达 808 t/工。

从上述典型液压支架来看，我国大采高液压支架采高达 5 m 以上且已进入国产化，但距全部国产化并配以全部综采设备国产化还有相当大的差距。

表1-3　大采高液压支架工作面不同长度典型实例

序　号		1	2	3	4	5	6	7	8	9
工作面长度/m		110	160	189	200	221.5	240	260	315	367
煤　矿		枣庄付林矿	邢台东庞矿	淮南潘一矿	淮南张集矿	晋城寺河矿	神华榆家梁矿	潞安王庄矿	神华上湾矿	神华乌兰木伦矿
条件	煤层倾角/(°)	5.5～14	10～15	7～20	6～10	1～10	10	3	1～8	1～3
	煤层厚度/m	5.19～5.57	4.4	3.4～5.0	2.8～4.4	6.6（6.2）	3.2～5.2	4.65～6.07	4～6	3.6～8.42
	工作面长度/m	110	160	189	200	221.5	240	260	315	367
	推进距离/m		2072	1030	1150	2984.18	>3000	2800	>3000	507.7
	截深/m	0.8	0.8	0.8	0.8	0.8	0.865	0.8	0.865	0.865
	顶板分类	$Ⅱ_3$	$Ⅱ_2$	$Ⅱ_1$	$Ⅱ_2$	$Ⅱ_2$	$Ⅱ_2$	$Ⅱ_3$	$Ⅱ_2$	$Ⅱ_2$
	底板岩性	砂质泥岩	粉砂岩	泥岩、砂质泥岩	砂质泥岩	泥岩		砂质泥岩		泥质粉砂岩
主要设备	液压支架	ZY6400/25/53（支护强度 0.97 MPa）	BY3600/25/50	ZZ9200/24/50（支护强度 1.0 MPa）	ZZ6000/21/42	ZY9400/28/62（支护强度 1.08～1.11 MPa）	DBT8638/24/50	ZY8800/25.5/55	ZY10800/28/63	DBT2×4319/25/5.5
	采煤机	MG650/1480-WGD（功率 1300 kW）	MXA300/4.5	MGTY750/1715-3.3D	MG400/920-WD	SL500（功率 1815 kW）	SL500/1815	MG650/1630-GWD	SL-1000	
	刮板输送机	SGZ-100 /1400（功率 1400 kW）	SGZ764/400	SGZ1000/2×700	SGZ800/800	JOY1332/1400（生产能力 2500 t/h）	AFC9/2×700	SGZ1000/2×700	AFC3×700	
	乳化液泵		MRB120/31.5	BRW400/31.5	DRB200/31.5	BRW400/315			S300/224/44.9	
	带式输送机		SSJ1200/400	SSJ-1200/2×250	SSJ1200/2×400	晋煤机 1400		DSJ120/2×500		
效果	产　量	224×10^4 t/13.3 月	219.7×10^4 t/a	最高 300660 t/月	363.58×10^4 t/a	19890 t/d	2008 年 1510×10^4 t	设计年产 300×10^4 t	1200×10^4 t/a	500×10^4 t/a
	效率/(t·工$^{-1}$)		38.49	68.4			400～613		808	

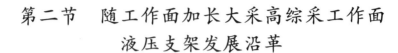
第二节　随工作面加长大采高综采工作面液压支架发展沿革

　　我国大采高综采工作面长度已由 110 m 发展到 367 m，增长了 234%；支架结构高度已由 4.2 m 增长到 7 m，增长了 67%；支架工作阻力由 3200 kN 增长到 17000 kN，增加了 431%；支架宽度已由 1.5 m 发展到 2.05 m。这一系列增长都是为满足大采高综采工作面采煤参数增加的要求。而工作面长度的加大也在考验工作面刮板输送机的发展速度和能力。工作面长度由 150 m 延长到 360 m，刮板输送机功率由 400 kW 增加到 3×700 kW，甚至到了 3×1000 kW。同时工作面推进距离加大也要求带式输送机能力予以满足。至今其装机功率大于 1000 kW，带宽已超过 1400 mm，铺设长度超过 3000 m。这些发展促使工作面年产由 100×10⁴ t 增长到 1500×10⁴ t 以上，使得综采效果明显提高，促进了煤炭工业和煤机行业的发展。由表 1-3 可以看出：大采高液压支架工作面长度延长是随支架工作阻力提高，采煤机装机功率增大，刮板输送机和带式输送机功率加大、能力提高，乳化液泵站流量提高、压力加大等的结果。国产设备基本上能满足工作面长 200 m 的要求。而工作面长度大于 200 m 的设备主要还是引进，再配以中外结合制造的支架与国外综采配套设备，其年产能力较高，可达到工作面年产 1500×10⁴ t 或更高。

第三节　加大大采高工作面几何参数的效果及制约因素

　　如前所述，不管大采高工作面采高加大，还是大采高工作面长度延长，都起到了发展生产、提高效率、降低成本的作用，体现了大采高工作面和超长工作面的优势。在国产煤机可以满足其发展，且在引进煤机技术和经济都允许的条件下可使大采高综采得到发展，但发展大采高综采也受煤层赋存条件和技术条件的制约。

一、发展超长工作面综采的实施效果

　　在煤层赋存条件接近的情况下，神东矿区在不增加工作面个数的前提下，工作面长度由 240 m 增加到 300 m，2003 年至 2006 年间煤炭增产 55.3%，工效提高了 49%～59.2%，同时节约成本约 5000 万元，煤炭采出率提高 3.8%。

　　神东矿区榆家梁矿工作面长度由 240 m 增加到 360 m，一套综采设备一年可增产 125×10⁴ t，增加收入 2.5 亿元，具体核算见表 1-4。

表 1-4　榆家梁矿不同工作面长度产量与成本统计

工作面长度/m	日进刀数/刀	割煤时间比率/%	日产煤量/t	年最高产量/10⁴ t	360 m 长工作面比 240 m 长工作面年增加收入/亿元
240	24	25	22146	664	
300	20	20	23069	692	
360	19		2628	789	2.5

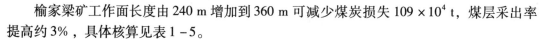

榆家梁矿工作面长度由 240 m 增加到 360 m 可减少煤炭损失 109×10^4 t，煤层采出率提高约 3%，具体核算见表 1-5。

榆家梁矿工作面长度由 240 m 增加到 360 m 可降低掘进率 6.8 m/10^4 t，每年可减少掘进巷道 11628 m，每年可节约 1163 万元，具体核算见表 1-6。

榆家梁矿工作面长度由 240 m 增加到 360 m 每年可减少 1.2 次搬家倒面，节约费用 336 万元，具体核算见表 1-7。

表 1-5 榆家梁矿不同工作面长度煤炭采出率统计

工作面长度/m	布置工作面个数（4-2 煤）	可采出煤量/10^4 t	永久煤柱系数/%	煤炭损失量/10^4 t
240	20	4569	21	382
360	14	4729	15	273

表 1-6 榆家梁矿不同工作面长度掘进率比较

工作面长度/m	一个工作面巷道掘进总量/m	可采出煤量/10^4 t	掘进率/[m·$(10^4$ t$)^{-1}$]
240	5640	228	22.1
360	5143	337	15.3

表 1-7 榆家梁矿不同工作面长度每年搬家倒面次数统计

工作面长度/m	日进刀数	月推进度/m	工作面可采时间/月	每年搬家倒面次数
240	24	20.28	4.2	2.9
360	19	16.06	5.2	2.3

此外，工作面长度增加还可以缓解采掘衔接紧张的局面。

由表 1-8 可知，在高瓦斯条件下，大采高工作面长度增加也可提高单产、工效及采出率，且成本降低。

表 1-8 晋城寺河矿 4310 工作面（300 m）和 3304 工作面（225 m）经济效益对比

工作面名称	工作面长度/m	最高月产/t	最高日产/t	工效/(t·工$^{-1}$)	采 出 率	降 低 成 本
3304	225	781782	29784	197	4310 工作面的采出率比 3304 工作面的采出率高 5.7%	与 3304 工作面相比，4310 工作面可减少掘进费用 1252 万元，每 3 年减少一次搬家倒面费用，每 3 年减少一个工作面机头硐室、巷道维护及运输线路维修工程费用
4310	300	915613	35232	218		

二、大采高工作面几何参数的影响因素

大采高工作面几何参数（采高、工作面长度、推进长度）等的影响因素主要有两个。

1. 煤层赋存等自然条件影响

（1）煤层倾角：倾角平缓对加大工作面几何参数有利，可使区内工作面布置灵活（可沿走向布置，也可沿倾斜布置），还可使矿井、工作面的运输、通风和排水等生产系统简单化。然而倾角大于25°加大了工作面综采设备的不稳定性，使工作面支架易发生倾斜、歪倒，且工作面支架支护顶板困难，支架前移不能正常进行，甚至发生冒顶事故，导致停产。同时倾角增大后须对支架和刮板输送机增设防倒防滑装置，使工作面生产系统和操作复杂化；也使得倾斜长壁布置工作面和仰斜开采变为不可能，限制了大采高综采工作面采高、工作面长度的增加。

（2）煤层厚度：随着煤层厚度加大，煤壁、支架和综采设备的稳定性将变差。为防止煤壁片帮加大和梁端顶板垮落加剧，大采高液压支架必须增加完备的防片帮和及时支护装置；为保持支架稳定，必须加大底座尺寸，安装调架装置；为保证综采设备沿工作面的整体稳定性，须增设端头支架、锚固装置，采取防止输送机下滑、支架倾倒的防倒防滑措施。总之，随大采高工作面采高加大，对支架的要求越来越高，这增加了支架设计和制造的难度。

（3）顶底板岩性：直接顶的稳定性、基本顶的来压强度、底板岩性对大采高液压支架的选型和应用影响十分明显。一般来说，II_2顶板、底板中等硬度的煤层，在倾角和厚度等影响不大的情况下，使用大采高液压支架对加大采高、延长工作面和推进距离影响不十分显著。而对于围岩"三软"和"两硬"顶底板条件，使用大采高液压支架会使加大采高、延长工作面受到限制。因为对软顶底板要进行加固处理，对坚硬顶板要进行人工软化，这不但使综采工作面工艺复杂化，更主要的是处理顶板的效果决定着综采工作面的技术经济效果。因此对于难采煤层，目前采高多小于4.5 m，工作面长度多小于200 m。

（4）煤层埋藏深度：一般来说，煤层埋藏深度及基岩和冲积层厚度较大时，大采高液压支架工作状态较好。上覆岩层随采煤工作面的推进逐渐形成稳定的"三带"——垮落带、裂隙带、弯曲下沉带。支架受载随采高加大，除动载增大外无其他异常表现。支架结构除保证"护得好，走得动"外，注意加大工作阻力即可。然而对于浅埋深、薄基岩、厚冲积层的煤层，国内外实践表明，上覆岩层随采煤工作面推进形成不了"三带"，而是工作面呈现台阶下沉，矿压显现十分剧烈。因此，必须选用与此类煤层相适应的支架，特别是要提高支架的工作阻力。目前，6.3 m高的支架工作阻力已达10800 kN。

（5）煤层硬度：实践证明，煤层越硬（$f \geq 4$），对大采高液压支架工作越有利。因为煤层硬，则煤壁片帮小，支架工作状态易良好。相反，煤层越软（$f < 2$），煤壁片帮显现越突出。有的矿区曾因遇到软煤带，片帮引起冒顶，冒顶加大片帮，工作面状况处于恶性循环中，导致工作面推进十分缓慢。

（6）矿井瓦斯涌出量：对于低瓦斯矿井，大采高超长工作面产量高，瓦斯量增大，只需增加通风量即可。此时风量大，风速快，应加强通风管理，使风速满足加长工作面后的安全要求。对于高瓦斯或超高瓦斯矿井，大采高超长工作面产量增大后，瓦斯量增大，

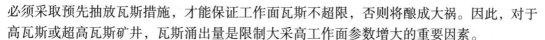

必须采取预先抽放瓦斯措施，才能保证工作面瓦斯不超限，否则将酿成大祸。因此，对于高瓦斯或超高瓦斯矿井，瓦斯涌出量是限制大采高工作面参数增大的重要因素。

2. 开采技术条件对工作面推进长度的影响

（1）巷道掘进长度：目前大采高综采工作面，特别是高瓦斯矿井，顺槽巷道均采用双巷或多巷平行布置，掘进采用双巷掘进方式，掘进通风利用矿井负压通风，很少使用长距离局部通风机通风，彻底解决了掘进工作面长距离单巷掘进的通风问题。掘进工作已全部机械化，如采用综掘机或采用引进的连续采煤机（可年掘进 5000 m 以上）。因此，巷道掘进长度已不是限制工作面推进长度的因素。

（2）巷道维护：对于煤层硬度较大，埋藏较浅，顺槽煤柱宽达 20 m 的情况，利用锚杆支护顶板的大采高超长工作面维护巷道比较容易。实践证明，大断面顺槽在开采过程中巷道维持 2 ~ 3 年是可行的。其推进长度预计可达 9000 m。相反，对于煤层硬度较小，顶板破碎，顺槽煤柱宽度较小的情况，即使利用锚网支护顶板和两帮的大采高工作面维护巷道都有困难，在开采过程中巷道较低会严重影响推进长度的加大。

（3）供电电压：随着我国大采高工作面综采设备装机功率的不断加大，采用 6 kV 电压入井，工作面 660 V 或 1140 V 的电压，必然会造成电缆截面加大，给电缆的安装、维护和管理带来困难，因此供电电压限制了大采高工作面几何参数的加大。为解决这个问题须将入井电压提升至 10 kV，工作面电压升至 3.3 kV。我国神东矿区补连塔矿综采工作面采掘设备装机功率已接近 7000 kW。为了解决长距离供电电压损失大的问题，供电方式采用地面 35 kV 箱式移动变电站，通过钻孔向井下工作面以 10 kV 电压直接供电。

（4）工作面主要设备生产能力与大修周期：在工作面外运输等设备能力足够的前提下，工作面设备生产能力和大修周期是制约工作面长度和推进长度加大的重要因素。一般采用综采工作面累积产量指标（指工作面主要设备最短的寿命）作为工作面设备大修或报废的标准。神东矿区综采工作面主要设备寿命及大修周期见表 1 - 9。国产相应设备寿命和大修周期远远低于国外设备。确定工作面长度和推进长度等参数时，必须考虑这个设备影响因素。

表 1 - 9　神东矿区综采工作面主要设备寿命及大修周期

序　号	设 备 名 称	拟定寿命/10^4 t	大修周期/10^4 t
1	采煤机	2000	550
2	刮板输送机	2500	1100
3	转载机	2500	1100
4	破碎机	2500	1100
5	带式输送机	2500	1100
6	泵站	2000	600
7	移动变电站	2000	600
8	开关及电器	2000	600
9	液压支架	3000	1400
10	连续采煤机	350	110

综上所述，加大大采高工作面几何参数确实可以提高工作面的技术经济指标，但大采高工作面几何参数又受到煤层赋存条件、开采技术条件的限制和约束。因此，只有从生产系统复杂多变的现实出发，合理确定工作面主要几何参数，才能使大采高工作面获得良好的开采效果。

第二章　大采高综采工作面矿压特点及液压支架支护阻力分析研究

第一节　大采高综采工作面矿压特点

一、随采高加大，基本顶来压步距有减小趋势，基本顶来压强度系数（动载系数）有增大趋势

不同采高基本顶来压参数统计见表 2-1。

表 2-1　不同采高基本顶来压参数统计（均取平均值）

序号	煤矿名称	工作面名称	采高/m	液压支架型号	基本顶来压步距/m		基本顶来压强度系数		基本顶分类
					初次	周期	初次	周期	
1	补连塔矿	2210	3.8	ZY6000/25/50	31.5	9.3	1.09	1.12	Ⅱ
2	大柳塔矿	20601	4.0	WS6700/21/45	35.4	11.1	1.05	1.33	Ⅱ
3	大柳塔矿	1203	4.2	ZY3500/23/47	27.6	9.2	1.46 (1.2)	1.37 (1.27)	Ⅱ
4	上湾矿	51104	5.3	ZY9000/25.5/55	27.2	16.24	1.37	1.90	Ⅱ
5	补连塔矿	31401	5.5	DBT8638/25.5/55	52.3	14.02	1.31	1.18	Ⅲ
6	上湾矿	51101	5.5	DBT8638/25.5/55	53.8	18.8		1.8 (1.49)	Ⅲ
7	上湾矿	32301	5.5~6.2	ZY10800/28/63		15.0		1.52	Ⅲ
8	寺河矿	2301	5.0	DBT8638/25.5/55	26.4	14.2	2.57		Ⅱ
9	寺河矿	2303	5.2	ZY8600/25.5/55	37.2	12.7	1.44	1.33	Ⅱ
10	寺河矿	2307	6.2	ZY9400/28/62	34.8	20.1	1.82	1.87	Ⅱ
11	东庞矿	2101	4.6	ZY3600/25/50	32.0	7.3	1.97	1.54	Ⅱ
12	沙曲矿	24101	4.2	ZZ5200/25/47	18.5	14.8	1.43	1.35	Ⅱ
13	付村矿	3上405	5.1	ZY6400/25/53	36.0 俯斜	12.0			Ⅱ
					23.6 仰斜	10	1.52		Ⅱ
14	张集矿		3.7	ZY6000/21/42	17.8	8.1	1.30		Ⅱ

按我国基本顶分级标准，表 2-1 中神华各矿（序号 1~7）基本顶分为两种：Ⅱ级（初次来压步距为 25~50 m，周期来压步距为初次来压步距的 1/3，基本顶来压强度系数为 1.2~1.4）和Ⅲ级（初次来压步距为 50~80 m，基本顶来压强度系数为 1.4~1.6）。随采高加大，基本顶来压步距有减小趋势，其中Ⅱ级顶板初次来压步距由 35.4 m 减少至 27.2 m，Ⅲ级顶板周期来压步距由 18.8 m 减少至 15.0 m。随采高加大，基本顶来压强度系数有明显增大趋势，其中Ⅱ级顶板初次来压强度系数由 1.05 增至 1.37，周期来压强度系数由 1.12 增至 1.90，Ⅲ级顶板周期来压强度系数由 1.18 增至 1.8。

表 2-1 中其他矿区的 7 个工作面，寺河矿和东庞矿采高在 4.5~6.2 m 之间，其基本顶来压强度系数比采高在 3.8~4.2 m 之间的要大得多，平均值分别为 2 和 1.3，采高大者比采高小者高 54%。这是当代大采高液压支架工作面矿压突出的特点。

在Ⅱ级顶板条件下，中厚煤层液压支架工作面基本顶初次来压和周期来压时的来压强度系数分别为 1.37 和 1.31，而大采高工作面基本顶来压强度比中厚煤层工作面基本顶来压强度高 50%。然而，目前Ⅱ级顶板条件下大采高工作面基本顶来压强度系数与中厚煤层基本顶来压强烈的Ⅲ~Ⅳ级顶板条件下的来压强度系数却很接近，见表 2-2。

表 2-2 基本顶来压强烈工作面实测来压强度系数

煤矿名称	工作面名称	顶板分类	液压支架型号	初 次 来 压			周 期 来 压		
				$P_{平1}$/(MN·架$^{-1}$)	$P_{时1}$/(MN·架$^{-1}$)	$P_{时1}/P_{平1}$/(kD_1)	$P_{平2}$/(MN·架$^{-1}$)	$P_{时2}$/(MN·架$^{-1}$)	$P_{时2}/P_{平2}$/(kD_2)
四老沟	8203	Ⅳ	TZ-Ⅳ	1.99	5.99	3.0	2.04	5.94	2.91
四老沟	8207	Ⅳ	DT4/550				3.29	5.49	1.67
晋华宫	8106	Ⅳ							1.52
同家梁	8302	Ⅲ	DT4/550	(288)	(616)	2.14	(356)	(576)	1.62
煤峪口	8907	Ⅲ	TZ-Ⅰ				1.27	2.16	1.70
柴里	321-1$_短$	Ⅲ	英伽立克 4×300	0.97	2.88	2.97	0.92	1.91	2.08
王台铺	4355	Ⅲ	DT4/550				2.63	4.06	1.54
唐山	5351	Ⅲ	MZ-1928			1.70			
来压强度系数平均值				2.45			1.86		

注：括号内各数值的单位为 kPa。

总之，对Ⅱ级顶板在采高大于 4.5 m 后，其基本顶来压强度系数平均值可能大于 2。因此在选择液压支架支护强度和工作阻力时，必须按支架承受基本顶来压强烈阶段的载荷来考虑。寺河矿采高 5.2 m 和 6.2 m 工作面实测支架工作阻力最大值分别为 7826 kN 和 9609 kN，而平均值分别为 4845 kN 和 3382 kN，其最大值和平均值之比分别为 1.62 和 2.84。

二、随工作面加长，支架受载有明显增大趋势

由表 2-3 可知，神华各矿大采高工作面随工作面长度的加大液压支架工作阻力也在

增加，工作面长度由 150 m 增至 195 m，其液压支架工作阻力最大值由 3590 kN 增大至 6089 kN。其他矿区也是如此。

表 2-3 不同工作面长度液压支架实测工作阻力统计

序　号	煤矿名称	工作面名称	工作面长度/m	液压支架型号	液压支架实测工作阻力/kN	
					最大	平均
1	大柳塔矿	1203	150	ZY3500/23/47	3590	2800
2	补连塔矿	2210	180	ZY6000/25/50	5940	4598
3	大柳塔矿	20601	195	WS6700/21/45	6089	5939
4	上湾矿	51101	240	DBT8638/25.5/55	8638	8116
5	补连塔矿	31401	265	DBT8638/25.5/55	8440	8070
6	上湾矿	51104	300	ZY9000/25.5/55	8640	7036
7	补连塔矿	32301	300	ZY10800/28/63	11371	7656
8	寺河矿	2301	220	DBT8638/25.5/55	8640	3123
9	寺河矿	2307	221.5	ZY9400/28/62	9609	3382
10	东庞矿	2101	150	BY3600/25/50	3219.7	2066.6
11	张集矿		200	ZY6000/21/42	俯斜 4834 / 仰斜 2999	俯斜 4293 / 仰斜 2847

此外，从矿区观测资料中还可以看出，大采高长工作面一般基本顶是分段来压，而工作面中部支架受载高于工作面上、下两端，基本顶呈拱形分布，见表 2-4 和图 2-1。因此，支架工作阻力确定应以中部最大值为准，而两端排头和端头支架工作阻力可以酌情减小。

表 2-4 神华矿区 300 m 工作面矿压分布实测数据

位置/m	43.75	110.25	155.75	192.5	265
架　号	25	63	89	110	152
p_0/MPa	22.75	25.84	33.04	34.36	23.61
p_m/MPa	25.34	33.99	37.99	40.92	26.24
p_{0m}/MPa	43	42	47	51	44.5
p_{max}/MPa	45.5	49	55	59	44

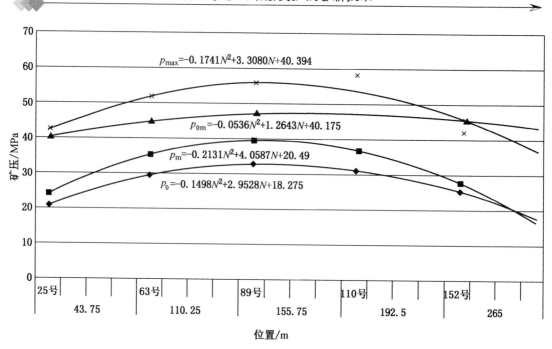

图 2-1 神华矿区 300 m 长工作面支架载荷与架号（位置）关系

补连塔矿 265 m 长工作面中部支架受载可达 10231.69 kN，而两端支架受载仅为 4347.9 kN。上湾矿 300 m 长工作面中部压力大，影响范围约 150 m。

晋城寺河矿 3304 工作面（工作面长 225 m）比 4301 工作面（工作面长 300 m）支架受载低，其阻力分布如图 2-2 所示，4301 工作面液压支架工作阻力达 12000 kN 才能满足工作面支护顶板的要求。

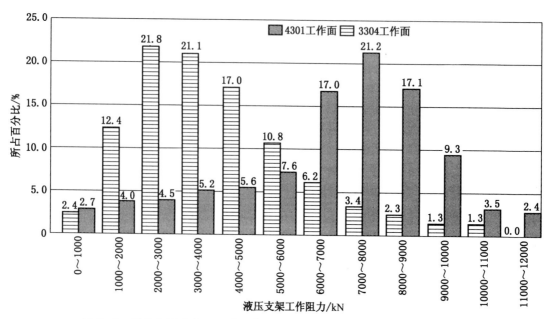

图 2-2 晋城寺河矿 4301 工作面与 3304 工作面液压支架工作阻力分布比较

三、随采高加大、工作面加长，大采高综采工作面煤壁片帮更加恶劣

上湾矿 51101 工作面采高 5.0 m，工作面长 240 m，来压及平时煤壁均会发生片帮，但不严重；片帮深度和高度是中上部大，下部小，观测期间煤壁片帮深度平均为 247 mm，片帮高度平均为 3.5 m，占采高的 70%；片帮壁长平均为 32.4 m，占工作面总长度的 13.5%。周期来压期间片帮深度为 350~500 mm，高度为 4~6 m；平时片帮深度为 100~200 mm，片帮高度为 2~3 m。而上湾矿 51104 工作面长度增至 300 m 时，煤壁片帮比较严重。

现场开采实践证明，当加大工作面采高时，工作面顶板压力随之增大，煤壁前方支承应力集中程度也随之增大，从而加剧了工作面煤壁片帮和冒顶。肥矿集团梁宝寺煤矿在 2702 工作面 II_2 级顶板条件下，进行大采高一次采全厚综采实验时，通过矿压观测，得到了煤壁片帮深度 C 与工作面实际采高 H 的关系（表 2-5）。

表 2-5　片帮深度 C 与采高 H 的变化关系

H/m	1	2	3	4	5	6
C/mm	64	147.9	262	426	681	1140
C 增长倍数		2.31	1.77	1.63	1.60	1.67

从图 2-3 可以看出，片帮深度随着实际采高的增大而呈非线性增加，当采高超过一定值后，煤壁片帮深度急剧增加。

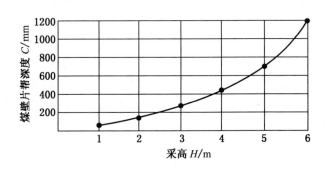

图 2-3　煤壁片帮与采高的关系

有的矿区片帮深度与采高呈线性关系，即片帮深度随采高增大而加深，回归公式如下：
$$C_2 = 45.8 + 64.7M \quad (n = 143, \gamma = 0.79) \tag{2-1}$$
$$C_3 = -72.6 + 35.6M \quad (n = -126, \gamma = 0.84) \tag{2-2}$$

将采高 7 m 代入式（2-1）、式（2-2），计算得片帮深度分别为 498.7 mm、176.6 mm。数值不同主要是因煤壁硬度等状况不同所致。

晋城寺河矿 2307 工作面采高 6 m，煤壁片帮有 3 种形式，如图 2-4 所示。采高小于 6 m 时煤壁片帮较浅，随着采高加大（采高最大 6.3 m）片帮深度加大，最深达 1200 mm，

片帮深度小于 600 mm 的占 92.1%，大于 900 mm 的占 7.9%。片帮深度加大的原因有两个：一是采高加大，二是支架初撑力低。

(a) 半煤壁片帮　　　(b) 小煤壁片帮　　　(c) 全煤壁片帮

图 2-4　工作面煤壁片帮示意图

此外，晋城寺河矿多次在大采高综采工作面遇到软煤区，煤壁片帮深度和长度都在加大，造成片帮引起冒顶，冒顶加深片帮，最深达 4~5 m，使工作面推进十分困难，严重影响了生产。

总之，大采高综采工作面煤壁片帮是不可避免的，煤壁片帮显现程度受采高、工作面长度、煤壁前方支撑压力分布、支架初撑力和工作阻力、基本顶来压强度、工作面推进方向、支架顶梁接顶程度、梁端距大小、煤层厚度和煤壁暴露时间长短等因素影响。因此在设计支架时必须十分重视护帮装置。

四、大采高综采工作面采动影响范围大

大采高综采工作面几何参数会影响大采高巷道布置、断面选择、回采巷道及超前支护方式和范围的选择。

1. 寺河矿对大采高采动影响范围的研究成果

寺河矿 33014 工作面是大采高综采工作面，经巷道矿压观测得知：该工作面超前支承压力影响范围为 20~35 m，平均为 28 m，工作面支承压力峰值出现在距巷道煤壁 7.9 m，工作面前方 14.2 m 处，应力集中系数为 3.3；工作面前方塑性区域范围为 8.2~14.2 m，平均为 11.16 m，见表 2-6 和图 2-5。

表 2-6　工作面超前支承压力特征

钻孔深度/m	4.2	5.5	7.9	9
应力集中系数	1.51	1.82	3.3	2.5
峰值/MPa	13.21	15.93	28.8	16.8
峰值距工作面距离/m	8.2	9.5	14.2	12.3

在多条巷道布置方式中，与采煤工作面相邻的煤巷一般要经历掘巷、超前压力、滞后压力和二次采动等影响，影响强度与地质条件、煤柱宽度和开采技术等因素有关。通过对

已采的 2301、2302 工作面和正在回采的 3301 工作面的采动影响程度分析，发现工作面的超前压力较小，但滞后压力较大。邻巷表面变形有如下趋势（图 2-6）：

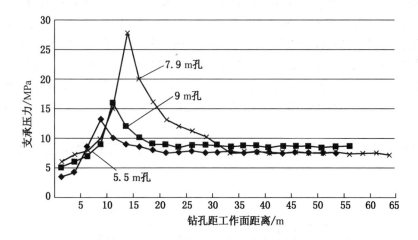

图 2-5 33014 巷道超前支承压力曲线

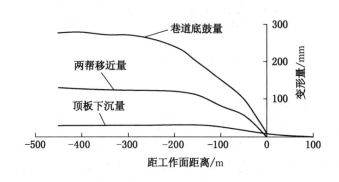

图 2-6 受采动影响巷道变形曲线

（1）在工作面前方，巷道底鼓量、顶板下沉量和两帮移近量都很小，分别占整个变形量的 3.2%、30% 和 1.5%。

（2）工作面后方根据巷道变形程度可划分为 3 个区：① 0～200 m 为变形加剧区，巷道底鼓量、顶板下沉量和两帮移近量急剧增大，分别占整个变形量的 82%、63.6% 和 92%；② 200～300 m 为变形趋缓区，巷道底鼓量、顶板下沉量和两帮移近量分别占整个变形量的 10.7%、6% 和 5%；③ 300 m 以后为变形稳定区，巷道表面变形基本趋于稳定，此阶段巷道底鼓量、顶板下沉量和两帮移近量分别占整个变形量的 4.1%、0.4% 和 3.5%。

工作面滞后压力较大，反映在工作面后方 0～200 m 为变形加剧区，这一点从工作面支架受载也能反映出来，因为工作面推进速度很快，工作面上覆岩层断裂垮落滞后于工作面推进，往往在上覆岩层之间存在"自由空间"，当它达到一定面积时冲击式的失稳造成动载增加，支架受载猛增。这是大采高综采工作面特有的矿压显现，它反映在前述大采高综采工作面随采高加大，基本顶来压频繁，动载系数高的特点上，确定支架工作阻力和支护强度时要注意这一特点。

2. 河南神火矿区梁北煤矿采高 5 m 大采高综采工作面支承压力的观测研究

梁北煤矿 2_1 号煤层厚 3 ~ 6 m，平均为 4.18 m；煤的坚固性系数 $f = 0.15 ~ 0.25$，平均为 0.18，致密性软，具有较强的突出危险性；底板受灰岩高承压水威胁，属难采大采高煤矿。该矿 11151 工作面煤层平均厚 4.6 m，倾角为 $11.5° ~ 12.5°$，工作面长 158 m，煤层瓦斯压力 1.75 MPa，瓦斯含量为 5.52 ~ 9.94 m^3/t，透气性系数为 0.0011 ~ 0.0454 $m^2/$（MPa·d），具有煤与瓦斯突出危险。直接顶为细砂岩，基本顶为中砂岩，底板为砂质泥岩。

梁北煤矿主要利用 KS 型钻孔应力计（图 2 - 7）来研究工作面超前支承压力和侧向支承压力。

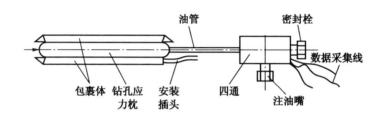

图 2 - 7　KS 型钻孔应力计结构示意图

1) 超前支承压力分布规律

由表 2 - 7 和图 2 - 8 可知：工作面超前支承压力的影响范围为 44.3 m，煤壁前方 8.7 m 范围内的煤体处于塑性区，煤体破裂区为煤壁至前方 4.15 m 范围，此范围内煤体承载能力很低，垂直方向上的应力低于原岩应力；煤壁前方 8.7 ~ 44.3 m 范围内的煤体处于弹性区，工作面前方 44.3 m 范围外为原岩应力区。煤体内垂直方向上的原岩应力为 10.32 MPa，超前支承压力峰值位置为煤体塑性区与弹性区的分界线，超前支承压力峰值为 16.79 MPa，应力集中系数为 1.63。总之，在梁北煤矿极软双突厚煤层大采高条件下，工作面超前支承压力的分布特点是影响范围较大，塑性区宽度较宽，但支承压力峰值较小。

表 2 - 7　工作面超前支承应力分布特征表

离巷帮深度/ m	原岩应力值/ MPa	超前影响范围/ m	最大应力值/ MPa	应力集中系数	塑性区宽度/ m	破裂区宽度/ m
18.5	10.28	45.35	14.83	1.44	8.65	3.25
14	10.22	47.6	16.13	1.58	9.4	5.0
11	10.21	43.9	17.15	1.68	8.7	4.0
9.5	10.56	40.35	19.03	1.80	8.05	4.35
平均值	10.32	44.3	16.79	1.63	8.7	4.15

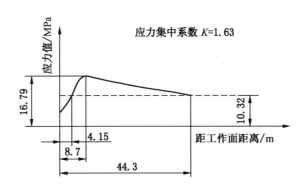

图 2-8　工作面超前支承压力分布图

2）侧向支承压力分布规律

图 2-9 所示为工作面前方煤体内沿倾斜方向上支承压力随工作面推进的变化曲线，与工作面的距离分别为 40 m、30 m、20 m、10 m、5 m。由图 2-9 可知：煤体在超前支承压力弹性区范围内，沿倾斜方向上的支承压力随工作面推进不断增大。在工作面前方 40 m 处，煤体内侧向支承压力分布曲线比较平缓；当距工作面 10 m 时，"驼峰"变得很陡峭，此时工作面超前支承压力也达到其峰值。在距工作面 5 m 的煤体塑性区内，距工作面 10 m 时陡峭的"驼峰"陡然变为一条较平缓无规则的侧向支承压力曲线，由于工作面风巷两侧均为实体煤，巷道矿压显现不明显。同时由于煤体强度较小，导致侧向支承压力峰值内移，峰值为 18.92 MPa，距巷帮 9.5 m，应力集中系数为 1.79。

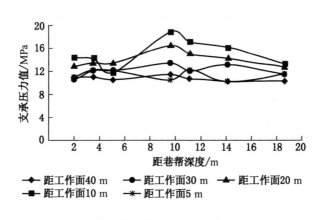

图 2-9　侧向支承压力分布

综上所述，大采高工作面煤壁前方支承压力的作用范围是 28～44 m，由于巷道高度不断加高（甚至达到 5 m），在此范围内利用单体液压支柱加强支护是十分困难的。因此，研制巷道超前支护支架势在必行。

五、加快工作面推进速度对大采高工作面矿压显现的影响

（1）对于 II₂ 顶板加快工作面推进速度可以减少煤壁片帮。

①张集矿通过现场实测研究了厚煤层大采高综采工作面在不同推进速度时煤壁片帮深度和长度的关系。工作面因故停产时，工作面片帮深度和片帮长度明显增加；工作面正常推进时，片帮现象不明显；工作面快速推进时可以避免煤壁片帮。

工作面推进速度慢，则煤壁暴露时间长，会导致煤壁片帮加剧。加快工作面推进速度，可以减小超前支承压力的影响范围，减少支承压力对煤体的作用时间以及降低煤壁的损伤程度，从而可以减轻煤壁片帮程度。为此，设计工作面日推进不小于7.2 m。

②平顶山六矿4.2 m煤层在采煤工作面快速推进的条件下，片帮和冒顶等矿压显现明显。片帮主要发生在采煤工作面中部和东部，在初次来压前，随着采煤工作面推进度加快，片帮深度分别为412.7 mm和406.1 mm。初次来压时，片帮深度分别为718 mm和812 mm，最大片帮深度为1.0 m。周期来压和非周期来压期间，采煤工作面片帮深度一般都在300～400 mm，端面几乎无冒顶。可见，在周期来压和非周期来压期间采煤工作面片帮、冒顶等矿压显现不明显、相差不大，这是采煤工作面快速推进条件下的显现特征。

结合丁$_6$-22200综采工作面的地质条件，在实验室对工作面推进速度分别为3～5 m/d和10 m/d条件下的顶板活动规律进行了模拟研究。

采煤工作面快速推进和一般速度推进相比，在直接顶垮落前，顶板悬露相同距离时，下沉量后者比前者大。下沉速度前者在距煤壁近处，但在距煤壁7～8 m后顶板下沉速度有一突变点而加快，直到顶板发生垮落，下沉速度低于后者。

基本顶的下沉量与下沉速度具有和直接顶相同的特点，即在快速推进时基本顶断裂前相对稳定，无明显的失稳征兆，而当基本顶断裂时下沉速度有较大突变。

和一般速度推进时相比，大功率综合机械化采煤工作面在快速推进时的顶板下沉量小，因而顶板间的离层量减小，顶板的破坏范围和活动程度减小，顶板较稳定。

（2）对于特大采高工作面，来压强烈顶板条件下，加快工作面推进速度可能产生大面积来压，支架受载增高，立柱和安全阀等可能遭到破坏。

晋城寺河矿6.3 m高支架于2307工作面使用，其工作面长度为220 m，走向长度为3600 m，最大采高为6.2 m，最高日产30125 t，最高月产78×10⁴ t，年产685×10⁴ t，最快日推进约17 m。基本顶周期来压步距平均为26.4 m，动载系数最高为2.44，平均为1.49。基本顶周期来压步距呈现"一大一小"的情况。如此快的推进速度，使得工作面支架隔一天承受一次大的周期来压，此来压十分剧烈，它曾使立柱涨缸数十根；安全阀长期处于高压状态，且开启频繁，据统计安全阀发生泄漏的占60.8%。

第二节 大采高液压支架支护阻力分析研究

液压支架支护阻力包括其工作阻力和初撑力，是液压支架研发和选型的重要参数。煤机厂根据煤矿要求研发新的液压支架产品和煤矿依煤层赋存条件等选择合适的液压支架时，首先应确定支架的工作阻力，它决定了支架的设计强度和对煤层的适应性及可靠性。我国大采高液压支架研发初期，过分强调支架的合理性和经济性，确定的工作阻力均较低，多为3200～4800 kN/架，结果支架发生损坏十分严重，甚至支架报废，以致停产。通过实践，逐渐认识到支架设计和选型时工作阻力必须依大采高综采工作面矿压特点予以加大。现已生产出工作阻力达 6000～17000 kN/架的支架，支架的适应性和可靠性大为增强。

国内外学者在对液压支架支护阻力进行深入研究的基础上，提出了多种确定支架工作阻力的方法，并在我国和其他一些国家推广使用。

一、常用大采高液压支架工作阻力确定方法

由于我国大采高液压支架发展较快，使用范围较广，采高已由 3.8 m 增加到 7.0 m，工作面长度已由 100 m 加长到 367 m。大采高液压支架不但可在大采深煤层使用，而且可在浅埋深煤层使用；不但可在基本顶来压明显、直接顶易垮落的 II_2 顶板条件下使用，而且可在围岩"三软""两硬"难采煤层条件下使用。为了开发适应不同条件的大采高液压支架并用好它们，专家、学者和厂矿技术人员通过各自研究和实践提出了多种大采高液压支架工作阻力确定原则和方法。其中，一些学者和专家利用相似模拟试验和模拟计算分析方法，从上覆岩层运动规律入手，考虑支架与围岩的相互作用关系，分析综采工作面支架上覆岩层变形、断裂、失稳、再平衡等条件，提出了支架受载构成和计算支架工作阻力的公式。这些都为研究支架受载机理提供了理论基础。对于新建矿井或老矿井由原开采较薄煤层而转型开采大采高煤层时，一些参数或系数较难以获得，因此厂矿和设计部门在确定新产品支架和新支架选型时很少采用支架工作阻力计算公式，而普遍采用的确定大采高液压支架工作阻力的方法是计算参数容易得到且实用性强的计算公式。这些公式多以矿压观测数据为基础。由于矿压观测数据是大采高液压支架在复杂煤层赋存条件下综采工作面上覆岩层运动、支架与围岩相互作用的综合矿压显现结果，因此矿压观测数据可真实地反映支架受载状况，提供可靠的支架设计和选型依据。在此介绍几种常用的大采高液压支架工作阻力确定方法。

1. 岩石自重法

已知工作面上覆岩层裂隙带高度时，在工作面上覆岩层内有较高的离层空间的情况下，断裂岩层完全作用在支架上，支架受载可用下式计算：

$$P = H\gamma F \tag{2-3}$$

式中　P——支架计算工作阻力，t/架；

　　　H——裂隙带高度下限，m；

　　　γ——岩层容重，t/m^3；

　　　F——支架支护面积，m^2。

因裂隙带下限至上限之间的岩层，一般随工作面推进断裂岩层可以自身平衡，所以在利用裂隙带全高计算支架工作阻力时，可考虑 $H_{\text{裂}}$ 修正系数，利用下列经验公式来求支架工作阻力：

当基本顶来压不明显时　　　$P_1 = H_{\text{垮}} \gamma F C_1 \tag{2-4}$

当基本顶来压明显时　　　$P_2 = H_{\text{裂}} \gamma F C_2 \tag{2-5}$

式中　C_1——$H_{\text{垮}}$ 修正系数（据实测数据分析应为 0.6）；

　　　C_2——$H_{\text{裂}}$ 修正系数（据实测数据分析应为 0.5）。

如"两带"（裂隙带、垮落带）高度无法获得，根据学者推荐，可用采高的倍数代替 $H_{\text{裂}}$，采用下列公式计算支架工作阻力：

$$P = nM\gamma F \tag{2-6}$$

式中　M——工作面采高，m；

　　　n——经验系数（国内外学者推荐值为 $4 \sim 16$，实际应依据赋存条件确定，大采高条件下一般选 6 即可）。

2. 实测统计法

实测统计法是将实测支护强度或支架工作阻力的平均值加上 $1 \sim 2$ 倍均方差，以此作为合理的支架支护强度或支架工作阻力。

$$P_\mathrm{m} = \overline{P}_\mathrm{m} + 2\sigma_{Pm} \tag{2-7}$$

$$P_\mathrm{t} = \overline{P}_\mathrm{t} + 2\sigma_{Pt} \tag{2-8}$$

式中　P_m——按循环内最大工作阻力确定的支架合理工作阻力，t/架；

　　　P_t——按时间加权平均阻力确定的支架合理工作阻力，t/架；

　　　$\overline{P}_\mathrm{m}$——循环内最大工作阻力平均值，t/架；

　　　$\overline{P}_\mathrm{t}$——时间加权平均阻力平均值，t/架；

　　　σ_{Pm}——循环内最大工作阻力均方差，t/架；

　　　σ_{Pt}——时间加权平均阻力均方差，t/架。

3. 载荷类比法

载荷类比法是用同一煤层不同采高综采工作面矿压观测数据进行类比，可用下式求得：

$$P_\mathrm{b} = P_\mathrm{a} + (M_\mathrm{b} - M_\mathrm{a})P_\mathrm{v} \tag{2-9}$$

式中　P_b——大采高液压支架工作阻力计算值，t/架；

　　　P_a——小采高液压支架实测工作阻力，t/架；

　　　M_b——大采高液压支架工作面实测采高，m；

　　　M_a——小采高液压支架工作面实测采高，m；

　　　P_v——每米采高液压支架工作阻力实测增值，t/m。

此外，根据我国研制使用大采高液压支架的经验，一般将以上公式计算所得工作阻力再加上 $20\% \sim 30\%$ 的安全系数，其结果作为设计支架的合理工作阻力。

二、特大采高液压支架支护强度和工作阻力确定方法

在各大采高矿区的围岩和矿井要求高产的条件下，工作面采高大（向 7 m 发展）、长度长（向 300 m 以上发展）、推进度快（向每天 $15 \sim 20$ m 发展），其单位时间内的采动空间很大，加上如此大的开采强度（即连续每天大体积的开采），导致采煤工作面基本顶来压时矿压显现十分强烈。因此，设计特大采高液压支架必须从立体动态分析围岩活动，按其特殊的矿压显现来考虑问题。

1. 按顶板分类确定特大采高液压支架合理支护强度

如对基本顶Ⅲ级顶板条件下，按《缓倾斜煤层采煤工作面顶板分类》（MT 554—1996）中各级基本顶必需的额定支护强度建议方案（表 2–8），参照德国相关研究资料，采高每增加 1 m，支护强度增加 120 kPa，按下式计算，合理的支护强度应为（采高按 7 m 计算）

$$q_{7\,\mathrm{m}} = q_{4\,\mathrm{m}} + (M_2 - M_1) \times 120 = 680 + (7 - 4) \times 120 = 1.04\ \mathrm{MPa}$$

表2-8 支护强度建议方案

项　　目		额定支护强度下限/kPa					沿未支护强度下限/kPa	
基本顶级别		Ⅰ	Ⅱ	Ⅲ	Ⅳ$_a$	Ⅳ$_b$	Ⅳ$_a$	Ⅳ$_b$
煤层采高/m	$h_m=1$	390	420	470	610	750	2745	3375
	$h_m=2$	440	490	530	720	800	3240	3600
	$h_m=3$	500	550	580	830	970	3735	4365
	$h_m=4$	570	610	680	935	1090	4200	4910

从采矿实践和大采高工作面矿压观测来看，此值显然偏小。这是什么原因呢？由前大采高工作面矿压特征第一点分析，即使基本顶属于Ⅱ级，在采高大于4.5 m以后，基本顶来压强度已升至来压强烈和剧烈阶段，动载系数约为2，在选择液压支架支护强度及工作阻力时必须按支架承受基本顶来压强烈阶段的载荷来考虑，即按Ⅲ级或Ⅳ级基本顶来确定特大采高支架合理支护强度和工作阻力。

依此，对于神华矿区上湾矿1^{-2}煤层和大柳塔矿5^{-2}煤层设计7 m高支架其支护强度不应小于1.3 MPa，见表2-9。对于晋城寺河矿设计6.2 m高支架时支护强度选择为1.08～1.11 MPa是合理的。

表2-9 推荐的合理工作阻力值

基本顶来压		Ⅱ级 来压明显		Ⅲ级 来压强烈		Ⅳ级 来压剧烈	
		工作阻力/(kN·架$^{-1}$)	支护强度/kPa	工作阻力/(kN·架$^{-1}$)	支护强度/kPa	工作阻力/(kN·架$^{-1}$)	支护强度/kPa
采高/m	3	3120	450	5650	750	6750	900
	4	3750	550	6000	800	7500	1000
	5	4400	650	6350	850	8250	1100
	6	5000	750	6750	900	9000	1200
	7	5650	850	7150	950	9750	1300

2. 按随采高加大，大采高液压支架工作阻力与采高呈正比增加确定合理工作阻力

随采高加大，大采高液压支架工作阻力与采高呈正比增加，此时工作阻力可按下式计算：

$$P_1 = P_{低} + (M_{高} - M_{低}) \times C_1 \qquad (2-10)$$

式中　P_1——支架合理工作阻力，kN；

　　$P_{低}$——低采高支架实测工作阻力，kN；

　　$M_{高}$——高采高支架结构高度，m；

　　$M_{低}$——低采高支架结构高度，m；

　　C_1——采高增加1 m工作阻力增值，见表2-10，kN/m。

表2-10　神华矿区大采高工作面采高增加1m工作阻力增值

序　号	采高/m	实测支架工作阻力最大值/ kN	采高增加1 m工作阻力增值/ (kN·m^{-1})
1	3.8	5940	1780
2	4	6297	1640
3	5.3	8440	
4	6.2	11300	3178
平均			2200

根据式（2-10），对神华矿区设计的7 m高的支架，如不考虑其他因素影响（上覆煤柱集中压力等），其支架工作阻力应大于12987 kN。

3. **按随工作面加长，大采高液压支架工作阻力与工作面长度呈正比增加确定合理工作阻力**

随工作面加长，大采高液压支架工作阻力与工作面长度呈正比增加，此时工作阻力可按下式计算：

$$P_2 = P_{短} + (L_{长} - L_{短}) \times C_2 \qquad (2-11)$$

式中　P_2——支架合理工作阻力，kN；

$\qquad P_{短}$——短面支架实测工作阻力，kN；

$\qquad L_{长}$——长面工作面长度，m

$\qquad L_{短}$——短面工作面长度，m；

$\qquad C_2$——工作面长度增加1 m工作阻力增值，见表2-11，kN/m。

表2-11　神华矿区大采高工作面长度增加1m工作阻力增值

序　号	工作面长度/m	实测支架工作阻力最大值/ kN	工作面长度增加1 m工作阻力增值/ (kN·m^{-1})
1	150	3590	59.8
2	195	6279	
3	300	11300	47.8
平均			53.8

按照式（2-11），对神华矿区设计的7 m高的支架，如不考虑其他因素影响，其支架工作阻力应大于11660 kN。

众所周知，支架支护强度与支护面积的乘积为支架工作阻力，由于不知支护面积，所以以上计算的支护强度和支架工作阻力不能换算。利用前述介绍的3种方法计算出的支护强度或工作阻力，在设计支架支护强度或工作阻力时应取其最大值，再加10%的安全系数。如对神华矿区设计的7 m高的支架，支护强度要求大于1.4 MPa是正确的。

第三章　大采高液压支架设计方法

第一节　大采高液压支架设计的总体要求

大采高液压支架由于其受力复杂,对设计、制造和使用的技术要求高,投资大,因而成为液压支架技术发展水平的标志。为实现大采高液压支架经济技术指标先进,在设计过程中应采用优化分析、动态分析、可行性分析、相似分析、逻辑分析、模拟分析、有限元分析以及借助计算机确定设计对象的全部数据,最后评价、测试与诊断设计质量及可能出现的故障。

一、设计优化

传统设计是类比与模仿,现代设计中设计的起点是原始参数的分析,设计的过程是各项数据的获得,设计的归宿是科学全面地确定所有的参数。现代设计也是对设计的随机数据进行信号分析,以提取有用的信息,从而得到最经济合理的参数。

二、设计手段先进

现代设计方法是哲理与数学的结合,是"硬科学"与"软科学"的结合,是定性与定量的结合,是思维与工具的结合,是多门学科的融会与交叉。目前国内液压支架主要厂家产品设计已实现结构参数优化、三维结构设计、结构强度分析的计算机一体化,但在工况动态模拟、液压系统功能模拟等方面还需要探索。

三、选型配套技术先进、配置合理

国外主要产煤国家厚煤层开采主要采用大采高长壁开采。美国、澳大利亚、南非等先进采煤国家的煤矿普遍采用高效集约化生产,最大采高可达到6 m。配套装备的好坏是大采高高效综采生产技术的核心,国外在配套装备技术发展方面的最新特点有:

（1）新型大功率电牵引采煤机总功率达到2000～3000 kW,装备了采用先进信息处理技术和传感技术的控制系统与故障诊断系统。德国 Eickhof 公司的 SL500 系列采煤机采高范围为2.0～6.5 m,最大牵引力可达1000 kN,最大牵引速度可达37 m/min,可截割 $f \leqslant$ 10 的煤和岩石。美国 JOY 公司的 7LS 系列采煤机采高范围为2.0～5.5 m,最大牵引力可达800 kN,最大牵引速度可达30 m/min。

（2）工作面刮板输送机向着大运量、软启动、高强度、重型化、高可靠性方向发展。目前,刮板输送机最大运量达6000 t/h,装机功率达 4×1200 kW;中部槽的槽间连接强度已达到4500 kN,链环直径最大达 $2 \times \phi52$ mm;采用伸缩机尾的液压自动张紧装置。

（3）液压支架向高工作阻力的两柱掩护式液压支架发展,支护工作阻力达6000～

12000 kN，支护高度为 3～6 m，立柱缸径为 320～440 mm，中心距为 1.75 m 和 2.05 m。支架控制方式为环形供液及电液控制，降、移、升循环时间小于 10 s，寿命试验高达 50000 次以上。

（4）长距离、大运量、高带速的大型带式输送机已成为主要发展方向。目前，煤矿带式输送机装机功率可达 4×970 kW，运输能力已达 5500 t/h，带速为 5 m/s 以上。动态分析技术和计算机监控等高新技术动态设计及动态过程监测、监控等，确保了带式输送机运行的可靠性。CST、变频等大功率软启动技术、自动张紧技术、高寿命高速托辊、快速自移机尾等使带式输送机的设备开机率、可靠性指标与生产效率不断提高。

（5）在实现单机工况实时监测的基础上，研究开发了采煤机滚筒自动调高技术、液压支架电液控制技术，工作面巷道计算机集中控制中心通过红外传输、速度检测和计算机集中控制软件程序，使采煤机、刮板输送机、液压支架等设备自动完成割煤、运输、液压支架移架和顶板支护等生产流程，实现了工作面自动化生产。工作面巷道计算机集中控制中心还可实时监测工作面顶板压力、供电系统、供液系统、工作面巷道胶带系统、煤仓料位等设备运行工况，并通过矿井通信光纤等介质经互联网和矿井及上部管理层实现信息交流与通信控制。

四、可靠性高

大采高装备技术起点高、资金投入高、技术经济指标高，只有达到高可靠性才能适应高目标、高起点、高产出的要求。综采工作面液压支架数量多，影响因素多，因此大采高液压支架作为工作面的主要装备，总体可靠性十分重要。液压支架的总体可靠性包括主体结构、辅助机构、液压控制系统、液压元件的可靠性。2003 年以来，我国液压支架行业在引进、消化、吸收的基础上再创新，经过十多年的努力，已使我国液压支架产品的技术水平与国际接轨。并且已发布 GB 25974.1～3—2010 系列标准。其中两柱掩护式液压支架主体结构的耐久性能组合加载试验次数已达到 27000 次。

五、稳定性

稳定性是大采高液压支架设计中必须关注的技术要点之一。支架的稳定性包括纵向稳定性和侧向稳定性，受支架结构设计和工作面条件等因素的影响。在工作面条件不利于支架稳定的情况下（工作面倾角大、仰俯采、底板软、顶板破碎），支架结构设计必须考虑采取加强自身调整能力的措施。

六、适应性

国家标准 GB 25974.1—2010 对液压支架的适应性规定了 4.6.1 和 4.6.2 两项强制性条款，主要是针对推移机构做出规定。对大采高液压支架而言除以上规定外，支架对工作面围岩条件的适应性（力学平衡支护能力、对底板比压、护帮机构性能、伸缩梁性能、侧推装置等）是同样重要的，决定着设备能否正常使用。

七、人性化设计

煤矿综采工作面先天因素决定了其工作环境的艰苦性。大采高综采工作面随着采高加大和开采强度提高，粉尘、瓦斯涌出量增加，顶板、煤壁维护难度加大，使人机环境进一步恶化。因此，大采高液压支架设计中人性化设计十分重要。一般来说，从人性化设计考虑，设计大采高液压支架时应注意以下几点：

（1）支架应有完善的喷雾降尘装置和足够的通风断面（一般易满足）。

（2）一般应设置双行人通道，并有相应的防护措施。

（3）大采高综采工作面顶板垮落使产生冲击压力的概率提高，因此支架立柱一般应采用抗冲击大流量安全阀。

（4）采用邻架控制方式。

（5）管路、阀类布置应考虑便于设备维护和检修。

第二节　大采高液压支架设计和计算方法

一、优化设计方法

大采高液压支架的稳定性、适应性和可靠性是决定大采高综采能否成功的主要因素。因此要求最终形成的液压支架设计方案不仅仅是一个可行的方案，而是符合技术和经济指标要求的最优方案。优化设计方法种类很多，其中比较严密、精确的方法是数学优化。

数学优化方法以计算机自动设计为基本特征。因此，一个优化设计问题的解决一般要经过 3 个阶段：

（1）将设计问题转换为一个数学模型，其中包括建立评选设计方案的目标函数，考虑这些设计方案是否为工程所能接受的约束条件，以及确定哪些参数参与优化。

（2）根据数学模型中的函数性质选用合适的优化方法，并作出相应的程序设计。

（3）在计算机上自动解得最优值，对计算结果作出分析及正确的判断，得出最优设计方案。

液压支架的优化设计问题属于约束非线性规划问题，它的一般数学表达式为

$$\min F(X) \quad X = [x_1, x_2, \cdots, x_n]^{\mathrm{T}}$$

受约束条件
$$g_u(X) \geqslant 0 \quad (u = 1, 2, \cdots, p)$$
$$h_v(X) = 0 \quad (v = 1, 2, \cdots, q, q < n)$$

式中　$X = [x_1, x_2, \cdots, x_n]^{\mathrm{T}}$——$n$ 维设计变量；

　　　　$g_u(X) \geqslant 0$——u 个不等式约束条件；

　　　　$h_v(X) = 0$——v 个等式约束条件；

　　　　$\min F(X)$——求目标函数最小值。

液压支架的优化可分为三方面内容：参数优化、结构优化和系统优化。

二、有限元三维模型工况模拟

液压支架所受载荷复杂，其工况模拟属于超静定结构应力分析，一般力学分析难以求解。通过建立三维模型并结合有限元分析，是液压支架力学模拟比较精确的计算方法。因此，采用有限元分析方法模拟各种试验工况，对三维模型进行虚拟加载试验，对主要部件

（顶梁、掩护梁、底座、前连杆、后连杆、立柱）进行有限元分析，并实现分析结果的可视化输出。其中，ANSYS 是普遍采用的工程结构分析软件。以下介绍 ANSYS 的一般计算过程。

1. 三维建模

将用三维设计软件建立的三维实体模型数据文件转换成（另存为）.sat 格式文件。将 .sat 数据格式的三维实体模型导入有限元软件 ANSYS 环境中，作为分析计算模型，选择单元类型及材料的弹性模量、泊松比。

2. 单元选择与网格划分

根据液压支架虽多为板筋结构，但局部仍有一些复杂形状、孔等结构特点，选用适应性强的四面体单元，并采用智能划分，使结构复杂处网格细密，结构简单处网格稀疏，以保证分析计算的准确性。

3. 边界条件设定

按照《煤矿用液压支架 第 1 部分：通用技术条件》（GB 25974.1—2010）规定的加载方式，在支架顶梁上表面和支架底座下表面放长垫块处施加位移为零的约束。

4. 材料特性输入

材料弹性区特性：弹性模量为 2.1×10^5 N/m^2，泊松比为 0.3。

材料塑性区特性：$\sigma_s = 690$ MPa，$\sigma_b = 800$ MPa。

图 3 - 1 所示为中煤北煤机公司研制的 6.2 m 大采高液压支架有限元三维工况模拟在顶梁弯曲 - 底座弯曲载荷下支架装配总体结构按第四强度理论计算应力。图 3 - 2 所示为顶梁上部按第四强度理论计算应力云图。

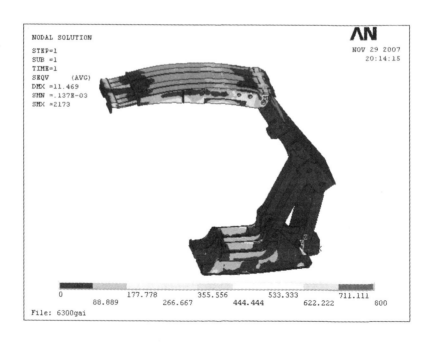

图 3 - 1 顶梁弯曲 - 底座弯曲载荷下支架装配总体结构按第四强度理论计算应力

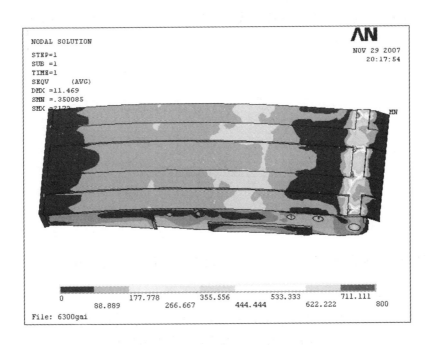

图 3-2 顶梁弯曲-底座弯曲载荷下顶梁上部按第四强度理论计算应力云图

三、可靠性分析

液压支架作为实现特殊功能（人员、作业安全保证）要求和复杂工作环境（随机载荷、作业空间狭小不便维修）下工作的设备，对可靠性要求高。进行科学和符合设备性能要求特点的可靠性分析，是液压支架在规定的使用寿命和条件下保持规定的质量指标使产品不失效的重要设计内容。液压支架可靠性分析的基础是概率论和数理统计方法，一般应进行以下工作：

（1）确定需考核的可靠性统计指标（可靠度、失效率、故障率、平均寿命、平均故障间隔时间、有效度）。

（2）详细收集并整理各类液压支架在工作面的使用情况（故障、检修等）。

（3）应用可靠性理论对采集到的数据进行分析，得出可靠性指标的分布函数及特征参数（正态分布、威布尔分布）。

（4）应用故障树分析技术对故障数据进行分析、计算，得出故障谱，找出薄弱环节及失效概率，估计支架工作多长时间后失效率进入稳定状态，得出支架正常使用的可靠度。

（5）对液压支架常用钢板进行强度试验，并就其试验所得数据进行分析，找出钢板材料机械性能的统计分布规律，得出可靠度与安全系数之间的关系。

液压支架设计中的结构可靠性设计一般采用应力-强度模型。如图 3-3 所示，$f(X)$ 为应力分布函数的概率密度曲线，$f(S)$ 为材料强度分布函数的概率密度曲线。它们都是以横坐标轴为渐近线的。两概率密度曲线必定有相交的区域（图中阴影部分）。这个区域就是结构件可能出现失效的区域，称为干涉区。

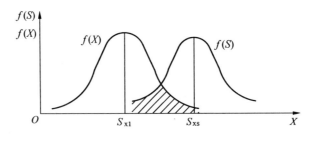

图 3-3 应力-强度干涉情况

零部件的可靠度为强度值 X_S 大于所有可能的应力值 X_1 的整个概率，即

$$R = \int_{-\infty}^{\infty} f_1(X_1) \left[\int_{X_1}^{\infty} f_S(X_S)\,\mathrm{d}X_S \right] \mathrm{d}X_1$$

如应力和强度分别服从正态分布 $N(X_1, S_1^2)$ 和 $N(X_S, S_S^2)$，则

$$R = \phi(Z_R) \quad （标准正态分布函数）$$

$$Z_R = \frac{X_S - X_1}{\sqrt{S_{XS}^2 + S_{X1}^2}}$$

式中　　Z_R——联结系数（可靠性系数）；

　　　　X_S——强度均值；

　　　　X_1——应力均值；

　　　　S_{XS}——强度标准差；

　　　　S_{X1}——应力标准差。

四、液压系统分析

大采高液压支架立柱和推移油缸缸径大、推移行程长，这与工作面要求推进速度快、支架降-移-升工作循环时间短形成对立。因此支架液压系统设计应进行液压系统配置计算，合理配置液压系统管路和阀类规格。

立柱、推移油缸、抬底油缸管路及阀类组成了液压支架的液压系统。

（1）为计算方便，引入下列符号：

Q_n——泵站公称流量（供液流量），L/min；

Q_a——主控阀进液口流量，L/min；

Q_b——主控阀主回液口流量，L/min；

Q_f——主控阀工作液口流量，L/min；

Q_c——立柱控制阀活塞腔流量，L/min；

Q_g——立柱控制阀活柱腔流量，L/min；

Q_h——增压控制阀流量，L/min；

Q_i——推移控制阀流量，L/min；

Q_d——进液截止阀流量（含主进液过滤器），L/min；

Q_e——回油断路阀流量，L/min；

k_a——立柱活塞腔与中缸缸柱腔面积比；

k_b——推移千斤顶活塞腔与活塞杆腔面积比。

以泵站公称流量 Q_n 为基本单位，以泵站流量被充分利用为前提，推导各个液压功能阀分别在降架、移架、升架中所要通过的流量与泵站公称流量 Q_n 的匹配关系。

（2）降架时按照液压系统液体流向顺序，各阀流量依次为

进液截止阀流量　　　　　　　　$Q_d = Q_n$

主控阀进液口流量　　　　　　　$Q_a = Q_n$

主控阀立柱上腔工作液口流量　　$Q_f = Q_n$

立柱控制阀活柱腔流量　　　　　$Q_g = Q_n/2$

立柱控制阀活塞腔流量　　　　　$Q_c = k_a Q_g = k_a Q_n/2$

增压控制阀流量　　　　　　　　$Q_h = k_a Q_g = k_a Q_n/2$

主控阀立柱下腔工作液口流量　　$Q_f = k_a Q_g = k_a Q_n/2$

主控阀主回液口流量　　$Q_b = 2Q_f = 2k_a Q_g = 2k_a Q_n/2 = k_a Q_n$

回油断路阀流量　　　　$Q_e = 2Q_f = 2k_a Q_g = 2k_a Q_n/2 = k_a Q_n$

（3）移架时按照液压系统液体流向顺序，各阀流量依次为

进液截止阀流量　　　　　　　　$Q_d = Q_n$

主控阀进液口流量　　　　　　　$Q_a = Q_n$

主控阀工作液口流量　　　　　　$Q_f = Q_n$

推移控制阀流量　　　　　　$Q_i = Q_a/k_b = Q_n/k_b$

主控阀工作液口流量　　　　　　$Q_f = Q_n/k_b$

主控阀主回液口流量　　　　　　$Q_b = Q_n/k_b$

回油断路阀流量　　　　　　　　$Q_e = Q_n/k_b$

（4）升架时按照液压系统液体流向顺序，各阀流量依次为

进液截止阀流量　　　　　　　　$Q_d = Q_n$

主控阀进液口流量　　　　　　　$Q_a = Q_n$

主控阀立柱下腔工作液口流量　　$Q_f = Q_n/2$

增压控制阀流量　　　　　　　　$Q_h = Q_n/2$

立柱控制阀活塞腔流量　　　　　$Q_c = Q_n/2$

立柱控制阀活柱腔流量　　　　　$Q_g = (Q_n/2)/k_a$

主控阀立柱上腔工作液口流量　　$Q_f = Q_n/k_a$

主控阀主回液口流量　　　　　　$Q_b = Q_n/k_a$

回油断路阀流量　　　　　　　　$Q_e = Q_n/k_a$

从以上液压系统配置计算可得出以下结论：

（1）支架降架：如已知立柱活塞腔与中缸缸柱腔面积比为 10.26，支架降架过程中立柱下腔回油路流量大于中缸缸柱腔进液流量，支架总流量为 525 L/min，分两路（每路

262.5 L/min）经立柱控制阀（DN20）、增压控制阀（DN20）、主控阀工作液口（DN20）汇聚后（525 L/min）从主控阀主回液口（DN32）、回油断路阀（DN32）回液。

（2）支架移架：支架移架过程中泵站需提供给推移千斤顶活塞腔的流量为 375 L/min，经进液截止阀（DN25）、主控阀主进液口（DN25）、主控阀工作液口（DN20）供液。

（3）支架升架：支架升架过程中泵站需提供的总流量为 705 L/min，经进液截止阀（DN25）、主控阀进液口（DN25）后分两路（每路 352.5 L/min）经主控阀工作液口（DN20）、增压控制阀（DN20）、立柱控制阀活塞腔口（DN20）进入立柱活塞腔。

从以上分析可看出：支架升架动作（705 L/min）时液压系统在工作过程中管路通过的流量最大，通过 DN25 和 DN20 两路管路，相关阀类应与其相匹配。

第三节　大采高液压支架结构参数的合理选择

一、大采高液压支架高度的确定

大采高液压支架高度的确定主要考虑以下因素。

1. 采高要求

相对中厚煤层和薄煤层支架，大采高液压支架的最大高度和最小高度都应多留余量，可按下式确定支架高度：

$$H_{max} = M_{max} + (200 \sim 400)$$
$$H_{min} = M_{min} - (500 \sim 900)$$

式中　H_{max}——支架最大高度，顶板稳定性较差时应取较大值，mm；

　　　H_{min}——支架最小高度，顶板稳定性较差时应取较小值，mm；

　　　M_{max}——最大采高，mm；

　　　M_{min}——最小采高，mm。

2. 运输安装条件

大采高液压支架整体结构尺寸和质量大，因此必须考虑运输和安装问题。为减少井下安装工作量，在可能的条件下应尽量整体运输，因此支架高度需考虑井下运输条件。也可通过对支架结构的设计实现满足运输条件的运输尺寸，解决支架整体下井安装问题。

3. 支架结构

为扩大支架的使用范围，液压支架设计中一般希望支架调高比（最大、最小高度之比）尽可能大。但由于支架调高是由机械摆杆机构（支架连杆机构）实现的，过分追求大的调高比就不可避免地要牺牲结构参数的合理性，使支架工作高度范围受力状况变差。在调高比很大的情况下为了使液压立柱的伸缩比合理，也必然会削弱结构件强度以达到必需的立柱安装空间，导致支架总体强度削弱。因此在确定支架最大、最小高度时，应选择合理的调高比。中煤北煤机公司几种典型大采高液压支架的调高比见表 3-1。

根据国内外 4.5 m 以上大采高液压支架使用情况的统计，合理的调高比应为 2.0 ~ 2.3。

表 3-1 大采高液压支架的调高比

序 号	型 号	最小高度/m	最大高度/m	调 高 比
1	ZY8640/25.5/55D（Y62）	2.55	5.5	2.16
2	ZY9000/25.5/55D（Y77）	2.55	5.5	2.16
3	ZY7600/23/47（Y78）	2.3	4.7	2.04
4	ZY8600/22/45（Y89）	2.2	4.5	2.05
5	ZY10400/30/65D（Y100）	3.0	6.5	2.17
6	ZY8000/24/50（Y103）	2.4	5.0	2.08
7	ZY12000/25/50D（Y111）	2.5	5.0	2.0
8	ZY12000/28/62D（Y112）	2.8	6.2	2.21
9	ZY9200/22/46（Y118）	2.2	4.6	2.09
10	ZY12000/28/63D（Y119）	2.8	6.3	2.25
11	ZY17000/32/70D（Y123）	3.2	7.0	2.19

4. 立柱伸缩比

支架最大、最小高度的确定，除以上因素必须考虑外，作为主要支撑元件立柱的稳定性也是重要因素。大采高液压支架的立柱采用双伸缩，由于采高加大带来立柱偏心载荷和初始挠度加大，更易发生缸口渗漏和缸体带液等情况。因此，立柱全伸出状态应较普通支架立柱留有更大的导向重合量，即应保证立柱有合理的伸缩比。

二、大采高液压支架中心距和宽度的确定

由于工作面液压支架要与输送机配套连接和推进，因而支架中心距一般与输送机一节中部槽长度相等。目前国内常用液压支架中心距有 1.25 m、1.5 m、1.75 m 和 2.05 m 四种。大采高（≥5 m）、高工作阻力（≥9000 kN）支架一般采用 1.75 m 中心距，高度大于等于 6.5 m 的支架宜采用 2.05 m 中心距。影响支架中心距的主要因素有以下几个：

（1）支架稳定性：加大中心距可使支架底座接底宽度增大，从而提高支架在大采高和工作面有倾角工况下的适应能力。同时由于结构件几何宽度增加，也使支架自身结构的侧向稳定性得到提高。

（2）结构布置：支架采高加大，相应工作阻力提高、质量加大，立柱和推移油缸缸径也相应增大，结构布置要求支架中心距加大。

（3）经济技术合理性：大采高工作面的长度一般较长，在 300 m 左右。加大支架中心距有利于加快工作面推进速度，减少液压元件数量，降低控制系统投入，减少工作面支架故障。

支架最小、最大宽度的确定应考虑支架的运输、安装条件以及工作面条件对支架调架能力的要求。1.75 m 中心距支架的宽度调整量一般为 200 mm，最小宽度一般为 1650 ~ 1680 mm，最大宽度一般为 1850 ~ 1880 mm。2.05 m 中心距支架的宽度调整量一般为 300 mm，最小宽度一般为 1930 ~ 1960 mm，最大宽度一般为 2230 ~ 2260 mm。如工作面倾角较大或顶底板完整性较差，支架正常位置和状态较难保持，可适当增加侧推千斤顶行程，增加支架宽度的调整量。

三、护帮机构结构形式和参数的确定

1. 护帮机构的结构形式

通常，根据护帮千斤顶和护帮板的连接方式将护帮机构分为简单铰接式和四连杆式两种，根据护帮板的数量将护帮机构分为一级护帮、二级护帮和复合护帮 3 种。在大采高工作面，一级护帮机构的护帮高度已不能满足使用要求，所以在一级护帮板的前部设计安装了第二块护帮板，构成二级护帮机构。通常情况下，为满足二级护帮机构更高的功能要求，其一级护帮板采用四连杆式。

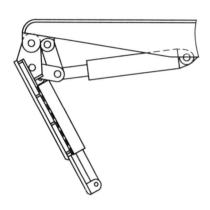

图 3-4 伸缩式二级护帮机构

1）伸缩式二级护帮机构

如图 3-4 所示，伸缩式二级护帮机构的一级护帮板内设计了一块由千斤顶控制伸缩的伸缩板（二级护帮板）。其优点是回转半径小，不会产生误动作或干涉。但由于受到结构限制，伸缩式二级护帮机构的整体刚度较差，使用范围受到很大限制。

2）折叠式二级护帮机构

如图 3-5 所示，折叠式二级护帮机构的二级护帮板铰接在一级护帮板前端，在二级护帮千斤顶的作用下绕一级护帮板转动。转动的角度及二级护帮板与千斤顶的连接方式与二级护帮板的功能要求有关。在大采高液压支架上使用折叠式二级护帮机构可以实现3 个功能：

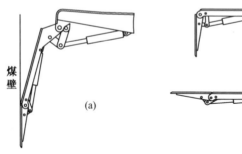
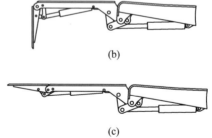

图 3-5 折叠式二级护帮机构

（1）液压支架正常支撑状态（拉完架），两级护帮板均作护帮使用，提高了护帮高度。此时，一级护帮板与煤壁线接触，但提供了较大的护帮力；二级护帮板的护帮力较小，但可与煤壁实现面接触（图 3-5a）。

（2）采煤机割煤过后未拉架时，一级护帮板伸出挑起及时支护新暴露的顶板，二级

护帮板护帮。液压支架正常支撑时，如煤壁发生片帮，则一级护帮板伸出挑起实现超前支护，二级护帮板护帮（图3-5b）。

（3）如工作面发生了较严重的片帮、冒顶，则两级护帮板均伸出挑起，用于超前支护（图3-5c）。

3）伸缩梁护帮机构

伸缩梁护帮机构的护帮机构安装在伸缩梁上，使护帮机构随伸缩梁移动，可以大大提高护帮机构的护帮效果——提高对煤壁的支撑力，扩大对煤壁的支护面积。但是伸缩梁护帮机构附属零件多，结构复杂，制造安装精度要求高，特别是如伸缩梁护帮机构使用在强力液压支架中，其强度和刚度不易保证，使用中易变形而失效，因而其使用范围受到一定限制。

4）复合护帮机构

如图3-6所示，复合护帮机构由挑梁、一级护帮板、二级护帮板、铰接连杆及相应的千斤顶组成。挑梁和一级护帮板直接铰接在液压支架顶梁（前梁）梁体上，相应的千斤顶通过四连杆机构与梁体连接；二级护帮板铰接在一级护帮板上。通过千斤顶的伸缩实现挑梁、一级护帮板、二级护帮板的3个单独和复合动作，因此又称为三级复合护帮机构。

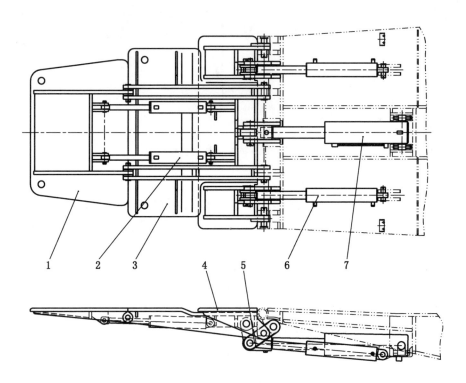

1—二级护帮板；2—二级护帮千斤顶；3—一级护帮板；4—挑梁；5—连杆；6—挑梁千斤顶；7——一级护帮千斤顶

图3-6　复合护帮机构

复合护帮机构的结构件全部采用高强度钢板焊接而成，强度高，质量小。其全部运动副采用转动连接，克服了伸缩梁采用滑动连接的不足（结构复杂、强度不易保证、顶梁梁端厚），运动灵活可靠。复合护帮机构是针对大采高强力液压支架设计的。

复合护帮机构的工作原理如下：

（1）液压支架正常在工作面支撑时，挑梁挑平，支护支架顶梁前的暴露顶板（梁端距要求的），防止冒顶；一级护帮板和二级护帮板伸出，使二级护帮板能紧贴煤壁，防止片帮（图3-7a）。

（2）采煤机在液压支架前割煤时，当前液压支架的二级护帮板伸出到极限位置，随挑梁和一级护帮板收回紧贴顶梁梁体，防止采煤机割护帮机构（图3-7b）。

（3）采煤机过后，液压支架不能前移的短时间，挑梁、一级护帮板伸出挑平及时支护顶板，二级护帮板伸出护帮（图3-7c）。

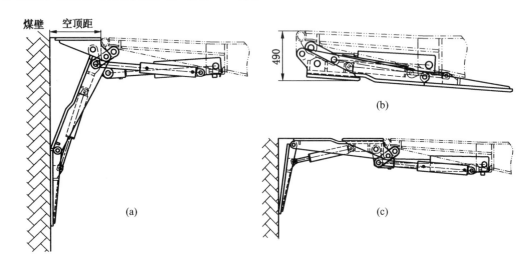

图3-7　复合护帮机构的工作原理

复合护帮机构的其他动作功能同二级护帮机构。

由以上护帮机构结构形式的分析可知，为提高大采高液压支架对煤壁的支护效果，应采用双级护帮机构或复合护帮机构。特别是顶板完整性较差的工作面，更应采用带伸缩梁的双级护帮机构或复合护帮机构。

2. 护帮高度

根据综采工作面煤壁片帮规律，液压支架护帮机构的护帮高度要求不小于工作面最大采高的1/3，最低不能小于工作面最大采高的1/4。一级护帮板的长度要与工作面截深相适应，最大长度不能大于截深与液压支架梁端距之和。二级护帮板（如果存在）的长度等于护帮高度减去一级护帮板长度和护帮机构在顶梁（前梁）铰接点的高度。

3. 护帮板宽度

护帮板宽度与液压支架中心距和煤壁的稳定性有关。煤层越软，煤层节理越发育，煤壁越易片帮，护帮板应越宽；反之，护帮板宽度可以适当小一些。液压支架的中心距越大，需要支护的煤壁越宽，护帮板应越宽，但不能超过梁体宽度。通常，护帮板应设计成梯形，前窄后宽，相差50~100 mm，二级护帮板的宽度通常比一级护帮板的宽度小100~200 mm。

4. 护帮板千斤顶尺寸

从理论上说，护帮千斤顶越大，护帮效果越好，但由于结构上的限制护帮千斤顶不可能无限制加大。通常情况下，护帮千斤顶的缸径随液压支架工作阻力和支撑高度的加大而加大。目前，大采高强力液压支架一级护帮千斤顶选用一个缸径 $\phi160$ mm（国外 $\phi165$ mm）的油缸或两个缸径 $\phi125$ mm 的油缸。二级护帮千斤顶比一级护帮千斤顶小，最大缸径不超过 $\phi100$ mm，必要时可以两个油缸并联使用。

四、侧护板装置形式和参数的选择

1. 侧护板装置形式

支架侧护板装置一般由侧护板、弹簧筒、侧推千斤顶、导向杆和连接销轴等组成。常用的侧护板装置有 3 种形式，即平推式单侧活动侧护板、平推式双侧活动侧护板和折页式侧护板。图 3-8 所示为平推式双侧活动侧护板。平推式单侧活动侧护板适用于工作倾角较小（12°以下）的大采高液压支架。平推式双侧活动侧护板的适应性强，可用于各种大采高液压支架。

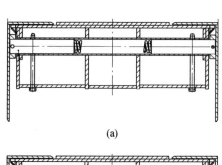

(a)

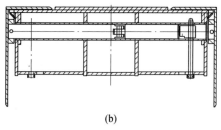

(b)

图 3-8 平推式双侧活动侧护板

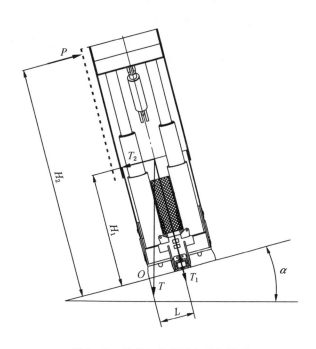

图 3-9 弹簧组件作用力平衡原理

2. 参数的选择

1）侧护板宽度

对于大采高液压支架（最大高度大于等于 5 m），考虑到井下工作面影响支架状态的因素较多，顶梁侧护板宽度一般设计较宽，多在 700~800 mm。掩护梁侧护板和后连杆侧护板宽度要考虑支架最大采高情况下移进一个步距后两邻架侧护板之间仍有 100~200 mm 的搭接量，一般宽度在 850~950 mm。

2）保持力和调架力

大采高液压支架质量大、重心高，工作面角度对支架工作状态影响大，侧护板装置要求有较高的对支架状态的保持能力和调整能力。一般侧护板装置中弹簧组件的主要作用是保持支架的稳定状态，侧推千斤顶的主要作用是对支架状态进行调整。

如图3-9所示，弹簧组件作用力 P 主要是平衡支架倾斜工作面移架时克服自身重力。因此有（忽略掩护梁弹簧力）：

$$\sum M_{\circ} = 0$$

$$T_2 H_1 = T_1 L + P H_2$$

即

$$P = \frac{T_2 H_1 - T_1 L}{H_2}$$

式中　T_1——支架重力与底板垂直分力，kN；

　　　T_2——支架重力与底板平行分力，kN；

　　　H_1——支架重心位置与底板垂直距离，mm；

　　　H_2——弹簧组件作用力与底板垂直距离，mm；

　　　L——支架底座边缘至支架中心线距离，mm。

弹簧组件设计中还必须考虑邻架倾倒力对本架的影响。因此设计的弹簧组件作用力应比上述计算得到的弹簧力大。

第四章 当代大采高液压支架设计范例

从 1981 年起中煤北煤机公司开发研制了 BC520/25/47 型支撑掩护式液压支架和
BY320/23/45 型掩护式液压支架，至今已研制售出了 130 种大采高液压支架，2012—2013
年已开发了 6.2～6.3 m 高的大采高液压支架。在这三十几年里，依据煤炭工业的发展、
煤层赋存条件、大采高综采设备和技术的不断提高及完善，大采高液压支架开发可分为
1981—1990 年、1991—2002 年、2003—2013 年三个阶段。中煤北煤机公司通过开发研制
大采高液压支架积累了丰富的经验，已可以独立开发制造 7 m 左右大采高液压支架，且已
取得良好的技术经济效果。

第一节 当代大采高液压支架研制发展阶段和特征

一、当代大采高液压支架最大高度统计分析

1981—2013 年中煤北煤机公司开发的 4.0 m 以上大采高液压支架最大高度统计见表
4－1。1981—1990 年是大采高液压支架研制的第一阶段。该阶段研制了 16 种大采高液压
支架，仅占研制总数的 12.3%。其中支架最大高度为 4.2 m 和 4.5～4.7 m 的各有 7 种，
各占 5.4%；5.0 m 高支架仅有 2 种，占 1.5%。依据此阶段我国大采高液压支架研制和使
用的实践，除 BY320/23/45 和 BY360/25/50 型掩护式液压支架使用效果良好外，此阶段
大采高液压支架发展过程中还存在架型或参数与煤层赋存条件不适应，大采高液压支架稳
定性差，易发生倾倒，掩护梁焊缝开裂，四连杆变形，掩护支架平衡千斤顶易损坏，工作
面煤壁片帮剧烈，与大采高液压支架配套的采掘工艺和设备落后等问题。这些问题的暴露
为第二阶段研制大采高液压支架指明了方向。

1991—2002 年是大采高液压支架研制的第二阶段。该阶段研制了 22 种大采高液压支
架，占研制总数的 16.9%。其中支架最大高度为 3.7～4.2 m 的有 10 种，占 7.7%；4.5
～4.7 m 的有 8 种，占 6.2%；5.0 m 高的有 4 种，占 3.1%。在此阶段不断解决第一阶段
发现的问题，因此使得支架设计制造质量不断提高，BY360/25/50 型掩护式液压支架获得
全国质量金奖，与此同时煤炭产量提高到年产 220×10^4 t。但应指出，此阶段支架高度没
有明显增大，此阶段是大采高液压支架研制的巩固和提升时期。

2003—2013 年是大采高液压支架研制的第三阶段。该阶段研制了 92 种大采高液压支
架，占研制总数的 70.7%。其中支架最大高度为 4.0～4.4 m 的有 25 种，占 19.2%；4.5～
4.7 m 高的有 18 种，占 13.8%；4.8～6.3 m 高的有 49 种，占 37.7%，其中 4.8～5.5 m
高的有 28 种，占 21.5%，5.8～6.3 m 高的有 21 种，占 16.2%。此阶段是大采高液压支
架研制大发展阶段，特别是 5.0 m 高以上支架的技术经济效果明显，6.0 m 以上支架综采

表4-1　1981—2013年北煤机公司开发的4.0m以上大采高液压支架最大高度统计

高度/m	1981—1982	1983—1984	1985—1986	1987—1988	1989—1990	1991—1992	1993—1994	1995—1996	1997—1998	1999—2000	2001—2002	2003—2004	2005—2006	2007—2008	2009—2010	2011—2012	2013	合计 品种	合计 种	合计 占比/%
<4.0						3.7m/1次												1		
4.0	1						1					5						7		
4.2	6							8				16						30	58	44.6
4.4												4						4		
4.5		5							5				6					16		
4.6									1				3					4		
4.7			2						2				9					13	51	39.2
4.8														5				5		
5.0				2						4				8				14		
5.2																				
5.5														15				15		
5.6																				
5.8															1			1		
6.0															1			1		
6.2																13		13	21	16.2
6.4																6		6		
支架最大高度/m	4.2	4.5	4.7	5.0	合计	3.7	4.0	4.2	4.5~4.7	5.0	合计	4.0~4.4	4.5~4.7	4.8~5.5	5.8~6.0	6.2~6.3	合计	130		100
品种	7	5	2	2		1	1	8	8	4		25	18	28	2	19				
占比/%	5.4	3.9	1.5	1.5		0.75	0.75	6.2	6.2	3.1		19.2	13.8	21.5	1.5	14.7				
阶段说明（合计）		7种/5.4%			16种/12.3%	10种/7.7%				12种/9.2%	22种/16.9%				49种/37.7%		92种/70.7%			

表4-2　1981—2013年北煤机公司开发的4.0 m以上大采高液压支架工作阻力统计

工作阻力/kN	1981—1982	1983—1984	1985—1986	1987—1988	1989—1990	1991—1992	1993—1994	1995—1996	1997—1998	1999—2000	2001—2002	2003—2004	2005—2006	2007—2008	2009—2010	2011—2012	2013	合计 品种	合计 种	占比/%
<3500	1		3	1	1			1										7	37	28.5
3500		1	1		1		1											5		
4000																		10		
4500	3				1	1			1		1		1	1	1			15		
5000		1					1	2	1		2	1	3	3	1			15	39	30.0
5500	1									1			1	1				3		
6000									2	1					3	3	1	10		
6500						1									1	1		3		
7000						2							1	1		1	1	3		
7500												2	1	1	1	1		4		
8000													1	1	1	1	1	4		
8500													3	3	3	5	1	11	54	41.5
9000												4	2	3	2	3	1	15		
9500											1			1				2		
10000											1	1	2	4	5	1	2	15		
10500																1		1		
11000																1	1	2		
11500														2				2		
12000														1	9	5		15		
12500																				
13000																2		2		
合计	共13种，占10.0%。其中<3500 kN，6种，4.6%；3500～4500 kN，6种，4.6%；5500 kN，1种，0.8%			共21种，占16.2%。其中<3500 kN，1种，0.8%；3500～4500 kN，6种，4.6%；5000～7000 kN，13种，10.0%；9500 kN，1种，0.8%				共93种，占73.8%。其中4500 kN，3种，2.3%；5000～7000 kN，20种，15.4%；7500～9000 kN，35种，26.9%；9500～13000 kN，38种，29.2%											130	100

工作面年产达 1300×10^4 t。

二、当代大采高液压支架工作阻力统计分析

1981—2013 年中煤北煤机公司开发的 4.0 m 以上大采高液压支架工作阻力统计见表 4 − 2。1981—2013 年共研制大采高液压支架 130 种，其工作阻力在小于 3500 kN 和 3500 ~ 13000 kN 之间。其中工作阻力小于 3500 kN 和 3500 ~ 5000 kN 的有 37 种，占研制总数的 28.5%；工作阻力为 5500 ~ 8500 kN 的有 39 种，占 30.0%；工作阻力为 9000 ~ 13000 kN 的有 54 种，占 41.5%。

1981—1990 年是大采高液压支架研制的第一阶段。该阶段研制了 13 种大采高液压支架，仅占研制总数的 10.0%。其中工作阻力小于 3500 kN 和 3500 ~ 4500 kN 的各有 6 种，各占 4.6%；工作阻力为 5500 kN 的有 1 种，仅占 0.8%。因此，除个别工作阻力高于 3600 kN 的大采高液压支架使用效果较好外，大多数支架由于工作阻力不足而发生支架损坏严重现象，致使支护工作空间不良，支架工作状态不佳，维护工作量大，使得支架的使用寿命不长，提前报废的支架较多。

1991—2002 年是大采高液压支架研制的第二阶段。该阶段研制了 21 种大采高液压支架，占研制总数的 16.2%。其中工作阻力小于 3500 kN 的有 1 种，占 0.8%；工作阻力为 3500 ~ 4500 kN 的有 6 种，占 4.6%；工作阻力为 5000 ~ 700 kN 的有 13 种，占 10.0%；工作阻力为 9500 kN 的有 1 种，占 0.8%。由于支架工作阻力加大，支架结构件强度提高，因此支架的损坏大大减少，支架工作状态明显好转。当支架高度达 5.0 m 以上时，大采高工作面年产显著提高，个别矿井年产达 800×10^4 t。

2003—2013 年是大采高液压支架研制的第三阶段。该阶段研制了 96 种大采高液压支架，占研制总数的 73.8%。其中工作阻力为 4500 kN 的有 3 种，占 2.3%；工作阻力为 5000 ~ 7000 kN 的有 20 种，占 15.4%；工作阻力为 7500 ~ 9000 kN 的有 35 种，占 26.9%；工作阻力为 9500 ~ 13000kN 的有 38 种，占 29.2%。此阶段支架高度大幅增长，支架工作阻力也随之大幅度提高，支架设计与制造水平的提升使得支架工作状态良好、运转正常、结构件和液压件强度大大增加，液压系统先进，稳定性强，支架结构齐全、功能完善。这些优点为大采高综采工作面安全高产作出了保障，反映了大采高液压支架的研制技术已较成熟，液压支架技术进入了快速发展阶段，可以提供安全可靠的大采高液压支架。

三、当代大采高液压支架架型统计分析

当代大采高液压支架的架型主要有四柱支撑掩护式和两柱掩护式两种。

1. 支撑掩护式液压支架的特点及适用范围

（1）由于有两排立柱，顶梁和底座都较长，通风断面大。

（2）适应顶板合力作用点的变化范围较大，但立柱的支撑效率较低，前后排立柱载荷差别往往较大，有时后柱甚至无载荷。

（3）支架的伸缩值较小，适应煤层厚度的变化能力较小。

（4）支架的支撑合力作用点距切顶线近，切顶能力强，适用于较稳定的顶板。

（5）支架质量较大。

（6）适用于坚硬顶板及部分中等稳定顶板。

2. 掩护式液压支架的特点及适用范围

（1）支撑合力距离煤壁较近，可较为有效地防止支架顶梁前面顶板的早期离层和破坏。

（2）平衡千斤顶可调节合力作用点的位置，增强了支架对难控顶板的适应性。

（3）顶梁相对较短，对顶板的反复支撑次数少，减少了对直接顶板的破坏。

（4）顶梁和底座较短，便于运输、安装、拆卸。

（5）支架质量较小。

（6）支架能经常给顶板向煤壁方向以推力，有利于维护顶板完整。

（7）底座前端对底板的比压大，一般不适用于软底板的采煤工作面。

（8）支撑合力距切顶线稍远，切顶能力弱。

（9）该架型一般适用于破碎顶板及中等稳定顶板，并且对煤层变化大的工作面适应性较强。

根据 1981—2013 年中煤北煤机公司研制的 130 种大采高液压支架（表 4 - 3）可以看出，支撑掩护式大采高液压支架有 34 种，占研制总数的 26.2%；掩护式液压支架有 96 种，占 73.8%。现分阶段分析大采高液压支架的架型，1981—2002 年是大采高液压支架研制的第一阶段和第二阶段，其中支撑掩护式液压支架有 21 种，占研制总数的 16.15%；而掩护式液压支架有 18 种，占 13.85%。这反映了大采高液压支架两种主要架型在此期间都有需求。2003—2013 年是大采高液压支架研制的第三阶段。这期间中煤北煤机公司开发的最大高度 5 m 以上的大采高液压支架不断进行技术创新，大采高液压支架工作阻力随之大幅度增长，5500～13000 kN 的支架有 91 种，占研制总数的 70.00%。同时，新开发的大采高液压支架控制系统大多（60%）采用电液控制方式，支架推进速度快，综采工作面长度大，采高大，开采强度大为提高。此期间研制了 78 种掩护式液压支架，占研制总数的 60.00%，而支撑掩护式液压支架仅研制了 13 种，占 10.00%。掩护式液压支架的优点是：①支护能力强，顶梁相对较短，支护面积小，在相同工作阻力条件下支护强度高；②采用整体顶梁，结构简单可靠，顶梁前端支撑力大，有利于保持梁端顶板的完整性，降低在超前压力作用下造成片帮和冒顶的可能性；③与围岩相互作用关系合理，两柱受力均衡，支架的支撑能力能充分发挥；④采用单排立柱，对电液控制系统的适应性强；⑤平衡千斤顶具有调节支架顶梁合力作用点的功能，对顶板的适应性强。支撑掩护式液压支架主要适用于我国大同矿区以坚硬顶板为代表的综采工作面。由于我国适合大采高开采的煤层分布广泛，围岩条件各不相同，在大力研制两柱掩护式液压支架的同时，还应因地制宜地研制四柱支撑掩护式液压支架。

纵观中煤北煤机公司研制大采高液压支架的历程，不难看出大采高液压支架共有 3 个研制阶段。第一阶段是研制初试阶段，此阶段开发研制的大采高液压支架高度低，工作阻力小，设计和制造水平低，在使用过程中支架出现的问题较多，如损坏严重，维修量大，寿命短，综采设备配套性差，产量低。因此研制工作是在探索中前行。

第二阶段为研制提高阶段，此阶段开发研制的大采高液压支架最大高度增长不大，工作阻力增高不多。在实践中主要是解决第一阶段发现的技术和管理问题，使得支架工作状态逐渐变好；同时，设计和制造水平的不断提高，加强了综采设备配套性，提高了支架稳

表4-3 1981—2013年中煤北煤机公司开发的4.0 m以上大采高液压支架架型分类统计

年度		1981—1982	1983—1984	1985—1986	1987—1988	1989—1990	1991—1992	1993—1994	1995—1996	1997—1998	1999—2000	2001—2002	2003—2004	2005—2006	2007—2008	2009—2010	2011—2012	2013	合计
支撑掩护式	品种	2	1	3		1		1	2	3	2	6	1	6	1		4	1	34
支撑掩护式	占比%	1.54	0.77	2.31		0.77		0.77	1.54	2.31	1.54	4.62	0.77	4.62	0.77		3.08	0.77	26.2
掩护式	品种	1		4	1	3	3	1	2	3			6	9	17	17	24	5	96
掩护式	占比%	0.77		3.08	0.77	2.31	2.31	0.77	1.54	2.31			4.62	6.92	13.08	13.08	18.46	3.85	73.8
合计	品种	3	1	7	1	4	3	2	4	6	2	6	7	15	18	17	28	6	130
合计	占比%	2.31	0.77	5.38	0.77	3.08	2.31	1.54	3.08	4.62	1.54	4.62	5.38	11.54	13.85	13.08	21.54	4.62	100
分阶段统计	支撑掩护式	7种,5.38%				14种,10.77%						13种,10.00%							
分阶段统计	掩护式	9种,6.92%				9种,6.92%						78种,60.00%							
分阶段统计	合计	16种,12.31%				23种,17.69%						91种,70.00%							

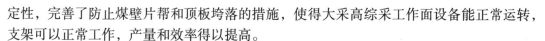

定性，完善了防止煤壁片帮和顶板垮落的措施，使得大采高综采工作面设备能正常运转，支架可以正常工作，产量和效率得以提高。

第三阶段是研制发展阶段，该阶段开发研制的大采高液压支架最大高度达到 7.0 m，工作阻力增大至 13000 kN，设计和制造水平大幅度提高，两柱掩护式液压支架占很大比重，电液控制系统应用到大采高液压支架中，支架结构合理、功能齐备、工作状态良好，产量和效率大增。至今已开发出支架高度为 7.5 m、工作阻力为 17000 kN、电液控制、功能齐全的两柱掩护式液压支架。

第二节　大采高液压支架总体设计研究概述及其总体设计规划典范

一、大采高液压支架设计的技术要求

大采高液压支架设计的重要技术要求是保证支架的稳定性和对大采高煤层的适应性。因此，大采高液压支架设计应满足以下技术要求：

（1）支架四连杆机构销轴与销孔配合间隙是影响支架横向稳定性的重要因素。因此，根据目前的工艺水平，要求四连杆机构销轴与销孔最大配合间隙小于 1.7 mm。在空载条件下，支架处于最大高度时顶梁水平状态相对底座中心线最大偏移量应小于 80 mm。

（2）大采高液压支架必须设置防倒调架装置或预留连接耳座。可将工作面排头 3 架支架组成"锚固站"，作为全工作面支架保持横向稳定性的基础。排头支架组一般应具有 3 个功能：①前调，第 1、2 架和第 2、3 架的底座前端分别用前调千斤顶连接，以保持支架底座前部的位置正确；②防倒，第 1、2 架和第 2、3 架的顶梁分别用防倒千斤顶连接，以控制排头支架不倾倒；③防滑，第 1 架底座下侧面与第 3 架底座后端用防滑千斤顶和圆环链连接，以确保第 1 架底座不下滑。

（3）大采高液压支架一般应设置双向可调的顶梁和掩护梁活动侧护板，侧推力应大于支架重力。侧护板弹簧筒应有足够的推力，或者在千斤顶液压管路上安设限压阀，以保证大采高液压支架受横向水平力时保持相邻顶梁之间的正常距离。侧护板限压阀应具有立柱升柱时闭锁和降柱时自动卸载功能，以保证顺利移架。

（4）大采高液压支架应设置底座调架机构。工作面支架每架设置一组调架机构，一般安装在底座后部。大采高液压支架底调装置的推力应大于支架的重力。当支架支撑时，用底调装置顶住邻架底座，防止支架横向滑移；当支架移架时，用底调装置调整支架与邻架的间距。

（5）当支架最大高度大于 4.5 m 时，在矿井运输和配套条件允许的情况下应优先采用中心距为 1750 mm 的支架，在保证移架时不咬架的前提下应尽可能加宽底座宽度，以提高支架的横向稳定性。底座宽度一般为中心距减去 100 ~ 150 mm。当中心距为 1500 mm 时，底座宽度一般取 1350 ~ 1400 mm；当支架中心距为 1750 mm 时，底座宽度一般取 1600 ~ 1650 mm。

（6）大采高液压支架必须设置护帮装置，护帮高度不小于 800 mm。必要时可设置二

级护帮板，最大护帮高度可达 2 m 以上。

二、大采高液压支架设计的条件和依据

（1）所设计支架适用的煤层赋存条件：煤层厚度及其变化，煤层倾角及其变化，煤质硬度及煤层变化，煤层顶底板岩性及厚度变化，矿区水文、地质构造，瓦斯、煤尘爆炸危险程度等。

（2）所设计支架适用的围岩矿压显现特征：顶底板分类，直接顶初次垮落步距，基本顶初次来压和周期来压步距及其强度，岩石力学特征——单向抗压、抗拉、抗剪强度，底板抗压能力，煤壁、顶板和底板稳定性程度，煤层冲击和自燃可能性等。

（3）所设计支架所处采区工程状况：采区巷道布置，工作面长度，采高和采区推进距离，巷道宽度、高度、平直度，运送综采设备的可能性，采掘工作面的采掘工艺等。

（4）预计与所设计支架配套的综采成套设备：采煤机、刮板输送机、转载机、破碎机、带式输送机，乳化液泵站、喷雾泵站，变压器、开关等电气设备，电缆车和设备运送车等。

（5）矿井作业制度：采掘工作面作业方式和劳动组织，综采工作面的生产指标等。

（6）技术和经济指标：支架寿命，大修周期，质量标准及选用材质的要求等。

三、大采高液压支架研制的典范选择

任何一项大采高液压支架的研制都要遵循上述技术要求和设计条件及依据，否则研制出来的支架就缺乏适应性。前述中煤北煤机公司已研制了 130 种大采高液压支架，它们都是按照具体条件和要求逐步开发出来的。20 世纪 80 年代大采高液压支架研制处于初试阶段，那时通过实践发现了设计、制造和使用中的问题，开始研究应对措施；90 年代大采高液压支架研制进入提高阶段，那时通过设计研究解决了多项已发现的问题，并开始主动有效地采取机械和采矿方法解决问题，使研制水平得到了提高；到了 21 世纪，通过总结经验，再实践，再改进，大采高液压支架研制达到了新的高度，使得当代大采高液压支架采高大，工作阻力高，架型优越，结构件强度高，液压件流量大，支架和围岩稳定性强，整体支架及配套设备运转正常，采用电液控制方式，推进速度快，综采工作面开采强度大，实现了高产稳产高效。因此，选择当代大采高液压支架如 ZY12000/28/62D 型两柱掩护式电液控制支架即可作为研究当代大采高液压支架的典范，以此举一反三。

四、当代大采高液压支架总体设计规划典范

1. 当代大采高液压支架典型总体设计规划的条件和依据

1）晋城赵庄矿地质条件

赵庄矿位于沁水煤田东南部，3 号煤层的直接充水含水层为顶板砂岩裂隙含水层，属中等富水含水层。

3 号煤层直接顶多为砂质泥岩或泥岩，局部地段为粉砂岩或细粒砂岩，厚 0～13.08 m。有时有一薄层炭质泥岩伪顶，厚度不均匀，结构较松软，强度较低。基本顶为中粒砂岩、细粒砂岩及粉砂岩，厚 0.60～12.26 m，裂隙较发育，呈半张开状，有方解石和泥质物充

填现象。

3 号煤层从直接顶到基本顶为软弱 – 坚硬型，再向上也是软弱 – 坚硬相间的平行复合结构。这种软硬相间的结构虽然能阻止煤层开采时顶板裂隙的发展，但由于软弱岩石的吸水软化性，在遇水的情况下易发生软化，从而降低了顶板的稳定性。

直接底多为砂质泥岩或炭质泥岩，局部地段为粉砂岩或细粒砂岩，厚 0 ~ 11.20 m，有时有泥岩伪底。

主要表现特征为顶板有淋水，底板有渗水，煤质松软，工作面断层、陷落柱较多，巷道底板松软。

2）综采工作面布置和配套

工作面主要综采设备有电牵引采煤机、电液控制液压支架、重型刮板输送机、桥式转载机和带式输送机等。工作面支架平面布置如图 4 – 1 所示。

主要配套设备及型号如下：采煤机，SL500 型；刮板输送机，SGZ1000/2 × 855 型；液压支架，ZY12000/28/62D 型掩护式液压支架（中间架），ZYG12000/28/62D 型过渡支架，ZYP12000/28/62D 型排头支架。

3）对大采高液压支架的要求

（1）确保满足单面年产 8 ~ 10 Mt 以上设计能力，支架大修周期过煤量超 15 Mt。

（2）支架主体寿命大于 40000 次工作循环，各部件寿命要求见表 4 – 4。

（3）支架控制系统可配置国际先进的电液控制系统。

（4）立柱、千斤顶采用进口优质密封件。

（5）支架质量不超过 40 t。

（6）型式试验按 MT 312—2000 标准进行（复合加载型式试验，40000 次）。

表 4 – 4　支架主要部件寿命要求

序 号	名 称	寿命/a	序 号	名 称	寿命/a
1	顶梁	6	8	推移框架	6
2	掩护梁	6	9	伸缩梁	3
3	底座	6	10	立柱	3
4	侧护板	3	11	千斤顶	3
5	前连杆	6	12	控制系统、阀	4
6	后连杆	6	13	管路附件	6
7	护帮板	3	14	胶管	2

2. 典型大采高液压支架总体规划实例

1）工作面布置

全工作面共布置 111 架基本架、3 架过渡架、6 架排头和排尾架，共 120 架支架，由机头到机尾编号依次为 1，2，…，120。

在工作面上、下顺槽的排头架和中间架间分别布置 1 架、2 架过渡架，以保证人行道畅通。

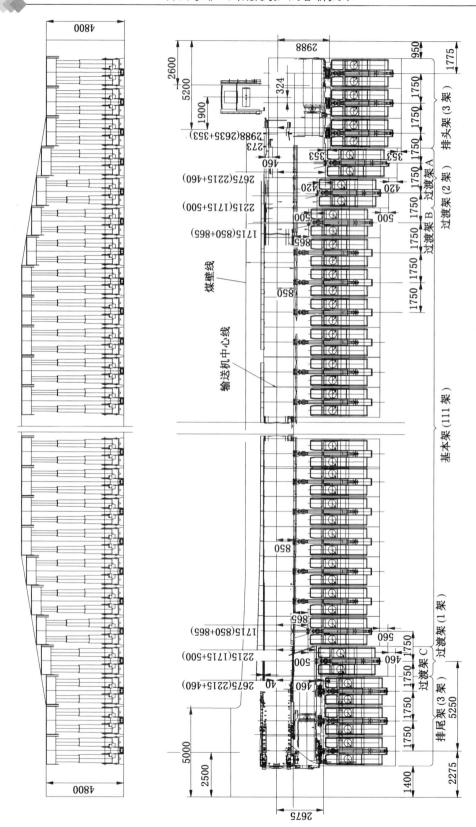

图 4 - 1   工作面支架平面布置示意图

机头和机尾各设置 3 架排头架, 采用加长顶梁, 以满足刮板输送机传动部的支护要求。

2) ZY12000/28/62D 型掩护式液压支架主要技术参数

ZY12000/28/62D 型掩护式液压支架主要技术参数见表 4-5。

ZY12000/28/62D 型掩护式液压支架 "三机" 配套如图 4-2 所示。

采煤机型号为 SL500 (艾柯夫), 刮板输送机型号为 SGZ1000/2×855, 装机功率为 2×855 kW, 此时控顶距为 553 mm (5.5 m 采高)、架前通道为 368 mm、中间通道为 602 mm。

表 4-5　ZY12000/28/62D 型掩护式液压支架主要技术参数

序号	项　目	技　术　参　数
1	支架形式	两柱掩护式、电液控制
2	支撑高度/mm	2800~6200
3	支护强度/MPa	1.06~1.10 ($f=0.2$、3.5~5.5)
4	梁端力 (顶梁)/kN	2869 (初撑时 1893 kN)
5	梁端距/mm	574~608 (采高 5.0 m 时梁端距为 600 mm)
6	初撑力 (泵站压力 31.5 MPa/增压系统 41.0 MPa)/kN	7917 (10300)
7	工作阻力 (47.7 MPa)/kN	12000
8	支架中心距/m	1.75
9	以立柱分为前后部分顶梁的比例	2.95:1
10	峰值压力时受力点距离底座前端距离/mm	1543 ($H=5.5$ m)
11	对地比压/MPa	平均 2.56~2.65 ($f=0.2$、3.5~5.5)
12	顶板接触压力/MPa	1.20
13	支架的运输尺寸/(mm×mm×mm)	8790×1660×2800
14	结构件安全系数	1.37~2.65
15	循环时间/s	10~11 (单架循环时间)
16	支架质量/t	<37.2

3) 所设计大采高液压支架的特点

大采高两柱掩护式液压支架, 支架工作阻力大, 稳定性高; 整顶梁带内伸缩前梁, 二级铰接翻转式护帮机构, 护帮能力大, 回转半径小, 顶梁梁端支撑力大; 单侧活动侧护板; 倒置千斤顶长框架推移机构; 设有提底座装置; 采用全自动化电液控制系统; 结构件采用不同等级的高强度钢板焊接, 采用药芯焊丝焊接。

4) 确保支架稳定的措施

(1) 加大支架立柱左右中心距。

(2) 加大底座支撑面积 (长度和宽度方向都加大)。

(3) 加大侧推千斤顶缸径, 提高调架能力。

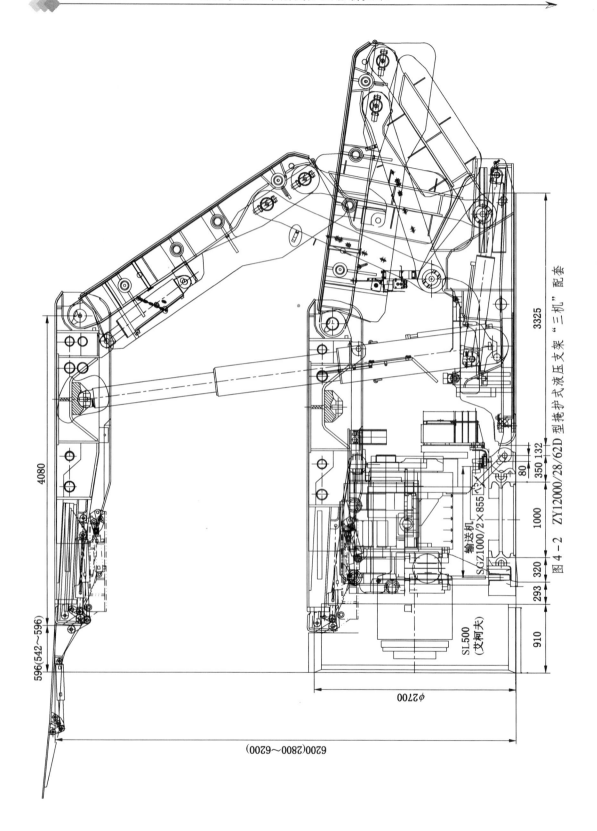

图 4-2 ZY12000/28/62D 型掩护式液压支架 "三机" 配套

（4）精密加工，使四连杆机构的销－孔配合间隙最大不超过0.75 mm，横向耳档间隙保证在8 mm内。

（5）提高四连杆机构和掩护梁的设计刚度。

（6）优化设计支架的参数和结构，降低支架的重心。

（7）支架底座侧面预留调架千斤顶的安装位置，需要时配置。

（8）顶梁上设防倒装置。

（9）侧护板带液压防倒锁。

第三节　典型当代大采高液压支架设计主要特点范例

一、支架架型及工作阻力

工作面支架（包括排头架、过渡架和基本架）均为两柱掩护式电液控制支架。根据支架所在位置，过渡架和基本架顶梁为整体顶梁，带800 mm行程的内伸缩梁，伸缩梁前端带可折叠二级护帮的结构形式；排头、排尾架顶梁采用整体顶梁带一级护帮的结构形式，并带有底调装置；其余支架的底座一侧预留有底调装置的连接耳座。所有支架的工作阻力均为12000 kN。

二、支架高度及放置间距

支架高度为2.8～6.2 m。排头、排尾架共6架，整体顶梁加一级护帮；过渡架数量按配套需要保证人行道畅通，需要3架过渡架（整体伸缩顶梁加二级护帮）。排头架和过渡架尺寸按现有配套确定，并保证支架侧护板高度使支架在降架过程中不互相干涉。

支架支撑高度按从工作面中部6.2 m过渡到两端的3.8 m、相邻支架间的高度差300 mm（侧护板高度为765 mm，邻架间侧护板搭接量为465 mm）进行布置，这样能避免降架过程中出现的相互脱开咬架现象。

各支架工作高度见表4－6。

表4-6　各支架工作高度

支架编号	支架名称	工作高度/mm	滞后基本架的距离/mm	备　注
1.2	排头架	4800	2232	机头处，滞后支护
3	排头架	4800	2232（467）	机头处，滞后支护
4	过渡架A	5100	1765（450）	顶梁加长，滞后支护
5	过渡架B	5300	1765（450）	顶梁加长，滞后支护
6	基本架	5600		及时支护
7	基本架	5900		及时支护
8～113	基本架	6200		及时支护
114	基本架	5900		及时支护

表4-6（续）

支架编号	支架名称	工作高度/mm	滞后基本架的距离/mm	备 注
115	基本架	5600		及时支护
116	基本架	5300		及时支护
117	过渡架C	5100	1315（450）	顶梁加长，滞后支护
118	排尾架	4800	2232（467）	机尾处，滞后支护
119、120	排尾架	4800	2232	机尾处，滞后支护

过渡段长度（到煤帮）：机头顺槽约14.75 m，机尾顺槽约15.6 m。顶板角度为10.9°，共9架支架（包括排头、排尾架）。

三、支架中心距和推移千斤顶行程

基本架、过渡架、排头和排尾架的中心距按1.75 m设计。

带位移传感器的推移千斤顶行程为960 mm。

四、支架底座

支架底座结构如图4-3所示，其技术参数见表4-7。

表4-7 支架底座主要技术参数

序 号	项 目	技 术 参 数
1	主筋板厚度/材料强度	30 mm/80 kg级
2	过桥厚度/材料强度	120 mm/80 kg级
3	支架底座长度/宽度	3840 mm/1650 mm
4	支架底座总面积	4.65 m^2
5	底座安全系数	1.37
6	对底板最大压力	3.43~5.2 MPa（$f = 0.2$、3.5~5.5）
7	对底板平均压力	2.56~2.65 MPa（$f = 0.2$、3.5~5.5）
8	推移油缸直径/行程	ϕ200 mm/960 mm
9	推溜力/拉架力	505 kN/990 kN
10	提架油缸直径/行程	ϕ140 mm/260 mm
11	提架油缸推力	485 kN
12	底座质量	7302 kg
13	推移杆长度/厚度/材料强度	3320 mm/190 mm/100 kg级
14	柱窝到底座前端的距离	1260 mm

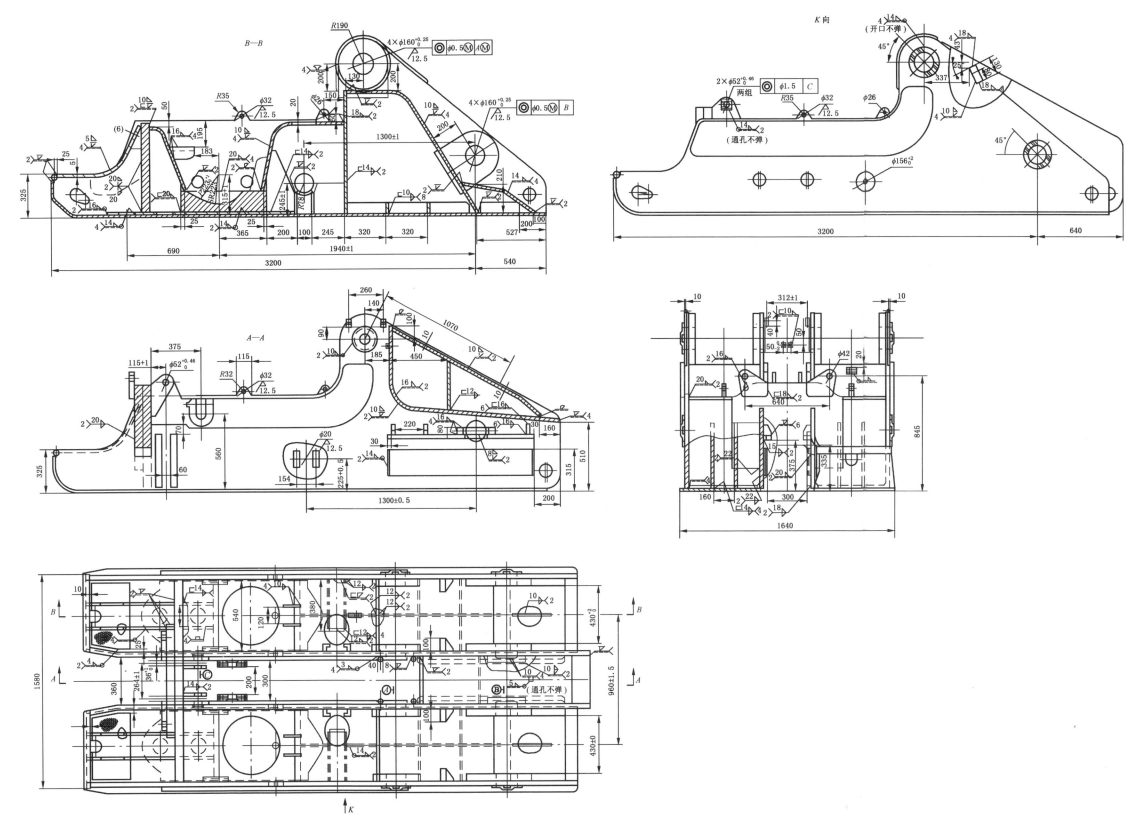

图 4 - 3　支架底座结构示意图

（1）支架底座前端设计为 R150 圆弧过渡，底座过桥后设有抬底千斤顶，利于支架在软底板上前移（图4-4）。底座前端上部的人行通道设为水平的，其上部设有防滑花纹钢板，以利于人员行走，立柱后部的脚踏板上设有防滑花纹钢板和防滑胶垫。

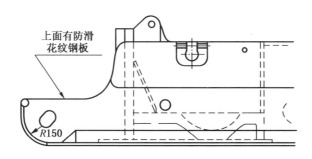

图4-4　底座前端设计

（2）支架底座采用整体半刚性结构，两边箱体通过前部过桥和后部箱体连接成整体，底板完全开档，确保底座排煤畅通；支架立柱固定采用压板结构，推移千斤顶与底座的连接采用挡块加横销的结构形式，抬底装置安装和拆卸空间加大，使立柱、推移千斤顶和抬底装置等均能独立安装拆卸、互不影响，方便井下设备检修与维护。

（3）底座过桥厚度为 120 mm，采用钢板拼焊结构，过桥下面距底板 380 mm，推杆上面距底板 195 mm。输送机推出后铰接点处可以上飘 413 mm，底座前端可以下陷 319 mm，适应性强。底座过桥结构设计如图4-5所示。

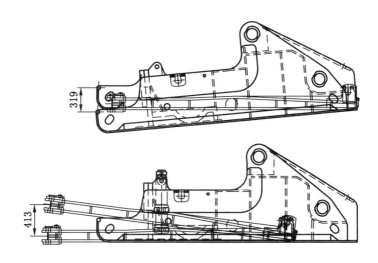

图4-5　底座过桥结构设计

（4）推移装置中，连接头与推移杆的垂直连接销轴上带有应力槽，以实现对整个推移装置其他各部分的机械保护作用；抬底装置与底座的连接销轴设计时，应确保抬底油缸损坏前提前切断，并便于现场安装和更换。

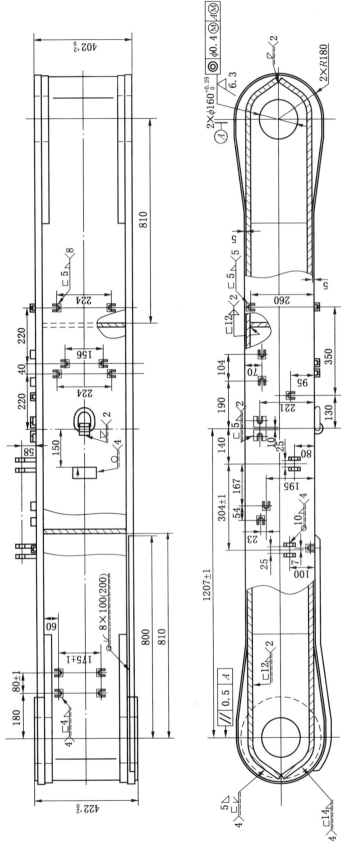

(a) 前连杆

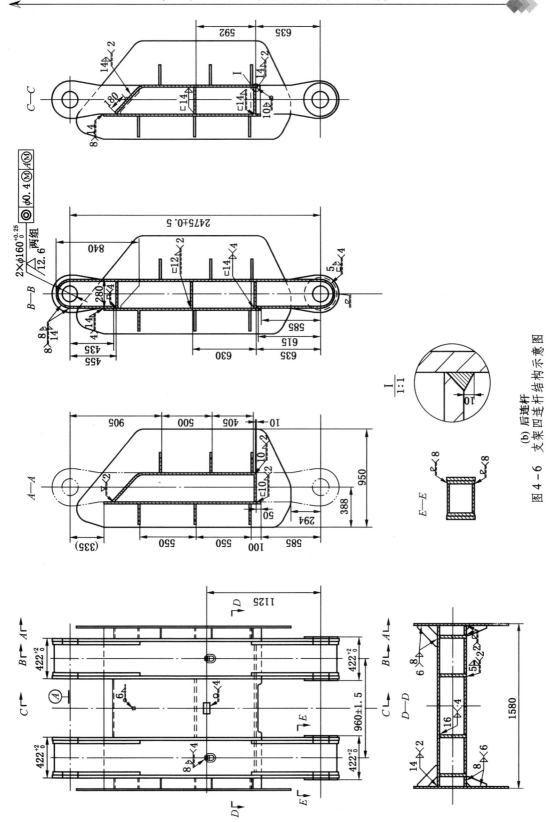

图 4-6　支架四连杆结构示意图
(b) 后连杆

（5）支架底座中间档设计时，考虑推移千斤顶井下更换位移传感器方便，使推移千斤顶的缸底上抬，其余连接部位不拆，即直接更换有故障的位移传感器；推移千斤顶收回后，千斤顶与推杆之间的固定销轴与压块均暴露在箱体外面，拆卸方便。

五、支架四连杆

支架四连杆结构如图4-6所示，其主要技术参数见表4-8。

表4-8　支架四连杆主要技术参数

序　号	项　目	技　术　参　数
1	前连杆主筋板厚度/材料强度	30 mm/100 kg级
2	后连杆主筋板厚度/材料强度	30 mm/100 kg级
3	四连杆销与孔的配合间隙	最大0.75 mm
4	四连杆与底座间的配合间隙	最大8 mm
5	四连杆与掩护梁间的配合间隙	最大8 mm
6	前连杆质量	708 kg
7	后连杆质量	2170 kg
8	四连杆与底座间连接销的安全系数	2.56
9	四连杆安全系数	前连杆2.54，后连杆2.65

支架后连杆为整体箱形结构，前连杆为两个单体连杆，以提高支架侧向抗扭性能，其外形如图4-7所示。

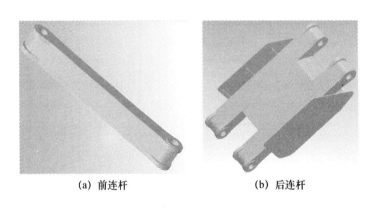

(a) 前连杆　　　　　　　(b) 后连杆

图4-7　支架四连杆外形

六、支架掩护梁

支架掩护梁结构如图4-8所示，其主要技术参数见表4-9。

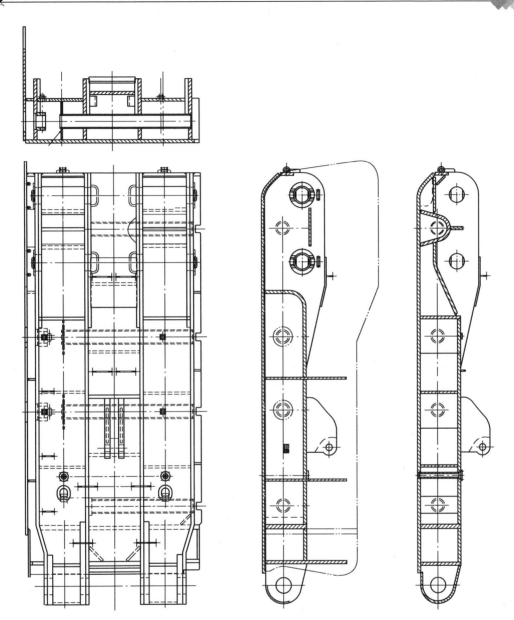

图4-8　支架掩护梁结构示意图

表4-9　支架掩护梁主要技术参数

序　号	项　　目	技 术 参 数
1	主筋板厚度/材料强度	25 mm/80 kg 级
2	支架掩护梁长度	3650 mm
3	侧护板厚度/材料强度	20 mm/70 kg 级
4	侧护板弹簧的压力	2.673～11.297 kN
5	掩护梁侧推油缸类型/直径/行程	内进液式（2个）/ϕ80 mm/200 mm
6	推力/拉力	158 kN/69 kN
7	掩护梁质量	5539 kg

七、支架顶梁

支架顶梁结构如图4-9所示，其主要技术参数见表4-10。

表4-10　支架顶梁主要技术参数

序　号	项　目	技　术　参　数
1	主筋板厚度/材料强度	25 mm/80 kg级
2	支架顶梁宽度（最大宽度/最小宽度）	1620 mm（1850 mm/1650 mm）（加侧护板）
3	支架顶梁长度	5850 mm（总长度）
4	柱窝至顶梁前端长度	4370 mm
5	柱窝至顶梁后端长度	1480 mm（顶梁最后端）
6	顶梁的安全系数	1.59
7	顶梁侧推油缸类型/直径/行程	内进液式（2个）/φ80 mm/200 mm
8	推力/拉力	158 kN/69 kN
9	顶梁质量	8545 kg

八、护帮装置和伸缩梁

护帮装置和伸缩梁主要技术参数见表4-11。

表4-11　护帮装置和伸缩梁主要技术参数

序　号	项　目	技　术　参　数
1	护帮板长度/宽度	2400 mm/1375 mm
2	护帮板厚度/材料强度	30 mm/80 kg级
3	一级护帮油缸类型/直径/行程	普通（2个）/φ100 mm/415 mm
4	推力/拉力	247 kN（298 kN）/126 kN
5	二级护帮油缸类型/直径/行程	普通（2个）/φ80 mm/330 mm
6	推力/拉力	98 kN（118 kN）/36 kN
7	护帮装置质量	880 kg（一级＋二级）
8	伸缩梁长度/宽度	1600 mm/1490 mm
9	伸缩梁厚度/材料强度	30 mm/100 kg级
10	伸缩油缸类型/直径/行程	普通（2个）/φ100 mm/800 mm
11	推力/拉力	247 kN/126 kN
12	伸缩梁质量	1735 kg

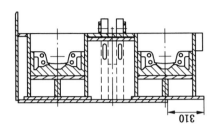

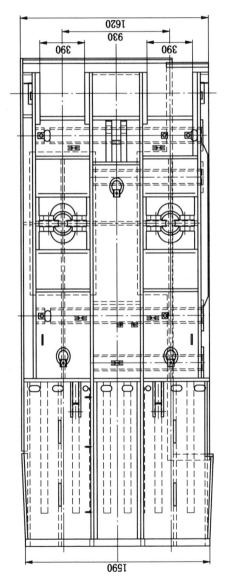

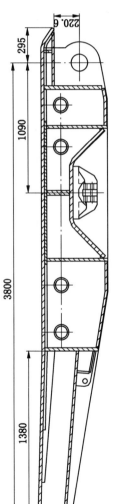

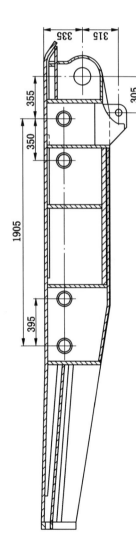

图 4 - 9　支架顶梁结构示意图

（1）伸缩梁带铰接式两级护帮机构，护帮机构均采用小四连杆机构控制，在一级护帮收回时，二级护帮能完全折叠在一级护帮内，护帮机构的回转半径小，适应煤层厚度变化大，如图 4 – 10 所示。

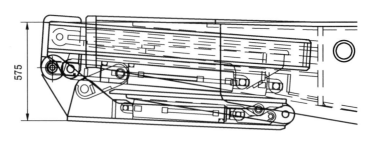

(a) 伸缩梁带铰接式两级护帮机构

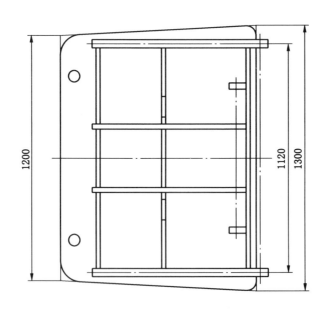

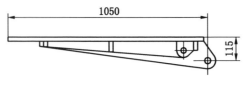

(b) 二级护帮板

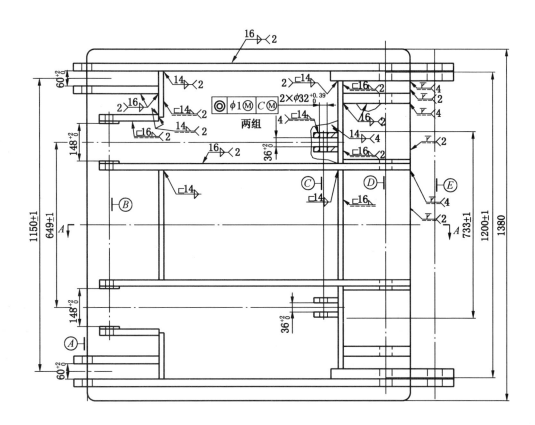

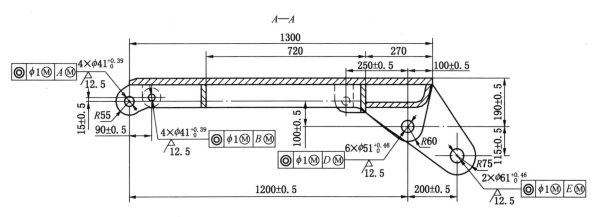

(c) 一级护帮板

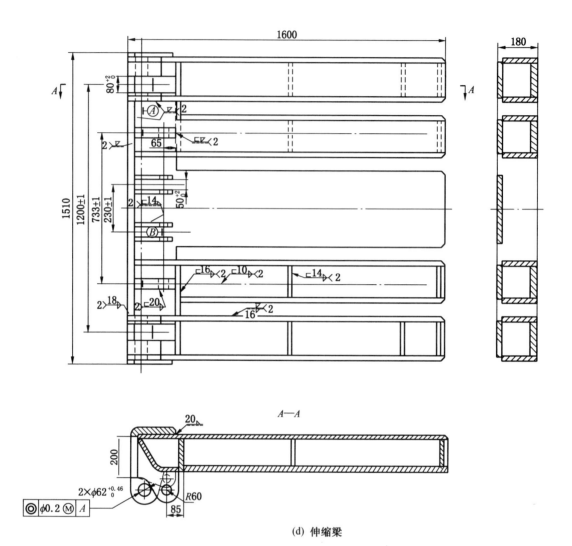

(d) 伸缩梁

图 4-10　护帮装置和伸缩梁结构示意图

（2）割煤前，支架最大护帮高度为 2652 mm，此时缩回后的伸缩梁梁端力为 2503 kN（31.5 MPa）/3794 kN（47.7 MPa），一级护帮力为 47.3 kN（31.5 MPa）/57 kN（38 MPa），二级护帮力为 18.4 kN（31.5 MPa）/22.3 kN（38 MPa），如图 4-11a 所示。

（3）割煤后，支架最大护帮高度为 2617 mm，此时伸出后的伸缩梁梁端力为 2216 kN（31.5 MPa）/3359 kN（47.7 MPa），一级护帮力为 47.3 kN（31.5 MPa）/57 kN（38 MPa），二级护帮力为 18.4 kN（31.5 MPa）/22.3 kN（38 MPa），如图 4-11b 所示。

（4）伸缩梁全部伸出、两级护帮全部打开与顶梁平齐时，伸缩梁梁端力为 2216 kN（31.5 MPa）/3359 kN（47.7 MPa），一级护帮力为 17 kN（31.5 MPa）/20.5 kN（38 MPa），二级护帮力为 15 kN（31.5 MPa）/18.1 kN（38 MPa），如图 4-11c 所示。

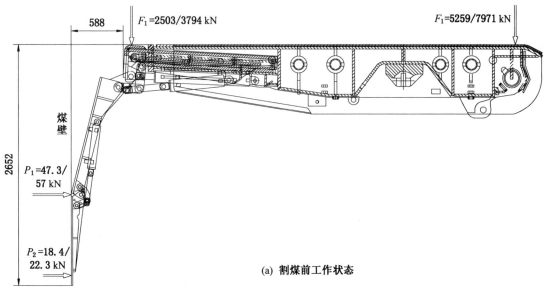

(a) 割煤前工作状态

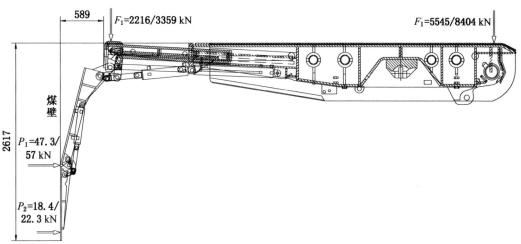

(b) 割煤后工作状态

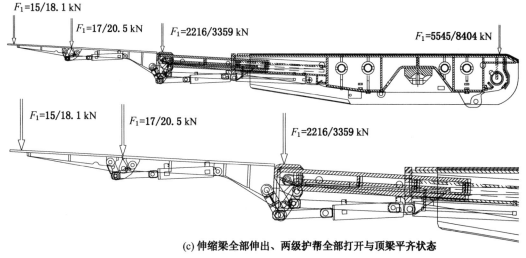

(c) 伸缩梁全部伸出、两级护帮全部打开与顶梁平齐状态

图 4-11　护帮装置和伸缩梁工作状态

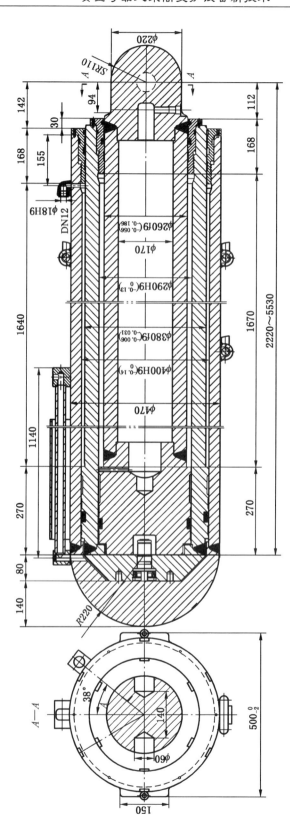

图 4-12　立柱结构示意图

九、立柱

立柱结构如图 4-12 所示，其主要技术参数见表 4-12。

表 4-12　立柱主要技术参数

序　号	项　目	技　术　参　数
1	立柱类型	双伸缩，2 个
2	缸筒材料	27SiMn（27SiMnA）
3	收缩时总长度	2325 mm
4	伸出时总长度	5181 mm
5	行程	1443 mm（中缸）+1413 mm（活柱）
6	大缸外径/内径	ϕ470 mm/ϕ400 mm（缸口 475 mm）
	中缸外径/内径	ϕ380 mm/ϕ290 mm
	活柱外径/内径	ϕ260 mm/ϕ170 mm
7	工作阻力/初撑力	6000 kN/3958.4 kN（5150 kN）
8	安全阀卸载压力，流量，形式	47.7 MPa，500 L/min（2 个），弹簧式
9	柱窝的安全系数	1.74
10	立柱中心距	960 mm
11	镀层材料及厚度	乳白铬，0.03~0.04 mm； 硬铬，0.05~0.06 mm
12	立柱质量	2128 kg

立柱缸口采用矩形螺纹连接结构，提高了可靠性，也便于安装维护，如图 4-13 所示。

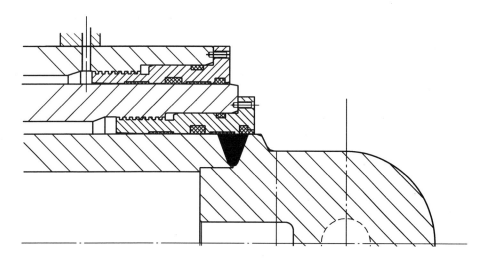

图 4-13　立柱螺纹缸口设计示意图

支架的每根立柱上设有两个500 L/min的大流量安全阀。

十、千斤顶

平衡千斤顶结构如图4-14所示，其主要技术参数见表4-13。

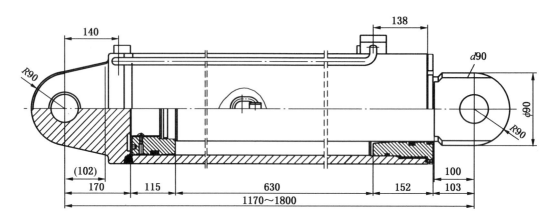

图4-14 平衡千斤顶结构示意图

表4-13 平衡千斤顶主要技术参数

序　　号	项　　目	技　术　参　数
1	油缸类型	普通，1个
2	油缸外径/缸径/活塞杆直径	ϕ273 mm/ϕ230 mm/ϕ160 mm
3	油缸行程	630 mm
4	推力/拉力	1982 kN/1023 kN（$p = 47.7$ MPa）
5	安全阀卸载压力，流量，形式	47.7 MPa，250 L/min，弹簧式

其他千斤顶包括推移千斤顶、抬底千斤顶、侧推千斤顶、伸缩千斤顶、一级护帮千斤顶、二级护帮千斤顶、调架千斤顶，其结构如图4-15～图4-21所示，主要技术参数见表4-14。

表4-14 支架千斤顶主要技术参数

名　　称	数量/根	形式	油缸内径/mm	油缸外径/mm	活塞杆直径/mm	行程/mm	推力/kN	拉力/kN
推移千斤顶	1	双作用	ϕ200	ϕ245	ϕ100	960	505	909
抬底千斤顶	1	单作用	ϕ140	ϕ168	ϕ100	260	485	
侧推千斤顶	4	单作用	ϕ100	ϕ121	ϕ70	200	247/275（$p = 31.5/35$ MPa）	126

表 4-14（续）

名　称	数量/根	形式	油缸内径/mm	油缸外径/mm	活塞杆直径/mm	行程/mm	推力/kN	拉力/kN
伸缩千斤顶	2	单作用	φ100	φ121	φ70	865	247 (p=31.5 MPa)	126
调架千斤顶	1	单作用	φ125	φ152	φ90	270	387 (p=31.5 MPa)	186
一级护帮千斤顶	2	单作用	φ100	φ121	φ70	415	247/298 (p=31.5/38 MPa)	
二级护帮千斤顶	2	单作用	φ80	φ102	φ63	330	158/190 (p=31.5/38 MPa)	60

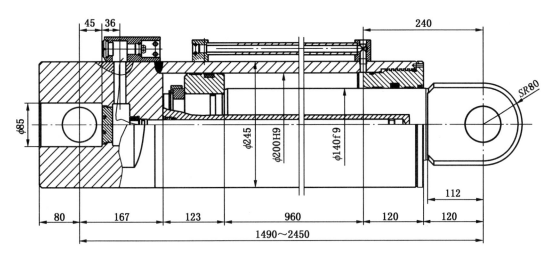

图 4-15　推移千斤顶结构示意图

十一、支架其他细部设计

（1）支架的顶梁和掩护梁一侧带有与梁体一体的固定侧护板，另外一侧配有活动侧护板，使支架结构简单、强度高，如图 4-22 所示。

（2）输送机中心线附近的支架顶梁上设有两个起吊质量不低于 5 t 的吊环，方便输送机的安装。其余结构件和立柱、千斤顶等液压元件上也相应设有起吊环或起吊孔，方便安装和维护。所有起吊环均按圆环链的标准制造，或从圆环链厂家定购。

（3）顶梁和掩护梁间夹角为 175°~178°时有机械限位，此时平衡千斤顶尚有一定的富余液压行程，使平衡千斤顶不会受到过度机械力的拉伸，保护了平衡千斤顶及其连接耳板；支架升到最高、顶梁低头 15°时，顶梁和掩护梁间有机械限位；当支架降到最低时，底座和前连杆之间有机械限位装置，如图 4-23 所示。

（4）基本架高度在 2800~6200 mm 时的梁端距变化范围为 542~596 mm，总变化量为 54 mm，如图 4-24 所示。支架高 5.5 m 时，梁端距为 547 mm。

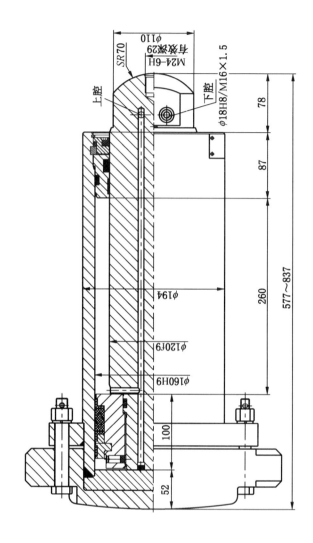

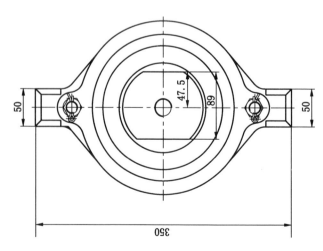

图4-16 抬底千斤顶结构示意图

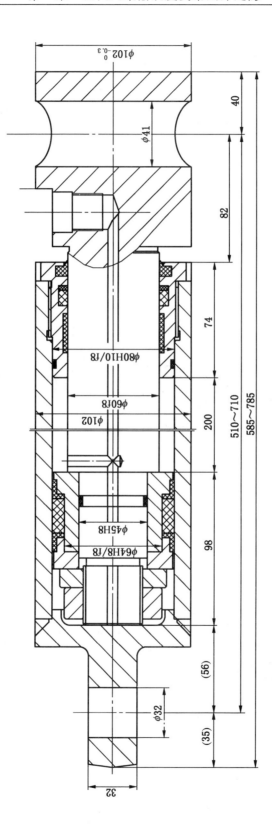

图 4 - 17　侧推千斤顶结构示意图

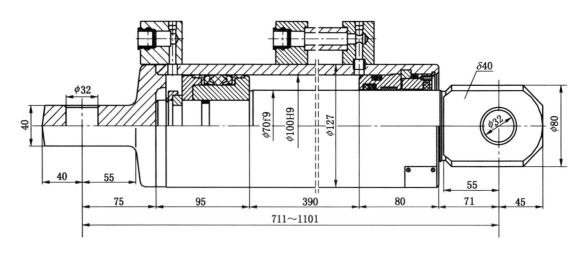

图 4-18　伸缩千斤顶结构示意图

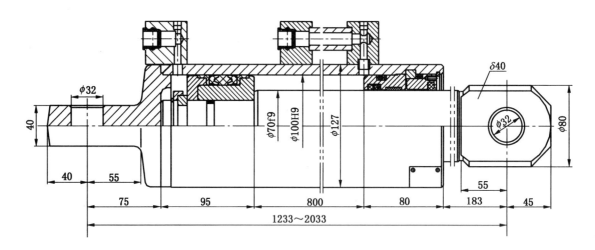

图 4-19　一级护帮千斤顶结构示意图

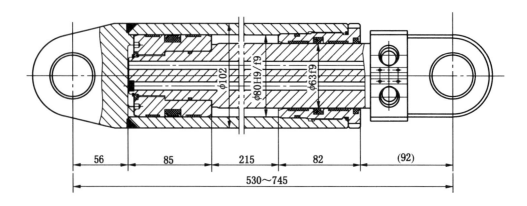

图 4-20　二级护帮千斤顶结构示意图

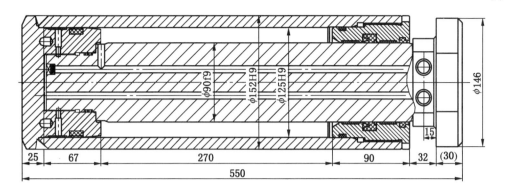

图 4-21 调架千斤顶结构示意图

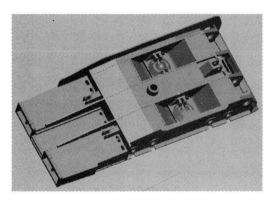

(a) 固定侧护板

(b) 活动侧护板

图 4-22 侧护板

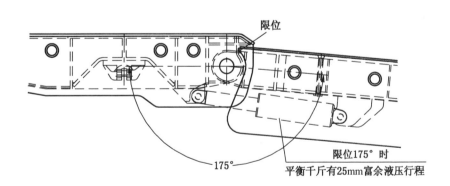

图 4-23 机械限位

过渡架高度在 2800～6200 mm 时的梁端距变化范围为 524～558 mm，总变化量为 34 mm。支架高 5.0 m 时，梁端距为 550 mm。

排头架高度在 2800～6200 mm 时的梁端距变化范围为 574～608 mm，总变化量为 34 mm。支架高 5.0 m 时，梁端距为 600 mm。

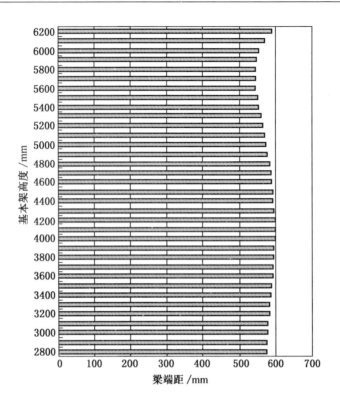

图 4 - 24 基本架梁端距变化

（5）基本架在 31.5 MPa 压力下，伸缩梁伸出时的梁端力为 2040 kN。在不同高度、摩擦因数 $f=0.2$ 时的梁端力如图 4 - 25 所示。

（6）支架顶梁后部和掩护梁铰接处采用"屋檐式"设计（图 4 - 26），从而保证支架顶梁与掩护梁之间连接处不漏煤；并确保活动侧护板伸出时的侧向密封，顶梁和掩护梁侧护板上的安装工艺孔均有挡板封闭。

（7）支架的顶梁端板前端上面焊有 $\phi30$ mm 的圆钢，伸缩梁前端有 $R50$ mm 的圆弧，掩护梁背面的压板等有倒角，确保支架前移时不刮顶网，如图 4 - 27 所示。

（8）支架的所有销轴及相应连接件等表面镀锌，并涂抹黄油后安装。四连杆机构和顶梁与掩护梁间的连接轴采用基孔制间隙配合，孔尺寸设计为 $\phi160H11$（0，+0.25），轴尺寸设计为 $\phi159.6$（0，-0.1），以保证四连杆机构的销孔间隙在 0.4 ~ 0.75 mm 之间；四连杆机构耳档横向间隙配合的名义间隙为 8 mm，档宽公差设计为（0，-2），耳座宽度公差设计为（+2，0），以保证四连杆机构连接处的横向间隙在 4 ~ 8 mm 范围内变化。通过间隙控制，提高支架的稳定性。

（9）支架的顶梁前部腹板上设有向下的架内喷雾装置（图 4 - 28），可实现自动喷雾。支架掩护梁和后连杆上各设有两个朝向采空区的喷雾装置，可实现手动喷雾，增加采空区矸石的湿度，减小移架后的矸石粉尘。支架立柱前、顶梁腹板上设照明灯安装位置。

（10）支架的各结构件、立柱千斤顶、大连接销轴、导杆和顶杆等均设有方便井下搬运安装的相应吊装孔、吊环或起吊钩。基本架的运输尺寸小于 7.9 m。

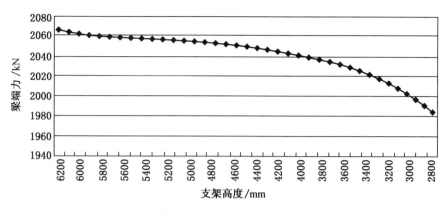

(a) 摩擦因数 f=0.2，平衡油缸不受力 (N=0) 时的梁端力

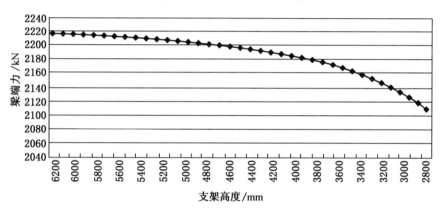

(b) 摩擦因数 f=0.2，平衡油缸受压 (N=1) 时的梁端力

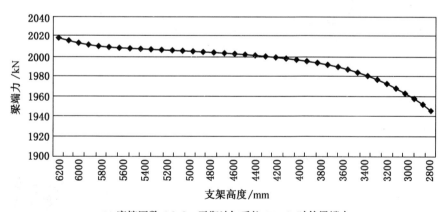

(c) 摩擦因数 f=0.2，平衡油缸受拉 (N=-1) 时的梁端力

图 4-25 基本架伸缩梁梁端力变化计算图

（11）所有支架均预留有底调油缸的安装位置，在 6 架排头、排尾架底座上都设有底调油缸，并根据其在井下状况合理设计位置，确保安装维修方便。

（12）所有支架均设有抬底装置，缸径为 ϕ160 mm/120 mm，行程为 260 mm，抬架力为 633 kN。

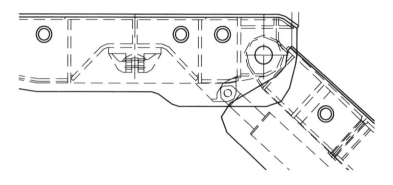

图 4-26   顶梁后部和掩护梁铰接处"屋檐式"设计

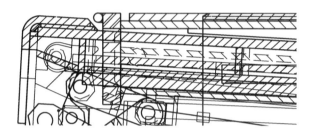

图 4-27   顶梁端板圆弧形设计

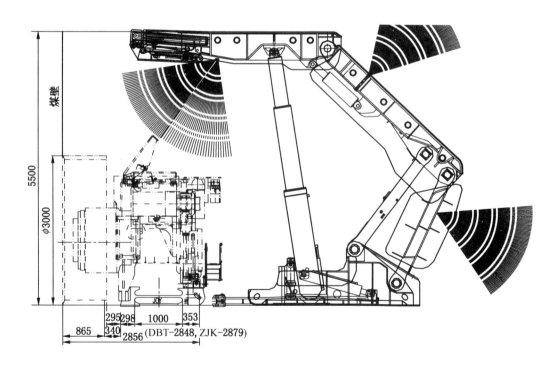

图 4-28   架内喷雾装置

十二、支架人性化设计

（1）所有部件均设置吊装环或吊装孔。

（2）所有变截面处均圆滑过渡。

（3）过液压胶管和电缆处均设置管环、过渡钢筋棍等。

（4）脚踏板和底座前端行人处均设置防滑花纹板。

（5）焊缝采用进口支架形式，结构设计和焊缝布置尽可能人性化。

（6）顶梁上设有顶板渗水防淋结构。

（7）支架底座上设有冲洗管路。

（8）平衡油缸设有保护链条，防止其落下伤人，如图 4-29 所示。

图 4-29 平衡千斤顶加保护链条

（9）为了防止底座柱窝处被煤泥等杂物充填，影响立柱摆动，且不便于清洗，故用阻燃带弹性的塑胶填充物把立柱下柱窝处的空隙填满，如图 4-30 所示。

图 4-30 防底座柱窝被填措施

（10）采煤机割煤过程中，煤块的飞溅很容易伤害操作工人，故在两立柱中间设置防护网，网孔为 50 mm，以保护架内工作人员的安全，如图 4-31 所示。

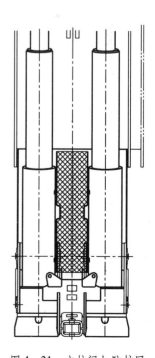

图 4-31 立柱间加防护网

（11）可靠且可随支架升降自动调整的多通管架结构，完全避免了因支架升降时架间胶管妨碍操作人员正常操作。

（12）支架人行通道与采煤机间设挡矸防护装置。

十三、支架供回液系统和支架液压系统

1. 支架供回液系统

全套支架采用环形网状供液系统，如图 4 - 32 所示。顺槽内为 DN63S 双供液管、DN76 双回液管，一对管路连接到输送机电缆槽内的环形管路，另一对管路接支架上主进回液管，电缆槽内的环形管路与末架的进回液管路相连；电缆槽内的进液管为 DN63S，回液管为 DN76；支架上的主进回液管均为 DN50；电缆槽内的环形管路和支架上的主进回液管路通过 3 组 DN50 联络管路分别连接。DN63S 进液管、DN76 回液管和支架上 DN50 的主进回液管为进口优质产品。

2. 支架液压系统

支架液压系统布置如图 4 - 33 所示，支架液压系统原理如图 4 - 34 所示。

（1）顺槽管路、环形管路和联络管路及附件明细见表 4 - 15。

表 4 - 15　顺槽管路、环形管路和联络管路及附件明细表
（顺槽内泵站到首架的距离按 200 m 计算）

序号	名　称　规　格	总　数	备　注
1	DN63S - 35 × 10000	70 根	用于顺槽、电缆槽内
2	DN76 - 8 × 10000	70 根	用于顺槽、电缆槽内
3	DN50S - 35 × 8000	3 根	用作联络管
4	DN50 - 8 × 8000	3 根	用作联络管
5	DN50S - 35 × 2200	169 根	架间管
6	DN50 - 8 × 2300	169 根	架间管
7	DN50S - 35 × 2700	6 根	架间管
8	DN50 - 8 × 2800	6 根	架间管
9	主进液三通 DN50S/DN25/DN50S	120 个	用于支架上
10	主回液三通 DN50/DN32/DN50	120 个	用于支架上
11	直通 DN63S	70 个	DN63S 进液管路
12	直通 DN76	70 个	DN76 进液管路
13	异径接头 DN63SM/DN50SG	2 个	DN63S 进液管路
14	异径接头 DN76M/DN50G	2 个	DN76 回液管路
15	异径三通 DN63S /DN50/DN63S	3 个	用于联络管路顺槽主进液
16	异径三通 DN76/DN50/DN76	3 个	用于联络管路顺槽主回液
17	三通 DN50S（带一公头）	3 个	用于联络管路支架主进液

图4-32　工作面主供回液管路布置

接刮板输送机机尾

截止阀

DN50
联络管

DN65
DN70

DN25
架间喷雾管

DN50
架间主
供液管

DN50
架间主
回液管

进水管

接泵站主回液

接泵站主进液

接带式输送机机尾

接转载机
机头

三通

直通

接刮板输送
机机头
DN70
DN65
DN50

表4-15（续）

序号	名 称 规 格	总 数	备 注
18	三通 DN50（带一公头）	3 个	用于联络管路支架主回液
19	异径三通 DN63S/DN10DN63S	3 个	用于顺槽预留接口
20	异径三通 DN76/DN10DN76	3 个	用于顺槽预留接口
21	U 形卡 DN76	140 个	
22	U 形卡 DN63S	140 个	
23	U 形卡 DN50S	361 个	
24	U 形卡 DN50	361 个	

注：高压胶管、带公头的附件上均有密封件。

（2）支架上所有附阀、手动反冲洗过滤器及相应连接件明细见表4-16。

表4-16 支架上所有附阀、手动反冲洗过滤器及相应连接件明细表

序号	名 称 规 格	单架数量	总数量	备 注
1	立柱安全阀（500 L/min，$p = 47.7$ MPa）	4 + 4 + 4	480	
2	小安全阀（125 L/min，$p = 38$ MPa）DN10	7 + 7 + 4	822	
3	平衡安全阀（250 L/min，$p = 47.7$ MPa）DN12	2 + 2 + 2	240	
4	立柱液控单向阀 DN20	2 + 2 + 2	240	
5	球形截止阀 DN20	2 + 2 + 2	240	
6	推移液控单向阀 DN12	1 + 1 + 1	120	
7	反冲洗过滤器	1 + 1 + 1	120	
8	球形截止阀 DN10	1 + 1 + 1	120	
9	回油断路阀 DN25	1 + 1 + 1	120	
10	主进液球形截止阀 DN25	1 + 1 + 1	120	
11	平衡双向锁 DN10	1 + 1 + 1	120	
12	双向锁 DN10	3 + 3 + 1	348	
13	单向锁 DN10	1 + 1 + 1	120	
14	压力表	4 + 4 + 4	480	
15	顶梁喷雾装置（陶瓷扇形喷嘴 DN10）	2 + 2 + 2	240	
16	球形截止阀 DN10	4 + 4 + 4	480	
17	喷雾过滤器 DN10	1 + 1 + 1	120	
18	喷雾阀	1 + 1 + 1	120	

注：表中 × + × + × 依次代表该件在基本架、过渡架和排头架的单架数量。

（3）各类油缸和立柱的密封明细见表4-17。

表4-17 各类油缸和立柱的密封明细表

序号	名 称 规 格		单架数量	总 数	备 注
1	$\phi 400$ 立柱		2 + 2 + 2	240	
2	$\phi 230/160$ 平衡油缸		1 + 1 + 1	120	
3	$\phi 200/140$ 推移油缸		1 + 1 + 1	120	
4	$\phi 160/120$ 抬底油缸		1 + 1 + 1	120	
5	$\phi 100/70$ 伸缩油缸、一级护帮油缸，各两件		4 + 4 + 0	456	
6	$\phi 80/63$ 二级护帮油缸		2 + 2 + 0	228	
7	$\phi 80/60$	侧推油缸	4 + 4 + 4	484	
		侧挑油缸	共4个		
8	$\phi 165/100$ 一级护帮油缸（排头架）		0 + 0 + 1	6	
9	$\phi 125/90$ 底调油缸（排头架）		0 + 0 + 1	6	
10	$\phi 125/70$ 防倒、防滑油缸		2	待定	

注：表中×+×+×依次代表该件在基本架、过渡架和排头架的单架数量。

十四、支架电液控制系统

1. 电控系统可以实现的支架动作

电控系统可以控制支架的以下基本功能：

（1）基本架和过渡架，16个功能：立柱升/降，推溜/拉架，平衡伸/收，侧推伸/收，前梁伸/缩，一级护帮伸/收，二级护帮伸/收，抬底升/顶梁喷雾。

（2）排头支架，14个功能：立柱升/降，推溜/拉架，平衡伸/收，侧推伸/收，护帮伸/收，底调伸/缩，抬底升/顶梁喷雾。

电控系统可实现以下功能：

（1）单台支架"降、移、升"循环时间小于10 s。

（2）单台支架的程序自动控制（"降、移、升"循环），根据工作面的实际情况和合理采煤工艺，可以通过修改参数或程序，实现支架伸缩前梁或护帮板参与"程序自动控制"，达到有效控制煤壁和顶板的目的。

（3）支架可实现邻架操作的单台功能操作（所有动作），也可以实现本架手动单功能操作。

（4）成组控制：可以实现连续成组支架、间隔支架的"就地"和"远程"成组控制，如成组推溜、成组打护帮板、成组升柱、成组拉采煤机和溜槽等。可以根据用户的要求调整程序，实现各种单架或成组的程序功能。

（5）顶梁的自动喷雾。采煤机通过时，分别与采煤机前后滚筒相对应的两台支架喷雾，或按用户的要求使任何一台支架喷雾。

（6）与采煤机实现联动。通过红外线按采煤机位置控制支架的自动程序动作，实现全工作面支架全自动采煤程序。

（7）电液系统有可靠的安全装置。在程序动作之前几秒钟，该支架的"蜂鸣器"响，警号灯闪烁。有紧急情况时，在任何一台支架的控制器上或外部急停开关上按急停按钮，全工作面支架全部停止动作。

（8）在支架控制器、服务器及中央计算机上能显示支架的各种工作参数，如立柱下腔压力、支架位置、推移行程等，并有故障显示、诊断及报警功能。

（9）井下可方便地对程序及参数进行修改。

（10）电控系统为非主－从机型。当工作面控制系统与顺槽控制中心断开时，或工作面中任何一处断开时，各台支架仍能完成各种操作功能和设置好的操作程序。

（11）当更换任何一台控制器时，可自动冲入预设的各种程序和参数。

（12）电控系统具备很强的抗干扰能力，能在工作面可靠工作。

2. Profibus 井上下数据传输系统的功能

系统带有 Profibus 总线系统，有了 Profibus 后支架电液控制系统的主计算机就可成为整个工作面数据传输和控制系统的中央主控计算机。采煤机、输送机、负荷中心等各种设备通过"耦合器"挂在总线上。中央主控计算机具有以下功能：

（1）通过中央主控计算机，系统的信息数据可通过 Profibus 总线向地面中央控制室传输，工作面其他设备（如采煤机、输送机、泵站）的数据传输可通过 Profibus 总线与系统连接。顺槽工作站可根据用户需要采用各种文字界面。

（2）可实现数据采集、分析、显示及传输。

（3）用图形方式显示全工作面液压支架、采煤机、刮板输送机等各种设备的运行状态。

（4）远程控制工作面液压支架动作和启停跟机控制功能。

（5）以图形方式显示工作面推进度，并可根据用户设定要求自动调整工作状态。

（6）通过工作站修改控制器程序和参数，并能上传、下载数据；能够诊断支架控制系统故障，并显示和报警。

（7）能在巷道中和地面控制站的中央计算机上显示支架和其他工作面设备（采煤机、刮板输送机、负荷中心、泵站等）的有关工作数据，并可向地面控制站传输。

（8）可进行反向数据传输，对设备进行控制，即可以实现全工作面的自动化控制。

（9）在工作站上储存用户所需要的数据，如立柱下腔的各瞬时压力值和最大压力值。

电液控制系统明细见表 4－18。

表 4－18 电液控制系统明细表

序　号	部　　件	型　　号	数　　量
电　器　部　分			
1	井下主计算机	PR 111	1
2	电源	PR 116－081 D	30
3	16 功能控制器	PR 116/S/H/08	120

表4-18（续）

序 号	部 件	型 号	数 量
3a	能量插图（已包含）	PR 116 – 116 – 04500	89
4	服务器（带 Profibus – FSK connection）	PR 116/V/H/16M	1
4a	第二台服务器（带 Profibus – FSK connection）	PR 116/V/H/16M	1
电 缆 部 分			
5	架间电缆	PR 116 – 04030	120
5a	架间电缆	PR 116 – 04030	1
6	位移传感器 – 控制器电缆	PR 116 – 04326	120
7	电源 – 控制器电缆	PR 116 – 04130	30
8	压力传感器 – 控制器电缆	PR 116 – 04231	120
9	急停开关 – 控制器电缆		120
10	电磁阀 – 控制器电缆	PR 116 – 04909	1400
11	服务器 – 服务器电缆		350 m
12	中央主机 – 服务器电缆 Profibus	PR116 – 0442500	100 m
传 感 器			
13	位移传感器	PR 116 – 020	120
13a	SKK 插头（用于位移传感器）	PR116 – 020502	120
14	红外线发射器	PR 116 – 035	1
15	压力传感器（压力：0 ~ 450 bar）	PR 116 – 010	120
16	外部急停开关	PR116 – 700 NA	120
电 液 主 控 阀			
17	16 功能电液主控阀		120
Profibus 总线井上下信息传输系统			
21	耦合器 Interface type 1142（Profibus RS485 – fiber optic）with power supply 12 V	1142	1
22	耦合器 Interface type 1181/19/A/LWL（Profibus FSK – fiber optic）	1181/19/A/LWL	1
23	电源	PR116 – 081D	1
24	带 Profibus 总线卡的井上计算机 PC with Profibus card（PC above surface）	PR116 – 0	1
25	Profibus 软件		1
26	Profibus 总线诊断器		1

支架需要的配套件明细见表 4 - 19。

表 4 - 19 支架需要的配套件明细表

序号	配 套 件	总数量	备 注
1	顺槽、环形和联络管路及附件；架间管路及附件	1 套	
2	顺槽自清洗高压过滤站	1 台	2000 L/min，25 μm
3	支架上所有附阀、手动反冲洗过滤器及相应连接件	1 套	
4	各类油缸和立柱的密封	1 套	
5	电液控制系统、数据传输系统明细	1 套	

第五章　当代大采高液压支架设计计算与制造工艺

本章以 ZY12000/28/62D 型掩护式液压支架为例进行介绍。

第一节　当代大采高液压支架设计的传统计算

一、支架对底板比压的计算

割煤前的平均支护强度和割煤后的对底板比压如图 5 - 1 和图 5 - 2 所示，计算数据以基本架的支护强度大于 1.3 MPa 为准。

二、支架的传统力学分析

所有工况条件下计算时，支架的承载力均按支架额定工作阻力 12000 kN 计算。

利用传统力学分析出的液压支架几何参数见表 5 - 1。

表 5 - 1　液压支架几何参数

高度/mm	梁端距/mm	压力角/(°)	掩护梁水平夹角/(°)	后连杆水平夹角/(°)	前连杆水平夹角/(°)	前后连杆夹角/(°)	立柱角度/(°)
6200	768	14.37	51.82	77.33	64.72	12.6	7.93
6100	747	9.47	49.66	75.19	62.84	12.35	8.3
6000	733	5.78	47.68	73.13	60.99	12.14	8.59
5900	726	3	45.81	71.11	59.14	11.98	8.84
5800	722	0.97	44.09	69.18	57.34	11.85	9.05
5700	722	− 0.52	42.44	67.31	55.55	11.75	9.23
5600	724	− 1.56	40.88	65.49	53.81	11.68	9.39
5500	727	− 2.26	39.38	63.72	52.09	11.63	9.54
5400	732	− 2.71	37.93	62.02	50.41	11.61	9.69
5300	737	− 2.94	36.54	60.36	48.76	11.6	9.84

表 5-1（续）

高度/ mm	梁端距/ mm	压力角/ (°)	掩护梁水平 夹角/(°)	后连杆水平 夹角/(°)	前连杆水平 夹角/(°)	前后连杆 夹角/(°)	立柱角度/ (°)
5200	742	−3.02	35.2	58.78	47.16	11.61	9.99
5100	747	−2.97	33.87	57.22	45.58	11.64	10.15
5000	752	−2.83	32.59	55.73	44.05	11.68	10.31
4900	757	−2.61	31.33	54.28	42.55	11.74	10.49
4800	761	−2.34	30.08	52.88	41.07	11.8	10.68
4700	765	−2.04	28.85	51.52	39.64	11.88	10.89
4600	768	−1.71	27.64	50.22	38.24	11.98	11.12
4500	771	−1.36	26.43	48.95	36.87	12.08	11.37
4400	773	−1.01	25.24	47.73	35.54	12.19	11.63
4300	775	−0.67	24.05	46.55	34.24	12.32	11.93
4200	776	−0.33	22.86	45.43	32.97	12.45	12.25
4100	776	−0.01	21.67	44.33	31.74	12.6	12.59
4000	776	0.29	20.49	43.29	30.54	12.75	12.97
3900	775	0.55	19.3	42.28	29.37	12.92	13.37
3800	774	0.79	18.11	41.32	28.23	13.09	13.81
3700	772	0.99	16.9	40.4	27.13	13.27	14.28
3600	770	1.15	15.7	39.53	26.06	13.47	14.79
3500	768	1.27	14.49	38.69	25.02	13.67	15.34
3400	766	1.35	13.26	37.9	24.02	13.88	15.93
3300	763	1.37	12.02	37.14	23.04	14.1	16.56
3200	761	1.34	10.78	36.44	22.1	14.33	17.23
3100	759	1.25	9.51	35.76	21.19	14.58	17.96
3000	757	1.11	8.23	35.14	20.31	14.82	18.74
2900	755	0.91	6.94	34.55	19.47	15.08	19.58
2800	754	0.65	5.63	34	18.65	15.35	20.47

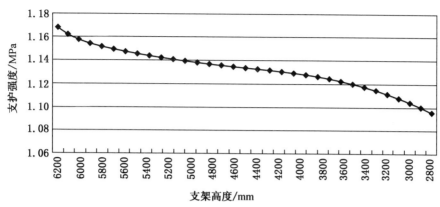

(a) 摩擦因数 *f*=0.2，平衡油缸不受力 (*N*=0) 时的平均支护强度

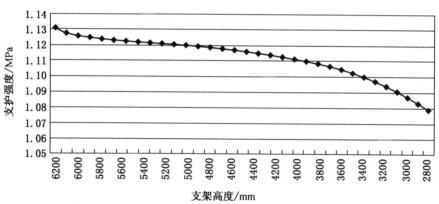

(b) 摩擦因数 *f*=0.2，平衡油缸受压 (*N*=1) 时的平均支护强度

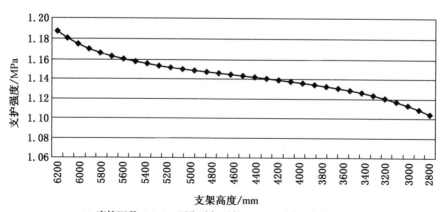

(c) 摩擦因数 *f*=0.2，平衡油缸受拉 (*N*=-1) 时的平均支护强度

图 5-1　割煤前的平均支护强度

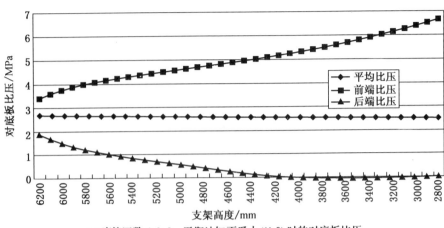

(a) 摩擦因数 f=0.2，平衡油缸不受力(N=0) 时的对底板比压

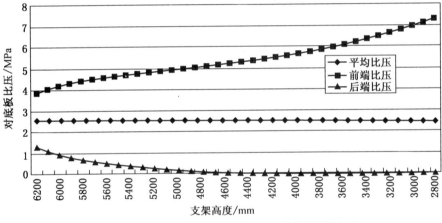

(b) 摩擦因数 f=0.2，平衡油缸受压 (N=1) 时的对底板比压

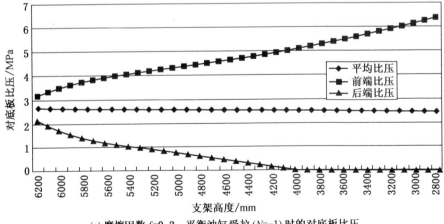

(c) 摩擦因数 f=0.2，平衡油缸受拉 (N=-1) 时的对底板比压

图 5-2　割煤后的对底板比压

通过平面力学计算，把支架在不同工况下受力时出现在顶梁、掩护梁和底座上的最大弯矩列于表 5-2～表 5-4 中，再根据最大弯矩计算各主要结构件危险断面的安全系数。

表 5-2　液压支架摩擦因数 $f=0$ 时的弯矩

H	Md21	Md22	Mz21	Mz23	My1	My3
6200	-929650	-298306	906335	590283	-104176	-281908
6100	-929212	-297854	919128	591490	-116666	-307706
6000	-928774	-297407	928406	587921	-126165	-327402
5900	-928337	-296959	934954	580765	-133210	-342079
5800	-927900	-296506	939290	571283	-138100	-352341
5700	-927458	-296042	941909	560049	-141241	-359019
5600	-927005	-295560	943197	547767	-142929	-362718
5500	-926534	-295056	943434	534742	-143408	-363943
5400	-926040	-294524	942891	521395	-142909	-363168
5300	-925516	-293959	941770	507959	-141622	-360781
5200	-924958	-293358	940267	494680	-139729	-357161
5100	-924356	-292711	938378	481345	-137239	-352329
5000	-923707	-292020	936344	468379	-134379	-346750
4900	-923004	-291278	934183	455679	-131175	-340478
4800	-922239	-290478	931877	443125	-127615	-333492
4700	-921407	-289620	929582	430950	-123855	-326110
4600	-920501	-288698	927298	419087	-119903	-318350
4500	-919509	-287704	924961	407382	-115696	-310086
4400	-918426	-286637	922671	395976	-111342	-301537
4300	-917242	-285491	920394	384790	-106813	-292645
4200	-915947	-284262	918165	373864	-102153	-283502
4100	-914525	-282939	915886	363048	-97261	-273904
4000	-912969	-281523	913656	352488	-92259	-264097
3900	-911260	-280001	911366	342045	-87037	-253856
3800	-909386	-278371	909055	331787	-81654	-243304
3700	-907326	-276621	906659	321655	-76052	-232320
3600	-905060	-274744	904157	311659	-70229	-220902
3500	-902570	-272736	901582	301855	-64246	-209171
3400	-899823	-270578	898803	292154	-57977	-196876
3300	-896790	-268258	895790	282580	-51421	-184012
3200	-893449	-265776	892625	273226	-44703	-170832
3100	-889747	-263100	889104	264001	-37636	-156959
3000	-885654	-260229	885303	254993	-30346	-142649
2900	-881115	-257138	881123	246192	-22776	-127784
2800	-876074	-253807	876517	237623	-14929	-112375

表 5-3 液压支架摩擦因数 $f = 0.2$ 时的弯矩

H	Md21	Md22	Mz21	Mz23	My1	My3
6200	-962146	-345963	640797	292743	70331	83214
6100	-961483	-345216	651890	308428	64366	71068
6000	-960931	-344617	661065	320951	59105	60241
5900	-960440	-344096	668851	331171	54425	50512
5800	-959986	-343618	675521	339495	50267	41782
5700	-959547	-343156	681393	346424	46510	33814
5600	-959109	-342692	686668	352229	43072	26452
5500	-958660	-342213	691516	357155	39876	19543
5400	-958191	-341711	696069	361353	36859	12964
5300	-957693	-341176	700434	364945	33971	6613
5200	-957158	-340603	704697	368013	31167	406
5100	-956579	-339983	708905	370615	28434	-5690
5000	-955949	-339313	713122	372781	25739	-11733
4900	-955262	-338586	717374	374529	23079	-17730
4800	-954507	-337796	721674	375861	20462	-23669
4700	-953681	-336939	726050	376781	17879	-29559
4600	-952773	-336011	730503	377279	15344	-35372
4500	-951774	-335002	735021	377333	12885	-41055
4400	-950676	-333909	739605	376939	10510	-46585
4300	-949469	-332727	744240	376078	8247	-51904
4200	-948143	-331450	748910	374746	6118	-56967
4100	-946682	-330068	753581	372907	4167	-61687
4000	-945078	-328580	758243	370582	2402	-66036
3900	-943312	-326972	762851	367739	876	-69916
3800	-941370	-325244	767382	364394	-395	-73285
3700	-939232	-323381	771792	360534	-1367	-76055
3600	-936878	-321378	776042	356168	-2009	-78163
3500	-934292	-319229	780107	351328	-2312	-79587
3400	-931438	-316916	783914	345995	-2213	-80200
3300	-928289	-314428	787416	340193	-1682	-79943
3200	-924823	-311764	790601	333983	-745	-78859
3100	-920989	-308894	793359	327345	691	-76768
3000	-916755	-305816	795678	320347	2592	-73732
2900	-912068	-302506	797477	313009	4999	-69672
2800	-906874	-298947	798693	305372	7920	-64568

表5-4　液压支架摩擦因数 $f=-0.2$ 时的弯矩

H	Md21	Md22	Mz21	Mz23	My1	My3
6200	-900288	-255262	1100402	813232	-261668	-611430
6100	-898349	-252875	1123837	811001	-286009	-662025
6000	-896734	-250911	1140269	799427	-304082	-699658
5900	-895368	-249266	1151186	780829	-316959	-726538
5800	-894225	-247905	1157507	757734	-325203	-743817
5700	-893246	-246750	1160228	731308	-329669	-753268
5600	-892398	-245763	1160088	703000	-330962	-756142
5500	-891646	-244897	1157665	673455	-329613	-753542
5400	-890963	-244124	1153488	643554	-326110	-746480
5300	-890326	-243416	1147974	613797	-320862	-735807
5200	-889714	-242748	1141517	584703	-314268	-722352
5100	-889107	-242098	1134149	555881	-306388	-706241
5000	-888491	-241454	1126334	528197	-297693	-688453
4900	-887852	-240798	1118135	501472	-288273	-669176
4800	-887176	-240117	1109547	475494	-278137	-648430
4700	-886452	-239403	1100874	450737	-267621	-626913
4600	-885669	-238645	1092143	427085	-256774	-604725
4500	-884813	-237831	1083260	404262	-245505	-581687
4400	-883874	-236956	1074431	382544	-234058	-558296
4300	-882839	-236010	1065621	361794	-222408	-534506
4200	-881698	-234987	1056916	342084	-210673	-510561
4100	-880434	-233875	1048166	323151	-198695	-486137
4000	-879036	-232671	1039577	305247	-186733	-461764
3900	-877485	-231362	1030981	288126	-174610	-437086
3800	-875766	-229944	1022480	271892	-162466	-412386
3700	-873859	-228402	1013985	256437	-150222	-387506
3600	-871741	-226730	1005496	241760	-137902	-362494
3500	-869394	-224920	997095	227931	-125631	-337609
3400	-866784	-222954	988595	214792	-113220	-312460
3300	-863880	-220817	979982	202362	-100687	-287092
3200	-860659	-218508	971412	190746	-88252	-261950
3100	-857068	-215995	962602	179797	-75628	-236451
3000	-853073	-213273	953698	169608	-63030	-211034
2900	-848619	-210317	944582	160143	-50374	-185528
2800	-843648	-207106	935216	151407	-37675	-159967

根据《综采设计手册》中的公式进行受力计算，分析各构件的危险截面，计算各构件的安全系数，见表5-5。

表5-5　各构件的安全系数

序　号	构　件	安全系数
1	伸缩梁	1.40
2	顶梁（柱窝处）	1.59
3	掩护梁（前连杆铰孔处）	2.32
4	前连杆	2.54
5	后连杆	2.65
6	底座（柱窝处）	1.37
7	推移杆	1.98
8*	立柱活柱（1.5倍工作阻力时）	2.62（1.75）
	立柱中缸（1.5倍工作阻力时）	1.74（1.16）
	立柱大缸（1.5倍工作阻力时）	1.76（1.17）
9	销轴	2.56

*27SiMn 的屈服极限按 600 MPa，27SiMnA 的屈服极限按 700 MPa。

第二节　晋城 ZY12000/28/62D 型掩护式液压支架建模与基本力学参数

一、概况

液压支架结构与载荷复杂，是超静定力学问题，对关键结构件的受力分析难以求解，应力计算缺乏依据。本节通过对晋城 ZY12000/28/62D 型掩护式液压支架三维模型的建立，以国家试验检测标准为依据进行液压支架的模拟试验研究，用有限元分析方法模拟多种试验工况，对三维模型进行虚拟加载试验，并对主要部件进行有限元分析，为晋城 ZY12000/28/62D 型掩护式液压支架的设计提供强度依据。

1. 三维建模

根据中煤北煤机公司提供的晋城 ZY12000/28/62D 型掩护式液压支架图纸，应用三维设计软件完成了晋城 ZY12000/28/62D 型掩护式液压支架顶梁、掩护梁、连杆、底座等结构件的三维实体模型，并在三维设计软件的装配环境下完成了这些结构件的装配。然后，将用三维设计软件建立的三维实体模型数据文件转换成（另存为）.sat 格式文件。将 .sat 数据格式的三维实体模型导入有限元软件 ANSYS 环境中，作为分析计算模型，选单元类型及材料的弹性模量、泊松比。

2. 单元选择与网格划分

根据晋城 ZY12000/28/62D 型掩护式液压支架的结构件特点，其虽多为板筋结构，但局部仍有一些复杂形状特征、孔等，因此选用适应性强的四面体单元，并采用智能划分使复杂结构处网格很细密，简单结构处网格较稀疏，以保证分析计算的准确性。

3. 边界条件

按煤炭行业标准 MT 312—2000 规定的加载方式，在支架顶梁上表面和支架底座下表面放长垫块处施加位移为零的约束。支架分析高度：6200 mm；平衡油缸缸径：230 mm；杆径：160 mm；工作阻力：推力 1308.7 kN，拉力 675.4 kN。

4. 材料特性

材料弹性区特性：弹性模量为 2.1×10^5 N/m^2，泊松比为 0.3；材料塑性区特性：$\sigma_s = 690$ MPa，$\sigma_b = 800$ MPa。

二、晋城 ZY12000/28/62D 型掩护式液压支架结构件有限元分析

1. 顶梁弯曲 – 底座弯曲载荷条件下的约束及边界

在支架顶梁上表面前端和后端放长垫块处施加位移为零的约束，在支架底座下表面前端和后端放长垫块处施加位移为零的约束。

2. 顶梁弯曲 – 底座弯曲载荷下的应力

图 5-3 所示为顶梁弯曲 – 底座弯曲载荷下支架装配总体结构按第四强度理论计算应力云图。其中，顶梁后端与加载垫块接触处的应力达到屈服极限，此处为施加刚性约束造成的应力集中。

图 5-4 所示为顶梁弯曲 – 底座弯曲载荷下顶梁结构按第四强度理论计算应力云图。其中，加载垫块接触处应力达到屈服极限，其余部分应力均小于 690 MPa，满足强度条件。

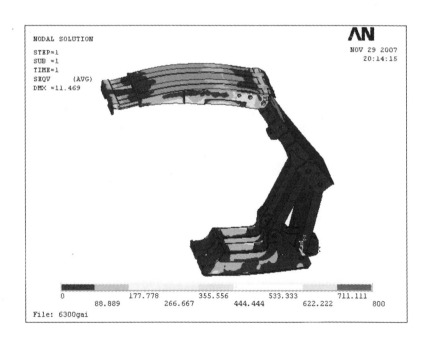

图 5-3　顶梁弯曲 – 底座弯曲载荷下支架装配总体结构按第四强度理论计算应力云图

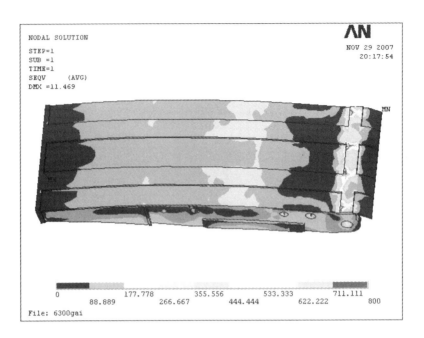

（a）顶梁弯曲－底座弯曲载荷下顶梁上部按第四强度
理论计算应力云图

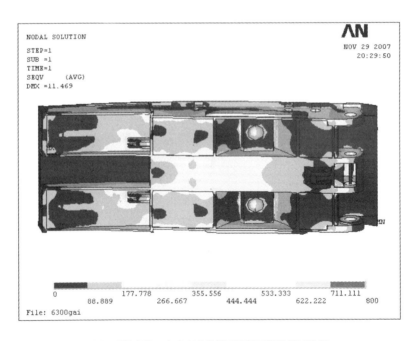

（b）顶梁弯曲－底座弯曲载荷下顶梁下部按第四强度
理论计算应力云图

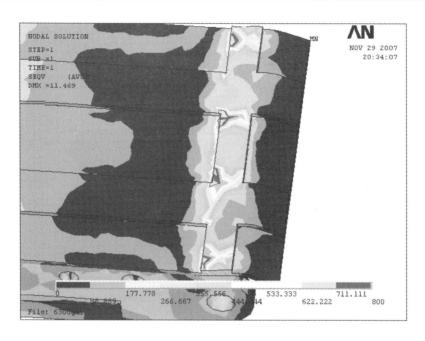

（c）顶梁弯曲-底座弯曲载荷下顶梁局部按第四强度
理论计算应力云图

图5-4 顶梁弯曲-底座弯曲载荷下顶梁结构按第四强度理论计算应力云图

图5-5所示为顶梁弯曲-底座弯曲载荷下掩护梁结构按第四强度理论计算应力云图。

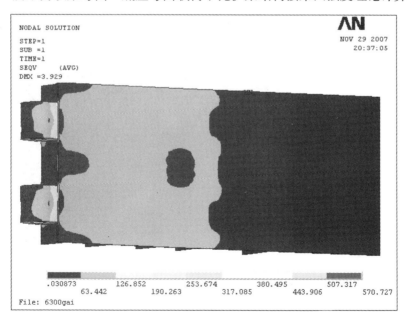

（a）顶梁弯曲-底座弯曲载荷下掩护梁上部按第四强度
理论计算应力云图

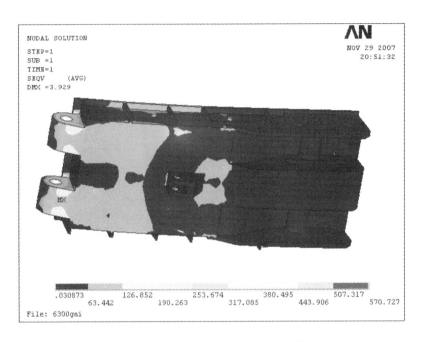

（b）顶梁弯曲–底座弯曲载荷下掩护梁下部按第四强度
理论计算应力云图

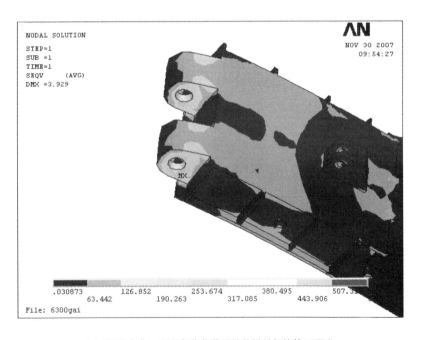

（c）顶梁弯曲–底座弯曲载荷下掩护梁局部按第四强度
理论计算应力云图

图5-5　顶梁弯曲–底座弯曲载荷下掩护梁结构按第四强度理论计算应力云图

其中，掩护梁与顶梁连接销孔主筋及平衡千斤顶连接耳销孔处的应力最大，为 570.7 MPa，满足强度条件。

图 5 – 6 所示为顶梁弯曲 – 底座弯曲载荷下连杆结构按第四强度理论计算应力云图。其中，后连杆与底座连接销孔处的应力最大，为 70.4 MPa，满足强度条件。

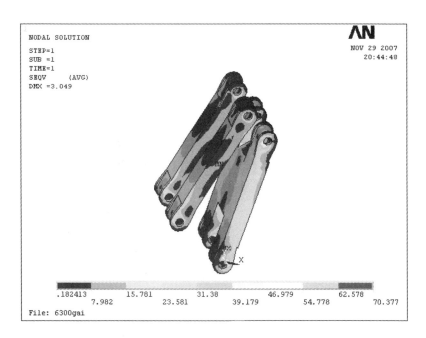

（a）顶梁弯曲 – 底座弯曲载荷下前连杆按第四强度理论计算应力云图

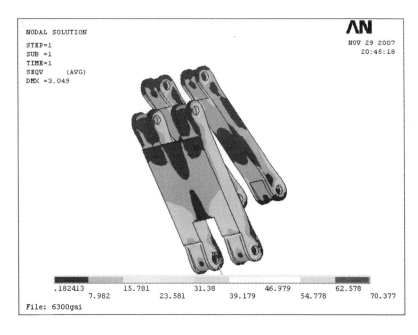

（b）顶梁弯曲 – 底座弯曲载荷下后连杆按第四强度理论计算应力云图

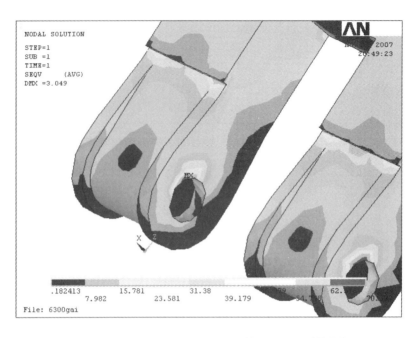

（c）顶梁弯曲－底座弯曲载荷下连杆局部按第四强度理论计算应力云图

图 5-6　顶梁弯曲－底座弯曲载荷下连杆结构按第四强度理论计算应力云图

　　图 5-7 所示为顶梁弯曲－底座弯曲载荷下底座结构按第四强度理论计算应力云图。其中，后部加载垫块接触处的应力最大，为 543.2 MPa，满足强度条件。

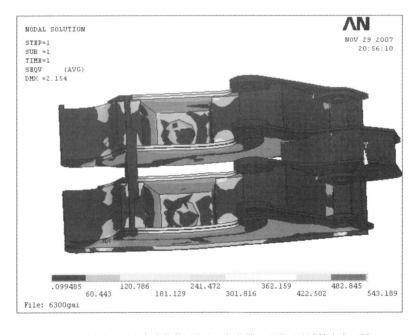

（a）顶梁弯曲－底座弯曲载荷下底座上部按第四强度理论计算应力云图

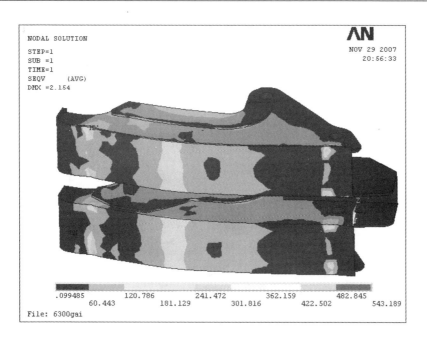

（b）顶梁弯曲－底座弯曲载荷下底座下部按第四强度理论计算应力云图

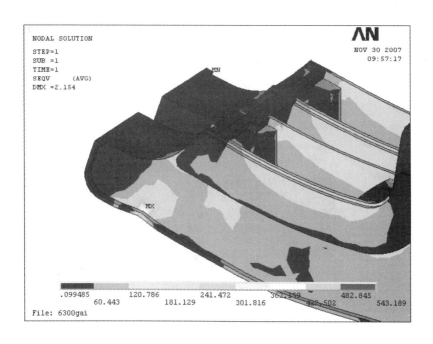

（c）顶梁弯曲－底座弯曲载荷下底座局部按第四强度理论计算应力云图

图5-7　顶梁弯曲－底座弯曲载荷下底座结构按第四强度理论计算应力云图

图5-8所示为顶梁弯曲－底座弯曲载荷下伸缩梁结构按第四强度理论计算应力云图。其中，伸缩梁前端加载垫块处的应力最大，其余各处都满足强度条件。

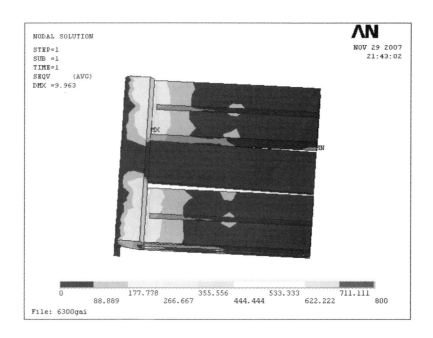

（a）顶梁弯曲－底座弯曲载荷下伸缩梁上部按第四强度
理论计算应力云图

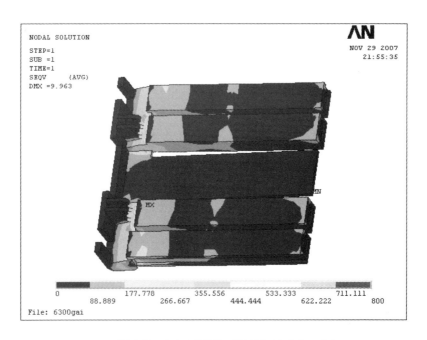

（b）顶梁弯曲－底座弯曲载荷下伸缩梁下部按第四强度
理论计算应力云图

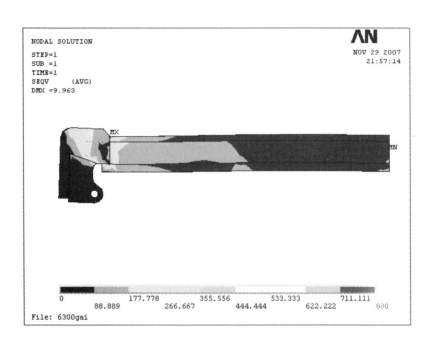

（c）顶梁弯曲-底座弯曲载荷下伸缩梁侧部按第四强度

理论计算应力云图

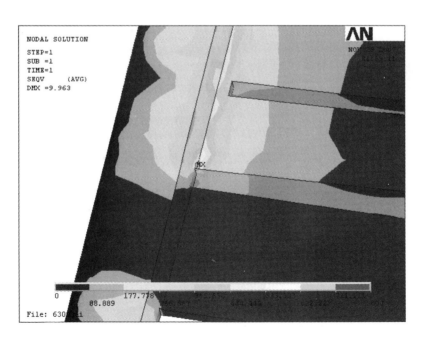

（d）顶梁弯曲-底座弯曲载荷下伸缩梁局部按第四强度

理论计算应力云图

图5-8　顶梁弯曲-底座弯曲载荷下伸缩梁结构按第四强度理论计算应力云图

3. 顶梁扭转－底座扭转载荷下的应力

图5－9所示为顶梁扭转－底座扭转载荷下支架装配总体结构按第四强度理论计算应力云图。其中，顶梁与加载垫块接触处的应力达到屈服极限，此处为施加刚性约束造成的应力集中。

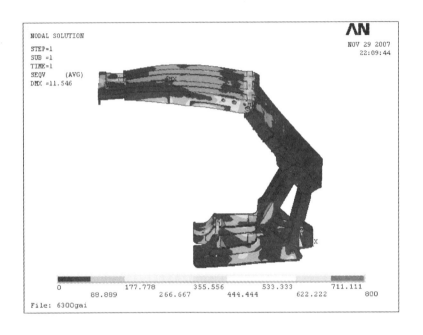

图5－9　顶梁扭转－底座扭转载荷下支架装配总体结构
按第四强度理论计算应力云图

图5－10所示为顶梁扭转－底座扭转载荷下顶梁结构按第四强度理论计算应力云图。其中，顶梁与加载垫块接触处及伸缩梁千斤顶耳板、筋板处的应力达到屈服极限，其余部分应力均小于690 MPa。

图5－11所示为顶梁扭转－底座扭转载荷下掩护梁结构按第四强度理论计算应力云图。其中，掩护梁与顶梁连接耳销孔处的应力最大，为442.7 MPa，满足强度条件。

图5－12所示为顶梁扭转－底座扭转载荷下连杆结构按第四强度理论计算应力云图。其中，前连杆与掩护梁连接销孔处的应力最大，为313.1 MPa，满足强度条件。

图5－13所示为顶梁扭转－底座扭转载荷下底座结构按第四强度理论计算应力云图。其中，底座过桥下部垫块处的应力最大，达到屈服极限，其余部分应力均小于690 MPa。

图5－14所示为顶梁扭转－底座扭转载荷下伸缩梁结构按第四强度理论计算应力云图。其中，伸缩梁与顶梁接触处及前部筋板局部的应力最大，达到屈服极限，其余部分应力均小于690 MPa。

4. 顶梁偏载－底座弯曲载荷下的应力

图5－15所示为顶梁偏载－底座弯曲载荷下支架装配总体结构按第四强度理论计算应

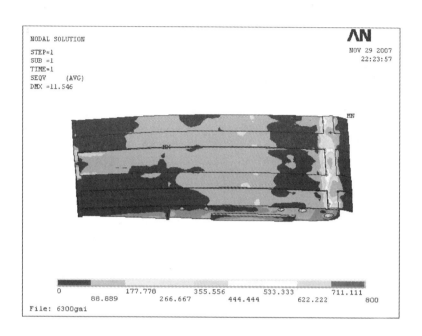

（a）顶梁扭转－底座扭转载荷下顶梁上部按第四强度
理论计算应力云图

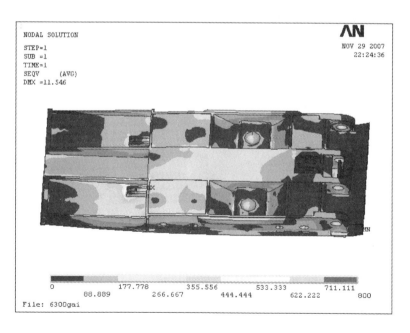

（b）顶梁扭转－底座扭转载荷下顶梁下部按第四强度
理论计算应力云图

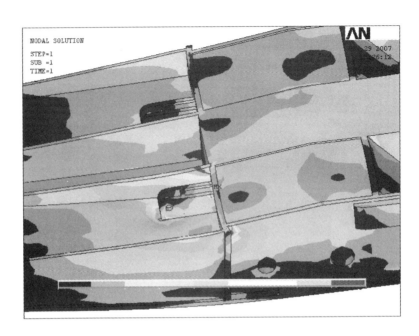

（c）顶梁扭转－底座扭转载荷下顶梁局部按第四强度
理论计算应力云图

图5－10　顶梁扭转－底座扭转载荷下顶梁结构按第四强度理论计算应力云图

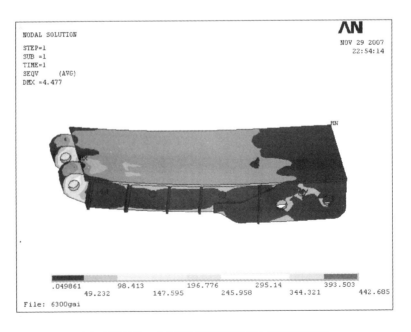

（a）顶梁扭转－底座扭转载荷下掩护梁上部按第四强度
理论计算应力云图

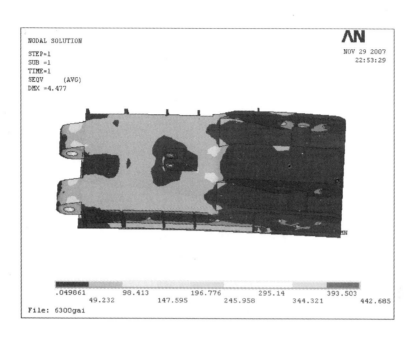

（b）顶梁扭转－底座扭转载荷下掩护梁下部按第四强度
理论计算应力云图

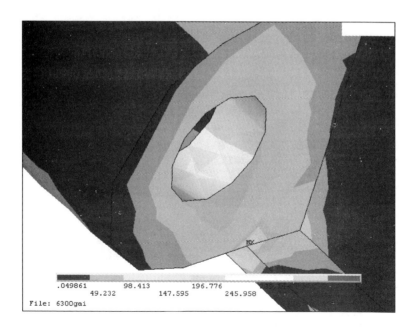

（c）顶梁扭转－底座扭转载荷下掩护梁局部按第四强度
理论计算应力云图

图5-11　顶梁扭转－底座扭转载荷下掩护梁结构按第四强度理论计算应力云图

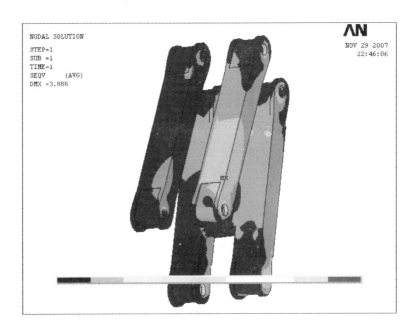

（a）顶梁扭转－底座扭转载荷下前连杆按第四强度
理论计算应力云图

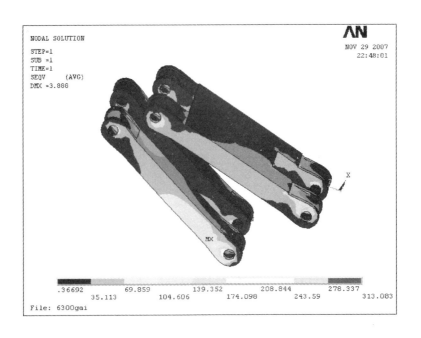

（b）顶梁扭转－底座扭转载荷下后连杆按第四强度
理论计算应力云图

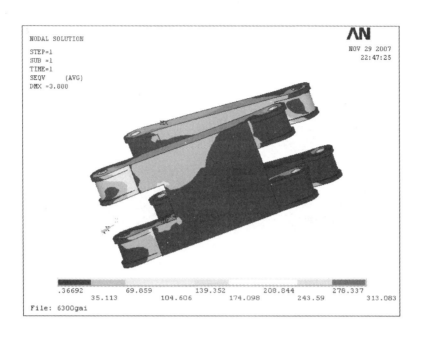

（c）顶梁扭转－底座扭转载荷下连杆局部按第四强度
理论计算应力云图

图5－12 顶梁扭转－底座扭转载荷下连杆结构按第四强度理论计算应力云图

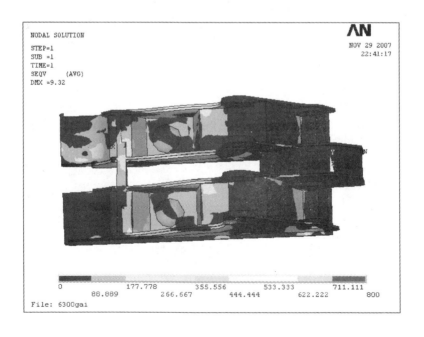

（a）顶梁扭转－底座扭转载荷下底座上部按第四强度
理论计算应力云图

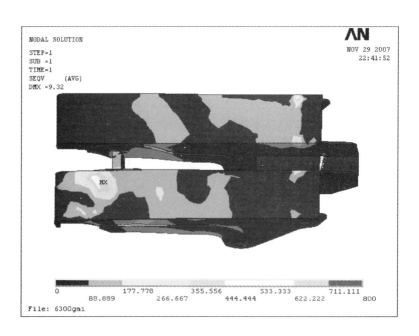

（b）顶梁扭转－底座扭转载荷下底座下部按第四强度
理论计算应力云图

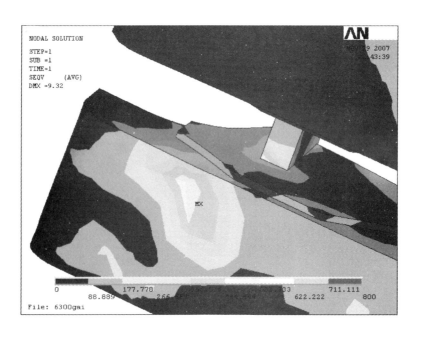

（c）顶梁扭转－底座扭转载荷下底座局部按第四强度
理论计算应力云图

图5－13　顶梁扭转－底座扭转载荷下底座结构按第四强度理论计算应力云图

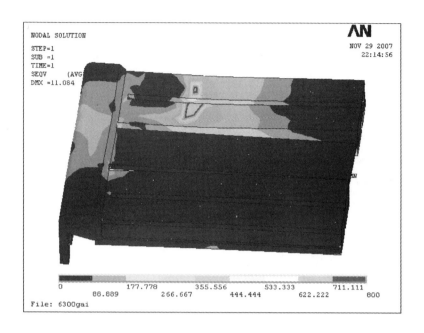

（a）顶梁扭转－底座扭转载荷下伸缩梁上部按第四强度
理论计算应力云图

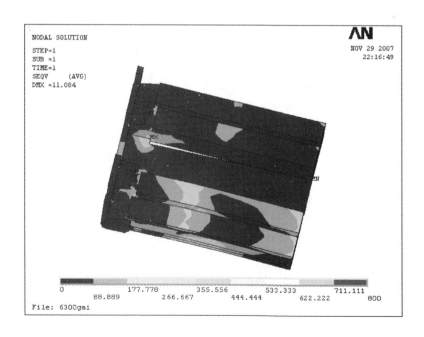

（b）顶梁扭转－底座扭转载荷下伸缩梁下部按第四强度
理论计算应力云图

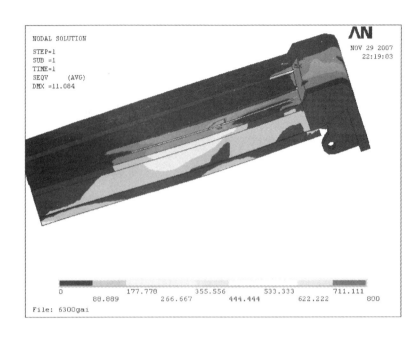

（c）顶梁扭转 - 底座扭转载荷下伸缩梁侧部按第四强度
理论计算应力云图

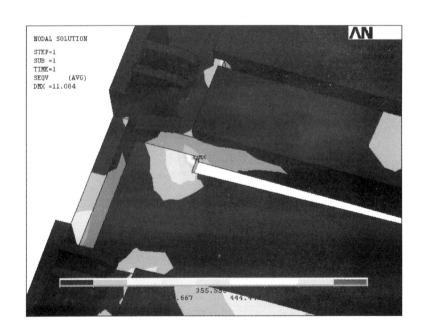

（d）顶梁扭转 - 底座扭转载荷下伸缩梁局部按第四强度
理论计算应力云图

图 5-14　顶梁扭转 - 底座扭转载荷下伸缩梁结构按第四强度理论计算应力云图

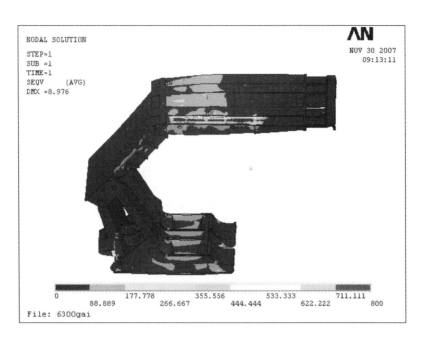

（a）

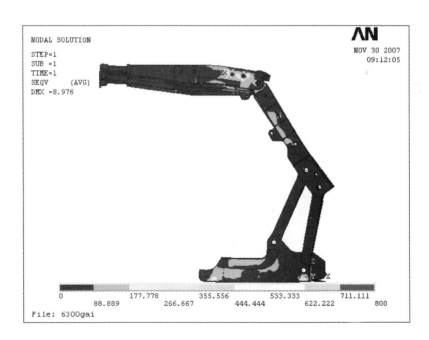

（b）

图 5-15　顶梁偏载-底座弯曲载荷下支架装配总体结构
按第四强度理论计算应力云图

力云图。其中，最大应力达到屈服极限。

图 5 - 16 所示为顶梁偏载 - 底座弯曲载荷下顶梁结构按第四强度理论计算应力云图。其中，顶梁加偏载垫块处的应力达到屈服极限，其余均小于 690 MPa。

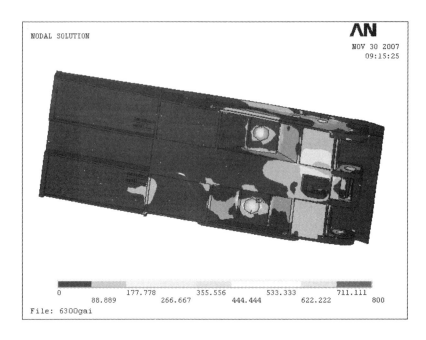

（a）顶梁偏载 - 底座弯曲载荷下顶梁下部按第四强度理论计算应力云图

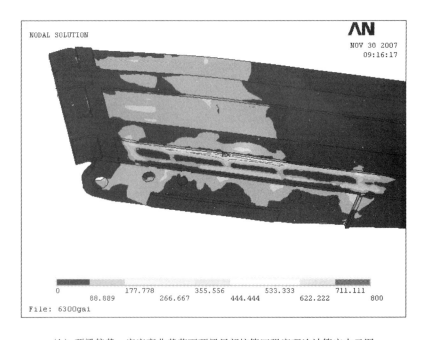

（b）顶梁偏载 - 底座弯曲载荷下顶梁局部按第四强度理论计算应力云图

图 5 - 16　顶梁偏载 - 底座弯曲载荷下顶梁结构按第四强度理论计算应力云图

　　图 5 - 17 所示为顶梁偏载 – 底座弯曲载荷下掩护梁结构按第四强度理论计算应力云图。其中，掩护梁与顶梁连接耳销孔处和平衡油缸耳根部的应力最大，达到 464.9 MPa，满足强度条件。

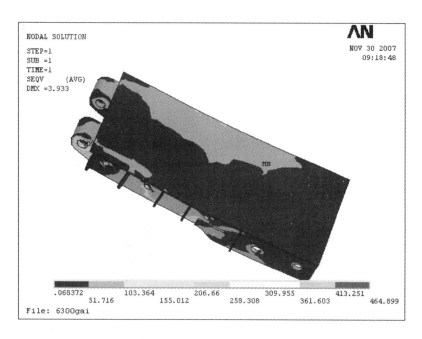

（a）顶梁偏载 – 底座弯曲载荷下掩护梁上部按第四强度理论计算应力云图

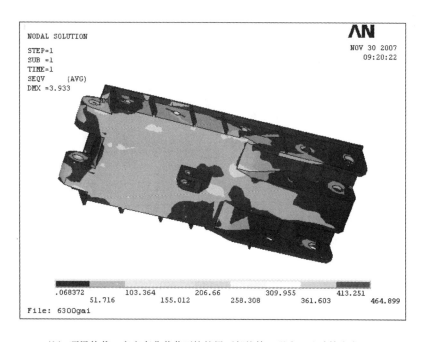

（b）顶梁偏载 – 底座弯曲载荷下掩护梁下部按第四强度理论计算应力云图

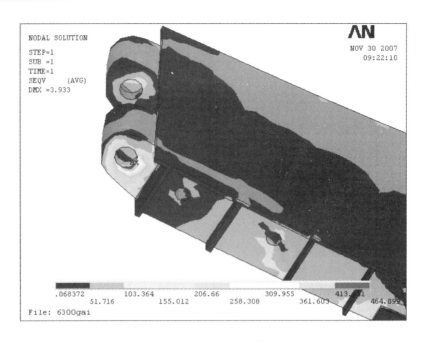

（c）顶梁偏载－底座弯曲载荷下掩护梁局部按第四强度理论计算应力云图

图5－17 顶梁偏载－底座弯曲载荷下掩护梁结构按第四强度理论计算应力云图

图5－18所示为顶梁偏载－底座弯曲载荷下连杆结构按第四强度理论计算应力云图。其中，前连杆与掩护梁连接销孔处的应力最大，为367.7 MPa，满足强度条件。

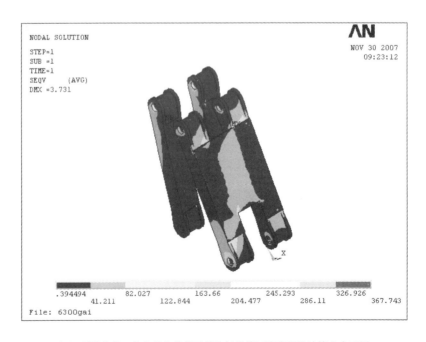

（a）顶梁偏载－底座弯曲载荷下前连杆按第四强度理论计算应力云图

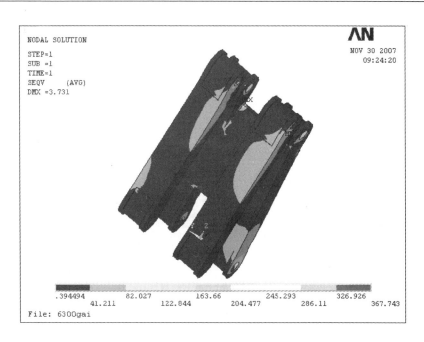

（b）顶梁偏载－底座弯曲载荷下后连杆按第四强度理论计算应力云图

图5-18　顶梁偏载－底座弯曲载荷下连杆结构按第四强度理论计算应力云图

图5-19所示为顶梁偏载－底座弯曲载荷下底座结构按第四强度理论计算应力云图。其中，底座上部主筋板处的应力最大，为646.3 MPa，满足强度条件。

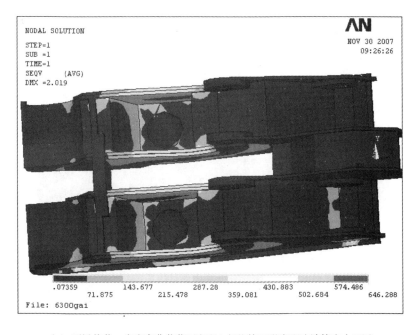

（a）顶梁偏载－底座弯曲载荷下底座上部按第四强度理论计算应力云图

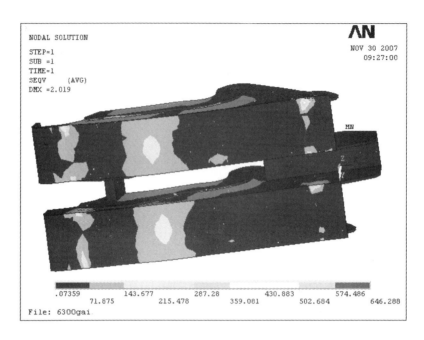

（b）顶梁偏载－底座弯曲载荷下底座下部按第四强度理论计算应力云图

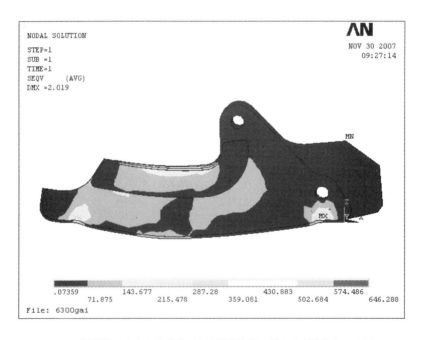

（c）顶梁偏载－底座弯曲载荷下底座侧部按第四强度理论计算应力云图

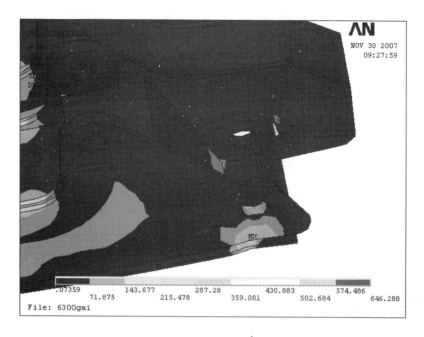

（d）顶梁偏载－底座弯曲载荷下底座局部按第四强度理论计算应力云图

图5－19　顶梁偏载－底座弯曲载荷下底座结构按第四强度理论计算应力云图

图5－20所示为顶梁偏载－底座弯曲载荷下伸缩梁结构按第四强度理论计算应力云图。其中，伸缩梁后部与顶梁接触处的应力最大，为77.6 MPa，满足强度条件。

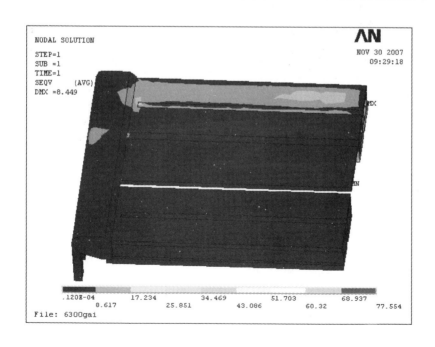

（a）顶梁偏载—底座弯曲载荷下伸缩梁上部按第四强度理论计算应力云图

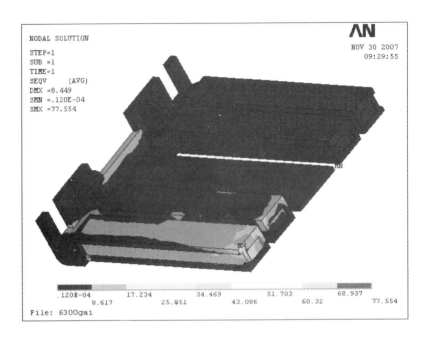

（b）顶梁偏载—底座弯曲载荷下伸缩梁下部按第四强度理论计算应力云图

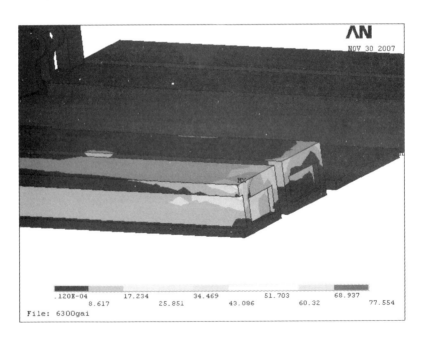

（c）顶梁偏载—底座弯曲载荷下伸缩梁局部按第四强度理论计算应力云图

图5-20　顶梁偏载-底座弯曲载荷下伸缩梁结构按第四强度理论计算应力云图

三、立柱的有限元分析

立柱大缸缸径为 φ470 mm/400 mm，中缸缸径为 φ380 mm/290 mm（壁厚 45 mm），活柱外径为 φ260 mm。由于单根立柱的工作阻力达 6000 kN，中缸内液体压力达 90.7 MPa，因此必须采取特殊措施保证其强度和可靠性。可通过开发高强柱管材料和采用相配套的热处理及焊接工艺来实现上述保证，如图 5 - 21 所示。

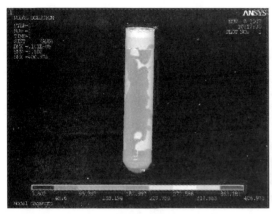
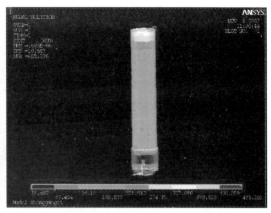

(a) 大缸   (b) 中缸

图 5 - 21　立柱

第三节　材料选择及处理

一、原材料选择

满足用户及设计图样对各零部件抗拉强度的要求，选择已成功应用于液压支架，并经井下工业试验验证过的可靠的优质高强度钢板及焊接材料，见表 5 - 6。

表 5 - 6　钢 板 选 择

钢板强度/MPa	牌　　号	供 应 商	焊 　材
600	Q460C	首钢、安钢	JL - 60
700	Q550C	鞍钢、南钢、宝钢	JL - 70
800	Q690C	鞍钢、南钢、宝钢、武钢	JL - 80
1000	Q890C	武钢、宝钢	JL - 90

表 5 - 6 中的母材及焊材已做过相应的焊接工艺试验及焊接工艺评定，可焊性良好，力学性能满足设计要求 。

二、原材料验证（试样）

按照检验程序，抽样做化学成分及力学性能试验，确保液压支架所用原材料性能符合技术要求，结果见表5-7。

表5-7 力学性能试验结果

材料强度/MPa	屈服强度 σ_s/MPa	抗拉强度 σ_b/MPa	伸长率 δ_s/%	冲击功 A_{KV}/J
600	≥460	≥580	≥20	≥47
700	≥560	≥675	≥17	≥47
800	≥665	≥770	≥16	≥47
1000	≥890	≥980	≥10	≥27

支架用钢材牌号、机械性能见表5-8。

表5-8 支架用钢材牌号、机械性能

支架用钢材牌号	屈服强度 σ_s/MPa		抗拉强度 σ_b/MPa	伸长率 δ_s/%	冲击功 A_{KV}/J		
	≤50 mm	>50~100 mm			0 ℃	-20 ℃	-40 ℃
					不 小 于		
Q690	690	650	770~940	14	—	40	27
Q550	550	530	670~830	16	—	40	27
Q460	460	440	550~710	17	40	40	27

立柱用钢材牌号、机械性能见表5-9。

表5-9 立柱用钢材牌号、机械性能

立柱用钢材牌号		屈服强度 σ_s/MPa	抗拉强度 σ_b/MPa	伸长率 δ_s/%	冲击功 A_{KV}/J	热处理硬度（HB）
				不 小 于		
国产	27SiMnA 或 30MnNbRe	850	1000	12	5	260~300

连接销轴用钢材牌号、机械性能见表5-10。

表5-10 连接销轴用钢材牌号、机械性能

连接销轴用钢材牌号	屈服强度 σ_s/MPa	抗拉强度 σ_b/MPa	伸长率 δ_s/%	冲击功 A_{KV}/J	热处理硬度（HRC）
			不 小 于		
35CrMnSiA	850	1500	9	6	40~45
30CrMnTi	800	1300	9	6	40~45
40Cr	750	1200	9	6	40~45

三、材料处理

1. 立柱材料选择与处理

由于矿压高，立柱在额定工作阻力下中缸将承受 90.7 MPa 的内压力。为了确保立柱安全运行，满足强度要求，中缸材料选用 27SiMn(A)。27SiMn(A)为低合金高强度结构钢，淬透性能良好，焊接性能适中，力学性能能够满足支架立柱中缸的强度要求。为了充分掌握此钢种的特性及焊接要点，进行了系列试验。相关试验及结果见表5-11~表5-14。

1）热处理性能试验

27SiMn(A)管材取样硬度测试试验如图5-22所示。

(a) 钢管沿壁厚由外向内硬度检测样块　　　(b) 钢管沿壁厚由内向外硬度检测样块

图5-22　27SiMn(A)管材取样硬度测试试验

2）焊接性能试验

表5-11　27SiMn(A)管材焊接接头机械性能试验结果

取样位置	规格	σ_b/MPa		δ_s/%		ψ/%		A_{KV}/J 焊缝		A_{KV}/J 熔合线		
管外表层	17×18	835	815	14	12	38	38	40	54	40	36	63
		825		13		38		47		46		
管壁心部	17×18	815	825	12	10	42	40	77		83	100	22
		820		11		41				68		
管内表层	17×18	735	745	13	13	49	49	80	83	53	94	72
		740		13		49		81.5		73		

表5-12　27SiMn(A)管材焊接接头硬度检测结果(HB)

检测点	母　材		热影响区		熔　合　线		焊　缝
管壁心部	255	242	250	263	241	235	219

焊接接头剖面检测结果：焊缝熔合良好，无焊接缺陷；焊接接头的机械性能试验结果

符合设计要求。由管接头硬度检测结果可以看出，热影响区与母材硬度差异很小，无明显淬硬及软化现象，表明所选接头坡口形式、预热温度、后热温度及焊接工艺参数适宜。

3）调质处理后机械性能试验

27SiMn（A）管材调质处理后拉伸试样如图 5 - 23 所示。

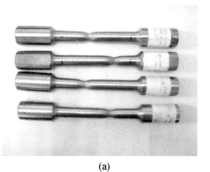
(a)

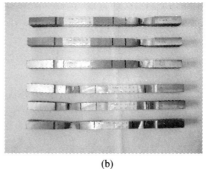
(b)

图 5 - 23　27SiMn（A）管材调质处理后拉伸试样

表 5 - 13　管材调质后取样硬度检测结果

测试点		1	2	3	4	5	6
测试点深度/mm		1	3	5	10	18	27
测试点硬度（HB）	由外向内	292	290	272	266	263	285
	由内向外	260	269	271	266	278	269

表 5 - 14　27SiMn（A）管材调质处理后机械性能试验结果

取样位置	规格	σ_s/MPa			σ_b/MPa			δ_s/%				ψ/%			
管外表层	22×18	790	815	780	935	950	935	18	18	18		46	40	47	
		795			940			18				44			
管壁厚心部	ϕ20	800	795	755	790	950	945	945	940	21	24	22	21	55	56	57	57
		785				945				22				46			
管内表层	22×18	795	795	775	940	940	915	20	22	24		44	46	47	
		788			931			22				46			

调质后 27SiMn（A）管材的各项机械性能沿壁厚均匀，屈服强度大于或等于 785 MPa，满足设计要求。

2. 棒材取样金相组织及硬度测试

ϕ190 mm 棒材金相及硬度测试位置如图 5 - 24 所示。

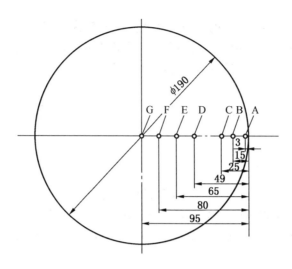

图 5 – 24　φ190 mm 棒材金相及硬度测试位置

棒材金相测试相图如图 5 – 25 所示。

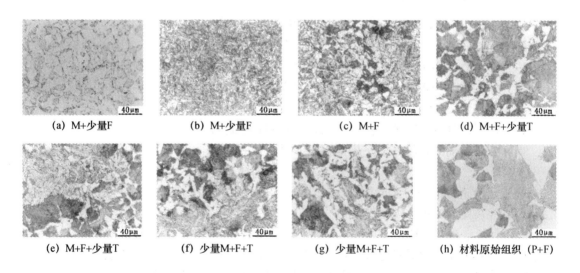

图 5 – 25　棒材金相测试相图

棒材调质后取样硬度检测结果见表 5 – 15。

表 5 – 15　棒材调质后取样硬度检测结果

测　试　点	A	B	C	D	E	F	G
测试点深度/mm	3	15	25	49	65	80	95
测试点硬度（HV）	309	305	302	265	261	270	269

从金相分析来看，热处理后的组织从外侧向中心依次为 M + 少量 F、M + F、M + F + 少量 T、少量 M + F + T，心部也存在少量 M，说明 27SiMn(A)材质淬透性能良好。

从硬度分布来看，热处理后外侧硬度明显提高。

第四节 制 造 工 艺

一、制造要求

四连杆机构轴孔间隙：底座和前后连杆的轴孔配合实际间隙为 0.75 mm，其铰接孔的加工精度为 11 级（+0.25 mm），粗糙度为 6.3 μm；顶梁和掩护梁的轴孔配合实际间隙为 1.0 mm，其铰接孔的加工精度为 12 级（+0.40 mm），同轴度为 ϕ0.6 mm，粗糙度为 6.3 μm。

结构件的横向间隙：实际间隙为 4~8 mm。其中，过去公端为 $^{+1}_{-3}$，现在公端为 $^{+2}_{0}$；过去母端为 $^{+3}_{-1}$，现在母端为 $^{0}_{-2}$。

二、高强度钢板的焊接加工

支架的结构件主体采用 60 kg、70 kg 和 80 kg 级高强度钢板制造。结构件的加工、焊接采用如下先进的工艺和工装设备来控制质量：

（1）结构件的钢板下料前经线喷丸处理。

（2）结构件采用机械下料方法：比利时剪板机、日本数控切割机下料，并且主筋板及主要立筋定位面预留加工余量。

此外，下料时采取特殊工艺措施，以保证零件直线度。

（3）板件下料后，均在调平机上进行调平处理，使板件平直，从而为保证组焊精度打下了基础。

（4）所有折弯板件均在折弯机上压型，以满足尺寸精度要求。

（5）主体结构件的主筋板采用多件组在一起，刀检顶面，以刀检面为基准，采用模板镗孔，保证连接孔的精度。

（6）组焊时采用胎具和芯轴，使孔系的同轴度及各安装尺寸均符合图纸要求。

（7）支架结构件焊接时根据钢材的焊接性能采用相应工艺方法和手段：预热窑——焊前、焊中结构件预热；预热温度的选择和控制；焊接过程温度控制；焊接过程参数控制；焊缝熔敷根部质量保证措施；大型热时效窑——焊后结构件整体时效消除应力；热时效温度的选择和控制。

（8）结构件焊接方法的选择：采用 $Ar + CO_2$ 混合气体保护焊，飞溅少，焊缝成形好，外观质量好，焊缝冲击韧性等综合机械性能高；焊接填充材料采用药芯焊丝，焊丝可根据接头性能要求采用相应等级，以适应不同的母材，满足设计要求。

（9）焊缝力学性能由随机样件破坏性试验检测，结构件、立柱等的焊缝经无损检测。

（10）主体结构件的连接孔均采用组焊后整体镗削的加工工艺，从而很好地保证了孔、轴间隙和图纸要求的孔系间的同轴度，保证了支架的质量。

（11）结构件采用两遍底漆两遍面漆处理。

三、焊前及焊后处理

钢板、铸件、锻件焊前及结构件焊后均进行表面处理工序，保证结构件焊接质量及外观质量符合相关标准要求，如图 5 – 26 所示。

(a)　　　　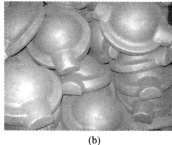(b)　　　　(c)

图 5 – 26　经过处理的零件外露表面

四、焊接工艺

采用通过了焊接工艺评定以及井下验证过的焊接工艺方法、焊接工艺规范参数（包括预热温度、去应力方法）、相应级别的焊材选择等。

针对高工作阻力的要求，选择屈服强度为 890 MPa 的低合金高强度钢。

890 MPa 的低合金高强度钢焊接工艺评定报告见表 5 – 16。

表 5 – 16　焊接工艺评定报告

××煤矿机械厂
焊　接　工　艺　评　定　报　告

编号：BMJHGP – 20

试验编号：Y2005 – 42
评定项目：SHT900D 混合气体保护药芯焊丝（A34）焊接接头性能
焊接方法：GMAW（Ar + CO₂）　　　自动化程度：半自动　　　焊接位置：平焊
试验标准：GB 2649—1989、GB 2650—1989、GB 2651—1989、GB 2653—1989

接头坡口形式： 50°V 形坡口对接接头	焊接层次： 1. 打底 一层一道　　2. 填充 四层五道 3. 清根　　　　　4. 焊背面一道

表 5－16（续）

母材

牌号：SHT900D　　规格：δ20

力学性能

标准	σ_s/MPa	σ_b/MPa	δ_s/%	A_{KV}/J 0 ℃	A_{KV}/J －20 ℃
	≥900	940～1100	≥12	≥30	≥27

化学成分/%　　报告编号：3576

	C	Si	Mn	P	S	Ni	Cr	Mo	V	Ti
实测	≤0.20	≤0.50	≤1.60	≤0.02	≤0.01	≤2.0	≤0.70	≤0.70	≤0.06	
	0.146	0.286	1.27	0.019	0.006	0.254	0.32	0.333	0.041	0.014

焊材

牌号：JL－90M（A34）　　规格：ϕ1.4

熔敷金属化学成分/%　　报告编号：3600

C	Si	Mn	P	S	Ni	Cr	Mo	V	Ti
0.128	0.492	2.267	0.021	0.020	2.164	0.839	0.748	0.037	0.039

保护气体：80% Ar＋20% CO_2　　流量：25 L/min

接头性能检验结果

拉伸试验　　检验报告编号：检验－BG39

试样编号	试样形式	σ_b/MPa	Ψ/%	断裂位置	检验结果
2－1	板状	1045	49	母材	合格
2－2	板状	1065	51	母材	

弯曲试验

试样编号	弯轴直径/mm	试样类型	弯曲角度/(°)	检验结果
2－11	$D=2a$	背弯	64	合格
2－12		面弯	65	

冲击试验及硬度试验　　检验报告编号：（质）字 31－2005

试样编号	缺口形式	缺口位置	试验温度/℃	A_{KV}/J			HB 焊缝	HB HAZ	HB SHT
2	V	焊缝截面	－20	52	64	30	321	288	321
				49					

金相组织　　检验报告编号：08007－2005

焊缝	均匀细小 S 体	HAZ	S 体	SHT	S 体

结　论　本评定按 GB 2649—1989、GB 2650—1989、GB 2651—1989、GB 2653—1989 规定焊接试样、检验试样、测定性能。确认检验记录正确

评定结果　本试验结果满足 Y77 液压支架推杆结构件设计图纸技术要求。满足焊接工艺设计书 BMJHGS－20 的要求合格

焊　工		焊工证号		施焊日期	
编　制		审　核		批　准	
日　期		日　期		日　期	

五、间隙控制

（1）按照结构件焊接变形规律控制零部件下料尺寸，明确结构件的组装尺寸，规定焊接顺序，统一制作易变形部位撑筋，标明撑筋位置，使横向间隙满足设计小于或等于8 mm的要求，如图5-27和图5-28所示。

（2）采取结构件焊后整体加工的方式控制轴孔间隙小于或等于0.75 mm。

图5-27　工艺撑筋辅助控制横向间隙

图5-28　焊后整体镗孔控制轴向间隙

六、加工工序安排

根据原材料规格及壁厚均匀度安排立柱大缸、中缸的加工工序：粗加工—热处理—精加工工艺。

七、热处理

中煤北煤机公司热处理分厂现有3个大的淬火水槽，分别为4.3 m×2.6 m×5.2 m、3.5 m×2.45 m×4.5 m、3.8 m×2.95 m×4.5 m深。3个水槽均采用两条补水管线、一套回水管线进行水循环。两条补水管线分别为自来水补水管（φ90 mm）、循环水补水管（φ108 mm），每个水槽的回水管均为φ233 mm。每个水槽均安装了温控装置，当回水口水温超过 40 ℃ 时，在循环水补水的基础上，自来水补水装置自动打开补水。

为保证立柱缸管的淬透性能，弥补工件吊挂过程热量的损失，将淬火温度按上限控制，保证淬火零件入水前的温度不低于工艺要求，确保淬火质量。对 ϕ300 mm 管径以上钢管采用单根淬火，间隔（10～15 min）冷却，回炉保温的操作方法，保证液火质量的一致性。

第五节　支架各部件的寿命承诺

批量产品的主要部件寿命担保见表 5 - 17。

表5-17　批量产品的主要部件寿命担保

序　号	名　称	循环次数	序　号	名　称	循环次数
1	顶梁	40000	8	电液控制	25000
2	掩护梁	40000	9	立柱	30000
3	底座	40000	10	千斤顶	20000
4	前后连杆	40000	11	液压阀	30000
5	伸缩及护帮	20000	12	密封件	20000
6	侧护板	20000	13	液压胶管	1.5 年
7	推移框架	30000	14	电气元件	20000

整架工作寿命大于或等于 40000 次工作循环（主体寿命达到或超过引进支架水平），确保单面年产（10～15）Mt 以上的设计生产能力，支架过煤超过 15 Mt 不大修。

第六章　电液控制系统在大采高液压支架上的应用和发展

第一节　电液控制系统国内外发展现状

一、电液控制系统研发进程

在液压支架上采用电液控制系统，是提升综采工作面设备装备水平、提高采煤效率以及减轻劳动强度的重要举措。20 世纪 70 年代，英国、德国等采煤设备技术先进国家开始研制液压支架电液控制技术，80 年代进入实质性应用和推广阶段，90 年代初技术成熟并被英国、美国、德国、澳大利亚等批量使用。我国于 20 世纪 90 年代初开始研究液压支架电液控制技术，在电液控制系统的硬件技术上取得了长足发展，直到 2007 年底国产电液控制系统通过项目验收与评议，逐步开始在国产液压支架上应用，带动了国内主要液压支架制造企业开发研究电液控制技术。

二、国际主要液压支架电液控制系统

目前，国外液压支架电液控制技术已经成熟；国产液压支架电液控制技术近几年也有了较快发展，电液控制技术基本成熟。随着国产电液控制液压支架的不断推广应用，电液控制技术将逐步完善并全面发展。当前国际上主流的液压支架电液控制系统提供商有：DBT 公司（现被卡特彼勒公司收购）、JOY 公司、MARCO 公司、TIEFENBACH 公司等四大公司。美国、澳大利亚、南非等国家的煤矿新装备的综采工作面几乎全部采用电液控制液压支架，其电液控制系统几乎全部来自这四大公司。

三、各型号电液控制系统在国内市场的占有率

当前，国内市场的进口电液控制系统产品主要有 MARCO 公司的 PM31 和 PM32（占 15%），德国 TIEFENBACH 公司的 ASG5 以及 EEP 公司的 PR116（共占 10%），北京天地玛珂电液控制系统有限公司自主研发的 SAC 液压支架电液控制系统占国内市场的 55%，四川航天、郑州煤机、平阳煤机以及中煤北煤机公司等的液压支架电液控制系统市场占有率在 20%。进口 DBT 公司刨煤机装备所配套的液压支架采用 DBT 公司的 PM4 电液控制系统，数量很少。

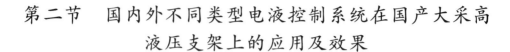

第二节 国内外不同类型电液控制系统在国产大采高液压支架上的应用及效果

一、电液控制系统工作原理

液压支架电液控制系统是一种本安型用于对综采工作面液压支架进行电液控制的成套电子装置。液压支架的各个功能都是采用计算机－传感器技术自动控制，借助电磁先导阀驱动操作主阀控制各油缸的动作。目前液压支架电液控制系统有自动控制、在顺槽进行控制和在地面对工作面设备进行控制等 3 种主要控制功能。

综采工作面液压支架电液控制系统由液压支架、子控机、顺槽主控机、地面监控站等组成，如图 6-1 所示。每架支架由一台子控机进行监测和控制，构成一个电液控制系统的基本单元：主要有支架控制器、电液控制主阀、控制器电源、传感器、控制器架间电缆和元器件连接电缆等，如图 6-2 所示。工作面采用多主总线结构（CAN 总线），将布置于工作面的所有子控机和顺槽主控机的通信接口连接在一根通信总线上，子控机之间、子控机和顺槽主控机之间可以相互直接通信，实现工作面支架之间互控性的要求。顺槽主控机通过光缆与地面监控站相互通信。

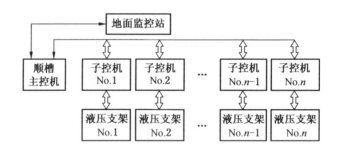

图 6-1 液压支架电液控制系统原理

通过操作子支架控制器键盘可实现对本架支架动作的控制（出于安全考虑，有些电控不允许本架控制，如 PM4），以及向其他控制器发送控制信号，实现系统的邻架控制、隔架控制、成组控制和采煤机位置自动控制等功能。顺槽主控机通过 CAN 总线采集各控制器之间的通信数据，并将采集到的数据通过光缆传递给地面监控站。

顺槽主控机和地面监控站对控制器间的通信数据进行分析处理并保存，得到整个工作面支架的运行工况，以动画形式实时显示在各自的显示器上。通过操作顺槽主控机和地面监控站可以完成对工作面液压支架的控制。

液压支架电液控制系统是集机械、液压、电子、计算机和通信网络等技术于一身，技术含量高、技术难度大，应用于煤矿井下的一项高新技术产品。它按采煤工艺实现对综采工作面液压支架的监测和控制，使液压支架与其他综采设备（采煤机和刮板输送机）在最佳状态下协调运行，充分发挥综采设备的生产效率。

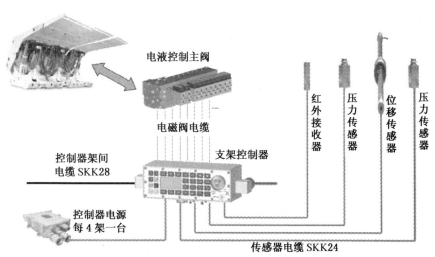

图 6 - 2   液压支架电液控制系统的基本单元

二、国内外不同类型电液控制系统在国产大采高液压支架上的应用

（一）国产大采高液压支架典型电液控制系统特点简介

1. EEP 公司 PR116 型电液控制系统特点简介

EEP 公司 PR116 型电液控制系统采用 Profibus 总线技术，整个工作面通过中央总线进行控制，控制器的地址选择通过相邻总线全自动进行，其传递速率等于中央总线的传递速率，如图 6 - 3 所示。

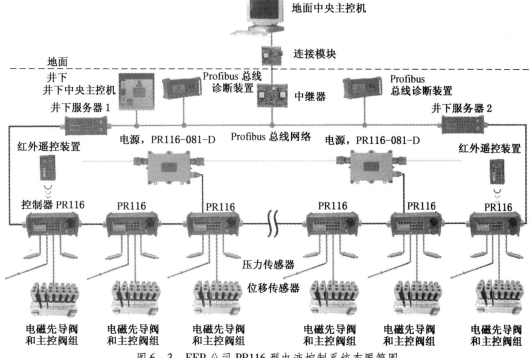

图 6 - 3   EEP 公司 PR116 型电液控制系统布置简图

在工作面两端各设置一个井下服务器，将获得的支架控制器的数据传送至顺槽主控计算机。若工作面线路某处出现故障，这两台井下服务器可以继续控制工作面所有电控装置，直到故障处修复。两台服务器间的 Profibus 电缆就是"工作面自动控制系统"的主干线，工作面的其他设备（采煤机、输送机、泵站等）都可以挂在这个主干线上。通过 Profibus 总线进入全工作面以至矿井自动化控制系统，可以监测和控制双向数据传输。

2. MARCO 公司 PM32 型电液控制系统特点简介

PM32 型电液控制系统的每个支架装备一台支架控制器，控制器之间按顺序互联成网，还配备连接了其他一些不可缺少的设备部件，形成了完善的系统。

支架控制器因供电关系而被分组，相邻的最多 3 个控制器由一路独立的直流电源供电，成为一个控制器组。分组的标志是隔离耦合器，它隔断了组与组间的电气连接而又通过光电耦合沟通数据通信信号，这种方式是为达到本质安全性能所采取的措施。此外，隔离耦合器还可以为电源引入提供通道。系统中的网络终端器、总线提升器均为保证系统正常工作所必需的辅助装置。

支架控制器靠干线电缆互联成网络。干线电缆从端头架控制器开始顺序将全部支架控制器连接起来。每个支架控制器都有地址编号，地址编号是按顺序连续的。

3. TIEFENBACH 公司 ASG5 型电液控制系统特点简介

如图 6 - 4 所示，德国 TIEFENBACH 公司的 ASG5 型电液控制系统具有较高的智能功能，即使顺槽控制装置失去作用或工作面通道断开，支架控制器也可通过支架间的通道对左右方向的支架实现各种控制。ASG5 型电液控制系统采用双通道通信体系，即工作面通道和架间通道，架间总线按 RS422 数据格式传输，工作面总线按 RS4485 数据格式传输。

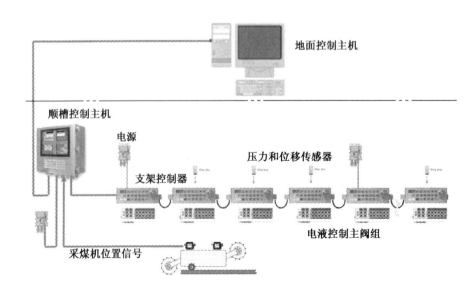

图 6 - 4　TIEFENBACH 公司 ASG5 型电液控制系统布置简图

4. 中煤北煤机公司 ZDYZ 型电液控制系统特点简介

ZDYZ 型电液控制系统能实现邻架单动作、邻架顺序联动、成组推溜、成组护帮、成组联动移架、闭锁及急停、压力及位移数据信息显示和上传等功能，配备红外线接收装置，可根据采煤机位置控制液压支架的自动动作，实现采煤自动化。该系统的外围设备少，功能集成度高，易于维护，控制灵敏度高。

（二）典型电液控制系统在国产大采高液压支架上的应用及效果

目前国内煤机市场上的液压支架完全采用国产产品，采用电液控制系统液压支架是采煤工作面高产高效的重要举措，也是大型井工矿的必然选择。据不完全统计，电液控制系统 60% 以上用于大采高液压支架，5.5 m 及以上的国内市场液压支架几乎全部配置了电液控制系统，常见功能数为 14 功能和 16 功能。

1. 国产 5.5 m 大采高 ZY9000/25.5/55D 型液压支架电液控制系统的应用

山西亚美大宁能源有限公司大采高工作面采用国产 ZY9000/25.5/55D 型两柱掩护式液压支架，采用 MARCO 公司 PM32 型电液控制系统控制支架的全部动作。工作面配套 JOY 采矿设备公司 7LS6 型采煤机，美国长壁联合公司 LA-0530 型长壁工作面刮板输送机。

1）ZY9000/25.5/55D 型液压支架 PM32 型电液控制系统配置和控制动作

PM32 型电液控制系统在 ZY9000/25.5/55D 型液压支架上布置的元器件有：每架 1 个 14 功能支架控制器，每架 1 个 14 功能（15 出口）电液换向阀组（含电磁线圈驱动器、电磁先导阀和主阀），每 12 架 1 个双路电源箱，每 6 架 1 个隔离耦合器，每 6 架 1 个总线提升器，每架 1 个压力传感器，每架 1 个位移传感器，每架 1 个红外线接收器。全工作面数据传输元器件有：顺槽主控计算机（1 台）、网络转换器（1 个）、网络终端器（2 个）、红外线发射器（检测采煤机位置）（1 个）。

PM32 型电液控制系统的 14 功能支架控制器可完成升立柱（同时收抬底）、降立柱、推溜、移架、抬底座、喷雾、平衡油缸伸、平衡油缸缩、侧护板油缸伸、侧护板油缸缩、一级护帮油缸伸、一级护帮油缸缩、二级护帮油缸伸、二级护帮油缸缩等功能。

2）ZY9000/25.5/55D 型液压支架 PM32 型电液控制系统功能

（1）电控系统为非主－从机型。当工作面控制系统与顺槽控制中心断开后，仍可以完成各种操作功能和操作模式设置。

（2）具备通信系统检测，系统故障位置判断，报警显示，程序在线升级，参数在线修改和传输等功能；在线参数调整设定以及程序的自动传输更新。

（3）在任意一个支架控制器上可选本架相隔的左边或右边的某一个单架进行单架单动作。

（4）单个支架自动移架功能（含辅助功能），降柱—移架—升柱（含辅助功能抬底、侧护帮、平衡协调等）。每个单动作的进程衔接、协调均以设置的参数以及传感器实时检测数据为依据。

（5）成组功能。以工作面的任何一个支架为操作架，向左或向右连续相邻的若干个支架为一组（一般最多4架），执行支架的某一单动作或联合动作，成组自动移架、成组自动推溜、成组自动伸护帮、成组自动收护帮、成组自动喷雾等。

（6）单架及成组"降、移、升"自动循环功能需根据回采工艺操作规程进行设计，并能进行程序调整和相应工作参数修改。

（7）通过红外线检测系统实现跟机自动化。跟机自动移架、自动推溜等，实现支架、采煤机和刮板输送机进行自动割煤的功能，采煤机与支架联动。

（8）具备与采煤机配合进行全自动化的双向、单向、部分截深割煤等功能。

（9）电控系统监测立柱工作压力、推移油缸行程、煤机位置、方向等数据，将数据传输至地面控制中心并显示出来。

（10）自动补压功能。立柱在支撑中因某种原因发生卸载时，当压力降至某一设定值时系统会自动开启升柱功能，直到规定压力，并可多次补压。

（11）闭锁、紧急停止功能。工作面某支架动作时，可操作该支架控制器上的闭锁键将本支架闭锁，同时在软件作用下左、右邻架也被闭锁。当工作面发生可能危及安全生产的紧急情况时，按任意控制器上的急停按钮，全工作面支架所有动作立即停止，在急停解除前自动控制功能被禁止。支架动作时声光报警。

（12）数据传输。支架本身信息及需要上传的其他综采设备（采煤机、刮板输送机、转载破碎机、乳化液泵站、组合开关等设备）信息应通过支架控制中心上传并显示，能接入最终用户现有通信系统，向第三方提供数据格式，采用 OPC 协议。

（13）提供标准的 EtherNet/IP、Modbus over TCP/IP、Profi – Net、Modbus 或 Profi – bus 中的任意一种通信协议，以太网接口及相关数据表。

3）ZY9000/25.5/55D 型液压支架 PM32 型电液控制系统与 PM4 型电液控制系统的兼容性

PM32 型电液控制系统可实现与 DBT 公司 PM4 型电液控制系统的兼容，包括电磁先导阀兼容，采煤机位置监控信号采集、识别、传输与显示兼容，PM4 型电液控制系统向地面传输信号的接口与 PM32 型电液控制系统向地面传输信号的接口兼容，JOY 公司 7LS6 型采煤机、美国长壁联合公司 LA – 0530 型刮板输送机、雷波 S300 型乳化液泵、雷波 S200 型喷雾泵、澳大利亚安控公司 RF – W – 276 型负荷中心及安控公司 6MV·A 型移动变电站等可通过 PM32/ze/dxa2 实现信息传输。

2. 国产 5.5 m 大采高 ZY8640/25.5/55D 型液压支架电液控制系统的应用

伊旗昊达煤炭有限责任公司大采高工作面采用国产 ZY8640/25.5/55D 型两柱掩护式液压支架，采用 EEP 公司 PR116 型电液控制系统控制支架的全部动作。工作面配套国产 MG800/2040 – WD 型采煤机、国产 SGZ1000/2×700 型刮板输送机、国产 SZZ1200/400 型转载机、TIEFENBACH 公司 2000 L 全自动反冲洗高压过滤站（过滤精度为 25 μm）。

1）ZY8640/25.5/55D 型液压支架 PR116 型电液控制系统配置和控制动作

PR116 型电液控制系统在 ZY8640/25.5/55D 型液压支架上布置的元器件有：每架 1 个 14 功能支架控制器，每架 1 个 14 功能（15 出口）电液换向阀组（含电磁线圈驱动器、电磁先导阀和主阀），每 4 架 1 个电源箱，每架 1 个压力传感器，每架 1 个位移传感器，每架 1 个红外线接收器。工作面数据传输元器件有：顺槽主控计算机（1 台）、井下服务器（1 个）、红外线接收器（1 个）、红外线发射器（4 个）。

PR116 型电液控制系统的 14 功能支架控制器可完成升立柱（同时收抬底）、降立柱、推溜、移架、抬底座、喷雾、平衡油缸伸、平衡油缸缩、侧护板油缸伸、侧护板油缸缩、护帮油缸伸、护帮油缸缩、伸缩梁油缸伸、伸缩梁油缸缩等功能。

2）ZY8640/25.5/55D 型液压支架 PR116 型电液控制系统功能

（1）实现支架成组程序自动控制，可实现本架和邻架的自动控制。

（2）可与工作面采煤机实现联合动作，同时具备接收采煤机数字信号实现联动功能。

（3）对立柱工作压力、推移油缸行程、采煤机位置、方向等进行监测，同时预留将 3300 V、1140 V 开关的数据和支架本身的数据传输至地面控制中心的接口。

（4）电液控制系统设有声音报警、急停、本架闭锁及故障自诊断显示功能，并能方便地进行人工手动操作。

（5）电控系统为非主－从机型。当工作面控制系统与顺槽控制中心断开后，仍能完成各种操作功能和操作模式设置。

（6）电液控制系统具备擦顶（带压）移架功能，在电液控制的程序中有立柱初撑力自保的控制程序。

3. 国产 5.8 m 大采高 ZY12000/28/58D 型液压支架电液控制系统的应用

陕西华电榆横煤电有限责任公司小纪汗煤矿大采高工作面采用国产 ZY12000/28/58D 型掩护式液压支架，采用 TIEFENBACH 公司 ASG5 型电液控制系统控制支架的全部动作。工作面配套 JOY 采矿设备公司 7LS6C 型采煤机、国产 SGZ1000/3000 型刮板输送机、国产 SZZ1350/525 型转载机。

1）ZY12000/28/58D 型液压支架 ASG5 型电液控制系统配置和控制动作

ASG5 型电液控制系统在 ZY12000/28/58D 型液压支架上布置的元器件有：每架 1 个 16 功能控制器，每架 1 个 16 功能（18 出口）电液换向阀组（含电磁线圈驱动器、电磁先导阀和主阀），每 4 架 1 个电源箱，每架 1 个压力传感器，每架 1 个位移传感器，每架 1 个红外线接收器。工作面数据传输元器件有：顺槽主控计算机（1 台）、红外线发射器（2 个）。地面监控元器件有：数据传输装置（1 套）、地面控制主机（1 台）。

ASG5 型电液控制系统的 16 功能支架控制器可完成升立柱（同时收抬底）、降立柱、推溜、移架、抬底座、喷雾、平衡油缸伸、平衡油缸缩、侧护板油缸伸、侧护板油缸缩、一级护帮油缸伸、一级护帮油缸缩、二级护帮油缸伸、二级护帮油缸缩、伸缩梁油缸伸、伸缩梁油缸缩等功能。

2）ZY12000/28/58D 型液压支架 ASG5 型电液控制系统功能

（1）可实现成组程序自动控制，包括成组自动移架、成组自动推溜、成组自动伸收护帮、成组自动伸收伸缩梁。

（2）可实现邻架电控的手动、自动操作，即既可实现成组自动移架和推溜，又可实现本架电磁阀按钮的手动操作、左右邻架电控按钮控制、自动循环操作。

（3）具有工作面支架集中控制功能。

（4）电液控制器设有声音报警、急停、本架闭锁及故障自诊断显示功能。

（5）电控系统为非主－从机型。当工作面控制系统与顺槽控制中心断开后，仍能完成各种操作功能。

（6）支架控制器通过电缆直接和电磁阀与传感器连接，无须适配器等多余的部件，系统简单，可靠性好，易于维护保养。

（7）配备红外线接收装置，可与工作面采煤机实现联合动作。

（8）具备与采煤机配合进行全自动化的双向、单向、部分截深割煤功能。

（9）通过电液控制系统能配合采煤机实现自动喷雾。

（10）通过控制器程序设置能够实现在降柱和拉架过程中的任何时段启动和结束抬底座动作。

（11）通过控制器程序设置能够实现支架护帮板与煤壁贴紧。

（12）采煤机通过后支架伸缩梁、护帮能够联动进行及时支护，拉架时伸缩梁能够自动收回。

4. 国产6.2 m大采高ZY13000/28/62D型液压支架电液控制系统的应用

中煤能源鄂尔多斯分公司母杜柴登矿及纳林河二号井的大采高工作面均采用国产ZY13000/28/62D型掩护式液压支架，采用MARCO公司PM32型电液控制系统控制支架的全部动作。工作面配套JOY采矿设备公司7LS7型采煤机、国产SGZ1250/3000型刮板输送机、国产SZZ1350/525型转载机。

1）ZY13000/28/62D型液压支架PM32型电液控制系统配置和控制动作

PM32型电液控制系统在ZY13000/28/62D型液压支架上布置的元器件有：每架1个16功能控制器，每架1个16功能（17出口）电液换向阀组（含电磁线圈驱动器、电磁先导阀和主阀），每8架1个双路电源箱，每4架1个隔离耦合器，每4架1个总线提升器，每架2个压力传感器，每架1个位移传感器，每架1个红外线接收器。工作面数据传输元器件有：顺槽主控计算机（1台）、网络转换器（1个）、网络终端器（2个）、红外线发射器（检测采煤机位置）（1个）。数据上传硬件有：控制主机（1台）、交换机（1台）、工作面主机（1台）、数据上传主机（1台）。

PM32型电液控制系统的16功能支架控制器可完成升立柱（同时收抬底）、降立柱、推溜、移架、抬底座、喷雾、平衡油缸伸、平衡油缸缩、侧护板油缸伸、侧护板油缸缩、一级护帮油缸伸、一级护帮油缸缩、二级护帮油缸伸、二级护帮油缸缩、伸缩梁油缸伸、伸缩梁油缸缩等功能。

2）ZY13000/28/62D型液压支架PM32型电液控制系统功能

（1）电液控制系统为非主-从机型。当工作面控制系统与顺槽控制中心断开后，TBUS总线贯穿上位机以下的各个设备并将其组成一个工作系统，其中的架间用BIDI通信模式并联在TBUS总线下，仍可以完成各种操作功能和操作模式设置。具备通信系统检测、系统故障位置判断、报警显示、程序在线升级、参数在线修改和传输等功能。

（2）电液控制系统设有声光报警、急停、闭锁及故障自诊断显示功能，方便进行人工手动操作、在线参数调整设定以及程序的自动传输更新。

（3）具备邻架、远程、成组等自动功能。

（4）支架邻架控制。在任意一个支架控制器上可选本架相隔的左边或右边的某一个单架进行单架单动作手动操作，范围可选。

（5）单个支架自动移架功能（含辅助功能）。"降、移、升"（辅助功能抬底、侧护帮、平衡等动作可以穿插协调在ASQ中）；每个单动作的进程、衔接、协调均以设置的参数以及传感器实时检测数据为依据。

（6）成组功能。以工作面的任何一个支架为操作架，向左或向右连续相邻的若干个支架为一组，执行支架的某一单动作或联合动作，成组自动移架、成组自动推溜、成组自动伸收护帮、成组自动收护帮、成组自动喷雾、成组伸收伸缩梁等，也可以在跟机自动化中联合运行。

（7）单架及成组"降、移、升"自动循环功能需根据回采工艺操作规程进行设计，并能进行程序调整和相应工作参数修改。

（8）电液控制系统通过红外线检测系统实现跟机自动化。跟机自动移架、自动推溜等，实现支架、采煤机和刮板输送机进行自动割煤的功能，采煤机与支架联动，4台支架同时成组顺序拉架时。

（9）电液控制系统具备与采煤机配合进行全自动化的双向、单向、部分截深割煤功能。在三角煤区域实现自动拉架。具备无人自动化工作面功能。

（10）电液控制系统将立柱工作压力、推移油缸行程、煤机位置与方向等数据传输至地面控制中心并显示出来。

（11）升支架立柱时电液控制系统使平衡油缸处于浮动状态，防止因两腔锁死而导致油缸损坏。

（12）自动补压功能。立柱在支撑中因某种原因发生卸载时，当压力降至某一设定值时系统会自动开启升柱功能，直到规定压力，并可多次补压。

（13）闭锁、紧急停止功能。工作面某支架动作时，可操作该支架控制器上的闭锁键将本支架闭锁，同时在软件作用下左、右邻架也被闭锁，解锁后可恢复正常。当工作面发生可能危及安全生产的紧急情况时，按任意控制器上的急停按钮，全工作面支架所有动作立即停止，在急停解除前自动控制功能被禁止。急停按钮外部有防水、防尘护套保护。

（14）控制系统信息功能。支架动作时声光报警，控制过程、支架工况信息、设置的控制参数信息、故障错误信息、在线诊断及一些系统本身的状态信息。

（15）数据传输。支架本身信息及需要上传的其他综采设备（采煤机、刮板输送机、转载破碎机、乳化液泵站、组合开关等设备）信息通过支架控制中心上传并显示，能接入最终用户现有通信系统，向第三方提供数据格式，采用 OPC XML 格式。

（16）综采工作面的采煤机、支架电液控制系统、工作面三机通信控制系统、泵站控制系统、带式输送机通信控制系统及供电系统有机结合起来，实现在顺槽主控计算机和地面调度指挥中心对综采工作面设备的远程监测以及各种数据的实时显示等，为井下工作现场地面生产、管理人员提供实时井下工作面生产及安全信息。

（三）液压支架电液控制系统的通信方式分析

液压支架电液控制系统由工作面控制系统、顺槽控制中心（工作面控制中心）及地面监控站组成。支架控制器通过工作面总线与顺槽控制中心和地面监控站相连。在通信方面，PM4 架间通过 BIDI Bus 互联成综采工作面网络。这种方式的缺点在于，一旦控制器不能正常工作，将导致控制系统通信中断。PM32 架间的通信通过 BIDI Bus，全工作面的互联则采用 TBus。ASG5 采用双通道通信体系，即工作面通道和架间通道。架间总线按 RS422 数据格式传输，工作面总线按 RS485 数据格式传输。PR116 为双通道通信体系，将 Profibus 总线应用于支架电液控制系统，并可作为整个矿井自动化控制系统的主干网。

可以看出，PM4、PM32、ASG5 及 PR116 都采用总线方式进行通信，但都不是标准的现场总线。它们的技术思路形成较早，且产品一直延续着早期形成的思路。而现场总线的提出相对较晚。与现场总线方式相比，早期的技术思路存在几点缺陷：实现复杂，需要消耗较多的系统资源；没有提供可靠高效的通信协议，数据的错误检测和出错重发完全靠用户编制的软件实现，网络的错误处理能力不强。为了保证通信的准确性和系统运行的可靠性，就必须编制完善的调度程序和通信协议，这就增加了系统开发的难度和开发周期。采用现场总线技术则可较好地解决上述问题。

CAN（Controller Area Network）即控制器局域网络，是一种标准的现场总线。由于其可靠性高、灵活性好以及独特的设计，CAN 总线越来越受到人们的重视并被广泛应用于航海、航空、医疗及工业现场领域。

液压支架电液控制系统是一种分布式控制系统。而 CAN 总线自身的特点使 CAN 总线能够有效地支持分布式控制。结合 CAN 总线在分布式控制系统中的成功应用以及液压支架电液控制系统的特点，将 CAN 总线应用于液压支架电液控制系统具有较大优势。

三、大采高液压支架电液控制系统的使用效果

1. 大幅度提高井下生产效益，改善井下工人的劳动条件

电液控制系统取消了人工操作液压支架过程中的辅助时间，反应速度快，可通过计算机合理安排采煤工序，最大限度地发挥综采设备的最大能力；可以对液压支架进行编组运行，同时可对多台液压支架进行操作；根据采煤机运行方向、位置，可完全实现跟机自动移架以及按照设定的距离自动推溜；工作面顺槽远程控制使井下无人工作面成为现实，成功解决了自动化、可视化开采问题，井下工人的劳动条件得到根本改善。

2. 改善工作面顶板支护状况

电液控制系统集监测与控制于一体，合理解决了工作面支护中液压支架初撑力达不到额定阻力和带压移架问题，为工作面顶板维护提供了有利条件，可减少顶板事故的发生。由于操作人员能邻架控制、远离工作面控制，故可避免遭受冲击地压、粉尘等矿井灾害，保证人员安全；同时，电液控制系统的使用为实现井下无人工作面提供了可能性，使我国煤矿生产的自动化提高到一个新的水平，进一步保证了人员的安全。

3. 实现综采工作面自动化和信息化

将综采工作面的采煤机、支架电液控制系统、三机系统、工作面语音通信系统、泵站控制系统及供电系统有机结合起来，实现在顺槽主控计算机和地面调度指挥中心对综采工作面设备的远程监控以及各种数据的实时显示等，为井下工作面现场和地面生产、管理人员提供实时的井下工作面生产及安全信息，实现工作面高产、高效、安全。

第三节　电液控制系统在大采高液压支架上的合理选型

电液控制系统对工作面环境条件要求较高，受实际环境影响，常见故障主要有程序不稳定、信号不稳定、控制器故障、传感器引线故障、电磁先导阀阀芯堵塞以及主阀过滤器

堵塞等。不同型号的电液控制系统，其性能参数和适应工作面的设计要求各有特点。在大采高液压支架上选配电液控制系统是支架总体设计必须要考虑的事情。除常规要求外，电液控制系统还要满足大采高液压支架的特殊要求。

（1）大采高液压支架立柱缸径大、推移油缸缸径粗，支架降、移、升速度要快，升支架、移支架需要主阀组阀芯粗、流量大，电磁先导阀的能力要与主阀匹配。中煤北煤机公司研制的 ZY8640/25.5/55D、ZY12000/28/58D、ZY13000/28/62D、ZY12000/28/63D 等型号大采高液压支架的主阀芯流量为 450 L/min，升立柱采用的双主阀芯总流量为 900 L/min。推移油缸、拉移支架的主阀芯流量为 450 L/min。

（2）移动支架时顶板易垮落，电液控制系统需要具备立柱初撑力自保、立柱自动补压功能及擦顶（带压）移架功能。中煤北煤机公司研制的 ZY8640/25.5/55D、ZY9000/25.5/55D、ZY13000/28/62D 等型号大采高液压支架的电液控制系统具备立柱初撑力自保、立柱自动补压功能，其中 ZY8640/25.5/55D 型液压支架的电液控制系统具备擦顶（带压）移架功能。

（3）大采高液压支架工作面煤壁容易片帮，电液控制系统要增强支架护帮机构的护帮初撑力效果。中煤北煤机公司研制的 ZY12000/22/48D 型液压支架护帮板油缸带压力传感器，实现了护帮板与煤壁贴紧初撑；ZY9000/25.5/55D 型液压支架通过控制器程序设置实现护帮板与煤壁贴紧。前者通过压力传感器检测护帮板油缸活塞腔压力，达到额定初撑力；后者通过时间延迟主阀关闭供液方式使护帮板油缸达到额定初撑力。一般进口大采高液压支架护帮板油缸带压力传感器，而国产大采高液压支架护帮板通过控制器程序设置实现护帮板与煤壁贴紧。

（4）升、降大采高液压支架过程中，电液控制系统要有避免平衡油缸安全阀频繁开启卸压的措施和功能。中煤北煤机公司研制的 ZY10000/28/62D 、ZY10000/22/45D 等型号大采高液压支架设置有顶梁倾角传感器，支架升或降过程中检测顶梁倾角主动缩或伸平衡油缸，保证顶梁与工作面顶（底）板平行，避免平衡油缸被动受力卸载。

（5）在工作面两端斜切进刀区域实现自动拉架、推溜。目前，所有型号的支架电液控制系统均通过工作面两端液压支架（通常为头、尾各 10 台支架）控制器程序参数设置实现采煤机斜切进刀区域的自动拉架、推溜，完全可满足采煤工艺要求，实际效果良好。

（6）几乎所有大采高液压支架都有抬底辅助移架功能。出于自动和联动的需要，要求抬底油缸动作与支架其他动作联动，电液控制系统能通过控制器程序设置实现。如升立柱时抬底油缸自动缩回、移架时抬底油缸自动伸出抬起底座前端等。

（7）多数大采高液压支架要有一、二级护帮机构联动动作。一级护帮板收回时二级护帮板要及时伸展平，或一级护帮板收回时二级护帮板要及时收平，电液控制系统能通过控制器程序设置实现。

（8）多数大采高液压支架的电液控制系统预配置防倒防滑功能和接口。

（9）支架电液控制系统具备良好的数据集成功能。目前，综采工作面生产设备种类繁多，各个厂商的设备所采用的数据上传接口与协议也各不相同。为了实现工作面生产设备的数据传输和监控，支架电液控制系统应具有多种标准化接口与协议的转换装置，实现采煤机数据、三机数据、负荷开关数据的整合及传输。

（10）支架电液控制系统具备良好的图形显示，数据存储、查询、统计功能以及各生产设备实时在线监测等。

第四节　宁夏红柳煤矿采用电液控制的设计实例

宁夏红柳煤矿主采 2 号煤层，工作面布置在 2 号煤层中，工作面走向斜长 1730 m，倾斜长度为 306 m，煤层厚度为 4.3 ~ 5.7 m，平均厚 5.28 m，煤层倾角为 5°30′ ~ 15°20′，平均为 8°30′，沿走向方向倾角为 8° ~ 14°。运输平巷宽为 5.4 m，中高为 3.5 m；回风平巷宽为 4.6 m，中高 3.5 m，均为矩形断面。

支架动作顺序为机头端头架、机头过渡架、中间普通架，机尾端头架与中间普通架同步。

工作面配套设备及数量：中间支架，ZY10000/28/62D 型，150 架；过渡架，ZYG10000/26/55D 型，10 架（上、下顺槽各 5 架）；端头支架，ZYT10000/26/55D 型，6 架（上、下顺槽各 3 架）；过滤站，1 台；过滤器，166 台（手动反向冲洗过滤器）；采煤机，MG900/22/6 - GWD 型，1 台（截深 855 m）；刮板输送机，SGZ1250/3×855 型，1 台（其中 1 台电动机垂直布置，2 台电动机平行布置）；转载机、破碎机、乳化液泵（四泵两箱）、喷雾泵（三泵两箱），各 1 台；控制系统由天玛公司提供，其中支架、采煤机、输送机为全自动化电液控制，泵站可根据流量需要自动控制。

一、供回液系统

1. 供回液系统型号

型号：环形双供双回液系统（泵站主进液管 DN65，主回液管 DN75；输送机电缆槽内环形进液管路为 DN65，回液管路为 DN75；架间主进液用 DN50 胶管、主回液用 DN50 胶管）。工作面每隔 35 m 两趟供液和回液管并联一次。

巷道主供水管采用 DN50，喷雾架间管采用 DN25，加装护套管。

架间高压管采用 DN50，回液管采用 DN50，加装护套管。

2. 供回液管公称直径及工作压力

泵站到支架：主供液管　公称直径 DN65，工作压力 37.5 MPa。
　　　　　　　主回液管　公称直径 DN75，工作压力 9 MPa。

支架之间：主供液管　公称直径 DN50，工作压力 37.5 MPa。
　　　　　　主回液管　公称直径 DN50，工作压力 9 MPa。

电缆槽内：主供液管　公称直径 DN50，工作压力 37.5 MPa。
　　　　　　主回液管　公称直径 DN50，工作压力 9 MPa。

3. 液压软管的制造标准、规格及连接方法

液压软管的制造标准：《液压支架用软管及软管总成检验规范》（MT/T 98—2006）。

液压软管的规格：DN 系列。

液压软管的连接方法：快速接头。

4. 过滤站的形式、规格

过滤站的型式：全自动反向自冲洗式。

过滤站的规格：过滤精度为 25 μm，流量不低于 1700 L/min。

二、电液控制系统

支架电液控制系统采用双总线通信体系和智能型的支架控制箱，保证了系统的信息传输控制可靠、快速、灵活。

控制形式：电子（计算机）—电磁先导阀—液控主换向阀。即左右邻架动作控制、程序动作控制、成组控制、成组推溜、采煤机制导自动控制（链节记数、红外线位置指示）、自动升柱控制、自动喷水控制等。

1. 控制对象

支架电液控制系统完全能控制国产两柱掩护式液压支架，实现综采工作面的高智能化。

2. 系统构成、主要部件

电液控制系统构成如图 6-5 所示。

中央计算机安放在巷道中的工作面中央控制台上，前置主服务器安放在工作面第一台支架上。

每台支架上安放有：带有 16 功能的电液控制阀组；压力传感器（立柱中），1 件；位移传感器（推移千斤顶中），1 件；接触传感器（护帮千斤顶中），1 件；无线电遥控装置 1 件；倾角传感器 1 件；每 8 台支架有一个隔爆-本安型电源；红外线发射器安装在采煤机上。

各电子部件之间用专用的 Hirschmann 电缆相连；支架间的电缆或易挤碰处的电缆均采用铠装电缆。系统以外的数据传输由前置主服务器的双总线接口通过光缆或电缆外连接。

3. 系统特点

（1）智能型的支架控制箱（图 6-6），本身可以通过架间通道对左右方向的支架实行

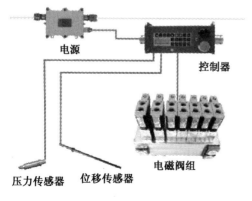

图6-5　电液控制系统构成

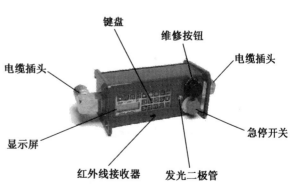

图6-6　智能型支架控制箱

支架动作控制、循环动作控制、手动成组控制。其液晶显示屏可以显示运行中支架的压力参数、位移参数、故障点等。同时，设有紧急停止按钮、支架隔离开关和警报器。

（2）支架控制箱外壳由不锈钢板制成，密封性能好，防水、防潮、防腐蚀。

（3）顺槽主控装置可以对工作面支架进行各种形式的自动控制、采煤机制导自动控制、红外线自动控制、无线电遥控；显示和修改工作面运行参数，支架电磁阀动作时间参数和传感器参数等。通过对软件的编程设计可以运行各种自动控制动作。

（4）可以同时装备上下顺槽主控制箱，亦可只设一个顺槽主控制箱（图 6-7），也可实现当工作面控制系统与顺槽控制器脱离后仍能完成各种操作功能和操作模式设置。即每个支架的控制器采用并联连接，均可通过修改程序、调整参数，实现对工作面全部支架进行各种形式的自动控制，也就是所谓的"互为主机"。

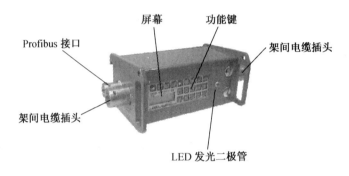

图 6-7　顺槽主控制箱

（5）设有过滤器和过滤站。用于泵箱的自动反向冲洗过滤站如图 6-8 所示。每架支架进液口都有手动反向冲洗过滤器，精度为 25 μm，如图 6-9 所示。

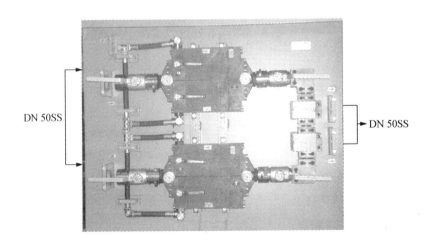

图 6-8　自动反向冲洗过滤站

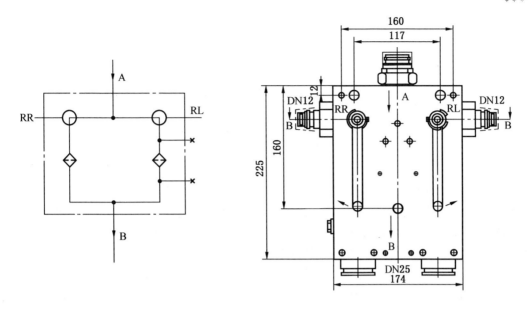

图6-9　手动反向冲洗过滤器

第七章　当代大采高液压支架稳定性及其工作面稳定系统的研究

随着大采高液压支架综采工作面的使用和发展，煤壁片帮不可避免，片帮引起冒顶的事故频繁发生。支架在工作过程中发生倾倒、歪斜等不稳定现象十分常见，大采高综采工作面配套设备故障等导致工作面暂时停产，影响大采高工作面稳产高产。为了应对煤壁、顶板、支架和成套设备运转中出现的稳定性和可靠性问题，对防片帮冒顶的机械装置进行研究，寻找支架纵向和横向不稳定的原因及其防治措施，对大采高液压支架工作面不安全因素进行分析并采取相应防治措施，保证大采高液压支架工作面设备整体的稳定性等始终是开发大采高液压支架工作面、保证稳产高产高效的重要研究课题。

第一节　应对大采高综采工作面防片帮及冒顶的机械装置研究

综采工作面煤壁片帮、顶板冒顶是工作面矿压显现的基本形式之一，它的出现严重影响了液压支架的稳定性，也严重影响了工作面的安全生产。对于大采高综采工作面，其影响更为明显。

一、防治片帮、冒顶的措施

随采高加大，大采高工作面煤壁片帮有更加恶化的趋势。尽管诸多因素影响煤壁前方支承压力的分布，但导致煤壁片帮，片帮引起冒顶的原因仍是煤壁前方支承压力的存在。大采高工作面煤壁片帮的特点是范围大（28~44 m），峰值位置稍远于煤壁（8 m），峰值应力集中，系数为1.63~3.3。如此高的煤壁前方支承压力是导致煤壁片帮的根本原因。大采高综采工作面的成功与否，关键在于预防和治理煤壁片帮、顶板冒顶。针对其形成机理和产生规律进行分析，对大采高综采工作面要从两个方面采取措施防治片帮、冒顶。

1. 改进采煤工艺上的措施

大量实践证明，通过设计合理的采煤工艺及工作面液压支架的动作顺序，可以有效预防和减少片帮、冒顶的产生。

（1）加固煤壁：在工作面推进中，适时在煤壁上方用全锚固式木锚杆（或玻璃钢锚杆）、注浆或其他方式加固煤壁，可以有效防止煤壁片帮。但这种方法施工难度大，成本高，且严重影响工作面推进速度，有机化学浆液对环境也有污染。因此只能在特殊情况下使用。

（2）工作面布置：大采高工作面设计时应充分考虑片帮、冒顶等问题，尽可能使工作面走向倾斜向下，即保持俯采，使煤壁在重力作用下保持一定的稳定性。即使发生片帮，工作面也相当安全，不容易损伤工作面工作人员和砸坏工作面设备。

（3）加快工作面推进速度：当代大采高综采工作面使用的都是大功率的电牵引强力采煤机（截割功率普遍超过 1500 kW，总装机功率超过 2000 kW），采煤机的牵引速度大于 10 m/min。液压支架普遍采用电液控制系统，这为工作面快速推进提供了有利条件。通过工作面快速推进可以将工作面顶板压力滞留到采空区，在减小顶板暴露时间的同时也减小煤壁的承载力，相当于提高了煤壁的稳定性。在特殊条件下可以采用单向快速割煤工艺，即采煤机先快速在煤壁顶部割一刀煤（后滚筒抬起），及时跟机移架，减少顶板的暴露时间；再快速掉头采底部的煤，采煤机往返一次为一个割煤循环。由于是一个滚筒割煤，截割阻力小，采煤机的割煤速度快，大大减小了顶板的暴露时间。

（4）带压擦顶快速移架：采用自动化电液控制系统，通过自动控制实现液压支架的及时跟机（采煤机）带压擦顶快速移架，保持支架对顶板（尤其是易垮落的直接顶）的支撑，防止顶板下沉，这是防止片帮、冒顶的有效措施。

（5）及时支护和支撑：采煤机割煤后，应及时移架支护新暴露的顶板。有伸缩梁的支架应及时伸出伸缩梁及时支护，护帮机构也应及时挑起支护顶板或支撑煤壁。移架后，要使立柱下腔压力快速达到额定泵压（使用电液控制系统或初撑力保持系统），使液压支架达到额定的初撑力，同时调整平衡千斤顶，提高支架顶梁前端的支撑能力，减小近煤壁顶板对煤壁的压力。

2. 液压支架结构设计上的措施

大采高综采工作面煤壁片帮、顶板冒顶是矿山压力显现的一种形式，是自然力的作用。预防和控制煤壁片帮、顶板冒顶就是要尽量减小工作面顶板对煤壁的压力，从而降低片帮、冒顶发生的数量和强度，即使发生也要将片帮、冒顶对安全生产的影响降至最低。在大采高综采工作面通过一定的回采工艺减轻顶板对煤壁的压力是一个措施。另一个措施是利用工作面支护设备——液压支架，通过提高液压支架的支撑能力，特别是提高液压支架对近煤壁顶板的支撑能力减轻顶板对煤壁的压力；同时在液压支架上设计完善的护帮机构降低片帮、冒顶危害。

1）提高液压支架的支撑能力

综采工作面的矿山压力显现与采高直接有关，在围岩条件相同的条件下采高越高压力越大。通常，基本顶初次来压、周期来压强度随采高的增加而明显增强，基本顶周期来压步距随采高的增加而减小。在大采高工作面，往往几次周期来压后伴随有较强烈的冲击载荷。因此，大采高工作面顶板对煤壁的压力随采高的增大而增大，片帮、冒顶加剧。根据大采高工作面矿压特点，在液压支架设计选型时就需要选择更大的工作阻力，提高液压支架对顶板的支撑能力，并使其有一定富余系数以抵抗冲击载荷。目前，我国采高超过 5 m 的大采高综采工作面普遍采用了强力液压支架（支护强度都大于 1.0 MPa，最高达到 1.5 MPa；工作阻力大于 10000 kN，最高达到 18000 kN），极大地提高了液压支架的支撑能力，减少了工作面事故发生的次数。

2）提高液压支架对近煤壁顶板的支撑能力

大采高综采工作面煤壁片帮和顶板冒顶是顶板对煤壁的压力所致，采用强力液压支架提高液压支架对顶板的支撑能力可以有效抵抗顶板压力，但对于片帮、冒顶来说最重要的是减小近煤壁顶板对煤壁的压力。因此，在液压支架的设计上要考虑提高液压支架对近煤壁顶板的支撑能力。

（1）优化四连杆机构，使液压支架顶梁运动轨迹有利于减缓顶板的向后移动。液压支架与工作面顶板的相互作用除垂直支撑力外，还有水平力的作用。水平力的主要来源是围岩与液压支架顶梁的摩擦力，工作面顶板在矿山压力作用下边下沉边向后移动（图 7 - 1）。如果顶板向后移动的速率大于液压支架顶梁让压下降时向后移动的速率，顶板的向后移动将受到支架的阻碍，顶板断裂线向煤壁内部延伸，从而减小了煤壁压力。在大采高液压支架设计时，不要过分强调液压支架顶梁前端的双纽线运动轨迹的最大水平偏摆量 ΔX，重要的是双纽线的偏摆方向。如果使液压支架顶梁前端在支架让压下降过程中向前偏移，将加大液压支架顶梁和顶板的相对移动，有利于控制顶板对煤壁的压力。在设计时通过优化四连杆机构，能够实现顶梁前端运动轨迹满足要求的理想曲线。如 ZY9000/25.5/55 型掩护式液压支架的梁端距曲线就是整体向前偏摆的，其变化梁在整个高度范围内为 136 mm，但在其使用高度内（3.8 ~ 5.3 m）仅为 27 mm。

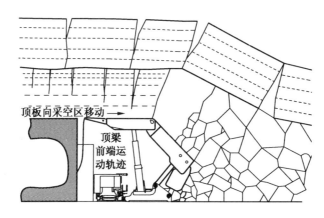

图 7-1　综采工作面液压支架与顶板的相互作用

（2）采用整体顶梁，提高液压支架对近煤壁顶板的支撑能力。液压支架的顶梁有分体式（铰接前梁 + 顶梁）和整体式两种形式。整体式顶梁前端上翘，有利于接顶，对近煤壁顶板的支撑力大；分体式顶梁对近煤顶板的支撑依靠铰接前梁，适应性好，但支撑力小。几种液压支架对近煤壁顶板的支撑力见表 7 - 1。

表 7-1　几种液压支架对近煤壁顶板的支撑力

序　号	支架型号	顶梁形式	前梁千斤顶缸径/mm	前端支撑力/kN	备　注
1	ZY8640/25.5/55	整体式顶梁		2493.2	
2	ZY12000/28/62	整体式顶梁		3715.2	
3	ZZ9900/29/50	铰接前梁	$\phi 230 \times 2$	682.4	
	ZF12000/25/38	铰接前梁	$\phi 200 \times 2$	506.5	
4	ZF10000/23/37	铰接前梁	$\phi 180 \times 2$	463.7	

从表7-1中可以看出，即使将前梁千斤顶缸径加大到 φ230 mm，前梁梁端的支撑力只有相应工作阻力整顶梁液压支架梁端支撑力的1/4。因此现代大采高强力液压支架的顶梁全部设计为整顶梁，以增大对近煤壁顶板的支撑力。

　　（3）顶梁前端增加及时支护机构，防止架前顶板垮落。在大采高工作面，采煤机与工作面液压支架间的相对位置不易控制。为避免采煤机滚筒截割支架顶梁，液压支架的空顶距较大（采高大于5 m时，梁端距一般需大于550 mm；采高达到7 m时，梁端距需大于700 mm），这一部分顶板长时间没有顶梁支护，容易垮落。当采煤机割煤后，液压支架没有前移时，新暴露的顶板不能得到液压支架顶梁的及时支护。正常采煤作业时，工作面无支护的顶板最大可以达到 $2.0 \times (1.4 \sim 1.6)$ m。这一块新暴露的顶板如果不能及时支护，很容易垮落，形成架前冒顶，进而发生煤壁片帮。在液压支架顶梁前端设计及时支护机构可解决新暴露顶板的支护问题。及时支护机构有伸缩梁和挑梁两种。伸缩梁是顶梁长度的刚性延伸，支撑能力高，效果好，但对顶梁的强度破坏大，加工制造难度大，成本高（图7-2）。挑梁机构加工制造简单，强度要求低，运动灵活，但是回转半径大，对顶板的支护能力小（图7-3）。对于大采高液压支架来说，如工作面直接顶为中等稳定以上，直接采用挑梁机构即可，否则应考虑采用伸缩梁机构。

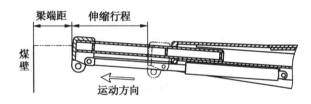

图7-2　伸缩梁机构

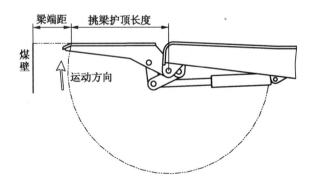

图7-3　挑梁机构

　　（4）顶梁前端设置护帮机构。护帮和挑梁的结构形式相同，只是在起不同作用时所叫的名字不同。另外，仅作护帮时结构上允许不翻转180°，以提高护帮能力，减小支架顶梁前端的厚度。

　　综上所述，大采高综采工作面防片帮及冒顶的机械装置就是液压支架上伸缩装置、护帮装置或它们的组合。下面重点讨论护帮机构的作用、结构形式与设计选型。

二、护帮机构的作用

煤壁片帮和顶板冒顶是影响综采工作面效率和工人安全的主要因素，特别是在破碎顶板、煤质松软厚煤层和大采高工作面条件下更为严重。在液压支架上设计安装适当的护帮机构可提高液压支架适应性和保证综采工作面稳定性，它可以预防和控制片帮、冒顶带来的危害。护帮机构的主要作用是护帮、及时支护和辅助铺顶网。

1. 护帮

综采工作面新暴露的煤壁受到顶板的压力作用，顶板压力作用的直接结果是产生一个力促使煤壁有向采空区移动的趋势，当这个力大于煤体内部的黏结力时煤壁上的部分煤块就会脱离煤体，就产生了片帮。片帮产生后，工作面梁端距增大，液压支架和煤壁对顶板的支撑能力降低，在顶板不稳定时容易发生冒顶。一旦发生冒顶，顶板压力向新煤壁转移，并随着液压支架支护能力的降低而使新煤壁承受更大的压力，于是新的片帮又发生了（图7-4）。如果这个过程不能得到有效控制，就会给综采工作面带来严重危害。我国的综采工作面就有过片帮深度超过10 m，冒顶高度超过50 m的极端状况，工作面也因此停产数月。在大采高综采工作面，片帮的高度高（片帮主要产生在煤壁上部），并呈抛物线向工作面工作区抛落，不仅将大量煤块抛到输送机挡煤板外，影响煤炭采出率和液压支架前移，更重要的是抛落的煤块会砸坏设备及砸伤工作人员，所以危害更大。

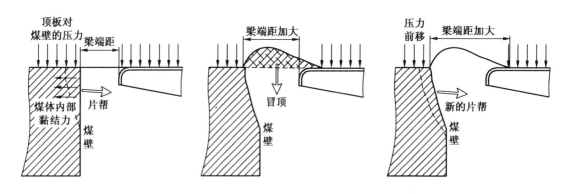

图7-4 综采工作面片帮、冒顶的发生过程

如果在综采工作面新暴露的煤壁上加一个水平支撑力护住煤壁，将能预防或减缓煤壁片帮趋势。正是基于这个原因，在工作面液压支架顶梁前端设计安装了护帮机构。护帮机构工作时，护帮千斤顶动作使护帮板紧贴煤壁，向煤壁施加一个水平支撑力，改变煤壁的受力状态，防止煤壁片帮（图7-5）。即使煤壁发生了片帮，护帮板也能保证片帮煤块滑落，有效防止片帮煤块抛落到工作面人行通道，影响人员和设备安全（图7-6），同时也可以防止片帮进一步发展。

2. 及时支护

当综采工作面液压支架上的护帮机构可以翻转180°挑平（设计时要求超过顶梁平面）

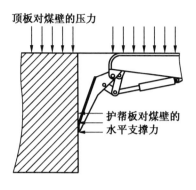

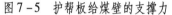

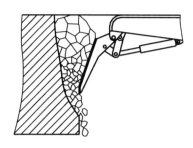

图7-5　护帮板给煤壁的支撑力　　　　图7-6　片帮的煤块沿护帮板滑落

时，护帮机构可以实现及时支护。此时，若是一级护帮又可以称之为挑梁。及时支护有3个方面的意义：一是采煤机割煤过后液压支架不能跟机前移时，将护帮板挑平支护新暴露的顶板，护帮机构起到临时支护作用（图7-5）；二是液压支架已经前移支撑顶板后工作面发生了煤壁片帮，将挑梁挑起，伸入煤壁线以内超前维护顶板，防止冒顶（图7-7）；三是冒顶发生后将挑梁挑起超过顶梁平面，支护冒顶后的顶板，防止片帮和冒顶的进一步扩大（图7-8）。

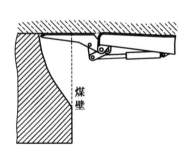

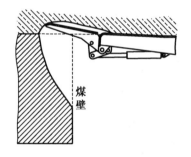

图7-7　护帮板超前支护　　　　　　　图7-8　护帮板挑顶支护

3. 辅助铺顶网

在厚煤层分层开采时需要在层间铺网，用于制造可控制的假顶，方便下分层开采。铺网是在开采上分层时进行，有铺顶网和铺底网两种工艺。铺顶网时网卷挂在液压支架顶梁前部，通过顶梁上方伸展到采空区隔离矸石和下分层煤体。采上分层时液压支架前移铺网，利用护帮机构将网卷展开，可以有效防止金属网被支架上的零部件挂住而撕坏，方便铺网和移架。采下分层时，上分层铺的金属网会在矿山压力作用下在液压支架前（梁端）下垂，妨碍液压支架前移，利用护帮机构可以挑起下垂的金属网兜，使液压支架顺利前移而又不会损坏顶网，保持顶板的完整性。

三、护帮机构的结构形式与设计选型

1. 护帮机构的结构形式

护帮机构的结构形式是随着综采工作面对液压支架的护帮、挑顶等功能要求而不断发

展完善的。从最初的无动力机械机构到设计安装护帮千斤顶;从仅作护帮到翻转挑梁;从一级护帮板发展到二级护帮机构、三级护帮机构,再到复合护帮机构、复合增力护帮机构等;从护帮千斤顶和护帮板的简单铰接发展到用四连杆机构铰接,结构形式越来越复杂,功能越来越完善。

通常,根据护帮千斤顶和护帮板的连接方式,将护帮机构分为简单铰接式和四连杆式两种。根据护帮板的数量将护帮机构分为一级护帮、二级护帮、三级护帮和复合护帮。

1)简单铰接式护帮机构

简单铰接式护帮机构的护帮板直接铰接在整体顶梁、铰接前梁或伸缩梁(设计有伸缩梁时)的前端,护帮千斤顶活塞杆直接与护帮板铰接,护帮千斤顶缸体与顶梁(前梁或伸缩梁附属机构)铰接,如图7-9所示。这种形式的护帮机构结构简单,但挑起力矩小,而且当顶梁(或前梁)带伸缩梁时,机构收回时梁体厚度大,难以实现护帮板翻转180°。当护帮机构仅作为护帮使用时,机构翻转角度大于90°即可。

简单铰接式护帮机构的护帮板与煤壁的接触为线接触,且接触点(线)随着梁端距的变化而变化,对煤壁的控制能力较差。为扩大护帮板与煤壁的接触面积,提高护帮板的护帮效果,在简单铰接式护帮机构基础上设计了浮动护帮板机构。如图7-10所示,将与护帮千斤顶铰接的护帮板改成连接梁,梁端安装可以浮动的护帮板,通过护帮千斤顶调节连接梁的角度,使护帮板紧贴煤壁,也就是将护帮连接梁与煤壁的线接触变成与护帮板的面接触。由于护帮板可以绕连接梁转动,所以即使液压支架梁端距发生变化,也可以通过调节连接梁角度使浮动护帮板紧贴煤壁,提高护帮效果。

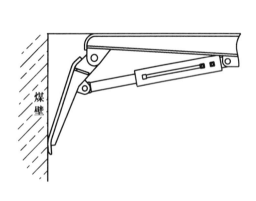

图7-9 简单铰接式护帮机构

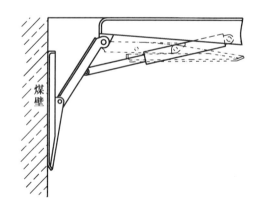

图7-10 浮动护帮板机构

2)四连杆式护帮机构

四连杆式护帮机构的护帮板与整体顶梁、铰接前梁或伸缩梁(设计有伸缩梁时)的连接方式与简单铰接式护帮机构相同,不同的是护帮板与护帮千斤顶不直接铰接,而是在它们之间增加一个四连杆机构。四连杆机构的使用扩大了护帮机构的翻转角度,既能保证护帮机构的挑起角度,又能保证收回后的状态,图7-11所示为两种护帮机构收回状态比较。四连杆式护帮机构能把护帮千斤顶的推力更有效地传递到煤壁或顶板上,所以四连杆式护帮机构的挑起力矩大,护帮能力和及时支护能力更大,但其结构相对复杂,加工精度要求高。而且四连杆式护帮机构的连杆由于受到结构限制容易损坏，因此结构设计时必须充分保证连杆强度和刚度。四连杆式护帮机构的护帮板与煤壁的接触也为线接触。

　　　　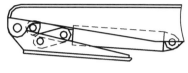

(a) 简单铰接式护帮机构　　　　　　　　(b) 四连杆式护帮机构

图 7 - 11　两种护帮机构收回状态比较

护帮机构的挑起力矩是指在护帮板挑起与顶梁在一个平面时，护帮千斤顶对护帮板的推力力矩；护帮机构的护帮力矩是指在护帮板处于垂直状态时，护帮千斤顶对护帮板的推力力矩。挑起力矩与护帮千斤顶推力的比值 M 及护帮力矩与护帮千斤顶推力的比值 N 是考查护帮机构适应能力的一个重要指标。表 7 - 2 中列出了几种液压支架护帮机构的有关性能参数，从表中可以看出，简单铰接式护帮机构的 M 值一般小于 40 mm，N 值一般为 150 ~ 180 mm；四连杆式护帮机构的 M 值一般大于 80 mm，N 值一般为 190 ~ 220 mm。后者的 M 值是前者的 2 ~ 3 倍，N 值是前者的 1.5 ~ 2 倍，明显优于前者。因此在结构上允许条件下应尽量选用四连杆式护帮机构。

表 7 - 2　几种液压支架护帮机构性能参数

液压支架型号	护帮机构类型	护帮千斤顶		挑起力矩/ (kN·mm)	M/ mm	护帮力矩/ (kN·mm)	N/ mm
		缸径/mm	推力/kN				
ZY4200/14/32	简单铰接式	100	247.4	9772	39.5	42775	172.9
ZZ4000/16/32	简单铰接式	100	247.4	10044	40.6	44656	180.5
ZZ4400/17/35	简单铰接式	100	247.4	3934	15.9	37209	150.4
ZF5400/17/33	简单铰接式	100	247.4	9500	38.4	45818	185
ZF6200/18/35	简单铰接式	125	386.5	12677	32.8	65782	170.2
ZY3200/16/36	四连杆式	80×2	316.6	32641	103.1	64080	202.4
ZZ4800/18/38	四连杆式	100	247.4	20089	81.2	48985	198
ZF8000/22/35	四连杆式	100×2	494.8	50123	101.3	104512	211.2
ZF10000/25/38	四连杆式	125	386.5	34089	88.2	84991	219.9
ZY9000/25/55	四连杆式	160	633	56716	89.6	124321	196.4

3）二级护帮机构

在大采高工作面，一级护帮机构的护帮高度已不能满足使用要求，所以在一级护帮板前部设计安装了第二块护帮板，构成二级护帮机构。通常情况下，为满足二级护帮机构更高的功能要求，其一级护帮都采用四连杆式。

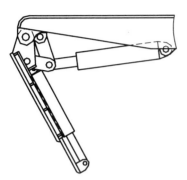

图 7 – 12 伸缩式二级护帮机构

图 7 – 12 所示为伸缩式二级护帮机构。该机构在一级护帮板内设计了一块由千斤顶控制伸缩的伸缩板（二级护帮板）。当二级护帮板伸出时刚性延长了一级护帮板长度，提高了护帮高度；当二级护帮板收回时，机构回到一级护帮机构，回转半径小，不会产生误动作或干涉。伸缩式二级护帮机构由于受到结构限制，整体刚度较差，使用范围受到很大限制。

图 7 – 13 所示为折叠式二级护帮机构。该机构的二级护帮板铰接在一级护帮板前端，在二级护帮千斤顶的作用下绕一级护帮板转动。转动的角度及二级护帮板与千斤顶的连接方式和二级护帮板的功能要求有关。折叠式二级护帮机构在大采高液压支架上使用可以实现 3 个功能：

（1）液压支架正常支撑状态（拉完架），两级护帮板均作护帮使用，提高了护帮高度。此时，一级护帮板与煤壁线接触，但提供了较大的护帮力，二级护帮板的护帮力较小，但可与煤壁实现面接触（图 7 – 13a）。

（2）采煤机割煤过后未拉架时，一级护帮板伸出挑起及时支护新暴露的顶板，二级护帮板护帮。液压支架正常支撑时，如煤壁发生片帮，一级护帮板伸出挑起实现超前支护，二级护帮板护帮（图 7 – 13b）。

（3）工作面发生较严重的片帮、冒顶时，两级护帮板均伸出挑起，用于超前支护（图 7 – 13c）。

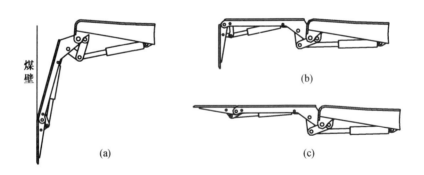

图 7 – 13 折叠式二级护帮机构

4）伸缩梁护帮机构

将护帮机构安装在伸缩梁上，使护帮机构随伸缩梁移动，可以大大提高护帮机构的护帮效果——提高对煤壁的支撑力，扩大对煤壁的支护面积。图 7 – 14 所示为内伸缩梁带二级护帮机构。图 7 – 15 所示为伸缩梁伸出护帮状态。

伸缩梁护帮机构有内伸缩梁护帮机构和手套式外伸缩梁护帮机构两种。

伸缩梁护帮机构附属零件多，结构复杂，伸缩护帮机构在收回状态时梁体厚度大（图 7 – 16），制造安装精度要求高，适用于支撑高度大的大采高液压支架上。但在强力液压支架中，伸缩梁和顶梁的强度与刚度都不易保证，使用中易变形而失效，所以设计上大量使用 Q690、Q890 等高强度钢板以保证其使用的安全可靠。

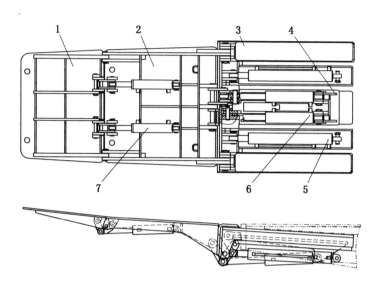

1—二级护帮板；2—一级护帮板；3—伸缩梁；4—托梁；5—伸缩千斤顶；
6—一级护帮千斤顶；7—二级护帮千斤顶

图 7-14　内伸缩梁带二级护帮机构

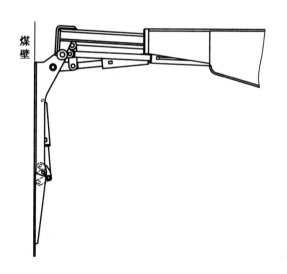

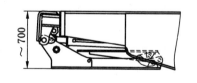

图 7-15　伸缩梁伸出护帮状态　　　　　图 7-16　伸缩护帮机构收回状态

5）三级护帮机构

当综采工作面采高达到 6.5 m 以上，护帮高度需要大于 3 m。此时二级护帮机构已不能满足工作需要，为此在二级护帮板的前端再设计安装一组护帮机构构成三级护帮机构。三级护帮机构的工作原理同二级护帮机构。三级护帮机构的第三级护帮板由于处于最远端，护帮能力很小，主要作用是防片帮煤块落到工作空间影响人员和设备安全。

6）复合护帮机构

为减少采煤机割煤过后顶板暴露时间，减少顶板冒顶产生的概率，克服伸缩护帮机构的不足，中煤北煤机公司研制了一种复合护帮机构。如图 7－17 所示，复合护帮机构由挑梁、一级护帮板、二级护帮板、铰接连杆及相应的千斤顶组成。挑梁和一级护帮板直接铰接在液压支架顶梁（前梁）梁体上，相应的千斤顶通过四连杆机构与梁体连接；二级护帮板铰接在一级护帮板上。通过千斤顶的伸缩实现挑梁、一级护帮板、二级护帮板的 3 个单独和复合动作。所以复合护帮机构又称为三级复合护帮机构。

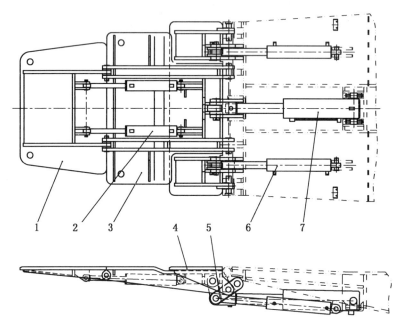

1—二级护帮板；2—二级护帮千斤顶；3—一级护帮板；4—挑梁；5—连杆；
6—挑梁千斤顶；7——级护帮千斤顶

图 7－17　复合护帮机构

复合护帮机构的结构件全部用高强度钢板焊接而成，强度高，质量小；全部运动副采用转动连接，克服了伸缩梁采用滑动连接的不足（结构复杂，强度不易保证，顶梁梁端厚），运动灵活可靠。它是针对大采高强力液压支架设计的。

复合护帮机构的工作原理如下：

（1）液压支架正常在工作面支撑时，挑梁挑平，支护支架顶梁前的暴露顶板（梁端距要求的），防止冒顶；一级护帮板和二级护帮板伸出，使二级护帮板能紧贴煤壁，防止片帮（图 7－18a）。

（2）采煤机在液压支架前割煤时，当前液压支架的二级护帮板伸出到极限位置，随挑梁和一级护帮板收回紧贴顶梁梁体，防止采煤机割护帮机构（图 7－18b）。

（3）采煤机割煤过后，液压支架不能前移的短时间，挑梁、一级护帮板伸出挑平及时支护顶板，二级护帮板伸出护帮（图 7－18c）。

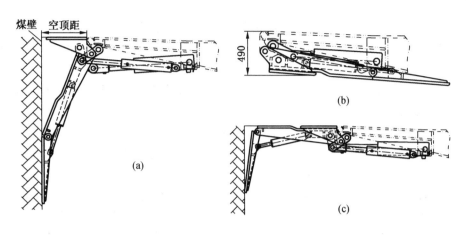

图 7 - 18　复合护帮机构工作原理

7）增力型复合护帮机构

伸缩护帮机构可以使护帮机构随伸缩梁移动，紧贴煤壁，保证支架在各种工作状态下的护帮高度。复合护帮机构结构简单，梁体厚度小，但支架在不同工况下护帮的高度和效果不同。这两种护帮机构的共同缺陷是一级护帮对煤壁的有效支撑能力小，一般只能达到 60 kN 左右，且二级护帮下部对煤壁的作用力只有上部的 1/4，容易使二级护帮上部切入煤体。因此，中煤北煤机公司根据特大采高液压支架的需要，研制了一种增力型复合护帮机构，如图 7 - 19 所示。

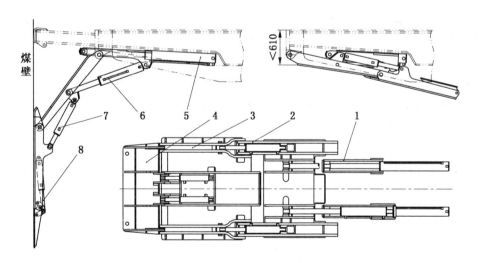

1—伸缩托梁；2—一级护帮板；3—二级护帮板；4—三级护帮板；5—伸缩千斤顶；6—一级护帮千斤顶；
7—二级护帮千斤顶；8—三级护帮千斤顶

图 7 - 19　增力型复合护帮机构

增力型复合护帮机构的结构特点如下：

（1）伸缩梁和护帮机构分离，各自独立工作。

（2）一级护帮铰接在顶梁上，一级护帮千斤顶一端铰接在一级护帮上，另一端铰接在可移动耳座上。可移动耳座通过护帮伸缩千斤顶在顶梁相应的滑道内移动。一级护帮千斤顶和护帮伸缩千斤顶同时动作（也可分别动作），控制一级护帮的正常护帮和回缩。

（3）取消了一级护帮的小四连杆机构，使一级护帮端部对煤壁的支撑力显著加大（可以达到325 kN）。

（4）一级护帮板铰接在二级护帮板的中部偏上，使一级护帮板对二级护帮板的作用力通过杠杆平衡原理真正让二级护帮平面接触煤壁，使煤壁受力均匀。

（5）二级护帮千斤顶工作力臂大，且铰接在二级护帮板中部，使二级护帮板端部支撑力大大增加，且使二级护帮板对煤壁的作用力上下比较均衡。

（6）三级护帮通过小四连杆机构使其能翻转180°，使整个护帮机构回转半径减小。

（7）由于一级护帮板上没有小四连杆机构，在一级护帮千斤顶正常行程内不能使一级护帮完全收回，为此专门设计了一级护帮板缩回机构。该机构能使一级护帮千斤顶对煤壁的主动支撑能力增加10%。

2. 伸缩梁的结构形式

伸缩梁的主要功能是及时支护和超前支护，控制近煤壁顶板的下沉和冒顶，和护帮机构联合作用控制煤壁片帮，保护综采工作面人员和设备安全。伸缩梁根据其顶梁（铰接前梁）安装位置分为两种：手套式外伸缩梁、潜入式内伸缩梁。

1）手套式外伸缩梁

手套式外伸缩梁仅能用于铰接前梁上，对整体式顶梁不适用。手套式外伸缩梁适用于顶板破碎的综采工作面，要求前梁密封性好的液压支架。对于要求铺顶网的液压支架，手套式外伸缩梁使用效果好于潜入式内伸缩梁。手套式外伸缩梁有半敞开式和全封闭式两种，如图7-20所示。这两种结构都需要设计导向梁。图7-21所示为带护帮机构的导向梁。

2）潜入式内伸缩梁

潜入式内伸缩梁可以使用在所有类型的液压支架上，是目前使用最为广泛的伸缩梁结构。

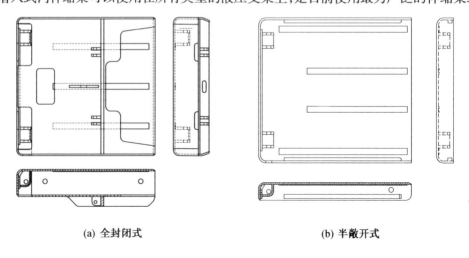

(a) 全封闭式　　　　　　　　　　　　(b) 半敞开式

图7-20　手套式外伸缩梁

不带护帮机构的内伸缩梁结构比较简单，通常采用"三叉"式结构，必要时可以设立 V 形导向伸缩梁，如图 7 – 22 所示。带护帮机构的内伸缩梁结构比较复杂，在伸缩梁和顶梁（前梁）之间要设立护帮千斤顶的随动连接耳座。大采高液压支架的工作阻力大，设计中心距也大，为提高顶梁强度，将伸缩梁设计成"五叉"式结构，伸缩梁采用 Q890 以上的钢板焊接，如图 7 – 23 所示。

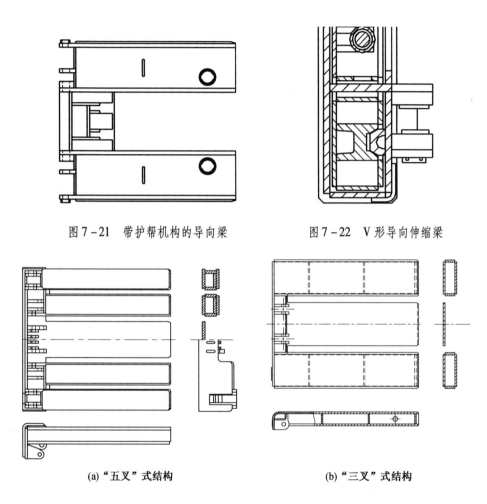

图 7 – 21　带护帮机构的导向梁　　　　图 7 – 22　V 形导向伸缩梁

(a)"五叉"式结构　　　　　　　　(b)"三叉"式结构

图 7 – 23　潜入式内伸缩梁

3. 护帮机构的设计选型

根据《煤矿安全规程》的规定："当采高超过 3 m 或片帮严重时，液压支架必须有护帮板，防止片帮伤人。"护帮机构设计选型的依据是综采工作面基本条件——煤层的物理性质、顶板情况（有无伪顶，直接顶的稳定性）、工作面采高、采煤机截深等。

1）护帮形式

综采工作面采高低于 4.0 m 时，采用一级护帮机构就能满足要求，在顶板软、煤层软的工作面可以考虑使用二级护帮机构。

综采工作面采高大于 4.0 m 时，通常要求采用二级护帮机构，只有在顶板、煤层条件很稳定的工作面才允许使用一级护帮机构。

综采工作面采高大于 5.0 m 时，要求采用二级护帮机构。

综采工作面有大于 0.3 m 的伪顶或直接顶很不稳定时，需要采用伸缩梁护帮机构。液压支架的工作阻力小于 6000 kN，有铰接前梁时，可以使用手套式外伸缩梁护帮机构，否则必须采用内伸缩梁护帮机构。

液压支架中心距大于 1.5 m、采高大于 6 m 的强力大采高液压支架可以考虑采用复合护帮机构或增力型复合护帮机构。

在要求护帮机构能实现及时（或超前）支护时，应尽量采用四连杆式护帮机构。对于二级护帮机构中的一级护帮必须采用四连杆式护帮机构，否则将不能满足工作面设备配套的要求。二级护帮板通常采用简单铰接式护帮机构就可以满足要求，只有要求二级护帮板折叠在一级护帮板内时（图 7 - 24）才采用四连杆式护帮机构，以简化结构，降低成本。

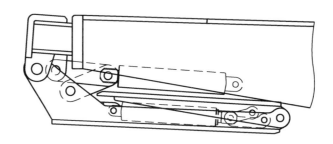

图 7 - 24　二级护帮采用四连杆式护帮机构可以折叠

2）护帮高度

根据综采工作面煤壁片帮的规律，液压支架护帮机构的护帮高度要求不小于工作面最大采高 1/3，最低不能小于工作面最大采高 1/4。一级护帮板的长度要与工作面截深相适应，最大长度不能大于截深与液压支架梁端距之和。二级护帮板（如果存在）的长度等于护帮高度减去一级护帮板长度和护帮机构在顶梁（前梁）铰接点的高度。

3）护帮板宽度

护帮板宽度与液压支架中心距和煤壁稳定性相关。煤层越软，层节理越发育，煤壁越易片帮，护帮板应越宽；反之，可以适当设计窄一点。液压支架的中心距越大，需要支护的煤壁越宽，护帮板应越宽，但不能超过梁体宽度。通常，护帮板被设计成梯形，前窄后宽，相差 50 ~ 100 mm，二级护帮板的宽度通常比一级护帮板的宽度窄 100 ~ 200 mm。一级护帮板的宽度可以参照表 7 - 3 设计。

4）护帮千斤顶

从理论上说，护帮千斤顶越大，护帮效果越好，但是由于结构上的限制护帮千斤顶不可能无限制加大。通常护帮千斤顶的缸径随液压支架工作阻力和支撑高度的加大而加大。目前，大采高强力液压支架一级护帮千斤顶通常选用一根缸径 $\phi160$ mm（或 $\phi165$ mm）

或两根缸径 $\phi125$ mm 的油缸。二级护帮千斤顶比一级护帮千斤顶小，最大缸径不超过 $\phi100$ mm，必要时可以两根油缸并联使用。

表7-3　一级护帮板推荐设计宽度

煤壁稳定性	液压支架中心距/m	护帮板最大宽度 B/m	备　　注
稳定	1.25	0.9～1.1	
	1.5	1.0～1.35	
	1.75	1.2～1.5	
	2.0	1.5～1.8	
不稳定	1.25	1.1	
	1.5	1.25～1.35	
	1.75	1.4～1.5	
	2.0	1.75～1.85	

四、四连杆式护帮机构的设计计算

四连杆式护帮机构可以有效提高液压支架防治片帮、冒顶的能力。本节通过对四连杆式护帮机构的运动和受力分析，提出四连杆式护帮机构优化设计的基本思路；通过对四连杆式护帮机构的尺寸链误差分析，提出护帮千斤顶实际长度的设计要求；同时还分析了护帮板受力状态和强度校核的经验公式。

（一）四连杆式护帮机构的运动分析

四连杆式护帮机构运动简图如图7-25所示。图中直角坐标系 XOY 和 $X'OY'$ 分别定义了顶梁和护帮板上各铰接点的坐标。图中各符号的意义如下：

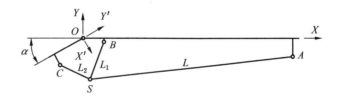

图7-25　四连杆式护帮机构运动简图

α——护帮板定位面与顶梁顶面的夹角；

O——护帮板与顶梁的铰接点；

A——护帮千斤顶在顶梁上的铰接点位置，坐标为 (X_A, Y_A)；

B——连杆1在顶梁上的铰接点位置，坐标为 (X_B, Y_B)；

C——连杆2在护帮板上的铰接点位置，坐标为 (X_C', Y_C')；

S——护帮千斤顶与连杆的铰接点，位置在 XOY 坐标系，用坐标 (X_S, Y_S) 表示；

L——护帮千斤顶的长度，随护帮板的位置变动；

L_1——连杆 1 的长度；

L_2——连杆 2 的长度。

坐标系 $X'OY'$ 和 XOY 的夹角 $\beta = 90° - \alpha$。

铰接点 C 在 XOY 坐标系的坐标为 (X_C, Y_C)：

$$\begin{cases} X_C = X_C'\sin\alpha + Y_C'\cos\alpha \\ Y_C = X_C'\cos\alpha - Y_C'\sin\alpha \end{cases} \tag{7-1}$$

S 点是两连杆的铰接点，即以 B 点为圆心，L_1 为半径的圆与以 C 点为圆心，L_2 为半径的圆的交点，应满足下列方程：

$$\begin{cases} (X_S - X_B)^2 + (Y_S - Y_B)^2 = L_1^2 \\ (X_S - X_C)^2 + (Y_S - Y_C)^2 = L_2^2 \end{cases} \tag{7-2}$$

式（7-1）和式（7-2）联立得到 S 点坐标：

$$\begin{cases} X_S = \dfrac{-B + \sqrt{B^2 - 4AC}}{2A} \\ Y_S = Y_B + \sqrt{L_1^2 - (X_S - X_B)^2} \end{cases}$$

$$A = K_1^2 + K_2^2$$

$$B = 2K_1(K_2 Y_B - K) - 2K_2^2 X_B$$

$$C = K_2^2(X_B^2 - L_2^2) + (K_2 Y_B - K)^2$$

$$K_1 = X_B - X_C$$

$$K_2 = Y_B - Y_C$$

$$K = \dfrac{X_B^2 + Y_B^2 - X_C^2 - Y_C^2 - L_1^2 + L_2^2}{2}$$

护帮千斤顶的长度为

$$L = \sqrt{(X_S - X_A)^2 + (Y_S - Y_A)^2} \tag{7-3}$$

根据两条直线间夹角公式可得：

两连杆间夹角

$$\theta_1 = \arccos\left[\frac{(X_S - X_B)(X_S - X_C) + (Y_S - Y_B)(Y_S - Y_C)}{\sqrt{(X_S - X_B)^2 + (X_S - X_C)^2}\sqrt{(Y_S - Y_B)^2 + (Y_S - Y_C)^2}} \right] \tag{7-4}$$

护帮千斤顶与连杆 1 间夹角

$$\theta_2 = \arccos\left[\frac{(X_S - X_B)(X_S - X_A) + (Y_S - Y_B)(Y_S - Y_A)}{\sqrt{(X_S - X_B)^2 + (X_S - X_A)^2}\sqrt{(Y_S - Y_B)^2 + (Y_S - Y_A)^2}} \right] \tag{7-5}$$

（二）四连杆式护帮机构的受力分析

四连杆式护帮机构的受力简图如图 7-26 所示，分别取护帮板、护帮千斤顶与连杆铰接点 S 为隔离体，不计护帮板与煤壁（顶板）的摩擦力，不计动载（液压支架在工作中运动速度很慢，主要承受静载荷）。

由于连杆和护帮千斤顶都是二力杆，所以铰接点 S 只受到 3 个力的作用，即护帮千斤顶的动力 P，连杆 1 的反力 F_1，连杆 2 的反力 F_2，S 点的力平衡方程为

$$\overrightarrow{P} + \overrightarrow{F_1} + \overrightarrow{F_2} = 0 \qquad (7-6)$$

解式（7-6）可得连杆力为

$$F_1 = -P\left(\frac{\sin\theta_2}{\tan\theta_1} - \cos\theta_2\right) \qquad (7-7)$$

$$F_2 = -P\frac{\sin\theta_2}{\sin\theta_1} \qquad (7-8)$$

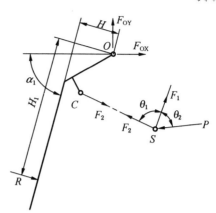

图 7-26　四连杆式护帮机构受力简图

铰接点 S 处销轴力取 P、F_1、F_2 两两相加中的最大值，在实际设计计算中通常用护帮千斤顶的支撑力 P 作为销轴力计算销轴及铰接孔的强度。

护帮板对煤壁或顶板的支持力矩（护帮力矩和挑起力矩）等于 F_2 对 O 点的力矩：

$$M_O = F_2 d \qquad (7-9)$$

其中 d 为 O 点到连杆 2 的距离，按下式计算：

连杆 2 所在直线方程由点 C 和点 S 的坐标确定：

$$y = Y_S + \frac{Y_C - Y_S}{X_C - X_S}(x - X_S) \qquad (X_C \neq X_S) \qquad (7-10)$$

化为通用式为

$$(Y_C - Y_S)x - (X_C - X_S)y + (X_C Y_S - X_S Y_C) = 0 \qquad (7-11)$$

根据点到直线的距离公式得

$$d = \frac{|X_C Y_S - Y_C X_S|}{\sqrt{(Y_C - Y_S)^2 + (X_C - X_S)^2}} \qquad (7-12)$$

护帮板绕 O 点转动，当其支撑时力矩平衡，平衡方程为

$$F_2 d = R H_1$$

护帮板尖端载荷为

$$R = \frac{F_2 d}{H_1} \qquad (7-13)$$

其中 H_1 按护帮板长度减去 100 mm 计算。

护帮板与顶梁（前梁）的铰接点 O 处铰接销轴力 F_O 满足方程：

$$\overrightarrow{F_O} + \overrightarrow{R_1} + \overrightarrow{F_2} = 0 \qquad (7-14)$$

设连杆 2 与 X 轴的夹角为 ψ，则

$$\psi = \arctan\frac{Y_S - Y_C}{X_S - X_C}$$

由式（7-14）可得到 F_O 在 X、Y 方向上的分力：

$$F_{OX} = R\cos\alpha + F_2\cos\psi \qquad (7-15)$$

$$F_{OY} = R\sin\alpha + F_2\sin\psi \qquad (7-16)$$

铰接点 O 处销轴力为

$$F_O = \sqrt{F_{OX}^2 + F_{OY}^2} \qquad (7-17)$$

计算出的 F_O 是护帮板与顶梁（或前梁）两个连接销轴的合力，由于护帮板在工作时

大部分承受的是偏载，所以两个销轴的受力是不相同的，需要按照偏载工况计算力在两个销轴上的分布。在工程实际中，可以按照 0.75 倍 F_0 校核单个连接销轴的强度。

护帮板与顶梁（或前梁）连接销轴的受力大小与护帮板所受的外载合力作用点与铰接点 O 的距离 H_1 有关，外载合力作用点离铰接点 O 越近，则连接销轴的受力就越大。通常计算销轴合力时，假设护帮板所受外载荷在宽度方向均布，在长度方向呈三角形分布，合力作用点在三角形的重心，故取 H_1 等于护帮板长度的 1/3。

液压支架在井下综采工作面的工况非常复杂，不仅顶板压力大小和作用位置随机变化，而且液压支架的顶梁、底座等和围岩的接触情况也是随机变化的。此外，液压支架还可能承受不同大小和方向的水平载荷。所以，液压支架受到三维空间力系的作用，应建立三维空间力学模型进行分析计算。但在工程实践中，由于液压支架主要结构件的长宽比较大，初步计算时假定液压支架横向均匀受载，将液压支架简化为平面力系进行计算。在强度校核时，根据实验室试验数据和工作面实测数据，对不同的部件取不同的安全系数即可满足工程设计要求。但对护帮板来说，由于长宽比小（有时宽度大于长度），已不能简单将其简化为平面力系计算。设计中采用下述方法将扭矩折算成弯矩作近似计算。

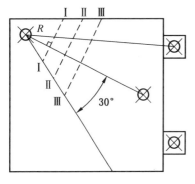

图 7 - 27　护帮板偏载强度校核

如图 7 - 27 所示，连接护帮板的偏载点与护帮千斤顶支撑点（或连杆 2 在护帮板上连接点的中点）作为基准线。沿基准线找系列截面 Ⅰ—Ⅰ、Ⅱ—Ⅱ 等，截面的边界如图 7 - 27 所示。计算每个截面的抗弯截面模量 W_i 和弯矩 M_i：

$$M_i = RL_i$$

式中　L_i——护帮板载荷到截面的距离。

则截面应力为

$$\sigma = \frac{M_i}{W_i}$$

按此方法计算校核的结果与实际结果较吻合，可以作为护帮板强度计算的依据。但更精确的结果需要按空间力系计算或用有限元进行分析。

（三）四连杆式护帮机构解析法设计步骤与优化设计简介

1. 四连杆式护帮机构解析法设计步骤

找出满足要求的梁端连杆机构是设计重点，如果用作图法设计将耗费大量时间，结果的准确度也不高。随着计算机技术的应用与发展，数值解析法被广泛应用于四连杆式护帮机构的四连杆设计中，从而使设计人员摆脱了烦琐的作图工作，提高了设计质量，并为四连杆式护帮机构的优化设计奠定了理论基础。与作图法相同，用解析法设计四连杆式护帮机构的结构参数时，首先应根据设计经验确定四连杆的部分定位尺寸和极限参数。解析法计算步骤如下：

（1）根据结构限制条件确定初始值：(X_B, Y_B)、Y_A、α、L_0。假设护帮板挑起和收回均与顶梁顶面平行。L_0 为护帮千斤顶固定段尺寸。

（2）给定 L_1、X_C'、Y_C'，连杆 1 与顶面夹角 φ 的初值。

（3）计算 $X_{S1} = X_B + L_1 \cos\varphi$。

（4）求 X_{C1}、Y_{C1}。

（5）求连杆 2 的长度 $L_2 = \sqrt{(X_{S1} - X_{C1})^2 + (Y_{S1} - Y_{C1})^2}$。

（6）求 X_{S3}、Y_{S3}。

（7）判断 $Y_{S3} \geqslant Y_B + 80$，否则，重置 L_1 转步骤（3）。

（8）求护帮千斤顶行程 $L_t = \sqrt{(X_{S1} - X_{S3})^2 + (Y_{S1} - Y_{S3})^2}$。

（9）求护帮千斤顶的最小长度 L_{01}、最大长度 L_{03} 及其后铰接点 X 的坐标值 X_A：

$$L_{01} = S_t + S_0 + 20$$

$$X_A = X_{B1} + \sqrt{S_1^2 - (Y_A - Y_{B1})^2}$$

$$L_{03} = \sqrt{(X_{S3} - X_A)^2 + (Y_{S3} - Y_A)^2}$$

（10）判断 $L_{03} \leqslant 2L_{01} + L_0 - 15$，否则，$L_t = L_t + 10$ 转步骤（9）。

（11）计算几何约束 $PK = \sqrt{(X_{C1} - X_B)^2 + (Y_{C1} - Y_B)^2}$，$\theta_1$。

（12）判断 $PK \geqslant 90$ 及 $\theta_1 \geqslant 15°$，否则，$X_C' = X_C' + 10$ 转步骤（4）。

（13）打印四连杆参数，显示机构工作位置图，判断是否符合机构要求，如不满足要求返回步骤（1），重置初始参数，重新计算。

（14）求出护帮、挑起时的机构参数 θ_1、θ_2、F_1、F_2、d、M_O、F_O。

（15）输出打印计算结果。

2. 四连杆式护帮机构优化设计简介

1）设计变量

四连杆式护帮机构的几何参数在很大程度上受到结构的限制，不能任意确定。根据结构分析，影响护帮板支护效果的主要可变参数有 4 个，即连杆 1 的长度 L_1、连杆 2 的长度 L_2 及 B 点的位置（X_B，Y_B），取这 4 个参数作为优化设计的变量：

$$X = [L_1, L_2, X_B, Y_B]^T = [X_1, X_2, X_3, X_4]^T$$

其他如 A 的位置（X_A，Y_A）和 C 的位置（X_C'，Y_C'）等参数主要由结构要求确定，不作为优化变量。

2）目标函数

四连杆式护帮机构能够更有效地满足护帮板 3 个预定工作位置的要求：1—挑起；2—护帮；3—收回。其中位置 1 主要是满足几何要求，即使护帮板收到预定角度，满足液压支架最低过机高度的要求。位置 2 护帮板处于护帮状态，通过护帮板向煤壁施加一支撑力，改变煤壁受力状态，其护帮能力与护帮效果取决于支撑力矩的大小。位置 3 护帮板处于护顶状态，四连杆机构除满足预定几何位置的要求外，还要求挑起力矩大。因此，以护帮板在位置 2 和位置 3 的支撑力矩的综合力矩 M 与护帮千斤顶工作阻力 P 的比值作为优化目标。设计的目标函数为

$$\max f(x) = \frac{M}{P}$$

$$M = \lambda_1 M_{O2} + \lambda_2 M_{O3} \qquad (\lambda_1 + \lambda_2 = 1)$$

式中　λ_1——护帮力矩 M_{O2} 的加权系数，根据工作面煤层条件确定，$0.2 \leqslant \lambda_1 \leqslant 0.8$；

λ_2——挑起力矩 M_{O3} 的加权系数，根据工作面顶板条件确定，$0.2 \leqslant \lambda_1 \leqslant 0.8$。

3）约束条件

（1）结构干涉约束：

$$g_1 = \sqrt{(X_{C1} - X_B)^2 + (Y_{C1} + Y_B)^2} - (r_B + r_C) \geqslant 0$$

式中　r_B——铰接点 B 处连接耳子圆弧半径；

　　　r_C——铰接点 C 处连接耳子圆弧半径。

$$g_2 = [X_{B\max}] - X_B \geqslant 0$$

$$g_3 = X_B - [X_{B\min}] \geqslant 0$$

$$g_4 = [Y_{B\max}] - Y_B \geqslant 0$$

$$g_5 = Y_B - [X_{B\min}] \geqslant 0$$

$$g_6 = Y_B \geqslant 0$$

$$g_7 = \theta_1 - [\theta_1] \geqslant 0$$

$$g_8 = \theta_2 - [\theta_2] \geqslant 0$$

（2）预定位置约束：

$$g_9 = L_1 - [L_{1\min}] \geqslant 0$$

$$g_{10} = L_2 - [L_{2\min}] \geqslant 0$$

$$g_{11} = \alpha_1 - [\alpha_1] \geqslant 0 \quad （定义护帮板的收回角度）$$

$$g_{12} = \alpha_3 - [\alpha_3] \geqslant 0 \quad （定义护帮板的挑起角度）$$

（3）护板千斤顶行程要求：

$$g_{13} = [X_{A\max}] - X_A \geqslant 0$$

$$g_{14} = 2L_{01} + L_0 - 15 - L_{03} \geqslant 0$$

4）程序设计框图

优化程序采用 Microsoft Visual C++ 6.0 编程，基于对话框的程序设计，如图 7-28 所示。在对话框中完成用户和程序之间数据的交流。

（四）四连杆式护帮机构尺寸链误差分析及护帮千斤顶长度的确定

设计四连杆式护帮机构必须保证护帮板能实现挑起、护帮、收回 3 种工作状态，但由于设计、制造等原因，护帮机构各构件的实际位置与理想位置存在一定差异，在护帮千斤顶完全伸出到理论上所要求的长度时，护帮板不能挑起到所要求的角度（按照设计和使用要求，护帮板要挑起3°~5°）；在护帮千斤顶完全缩回到理论上所要求的最小长度时，护帮板也不能收到所要求的收回状态。为解决这一问题，设计时往往采用增大护帮千斤顶行程以及加大护帮千斤顶后部连接位置来实现。但是，护帮千斤顶行程的"无限"加大不仅增加了液压支架成本，更为重要的是可能影响到液压支架其他结构的设计（特别是小配套的经济型液压支架）。因此对四连杆式护帮机构进行误差分析，计算护帮板的位置误差，可为设计四连杆式护帮机构时确定护帮千斤顶行程以及加大护帮千斤顶后部连接位置提供理论依据。

1. 护帮板位置误差计算的一般关系式

机构的误差主要由机构中各构件的尺寸误差所引起，护帮板的位置误差是各构件对护帮板产生的误差累积。设机构一般关系式为

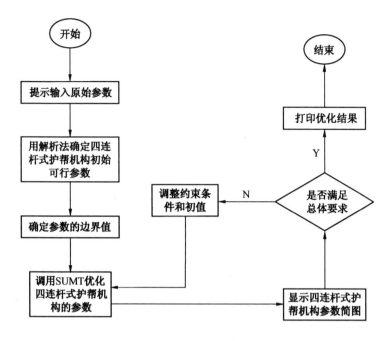

图 7-28 程序设计框图

$$T = T(q_1, q_2, \cdots, q_n)$$

式中 T——护帮板位置对于各构件尺寸的解析关系式。

则护帮板在某一位置的位置误差 ΔT 为

$$\Delta T = \sum_{i=1}^{n} \left(\frac{\partial T}{\partial q_i} \right) \Delta q_i$$

其中，q_i 包括主动件和从动件的有关参数。

2. 护帮板位置计算关系式

护帮板四连杆机构简图如图 7-29 所示，图中 $L_1 \sim L_2$ 构成四连杆机构，L 代表护帮千斤顶的长度，α 为护帮板与水平线的夹角，也就是所讨论的目标函数。

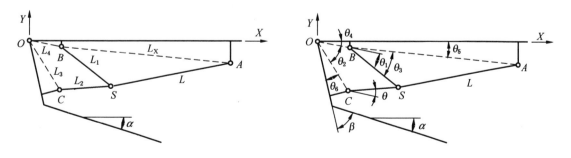

图 7-29 护帮板四连杆机构简图

根据机构几何关系，可得如下各式：

$$L_{\mathrm{X}} = \sqrt{(X_A - X_B)^2 + (Y_A - Y_B)^2} \qquad (7-18)$$

$$L_4 = \sqrt{X_B^2 + Y_B^2} \qquad (7-19)$$

$$L_3 = \sqrt{X_C^2 + Y_C^2} = \sqrt{X_C'^2 + Y_C'^2} \qquad (7-20)$$

$$\theta_1 = \theta_3 + \theta_4 + \theta_5 \qquad (7-21)$$

$$\theta_3 = \arccos \frac{L_1^2 + L_{\mathrm{X}}^2 - L^2}{2 L_1 L_{\mathrm{X}}} \qquad (7-22)$$

$$\theta_4 = \arctan \frac{Y_B}{X_B} \qquad (7-23)$$

$$\theta_5 = \arccos \frac{-(Y_A - Y_B)}{X_A - X_B} \qquad (7-24)$$

$$\theta_6 = \mathrm{arctg} \frac{X_C'}{-Y_C'} \qquad (7-25)$$

在四连杆机构 $L_1 \sim L_4$ 中，根据矢量方程：

$$\vec{L}_1 + \vec{L}_2 + \vec{L}_3 + \vec{L}_4 = 0$$

可以得到如下方程式：

$$L_1 \cos\theta_1 + L_4 - L_2 \cos\theta - L_3 \cos\theta_2 = 0 \qquad (7-26)$$

$$L_1 \sin\theta_1 - L_2 \sin\theta - L_3 \sin\theta_2 = 0 \qquad (7-27)$$

则

$$\alpha = \theta_2 - \theta_4 + \theta_6 - \beta \qquad (7-28)$$

上述各式就是 α 与各个变量之间的关系式。其中 β 为设计定值。

3. 误差计算式

将式（7-18）~式（7-25）分别代入误差计算的一般关系式，可得

$$\Delta L_{\mathrm{X}} = \frac{X_A - X_B}{L_{\mathrm{X}}}(\Delta X_A - \Delta X_B) + \frac{Y_A - Y_B}{L_{\mathrm{X}}}(\Delta Y_A - \Delta Y_B) \qquad (7-29)$$

$$\Delta L_4 = \frac{X_B \Delta X_B + Y_B \Delta Y_B}{L_4} \qquad (7-30)$$

$$\Delta L_3 = \frac{X_C \Delta X_C + Y_C \Delta Y_C}{L_3} \qquad (7-31)$$

$$\Delta \theta_1 = \Delta \theta_3 + \Delta \theta_4 - \Delta \theta_5 \qquad (7-32)$$

$$\Delta \theta_3 = \frac{-1}{\sqrt{(2L_1 L_{\mathrm{X}})^2 - (L_1^2 + L_{\mathrm{X}}^2 - L^2)^2}} \left(\frac{L_1^2 - L_{\mathrm{X}}^2 + L^2}{L_1} \Delta L_1 + \frac{L_{\mathrm{X}}^2 - L_1^2 + L^2}{L_{\mathrm{X}}} \Delta L_{\mathrm{X}} + 2L\Delta L \right) \qquad (7-33)$$

$$\Delta \theta_4 = \frac{X_B \Delta Y_B + Y_B \Delta X_B}{L_2^2} \qquad (7-34)$$

$$\Delta \theta_5 = \frac{Y_A - Y_B}{L_{\mathrm{X}}^2}(\Delta X_B - \Delta X_A) + \frac{X_A - X_B}{L_{\mathrm{X}}^2}(\Delta Y_A - \Delta Y_B) \qquad (7-35)$$

$$\Delta \theta_6 = \frac{Y_C' \Delta X_C' - X_C' \Delta Y_C'}{L_3^2} \qquad (7-36)$$

对于式（7-26）、式（7-27），把 θ_2 看成 $L_1 \sim L_4$、θ_1 的函数，θ 为中间变量，将两式分别对各变量求导，代入误差计算的一般关系式，可得

$$\Delta\theta_2 = \frac{1}{L_3\sin(\theta-\theta_2)}[L_1\sin(\theta-\theta_2)\Delta\theta_1 + \cos(\theta-\theta_2)\Delta L_1 - \Delta L_2 - \cos(\theta-\theta_2)\Delta L_3 - \cos\theta\Delta L_4]$$

$$\tag{7-37}$$

则

$$\Delta\alpha = \Delta\theta_2 - \Delta\theta_4 + \Delta\theta_6 \tag{7-38}$$

$\Delta\alpha$ 即为所求的护帮板位置的角度误差值。

4. 计算实例

以 ZZ4800/18/38 型支撑掩护式液压支架的护帮板四连杆机构为例对护帮板位置进行误差分析。该支架护帮板四连杆机构的原始尺寸见表 7-4。

表 7-4　ZZ4800/18/38 型液压支架护帮板四连杆机构原始尺寸

参　数	X_B/mm	Y_B/mm	X_A/mm	Y_A/mm	X_C'/mm	Y_C'/mm	L_1/mm	L_2/mm	$\beta/(°)$
设计尺寸	120	20	1050	-360	95	-136	220	180	56
设计误差	2	2	2	2.5	2.5	2.5	2.5	2.5	0

首先根据已知尺寸计算护帮板 3 个工作状态（$\alpha=0°$、$90°$、$185°$）时的千斤顶长度理论值。计算公式如下：

$$\theta_4 = \arctan\frac{Y_B}{X_B}$$

$$\theta_5 = \arccos\frac{-(Y_A-Y_B)}{X_A-X_B}$$

$$\theta_6 = \arctan\frac{X_C'}{-Y_C'}$$

则

$$\theta_2 = \alpha + \theta_4 - \theta_6 + \beta$$

如图 7-29 所示，$L_1=BS$，$L_2=CS$，$L_3=OC$，$L_4=OB$，$L'=BC$。

$$L' = \sqrt{L_3^2 + L_4^2 - 2L_3L_4\cos\theta_2}$$

$$\alpha_1 = \arccos\frac{L_1^2 + L'^2 - L_2^2}{2L_1L'}$$

$$\alpha_2 = \arcsin\frac{L_3\sin\theta_2}{L'}$$

则

$$\theta_3 = \pi - \alpha_1 - \alpha_2 - \theta_4 - \theta_5$$

$$L = \sqrt{L_1^2 + L_X^2 - 2L_1L_X\cos\theta_3}$$

将已知参数及 α 的 3 个角度值分别代入上述各式，计算结果见表 7-5。

表 7-5　护帮千斤顶的极限长度 L

角度/(°)	L_3/mm	L_4/mm	L_X/mm	L/mm
0	121.7	165.9	945.4	737.8
90	121.7	165.9	945.4	976.1
185	121.7	165.9	945.4	1142.1

表7-5中3个L值即为不考虑尺寸误差时，使护帮板达到3种工作状态时护帮千斤顶的理论长度。即护帮千斤顶的最大伸出长度为1142.1 mm，最小收缩长度为737.8 mm，行程为404.3 mm。下面求当S达到表7-5中的3个值时，护帮板实际位置与理论位置的误差。

将表7-4中各参数的设计尺寸与设计误差及表7-5中的有关数据代入式(7-29)~式(7-38)中，得到的计算结果见表7-6。

表7-6 α 及 $\Delta\alpha$ 值

$\alpha/(°)$	0	90	185
$\Delta\alpha/(°)$	3.83	0.22	-8.06

表7-6中的3个$\Delta\alpha$值即为所求的误差值，即在挑梁收平时挑梁有下摆3.83°的误差，护帮板挑起5°时护帮板有下摆8.06°的误差。此计算结果与实际测量结果基本吻合，因此所推导的误差公式可以在工程实践中应用。

根据表7-6的计算值，可以求得护帮千斤顶的设计长度S'，见表7-7。

表7-7 S' 值

$\Delta\alpha/(°)$	-3.83	203.06
S'/mm	733.2	1147.2

从表7-7可以看出，要使护帮板达到预定的收平和挑起工作状态，必须使护帮千斤顶的实际设计长度达到733.2~1147.2 mm。即护帮千斤顶的实际最大伸出长度为1147.2 mm，实际最小收缩长度为733.2 mm，行程为414 mm。此数值比护帮千斤顶的理论长度（737.8~1142.1 mm）上下分别大4~5 mm，即千斤顶行程大8~10 mm。但是在实际应用中由于加工质量和其他因素的影响，机构各构件的实际尺寸和设计尺寸不一定相符，会产生一定的偶然误差（如β角误差等）。为了确保护帮板能够达到预定的工作状态，设计时常常使护帮千斤顶的实际设计长度大于（小于）理论长度10~15 mm，即实际设计行程比理论行程大20~30 mm。

第二节 应对大采高液压支架横向和纵向不稳定性 而进行的保证液压支架结构稳定的研究

随着液压支架技术的不断发展，液压支架的支撑高度越来越高。目前，综采工作面使用的液压支架支撑高度已超过7 m，试验样机支撑高度也达到8 m。液压支架的支撑高度越高，必然带来液压支架纵向和横向的不稳定。特别是在有倾角及有仰俯采的大采高综采工作面，液压支架的不稳定性问题更为突出。如何保持大采高液压支架的稳定性是保证液压支架高可靠性，顺利实现综采工作面安全高产高效的关键技术之一。

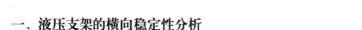

一、液压支架的横向稳定性分析

液压支架的横向稳定性是指液压支架在运动和承载过程中，支架结构沿对称中心平面的垂直方向（平行于工作面方向）保持其几何形态稳定的特性。

大采高液压支架横向不稳定（失稳）是指液压支架顶梁相对底座偏离原横向设计位置，使液压支架出现横向倾倒趋势。当倾倒趋势超过液压支架设计本身的调整适应范围时，液压支架将会发生扭曲、歪斜，甚至倒架。大采高液压支架横向失稳主要表现为 3 种情况：①顶梁纵向中心与底座纵向中心发生相对角位移；②顶梁纵向中心与底座纵向中心发生相对线位移；③顶梁平面和底座平面不平行，有一横向夹角。

当顶梁与底座发生相对线位移时，大采高液压支架沿工作面倾向偏离采煤工作面底板，法线方向有横向倾倒趋势；当顶梁与底座发生相对角位移时，顶梁轴线与底座轴线不在煤层的同一法线平面内，它们在底板的投影呈有夹角的扭转状态，即在走向方向上有横向歪扭趋势；当顶梁平面相对底座平面有一横向夹角时，顶梁与底座不平行。在实践中，这 3 种情况往往是同时存在的。影响大采高液压支架稳定性的主要因素除工作面条件和管理水平外，液压支架自身的结构力学特性是重要的决定因素。

1. 销轴与销孔间隙的影响

液压支架各部件通过销轴铰接。销轴与销孔之间存在配合间隙，此间隙的存在对液压支架横向失稳的 3 种表现形式都有直接影响。如果销轴与销孔的间隙过大，即使在水平工作条件下液压支架也会产生歪斜、扭转，甚至倒架。

如图 7 - 30 所示，液压支架铰接部件间由于销轴与销孔间隙引起部件间的最大偏转角为

$$\alpha = \beta + \gamma = \arctan\left(\frac{D-d}{B}\right) + \arctan\left(\frac{D-d}{b}\right) \qquad (7-39)$$

式中　　d——销轴直径；

　　　　D——销孔直径；

　　　　B——包容耳板最大外宽；

　　　　b——被包容耳板最大外宽。

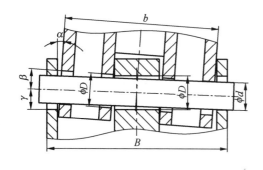

图 7 - 30　销轴与销孔间隙引起的偏转

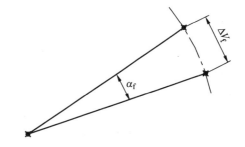

图 7 - 31　连杆偏转示意图

由销轴与销孔间隙引起部件间的偏转在各个方向都存在，分别引起顶梁相对底座的 3

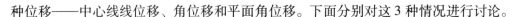

种位移——中心线线位移、角位移和平面角位移。下面分别对这3种情况进行讨论。

1）顶梁纵向中心与底座纵向中心相对线位移 ΔV_c

如图7-31所示，由连杆与底座连接销轴的间隙引起的连杆横向位移距离为

$$\Delta V_f = L_1 \sin\alpha_f$$

式中　ΔV_f——连杆与掩护梁铰接点处的横向偏移量；

L_1——连杆长度；

α_f——连杆与底座间的最大偏转角。

由掩护梁与连杆连接销轴的间隙引起的掩护梁横向位移距离为

$$\Delta V_s = L_2 \sin\alpha_s$$

式中　ΔV_s——顶梁与掩护梁铰接点处的相对横向偏移量；

L_2——掩护梁与顶梁铰接点至连杆铰接点间的距离；

α_s——掩护梁与连杆间的最大偏转角。

顶梁纵向中心相对于底座纵向中心偏移距离是连杆偏移量和掩护梁偏移量的和，即

$$\Delta V_c = \Delta V_f + \Delta V_s + L_2 \sin\alpha_f$$

2）顶梁纵向中心与底座纵向中心相对角位移 α_c

如图7-32所示，顶梁和底座通过掩护梁和连杆两个构件、3个铰接点连接，每个铰接点都会产生相对于中心面的偏转角 α_c：

$$\alpha_c = \alpha_f + \alpha_s + \alpha_d$$

式中　α_c——顶梁与底座间的最大偏转角；

α_d——掩护梁与顶梁间的最大偏转角。

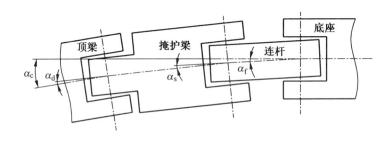

图7-32　顶梁与底座的相对角位移

3）顶梁平面和底座平面间角位移 θ_c

如果3个铰接点的偏转都发生在底座平面上，并沿梁体平面延伸，那么顶梁和底座间的最大偏转角 θ_c 也等于3个铰接点偏转角的和，即

$$\theta_c = \alpha_f + \alpha_s + \alpha_d$$

2. 结构件铰接点横向间隙的影响

液压支架各结构件铰接点除连接销轴和销孔有间隙外，连接档距间也留有较大的连接间隙。这些间隙同样会造成顶梁中心和底座中心不同心，出现横向偏移。如图7-33所示，单个铰接点横向偏移量为

$$\delta = A - a - 2R\tan\alpha$$

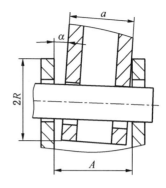

式中　δ——连接点横向偏移量；

　　　A——包容档距最大宽度；

　　　a——被包容档距最小宽度；

　　　$2R$——连接耳板最大重合长度。

顶梁和底座间有 3 处连接，故

$$\delta_c = 3\delta$$

图 7-33　连接点横向间隙

顶梁相对于底座发生横向偏移，不论这种偏移发生在哪个方向，都将引起支架立柱横向偏斜，使立柱受到偏载。立柱的最大偏斜角度为

$$\Delta\alpha = \arctan\frac{\Delta V_c + L_3\tan\alpha_d + \delta_c}{H}$$

式中　$\Delta\alpha$——立柱横向偏移角；

　　　L_3——顶梁后铰点至立柱柱窝的距离；

　　　H——立柱长度。

计算和井下观测表明，有的液压支架当支撑高度大于 4.5 m 时，顶梁偏移量超过 200 mm，立柱横向偏移角 $\Delta\alpha$ 最大接近 3.5°，这将直接影响液压支架的横向稳定性，使四连杆式护帮机构承受较大的偏载。

3. 工作面倾角和采高的影响

（1）在倾斜工作面，液压支架在非支撑状态下，由于自身重力和掩护梁背矸重力倾斜分力的作用，有下滑和倒架的可能。

液压支架处于临界下滑状态的平衡方程为

$$(G + P_W)\sin\alpha - f(G + P_W)\cos\alpha = 0 \tag{7-40}$$

式中　G——支架自重；

　　　P_W——支架掩护梁背矸重力；

　　　α——底板倾角；

　　　f——支架底座与底板间的摩擦因数。

由式（7-40）可见，液压支架的临界下滑与重力大小无关，仅取决于工作面倾角 α 和液压支架底座与底板间的摩擦因数 f，支架的临界下滑角为

$$\alpha_m = \arctan f$$

在井下综采工作面，液压支架与底板间的摩擦因数受到多种因素（如底板岩性、浮煤及水等）的影响，一般取 $f = 0.2 \sim 0.3$，则支架的临界下滑角为

$$\alpha_m \leqslant 11° \sim 16°$$

液压支架在倾斜工作面由自重引起倾倒的平衡方程为

$$L = H_g\tan\alpha \leqslant 0.5B \tag{7-41}$$

式中　H_g——支架重心高度；

　　　B——支架底座宽度。

由式（7-41）可知，液压支架的重心越高，工作面倾角越大，液压支架的自身稳定

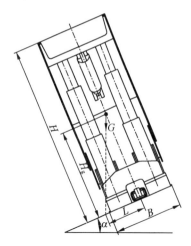

图 7-34 支架自重倒架示意图

性越差，在液压支架降架前移时越不容易控制液压支架的状态。如图 7-34 所示，液压支架翻转力矩为

$$M_g = H_g G\sin\alpha - 0.5BG\cos\alpha \qquad (7-42)$$

加大液压支架底座宽度可以提高液压支架自身的横向稳定性，可以提高液压支架对工作面倾角的适应能力。但液压支架底座的宽度受支架中心距的限制，当液压支架的支撑高度达到一定高度后可以通过加大液压支架中心距的方式加宽支架底座宽度。表 7-8 给出了液压支架最大支撑高度和支架中心距的一般关系，供设计时参考。

（2）在倾斜工作面，当液压支架处于正常支护状态时，由于液压支架支撑力的作用，液压支架与顶、底板间的摩擦阻力较大，一般不会发生支架整体下滑。在移架或顶板冒空支架不接顶时，则液压支架有可能出现整体下滑。在综采工作面由于液压支架严格按照设计的中心距紧密排列，而且在液压支架顶梁和掩护梁上有活动侧护板的相互作用，使整个工作面液压支架成为一个整体，不可能出现全工作面液压支架倒架现象。如果工作面下端头液压支架的状态控制得好，工作面液压支架顶梁也不会有下滑现象，但液压支架的底座间为避免拉架时互相咬架一般留有较大的间隙，这就导致液压支架主要是底座沿工作面下滑，如图 7-35 所示。底座下滑使液压支架有沿工作面向上倾倒的趋势。事实上，20 世纪 80 年代至 90 年代很多发生液压支架倒架的综采工作面都是由液压支架向上倾倒造成的。

表 7-8　液压支架最大支撑高度和中心距的关系

支架最大支撑高度 H/m	≤5.0	5.0~6.5	≥6.5
支架设计中心距 L/m	1.5、1.75	1.75、2.0	2.0

在倾斜工作面，液压支架在支撑顶板时对液压支架底座的下侧边缘产生一倾倒力矩，如图 7-36 所示。其临界倾倒力矩为

$$M_d = H_g G\sin\alpha - 0.5BG\cos\alpha - 0.5BR_1 - H(f_2 R_2 + R_s) \qquad (7-43)$$

式中　H_g——支架重心高度；

　　　H——采高；

　　　B——底座宽度；

　　　R_1——底板对底座的支撑力，支架处于临界倾倒状态时 $R_1 = 0$；

　　　R_2——顶板与支架顶梁间的正压力；

　　　R_s——邻架对顶梁的作用力；

　　　f_2——液压支架顶梁与顶板间的摩擦因数。

当倾倒力矩 M_d 大于零时，液压支架就有倾倒的可能；工作面倾角增大时，M_d 增大，因此液压支架倾倒的可能性增大。比较式（7-42）和式（7-43），可知当液压支架处于

支撑状态时，M_d 要比 M_g 小很多，特别是有相邻液压支架支撑时。因此，如果工作面液压支架的间距超过了液压支架侧护板的调整范围，且当降架移架或支架空顶时，在大倾角工作面就会发生倒架。

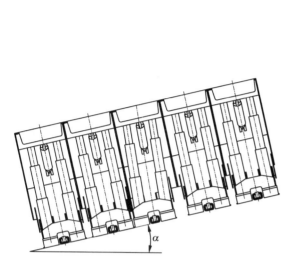

图 7-35　支架底座下滑，向上倾倒示意图　　　图 7-36　支架倾倒受力示意图

当工作面直接顶属中等稳定和中等稳定以下时，顶板裂隙发育，顶板在下沉的同时往往还伴有微量的倾斜向下移动，带动液压支架顶梁也向下偏斜，促使液压支架在一定程度上向下倾倒。

如果顶板裂隙较发育，则液压支架对顶板反复支撑易造成顶板破碎，往往会在顶梁上形成一定厚度的浮矸，即形成了液压支架上方的静态堆矸。静态堆矸的下滑力同样加大了液压支架的倾倒力矩，使液压支架的横向稳定性下降。

大采高液压支架随采高增大，重心高度 H_g 增大，倾倒力矩 M_d 增大，支架倾倒的可能性增大。

4. 端头、过渡液压支架支护状态的影响

对于倾角较大的工作面，端头、过渡液压支架支护状态对工作面液压支架的横向稳定性有重要影响，特别是靠近下端头部位端头支架和过渡液压支架的控制，是工作面中部液压支架相互约束的起点与基础。

大采高工作面由于煤层巷道掘进和支护技术等原因，一般工作面回风巷和工作面运输巷的高度低于工作面采高，这就必然存在一个由工作面正常采高到工作面回风巷和工作面运输巷的过渡段。如图 7-37 所示，在工作面上、下端的过渡段顶、底板不平行，液压支架横向受到较大的偏载力。在倾斜工作面，下过渡段顶板倾角变大，更容易使液压支架沿倾向出现不正常的几何状态。

生产实践表明,大采高工作面由正常采高向工作面回风巷和工作面运输巷要逐渐过渡，

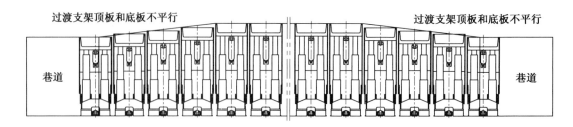

图 7-37 大采高工作面上、下过渡段示意图

过渡段不能太短,底板的倾角变化不能太大。

由于有架间间隙,当顶、底板平行时,架间间隙 t 由液压支架侧护板通过其千斤顶或弹簧组件动作予以密封。当底板倾角变大时,液压支架顶梁就要相互靠拢,但顶梁的正常侧向移动距离不能超过 t。这样,底板倾角变化角 $\Delta\theta$ 和采高 H 应满足下列关系式:

$$\Delta\theta = \arctan\frac{t}{H}$$

根据实际大采高工作面的 t 和 H 值,以及采高与上、下巷高度的高差,可以计算出工作面到工作面回风巷和工作面运输巷的最短过渡段长度。

5. 输送机上、下窜动的影响

液压支架通过其连接头和推移杆与输送机相连,在有倾角的综采工作面输送机运行过程中会沿倾斜方向下滑,使其与液压支架的连接点向下偏移,移架时易造成液压支架推移杆和底座向下歪斜。当歪斜了的推移杆顺着这个歪斜方向推移运动时,又加大了输送机的下滑量。而推移杆的歪斜角度又随着输送机的下滑而增大,液压支架的底座也有可能随着改变前移方向,沿此方向出现微小下滑。如果不及时调整,则有可能造成支架顶梁与底座间的相对角位移,严重时会造成大采高液压支架横向失稳。

6. 工作面其他情况的影响

顶板不平时易造成液压支架顶梁倾斜,受力不均,引起液压支架咬架、倾倒。当底板不平时,底座受力不均,也易造成液压支架倾倒失稳。

在工作面过断层、老巷、破碎带或者工作面在冲积层下开采时,支护状态恶化,易诱发大采高液压支架的倒架事故。

二、液压支架的纵向稳定性分析

液压支架的纵向稳定性是指液压支架在运动和承载过程中,支架结构沿对称中心平面方向(垂直于工作面方向)保持其几何形态稳定的特性。

液压支架纵向稳定性除与液压支架本身的结构有关外,还与综采工作面条件和采煤工艺有关。

1. 纵向水平力的影响

液压支架以四连杆机构作为其稳定机构,具有承受纵向水平力的能力。液压支架在工作中承受的纵向水平力来自于两个方面:一是液压支架在承载运动过程中与围岩发生相对移动而产生的摩擦力;二是围岩作用于液压支架上力的水平分力,主要是冲击载荷。摩擦力是长期存在的，对液压支架的纵向稳定性影响最大。下面主要分析摩擦力的影响。

当液压支架承受纵向水平摩擦力时，必然引起液压支架底板比压和液压支架外载合力作用点的变化，如图 7-38 所示。由摩擦力引起的支架合力作用点变化量为

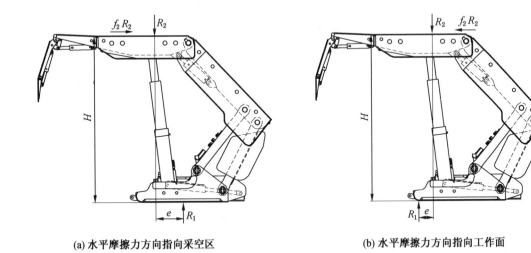

(a) 水平摩擦力方向指向采空区　　　　　　　(b) 水平摩擦力方向指向工作面

图 7-38　水平摩擦力对底座合力作用点的影响

$$e = f_2 H \tag{7-44}$$

式中　　e——底座支撑合力与顶梁合力的距离；

f_2——顶梁与顶板间的摩擦因数；

H——支架工作高度。

由式（7-44）可知，大采高液压支架合力作用点位置的变化随采高的增加变化很大。当摩擦因数 $f_2 = 0.2$、采高 $H = 5000$ mm 时，液压支架顶梁与底座合力作用点的距离 $e = 1000$ mm。如果水平摩擦力方向指向采空区，则底座合力向后移动，有利于减少底座前端比压和增加液压支架的纵向稳定性。反之，如果水平摩擦力方向指向工作面方向，则底座合力向前移动，使底座前端比压增大，甚至使合力作用点超出底座，造成液压支架纵向失稳（栽头、倾倒）。

摩擦力的方向取决于顶梁与顶板的运动趋势，为了保证大采高液压支架的稳定性，设计四连杆机构时应使顶梁的运动轨迹自上而下为向煤壁倾斜的曲线。同时，应通过优化设计合理确定支架结构参数，使液压支架合力作用点尽可能接近底座中部，大采高液压支架的底座长度和面积应比一般支架大。

　　2. 工作面走向倾角的影响

正如工作面倾角影响液压支架的横向稳定性一样，工作面走向方向的倾角也会影响液压支架的纵向稳定性。当工作面走向倾角向下时，液压支架低头向前推进（俯采），液压支架重心前移，非支撑状态下会造成液压支架栽头、倾倒（图 7-39）；当工作面走向倾角向上时，液压支架仰头向前推进（仰采），液压支架重心后移，会造成液压支架顶梁仰头、打"高射炮"，从而引起液压支架纵向失稳。

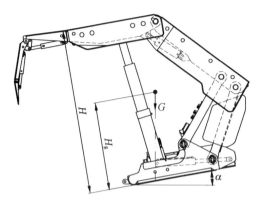

图 7-39　液压支架俯采示意图

3. 工作面顶板状态的影响

综采工作面顶板状态对大采高液压支架的纵向稳定性有重要影响。

在坚硬顶板条件下，当出现大面积悬顶时，顶板垮落将对液压支架掩护梁产生强烈冲击，造成液压支架纵向失稳，甚至会造成液压支架完全毁坏而失去作用。

在稳定顶板条件下，当基本顶来压时，顶板在采空区悬而不垮或掩护梁背角太小，可能造成顶板对液压支架的合力作用点后移。为此，要求液压支架应具有较高的支撑切顶能力。当液压支架不能满足切顶能力要求时，就会发生纵向失稳，造成掩护梁下降变平，顶梁仰头，失去支撑作用。

在破碎顶板条件下，当液压支架顶梁前方片帮、冒顶时，出现冒落空洞，顶梁载荷平衡被破坏，同样会造成支架纵向失稳，支架顶梁变成"高射炮"状态。

4. 推进速度的影响

在坚硬顶板条件下，当出现较大面积悬顶时应控制推进速度，采取顶板处理措施，或者增加顶板下沉时间以有利于顶板垮落。否则，如快速推进易造成大面积悬顶，一旦顶板垮落形成强烈冲击压力和水平冲击波，会使支架纵向失稳。对于中等稳定或易垮落顶板，加快推进速度可避免超前切顶，减小掩护梁载荷，有利于提高支架的纵向稳定性，形成良性循环。

三、提高大采高液压支架稳定性的措施

减小或消除影响大采高液压支架稳定性的各种因素是提高大采高液压支架稳定性的有效措施。下面从液压支架本身的四连杆参数选择、结构设计、附属机构设置及生产工艺等方面论述提高大采高液压支架稳定性的各种有效措施。

（一）优化液压支架参数，合理设计液压支架结构

液压支架的性能参数和具体结构决定了其稳定性的高低及其对综采工作面地质条件的适应性，优化四连杆机构，合理确定支架结构参数可以大大提高液压支架的稳定性。

1. 优化四连杆机构

四连杆机构是液压支架的稳定机构，对液压支架的横向和纵向稳定性有重要作用。设计大采高液压支架时，应尽量减小连杆机构的纵向尺寸，从而减小由于设计和制造间隙造成的液压支架顶梁和底座中心的偏移量，提高液压支架的横向稳定性。同时设计的四连杆参数应使顶梁的运动轨迹自上而下为向煤壁倾斜的曲线，使工作面顶板对液压支架顶梁的摩擦力指向采空区，使液压支架对工作面底板的合力作用点后移，避免液压支架对工作面底板合力作用点移到液压支架底座前端，引起液压支架低头、倾倒，提高液压支架的纵向稳定性。此外，向煤壁倾斜的四连杆运动曲线也能提高液压支架对近煤壁顶板的支撑能力，防止煤壁片帮。

同时，四连杆机构的设计应使支架合力作用点尽可能接近底座中、后部，提高液压支架对水平力的适应能力。

2. 合理确定支架结构参数

1）尽量降低液压支架的重心位置

当液压支架处于非支撑状态时，液压支架的重心越低，其自身稳定性越高。由于液压支架底座的宽度比长度小很多，所以液压支架重心对液压支架的横向稳定性影响更大。液压支架的重心位置是由液压支架的结构和各部件的重量分布决定的，因此设计大采高液压支架的连杆参数时要充分考虑所设计支架的重心变化曲线，使重心位置更低。通常要求大采高液压支架的重心位置低于采高的一半。为降低液压支架的重心高度，设计结构件时可以将重量主要设计在底座及连杆上，对于顶梁和掩护梁尽量采用更高强度的钢板，使顶梁和掩护梁的重量更轻。顶梁梁端的护帮机构在满足使用要求的前提下力求简单，避免复杂笨重的机构使液压支架的重心升高和前移。

2）增大液压支架底座面积

液压支架重心越低，底座支撑面积越大，液压支架越稳定。对于大采高液压支架，采用更大的液压支架中心距是加大底座宽度，提高液压支架横向稳定性的有效措施（表7-9）。当液压支架的支撑高度大于4.5 m时，优先采用1.75 m中心距；支撑高度大于6.0 m时，优先采用2.05 m中心距。对于选定的液压支架中心距，在避免底座干涉（咬架）的情况下应使底座最宽。

表7-9　液压支架中心距与底座宽度的关系

支架中心距 L/m	1.5	1.75	2.05
底座最大宽度 B/m	1.38	1.63	1.90

大采高液压支架底座长度的设计不仅要满足对底板比压的要求，更主要的是要满足液压支架纵向稳定性的要求，也就是要加长底座前端的长度。这就要求在满足配套和液压支架支护强度的要求下加大顶梁长度，增大立柱前方无立柱支护空间，为加长底座提供必要的空间。大采高液压支架底座加长后，立柱的前、后形成两个人行通道，工作面的安全性也得到了提高。大采高液压支架底座前端的长度应满足下列关系式：

$$e \geqslant 0.1H$$

即大采高液压支架最小应能够承受0.1倍工作阻力的水平力。

3）提高大采高液压支架的初撑力和工作阻力

液压支架只有撑得住才能站得稳。大的支撑能力特别是主动支撑能力（初撑力），可以有效防止工作面顶板下沉和离层，减小工作面顶、底板的相对移动量，增加液压支架顶梁和底座与工作面顶、底板间的摩擦力；同时，还可以有效避免液压支架顶梁、底座间的相对偏转，提高液压支架的稳定性。因此从提高支架稳定性上考虑，当代大采高液压支架的工作阻力普遍超过12000 kN，最大达到18000 kN。大采高液压支架工作阻力高，受结构限制，立柱缸径相对较小，液压支架的初撑力在正常泵压（31.5 MPa）下只能达到工作阻力的 65% ~70% 。为提高大采高液压支架的主动支撑能力，目前主要采用 3 种措施：一是提高泵压，将系统的供液压力提高到 37.5 MPa；二是增加一条辅助小流量高压供液系统；三是在液压支架内部采用自增压系统，提高液压支架的初撑力。

4）加大平衡千斤顶的调整能力

大采高液压支架架型主要是两柱掩护式液压支架，两柱掩护式液压支架的平衡千斤顶主要作用是调节顶梁和顶板的接触情况，克服顶梁的仰头、翘尾，使顶梁尽量保持与顶、底板平行工作；另外，通过平衡千斤顶的推、拉作用，还会使液压支架产生一个有一定宽度的稳定工作区，使液压支架尽可能地适应顶板压力大小及位置的变化。

图 7-40 所示为两柱掩护式液压支架受力简图。支架受力的合力大小 R_2 及合力作用点位置 X 为

$$R_2 = \frac{F\cos\alpha - F\sin\alpha\tan\theta - BT}{1 - A} \qquad (7-45)$$

$$X = \frac{L_{2x}F\cos\alpha + HT}{R_2} \qquad (7-46)$$

$$A = \frac{H_1}{L} + f\tan\theta$$

$$B = \frac{H}{L}$$

式中　　F——立柱支撑阻力；

　　　　T——平衡千斤顶的推、拉力；

　　　　α——立柱倾角；

　　　　θ——液压支架压力角。

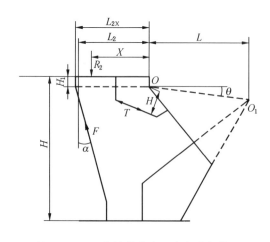
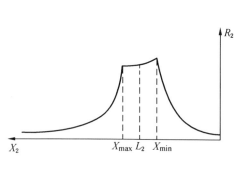

图 7-40　两柱掩护式液压支架受力简图　　　图 7-41　两柱掩护式液压支架力平衡区

式（7-45）中，$\tan\theta$ 依赖于支架四连杆机构，设计时可以设计得较小，使 $\tan\theta <$ 0.1；f 为顶梁与顶板的摩擦因数，一般情况下 $f < 0.3$；α 为立柱倾角，在正常使用高度通常 $\alpha < 15°$；H_1 可以设计得很小，使 $H_1/L \approx 0$。那么式（7-45）可简化为

$$R_2 = F\cos\alpha - BT \tag{7-47}$$

分析式（7-47）知，支架的支撑力 R_2 主要是由立柱的垂直分力和平衡千斤顶的拉、推力提供的。在立柱工作阻力一定的条件下，当平衡千斤顶受拉时，支架支撑力增加，可以承受更大的顶板压力；当平衡千斤顶受压时，支架支撑力降低。根据上述关系式可以绘出两柱掩护式液压支架支撑力与合力作用点位置的关系曲线（图7-41）。从图7-41可以看出，当顶板压力的合力作用点在顶梁上的 $X_{\min}$ 至 $X_{\max}$ 之间时，液压支架可以提供的支撑力在 $R\cos\alpha + BT_{拉}$ 至 $R\cos\alpha - BT_{压}$ 之间；当顶板压力的合力作用点小于 $X_{\min}$ 或大于 $X_{\max}$ 时，液压支架所能提供的支撑力迅速减小，以致使液压支架的支撑效率很低，此时若没有其他附加力则液压支架很容易失稳。通常我们把液压支架能够提供最佳支撑效率的 $X_{\min}$ 至 $X_{\max}$ 区间称为液压支架的力平衡区或稳定工作区。两柱掩护式液压支架的稳定工作区宽度为

$$\Delta X = \Delta X_1 + \Delta X_2$$

$$\Delta X_1 = X_{\max} - L_{2X} = \frac{(L + L_{2X})HT_{压}}{C - HT_{压}}$$

$$\Delta X_2 = X_{2X} - L_{\min} = \frac{(L + L_{2X})HT_{拉}}{C - HT_{拉}}$$

$$C = LF\cos\alpha$$

上述公式说明，对于一个选定四连杆机构及工作阻力的两柱掩护式液压支架，其稳定工作区的宽度仅与其平衡千斤顶的推、拉力及位置 H 有关。平衡千斤顶缸径越大，平衡千斤顶距铰接点 O 的距离 H 越大，液压支架的稳定工作区宽度越大，液压支架工作状态越稳定；反之，液压支架的稳定工作区宽度越小，液压支架工作状态越不稳定。

5）增强侧护板的调架能力

液压支架侧护板的作用主要有：①架间密封，在降架、移架过程中，通过弹簧作用使活动侧护板与邻架固定侧护板始终相接触，防止架后矸石、顶部矸石和煤的涌入；②支架防倒、调架，通过操作侧推千斤顶利用侧护板调架，防止支架倒架；增加液压支架的横向稳定性；③移架、导向，在支架移架过程中通过相邻架间侧护板相接触实现导向，纠正液压支架的状态。

对大采高液压支架而言，侧护板的对液压支架的调整作用尤为重要。提高侧护板的调架能力有下述3个途径：

（1）加大侧推千斤顶的缸径和行程。一般液压支架侧推千斤顶的缸径为 $\phi63$ mm，大采高液压支架由于自身重量大，需要的调整力大，因此要求侧推千斤顶的最小缸径为 $\phi80$ mm，支撑高度大于6 m的液压支架要求缸径为 $\phi100$ mm或 $\phi125$ mm，使侧护板自身的调整力由 4×98 kN提高到 4×158 kN（4×247 kN或 4×387 kN）。大采高液压支架的采高大，工作面底板角度稍有变化，将使液压支架顶梁间的间隙大大增加（另一侧间隙减小），中厚煤层液压支架常用的标准侧推千斤顶行程（170 mm）已不能满足调架要求（可能够不到）。因此大采高液压支架的侧推千斤顶行程一般都设计到200 mm或220 mm。

（2）改进侧推千斤顶控制回路。侧护板控制系统是由操纵阀、侧推千斤顶控制回路、由泵站来的主供液管路组成。最常用的侧推千斤顶控制回路是用管路简单地把操纵阀和侧

推千斤顶的上、下腔连接（图7-42a）。这种控制方式在支架正常使用时，靠弹簧装置的弹簧力来保持架间接触并密封；只有操纵操纵阀动作侧推千斤顶时，侧护板才能起到调架、防倒作用。图7-42b是在侧推千斤顶的下腔回路中增加了自控定压阀，该回路可以给侧推千斤顶下腔一调定压力，使侧护板总有一设定的横向推力来弥补弹簧力的不足。特别是当支架动作时，该设定推力可以为支架导向，防止支架倾倒，增大支架的动态稳定性。图7-42c是在侧推千斤顶的下腔回路中增加了单向阀和安全阀，因此侧推千斤顶下腔可以保持设定的压力，使侧护板获得最大的横向推力，极大地提高了支架的横向稳定性。但在支架动作时，必须操纵操纵阀打开单向阀，降低侧推千斤顶下腔压力，否则支架"降、移、升"阻力会很大。

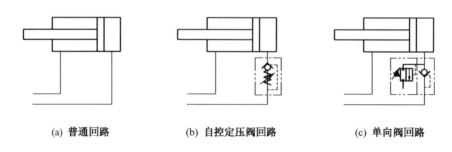

(a) 普通回路　　　　　(b) 自控定压阀回路　　　　　(c) 单向阀回路

图7-42　常见侧推千斤顶控制回路

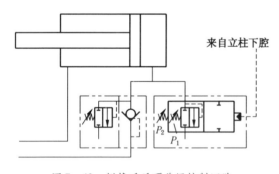

图7-43　侧推千斤顶稳压控制回路

在普通综采工作面液压支架上，侧推千斤顶普通回路就能满足要求，有特殊要求时才使用自控定压阀回路或单向阀回路，但在大采高及倾角较大的工作面液压支架上，上述回路就不能满足液压支架在不同工况下对侧护板自动调整功能及自身稳定性的要求。使用新型侧推千斤顶稳压控制回路既可以提高支架的静态稳定性，又可以提高支架的动态稳定性。如图7-43所示，由稳压阀和单向阀组成并联回路，当用操纵阀动作侧推千斤顶时，单向阀处于常开状态，稳压阀不起作用。操纵阀不工作时有两种情况：一是立柱下腔压力高于稳压阀主阀的调定压力 P_2（通常调定为25 MPa）时，支架处于支撑状态或升架过程，稳压阀处于图示位置（左工位）被关闭，侧推千斤顶下腔被单向阀锁住而保持安全阀调定压力，架间存在最大的横向推力，有效地控制了支架的歪斜、倾倒；二是立柱下腔压力低于稳压阀主阀的调定压力 P_2 时，支架处于降架或移架过程，稳压阀主阀在弹簧作用下移到图示位置（右工位），稳压阀副阀起作用而将侧推千斤顶下腔压力保持在设定的压力 P_1（约10 MPa）上，使支架既能顺利推进，架间又有一定的横向推力，保持支架的动态稳定性。

（3）加大侧护板的外形尺寸，保证相邻液压支架侧护板在各种工况下的有效搭接。提高侧护板的强度和刚度，减小侧护板的变形，保证侧护板的可靠性。提高大采高液压支架侧护板的强度和可靠性需要在以下几个方面做工作：首先要提高材料的强度等级，由用35 kg 级钢板提高到用 70 kg 级钢板；其次是增加钢板的厚度，由 16 mm 增加到 20 mm。同时，要在上板和侧板间增加撑筋以增加连接的可靠性，在侧板上加加强筋来增加侧板刚度，对于支撑高度超过 7 m 的特大采高液压支架，建议设计箱形结构的侧护板。为避免"咬架"现象发生，应合理设计侧护板宽度，特别是掩护梁侧护板宽度，使支架在极限状态下（顶梁不与顶板平行）降柱、移架后，相邻两架侧护板的搭接量不小于 150 mm。导向杆耳座应采用嵌入式结构，尽量不直接浮焊在侧板上，耳座的壁厚也应适当加厚到 20 ~ 35 mm（现在耳座的壁厚一般为 15 mm 左右）。导向杆设计成能插入到侧板内的形式可以减小耳座受力，导向杆与耳座连接处不能有台阶，其直径也应在目前的基础上增加 10 ~ 15 mm（关于导向杆抗弯强度校核，推荐用支架工作阻力的 0.2 倍作为顶梁上所有导向杆所承受的力，并考虑一定的偏载）。导向杆上用于固定侧护板的销孔应尽量向支架中心移，避免销孔出现在导向杆弯矩较大处。导向杆与耳座连接销推荐改用强度较大的脆性材料（如 30CrMnTi），这样即使销轴损坏折断也比较容易更换。

6）提高设计要求和加工精度，减小结构件连接间隙

大采高液压支架结构件连接间隙对液压支架的横向稳定性影响很大，减小结构件连接间隙将极大地提高液压支架的稳定性。目前，大采高液压支架结构件横向档距要求控制在 8 mm 以内（普通液压支架最大档距可以达到 16 mm）；销轴与孔的连接间隙控制在 0.85 mm 以内，加工精度提高到 10 级（H10/h9）（普通液压支架最大间隙为 2.6 mm，配合精度为 H13/h13）。根据计算，液压支架结构件设计制造精度提高后，采高为 6.2 m 时，顶梁与底座中心的最大偏移量不超过 60 mm。

7）提高四连杆机构的刚度

前、后连杆的结构对液压支架的抗扭性能起到了至关重要的作用，设计大采高液压支架时要尽量采用刚性好的整体连杆。在支撑高度大于 5.5 m 的液压支架上，后连杆一定要设计成整体连杆带侧护板形式。连杆的刚性好，连杆受力时变形量小，可以有效减小顶梁、掩护梁相对底座的偏移量，增加液压支架的稳定性。

8）设计安装防倒防滑装置

防倒防滑装置是提高液压支架使用稳定性的重要措施，它的设计使用可以很好地预防和纠正液压支架不正常的工作状态，即使在近水平的大采高工作面液压支架上也要预留安装防倒防滑装置的位置。在有倾角的大采高工作面使用的大采高液压支架必须设有底座调架机构，且底座调架机构的调架力不得小于大采高液压支架的自重；下顺槽端头或过渡支架的锚固和稳定是整个工作面液压支架稳定的基础，必须设计专门的防倒防滑装置。

（二）合理选择采煤工艺，提高大采高液压支架使用的稳定性

大采高液压支架在工作面使用的稳定性除与本身的性能参数、结构有关外，还与工作面的条件及采煤工艺密切相关。合理选择采煤工艺、液压支架的动作顺序可以减小液压支架倒架、失稳发生的概率。

1. 提高液压支架初撑力

液压支架初撑力对顶板稳定性影响较大，如果初撑力不足，工作面直接顶易发生离层，进而造成顶板的早期破坏，导致大采高液压支架失稳。一般要求大采高液压支架的初

撑力应为工作阻力的75% ~85%。液压支架初撑力的提高除了采用大缸径的立柱外，还必须增大整个液压系统的供液压力和流量，保证整个工作面系统压力的稳定。另外，采用初撑力保持系统和电液控制系统都可以有效保证液压支架在工作中达到初撑，维护液压支架的稳定性。

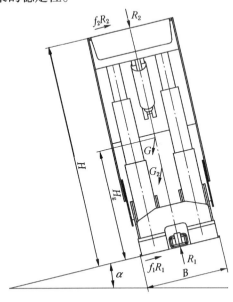

图7-44 支架下滑、倾倒受力示意图

2. 采用带压擦顶移架

现场观测表明，液压支架的失稳主要是在移架过程中发生的，在移架过程中液压支架的状态变化对液压支架倾倒影响很大，而采用液压支架带压擦顶移架的工作方式，不仅可使液压支架继续支撑已经离层或已破碎的下位直接顶，更能增加液压支架在顶、底板摩擦阻力和顶板压力作用下的反倾倒力矩，因而有利于防止液压支架的下滑和倾倒。带压移架时，立柱要保留一定的残余支撑阻力 F。F 的大小按下述公式计算，如图7-44所示。

工作面顶板对液压支架顶梁的作用力为

$$R_2 = 2F\cos\beta - G_2\cos\alpha \qquad (7-48)$$

工作面底板对液压支架底座的作用力为

$$R_1 = 2F\cos\beta - G\cos\alpha \qquad (7-49)$$

防止支架下滑需满足：

$$G\sin\alpha \leqslant R_1 f_1 + R_2 f_2 \qquad (7-50)$$

由式(7-48)~式(7-50)可解得

$$F_{\min 1} = \frac{G\sin\alpha - Gf_1\cos\alpha + G_2 f_2\cos\beta}{2(f_1 + f_2)\cos\beta}$$

式中　α——煤层倾角；

　　　　β——支架立柱在纵向中心面与垂线的夹角；

　　　　G_2——支架顶梁、掩护梁、连杆等部件和立柱活柱的重量对立柱活塞的作用重力；

　　　　G——支架自重；

　　　　f_1——支架底座与底板间的摩擦因数；

　　　　f_2——支架顶梁与顶板间的摩擦因数。

液压支架带压擦顶移架时，液压支架不发生倾倒，保持支架横向稳定性的方程为

$$H_g G\sin\alpha - 0.5G\cos\alpha - 0.5B(2F\cos\beta - G_2\cos\alpha) - f_2 H(2F\cos\beta - G_2\cos\alpha) \leqslant 0 \qquad (7-51)$$

式中　H_g——支架重心高度；

　　　　H——支架工作高度；

　　　　B——支架底座宽度。

由式（7-51）可得

$$F_{\min 2} = \frac{H_g G\sin\alpha + (0.5BG_2\cos\alpha - 0.5BG + f_2 G_2 H)\cos\alpha}{(B + 2f_2 H)\cos\beta}$$

所以，带压擦顶移架时支架立柱最小残余支撑阻力应满足：

$$F_{\min} = \max(F_{\min 1}, F_{\min 2})$$

要实现液压支架带压移架，保证移架时立柱的最小残余支撑阻力，最有效的方式是采用电液控制系统控制液压支架的动作。电液控制系统中可以通过设定立柱下腔压力传感器的压力值，保证立柱的最小支撑阻力。

3. 伪斜开采

在倾斜工作面采用伪斜开采工艺可以减小工作面的倾角。同时，在推进过程中可以推动输送机向上运动，补偿输送机的下滑量。这些都有利于维护液压支架的状态，提高液压支架的稳定性。

4. 降低采高，加长工作面过渡段长度

在大采高工作面出现不利于液压支架稳定的地质条件时，可以通过控制工作面采高，降低液压支架高度的方法来调整液压支架状态，恢复液压支架的稳定性。待特殊条件过去再实行全采高开采。在工作面采高与巷道高度差别较大时，应增加过渡支架的数量，增加过渡段的长度，减小顶、底板的不平行度。特别是减小工作面下端的过渡段倾角，避免过渡段液压支架受到较大的偏载而影响整个工作面的稳定性。通常在工作面设计时，工作面两端过渡段相邻液压支架的高度差不应超过 150 mm。

另外，还可以通过采用下行单向割煤，控制工作面走向倾角，保证割煤后顶、底板的平整度等措施来提高大采高液压支架的稳定性。

第三节　应对当代大采高液压支架工作面高度大的安全防护机构和措施

一、由于工作面采高增大而增加的不安全因素

随着综采工作面高度增加，工作面的不安全因素也在不断加大，除了前文所述的煤壁片帮外还有如下几种对工作面人员和设备构成危险的因素。

1. 来自顶板和采空区方向的冒落碎矸的危险

支架间的缝隙、架内顶梁和掩护梁铰接处等可能会有小碎块落下，由于高度大，冲击力大大增加，对人员和液压支架的电液控制系统、液压管路等构成较大的安全隐患。

2. 采煤机割煤的危险

大采高综采工作面要求采煤机的采高大，截深相应也大，行走速度快，需要的采煤机功率大（普遍超过 2000 kW）。采煤机割煤时，正对采煤机工作方向飞来的煤块，由于高度大、速度快，很容易伤害到工作面工作人员或设备，特别是液压支架上立柱的电镀层。同时，上滚筒割下的煤有可能抛过刮板输送机的挡煤板，影响设备正常推进。

3. 工作面粉尘的危害

工作面采高大，采煤机割煤时或支架动作时产生的粉尘较多，严重影响工作面工作人员的身体健康。

4. 工作人员操作时的危险

井下条件决定了综采工作面的视线不可能很好，特别是在大采高工作面，上滚筒高达 6~7 m，工作人员根本无法准确掌握采煤机滚筒位置，会出现误操作，影响设备安全。

工作面采高大，设备大，工作人员在维护、维修高处的零部件时会出现不安全因素。

5. 瓦斯和煤尘的危险

大采高工作面产量大（日产煤最多能达到 $4 \times 10^4 \sim 5 \times 10^4$ t），工作面的瓦斯涌出和产生的煤尘也大，具有一定的危险性。为稀释瓦斯和煤尘浓度，需要加大通风量，但大采高工作面采空区会产生大量的空隙，新鲜风流会有损失，特别是工作面两端。这些因素会造成工作面风速增大，也会对人员和设备造成一定危害。

二、大采高液压支架安全防护机构和措施

基于对大采高液压支架工作面由于采高增大而增加的不安全因素的分析，在设计研制大采高液压支架时需要采取相应的措施，安装一些安全防护机构予以预防。

（1）增强侧护板的防护能力。液压支架侧护板的主要作用是架间密封。为提高液压支架侧护板的密封能力，设计时要求将液压支架的顶梁侧护板尽量向顶梁前端延伸，顶梁侧护板的高度也相应加高，避免误操作造成相邻支架在运动时脱开，使液压支架在整个控顶范围内保证与顶板隔离，将工作范围内的顶板完全维护住；同时加大相邻液压支架移架后两架侧护板的相互搭接量，保证在各种非正常工况下相邻支架能完全封闭住采空区，避免采空区垮落矸石挤入架内（图7-45）。另外，还可以考虑在顶梁两侧护板搭接处增加橡胶集矸槽，并定期清理。

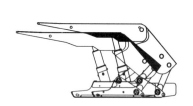

图 7-45　液压支架侧护板搭接要求

（2）避免矸石从液压支架结构件间隙中漏入工作空间。传统的顶梁、掩护梁搭接方式如图7-46a所示，顶板矸石会从间隙内落入工作空间对工作人员和设备造成危害。大采高液压支架要求采用图7-46b所示的顶梁屋檐式设计，这样可以完全遮挡住掩护梁，避免矸石由顶梁和掩护梁间的空隙掉到架内。

另外，大采高液压支架侧护板上的所有安装工艺孔都要采取措施全部封死，避免矸石从侧护板工艺孔落入工作空间。

（3）安装辅助挡煤装置。液压支架上设计安装辅助挡煤装置，将采煤机割煤区和人员工作区分开，当采煤机在液压支架前割煤时能有效防止煤块飞入工作区，避免损伤人员及设备。

　　可以利用二级护帮机构构成挡煤装置。将回收后的二级护帮相对一级护帮外转30°，形成如图7-47所示的状态，可以将上滚筒抛出的煤块挡到输送机槽帮内。利用电液控制系统的程序控制始终保持2~3台支架的护帮装置处于该状态，可有效防止飞溅煤块伤人或设备。为了防止护帮板挡住采煤机司机的观察视线，在护帮板上适当多开些通孔，同时在护帮允许情况下适当留出两架间护帮间隙。

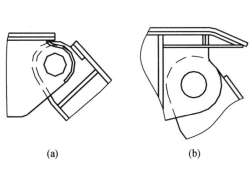
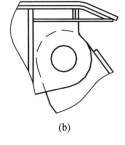

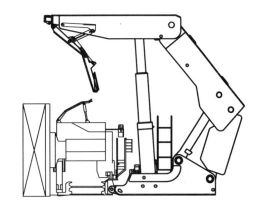

图7-46　液压支架顶梁、掩护梁搭接方式　　　　图7-47　护帮板挡煤

　　在支架顶梁上设计安装专用的挡煤（矸）装置，挡矸板在千斤顶的作用下立在立柱前阻挡煤块，如图7-48所示。

　　刚性挡矸板在高速坚硬的煤块冲击下容易失效，实际工作中需在挡矸板迎煤壁的一面加装耐冲击的高分子材料板（如阻燃橡胶板），以提高挡煤装置的使用寿命。

　　为便于工作人员观察工作面情况，大多数大采高液压支架都设计安装有柔性挡煤装置。柔性挡煤装置有两种形式：一种是采用圆环链编制而成的挡矸帘，吊挂在立柱前部；另一种是在支架的两立柱间设置可伸缩的防护网（图7-49），防护网的防护高度不得低于2 m。

　　（4）设置喷雾降尘系统。针对工作面粉尘大，大采高工作面要求设计有完善的喷雾降尘系统，实现程序和手动控制喷雾，及时降尘。图7-50所示为液压支架内设立的架前、架后和指向顶板的喷雾降尘系统。

　　在大采高工作面，为了达到更好的降尘效果，通常要求在综采工作面加装一套负压除尘系统。液压支架负压除尘系统一般由单螺杆空气压缩机、空气自清过滤器、水反冲洗过滤器、喷雾总成、负压喷雾总成和连接管路等组成，每10组液压支架安装一组负压喷雾总成。工作时，在工作面形成有层次的除尘区域，达到降尘效果。

　　（5）设置双行人通道。大采高液压支架在立柱前、后部采取双层人行通道设计，采煤机司机在防护网内进行跟机操作，确保安全。在支架顶梁前端设置可靠的照明设备，便于观察采煤机滚筒位置。在立柱后部人行通道内设置一定数量的升降梯，便于工作人员维护维修设备。

　　（6）为防止立柱电镀层损伤，在立柱上设置可伸缩的阻燃防护帆布筒，给立柱活柱穿上"外衣"。

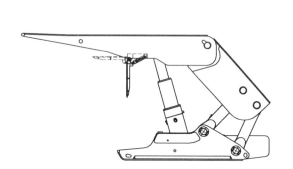

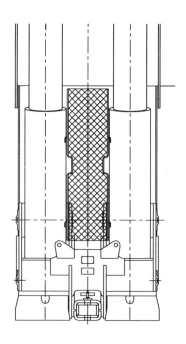

图7-48 挡煤（矸）装置 图7-49 立柱间的防护网

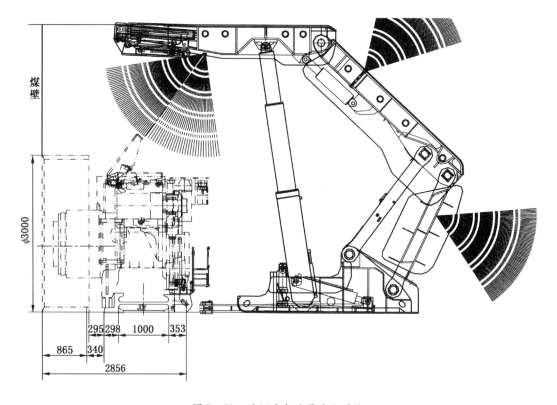

图7-50 液压支架喷雾降尘系统

（7）采用电液控制系统实现液压支架自动化控制，避免工作人员处于运动中的液压支架内。另外，所有安装于高处（顶梁、掩护梁）上的液压控制阀、液压接头、连接销轴都要设计安全保护装置，防止系统故障或销轴断裂从高空落下对工作人员造成伤害。如设计 U 形卡保护罩，销轴加装防坠链等辅助措施。

（8）在端头支架两端设立挡风帘。针对大采高工作面风流会沿工作面端头支架与巷道间隙流向采空区的问题，在大采高液压支架上设计安装了挡风帘装置，如图 7-51 所示。挡风帘宽度可以通过千斤顶调节，以适应巷道宽度的变化。

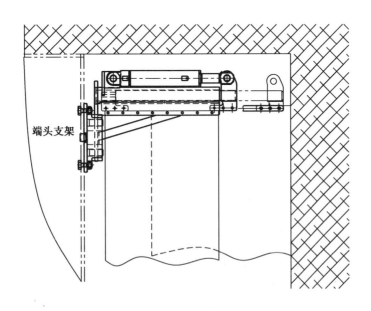

图 7-51 端头支架挡风帘

第四节 当代大采高综采工作面成套设备整体稳定性研究

大采高综采工作面成套设备整体稳定性与液压支架的稳定性密切相关，没有单个液压支架稳定性的保证，就没有整个工作面成套设备稳定性的基础。因此所有影响单个液压支架稳定性的因素都严重影响整个综采工作面成套设备的稳定性。如液压支架的选型、结构参数、工作面倾角、割煤工艺等。提高大采高综采工作面设备整体稳定性除前文所述增加液压支架自身及使用运行过程中稳定性外，还需要在工作面设备的整体性能上采取一些措施。

一、工作面设备的配套性能

大采高综采工作面综采设备的配套合理、可靠是大采高工作面成套设备发挥效率的关键。根据工作面地质条件和煤层、顶底板的赋存条件合理选择大采高液压支架、工作面刮板输送机、采煤机等设备的技术参数、结构形式及附加功能，并通过合理能力匹配、尺寸配合、强度协调等配套设计，将它们组合成一个有机整体，就能充分保证大采高工作面成套设备的整体稳定性。

合理设计梁端距（液压支架顶梁尖端到煤壁的距离）。综采工作面设备配套中的重要参数是梁端距。在大采高综采工作面由于需要避免采煤机切割液压支架梁头，工作面设备配套设计的梁端距较大。同时由于采高大，采煤机割煤高度不容易控制，容易割破顶板，造成工作面冒顶，严重时会造成部分液压支架乃至整个工作面设备失稳。在工程实践中，通常用下列方式确定梁端距：在采煤机相对液压支架偏转5°时，采煤机截齿不截割梁头，同时保证梁端距尽量小，如图7-52所示。

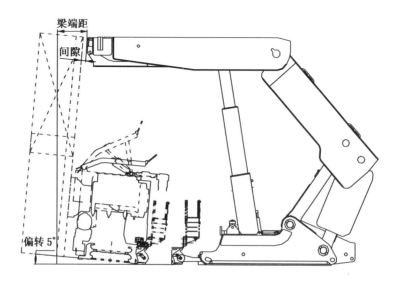

图7-52 工作面配套梁端距的确定——偏转5°

刮板输送机在推进过程中会出现上、下窜动，进而带动液压支架姿态的变化，造成液压支架失稳。采用大断面工作面运输巷道，配套采用交叉侧卸式机头，将刮板输送机、转载机、端头液压支架组合成一个整体能大大减小刮板输送机的窜动量。

保证刮板输送机推进过程中的平整，防止"飘溜、扎底"现象发生，对保证大采高综采工作面设备稳定同样重要。这就需要根据工作面顶底板条件合理设计采煤机的卧底量、刮板输送机铲煤板的结构形式和卧底量、刮板输送机推移孔的结构形式和连接尺寸等参数。有些工作面甚至对采煤机机身重量都有要求。

液压支架推移机构是液压支架与刮板输送机连接和传递力的构件。液压支架与刮板输送机的相互状态也可以通过推移杆调节。设计安装强力长推移杆，控制推移杆与底座内档间隙，既可以控制刮板输送机在推进过程中的窜动量，又能够在拉架过程中调整液压支架的姿态，保证液压支架的相对位置。当代大采高综采工作面强力长推移杆均使用100 kg级超高强度钢板焊接，其与支架内档导向机构的单边间隙为6~10 mm。

在输送机和推移连接头间设置调斜机构，适时调整刮板输送机和采煤机的仰俯角，确保采煤机运行基本平行于煤壁，减少采煤机割支架梁头的可能性；同时能有效防止刮板输送机"飘溜、扎底"现象的发生。

二、设置端头支护

端头液压支架是用于巷道支护的设备，根据巷道形状和设备配套、布置情况有多种类型。对于大采高综采工作面来说，运输巷和回风巷端头（端尾）也是保证工作面液压支架（成套设备）稳定的关键。因为工作面两巷的条件比工作面要优越得多，端头液压支架更容易保持良好的状态而稳定。如果端头液压支架不倒不滑，工作面所有的液压支架将以端头液压支架为支撑而保持良好状态，从而保证工作面成套设备稳定。

大采高综采工作面设备大，产量高，需要的安全风量大，所以巷道断面也大，维护好工作面两端巷道也是保证设备稳定的重要因素。端头液压支架设计要充分考虑能对全断面进行有效支护（包括对煤帮的保护）。要注意端头液压支架与过渡液压支架的搭接，避免出现设备移动过程中端头液压支架和过渡液压支架搭接不上，采空区矸石从架间垮落影响巷道顶板的完整性，造成过渡液压支架没有依靠而失去稳定性。在巷道中安置超前支护液压支架是保证巷道完整的有效措施。根据巷道条件和巷道内设备布置情况，超前液压支架超前支护距离通常为 20~40 m。另外将大采高工作面端头液压支架（通常为三架）固定为一个整体进行运动是提高设备稳定性的有效途径。

三、采用大落差过渡液压支架

随着安装的过渡液压支架数量的增加，过渡段加长，过渡液压支架顶梁和底座间偏载力减小，液压支架横向倾倒力矩相应减小，液压支架更稳定。但同时大采高综采工作面两端未能采出的"三角煤"将大大增加，工作面资源回收率会降低。近年来随着采煤技术的发展，大采高综采工作面大量采用大落差过渡液压支架技术，以解决上述矛盾。

四、工作面防倒防滑系统

工作面防滑系统包括刮板输送机防滑系统和液压支架防滑系统（调整机构）。

刮板输送机防滑系统是通过一组千斤顶在刮板输送机和液压支架底座间建立联系。当刮板输送机和液压支架底座间有相对位移时，可以通过防滑千斤顶调整它们间的相对位置，防止刮板输送机下滑位移过大带动支架底座滑动。

液压支架顶梁间的侧护板可以密封顶板空间和调节液压支架顶梁间距。但底座之间有间隙，底座自身在支架移动过程中会发生上下窜动，同时也会随着刮板输送机的窜动发生侧移。在顶梁和底座中心偏移达到一定量时，液压支架就会倾倒（倾倒是双向的，既会发生沿工作面倾角的向下倾倒，也会出现向上倾倒）。大采高液压支架重心高，这种倾倒趋势更明显。因此当代大采高液压支架都配有完善的防滑系统（底座调整系统）。在液压支架底座前端配备一组防滑千斤顶，将相邻两支架连接起来，通过相互约束保持液压支架底座相对位置不远离。

通过对液压支架防滑装置及强力推移机构的调整，可以保证液压支架底座前端位置的稳定。但在工程实践中，大采高液压支架的"摆尾"现象对工作面设备的稳定影响更大。液压支架"摆尾"现象的发生原因有：①液压支架的初始状态不正常或底板不平整且长时间得不到纠正（大采高液压支架质量大，自纠正困难）；②顶梁后部顶板下沉垮落过程中有向工作面倾斜下滑的分力，采空区顶板垮落矸石在顺着掩护梁滑落时也有一个向工作面倾斜下方的分力，这两个分力容易使掩护梁和底座发生扭转，进而使支架后部下滑。为克服液压支架"摆尾"现象，当代大采高液压支架都要求在支架底座的后部设计安装底座调架装置。在有倾角的大采高工作面，大采高液压支架底座上还需要设置安装底座调整横梁，用一组千斤顶和导向机构调整相邻液压支架底座，确保大采高液压支架工作中位置平行正确。在某些特殊构造的大采高工作面，液压支架底座后部也需要加装防滑千斤顶。

液压支架的防倒主要通过液压支架顶梁间防倒千斤顶及连接机构实现。其主要作用是在液压支架倾倒后，通过相邻液压支架的防倒千斤顶将倾倒的液压支架扶正。少量倾角较大的大采高综采工作面液压支架设置安装斜拉防倒装置。

当代大采高综采工作面防倒防滑系统的配置根据工作面地质条件及使用习惯确定。一般情况下，每10~15架配置一组即可满足使用要求。

五、端头液压支架的锚固和防倒防滑

端头液压支架是整个大采高综采工作面设备稳定的基础，机头、机尾端头液压支架的不倒不滑是保证整个工作面设备稳定的关键。因此当代大采高工作面在考虑整个工作面布置时，都重点安装了工作面两巷端头液压支架（尤其是运输巷端头液压支架）的防倒防滑装置。

端头液压支架的防倒防滑装置配置和工作面液压支架相同，区别是工作面液压支架可以根据需要两架间连接，但为使端头液压支架成为一个整体，必须保证3架间完全连接，同时3架液压支架后部需要安装锚固装置。端头液压支架锚固装置由安装在端头第一架底座侧面的锚固千斤顶、连接在端头第三架上的圆环链及圆环链导向机构、连接销轴等组成。通过端头液压支架顶梁、底座前端的防倒防滑系统和锚固系统，可以将3架端头液压支架组合成一个整体，给整个综采工作面设备一个稳定的支撑，保证大采高综采工作面成套设备的稳定运行。

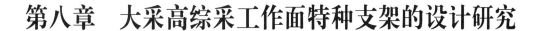

第八章　大采高综采工作面特种支架的设计研究

大采高综采工作面特种支架指工作面端头和工作面两端具有特殊作用的支架，一般包括端头支架、排头支架和过渡支架，有时排头支架和过渡支架合二为一。

第一节　大采高综采工作面端头及特点

一、大采高综采工作面端头范围及组成

采煤工作面端头指采煤工作面与回采巷道交叉的地点，其范围如图8-1所示。它由巷道端头（A）、采煤工作面机头及机尾设备区（B）、煤壁前方支承压力影响区（C）和煤壁后方支承压力影响区（D）组成。

采煤工作面端头虽比采煤工作面多一个煤柱支撑，但在采动后引起的支承压力作用下，顶底板移近量加剧，顶板岩层离层或脱落，底板鼓起，支架下缩、变形、损坏是不可避免的。一般来说，端头煤壁前后方支承压力影响区约为50 m。

综采工作面多是采煤机自开切口，但因某些地质条件和技术条件限制，有时还须预开切口。切口也处于采煤工作面端头范围内，宽一般为一个截深。

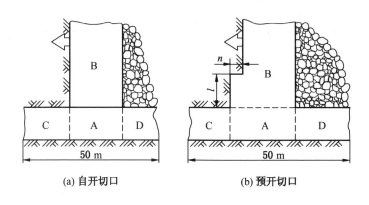

(a) 自开切口　　　　　　　(b) 预开切口

图8-1　采煤工作面端头布置示意图

二、大采高综采工作面端头特点

采煤工作面端头一般布置有采煤机、工作面输送机、排头支架、端头支架、桥式转载机、单体液压支柱、回柱绞车等，如图8-2所示。此区内的设备工作相互关联，相互依存，因此不仅要求设备之间连接尺寸配套，而且要求设备区内顶板维护状态良好，否则其

多台相关设备无法正常工作。

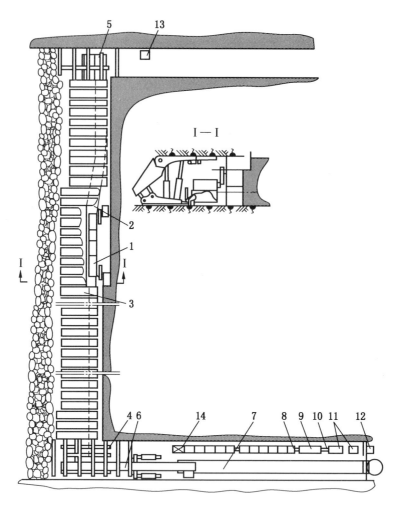

1—采煤机；2—刮板输送机；3—液压支架；4—下端头支架；5—上端头支架；6—桥式转载机；
7—带式输送机；8—配电箱；9—乳化液泵站；10—设备列车；11—移动变电站；12—喷雾泵站；
13—液压安全绞车；14—集中控制台

图 8-2 采煤工作面端头机电设备布置示意图

采煤工作面端头是进行多工序作业的地区，一般来说要完成下列 10 项工作：

（1）把采煤工作面采出的煤炭经采煤工作面输送机转载到桥式转载机或输送机上。

（2）把采煤工作面输送机传动装置（即机头、机尾部）向煤壁转移。

（3）在采煤工作面向前推进过程中，拆卸和安装回采巷道内靠采煤工作面煤壁侧的拱形（或梯形）支架柱腿。

（4）在煤壁前方支承压力升高区内安装顶梁和立柱，对回采巷道内顶板予以加强支护；或把拱形支架换成梯形支架，以便端头支架顺利前移，有效管理回采巷道顶板。

（5）在采用沿空留巷情况下，要搞好巷道壁后充填，砌好巷道密闭墙。

（6）机电维护工要进行包括加长或缩短采煤工作面输送机在内的各项工作。

（7）清扫转载处，为移置输送机、转载机和端头支架做好准备。

（8）按采煤工作面正规循环作业安排移置转载机和端头支架。

（9）把材料运进采煤工作面和巷道迎头。

（10）输送机电设备或备件，人员进出采掘工作面。

采煤工作面端头是巷道地压和采动影响应力叠加升高区。如图8-3所示，采煤工作面周围、巷道两侧均有支承压力存在，且分为压力急增区、压力升高区和压力缓升区。一般来说，采煤工作面端头是巷道支承压力与采煤工作面支承压力叠加区，因此采煤工作面端头处是支承压力最大、显现最剧烈、顶板最不易控制的地区。

总之，采煤工作面端头内布置有多台相

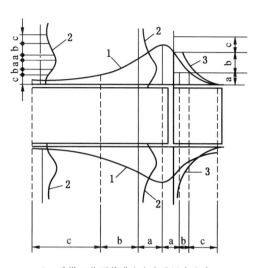

1—采煤工作面推进方向支承压力分布；
2—巷道两侧支承压力分布；
3—与采煤工作面推进方向垂直的支承压力分布；
a—压力急增区；b—压力升高区；c—压力缓升区

图8-3 采煤工作面周围支承压力分布

关设备，要完成多项工序；采煤工作面端头也是一个受采动影响严重、形状不规则、无立柱支护空间大、顶板十分不易维护而又必须维护好的地区。因此采煤工作面端头既是顶板控制的难点，也是顶板控制的重点。

第二节 传统端头支护方式存在的问题及发展现状

一、传统端头支护方式存在的问题

由于采煤工作面端头处于采动影响及围岩松动破坏区，因此具有结构、形状和支护形式发生变化的特征。正确的端头支护应能保证安全有效地维护端头围岩，使其工作状态良好。鉴于采煤工作面和回采巷道支护方式及回采工艺的多样性，因而端头支护方式也是不同的。传统端头支护方式及存在的问题见表8-1。

巷道端头用单体液压支柱或液压支架维护；采煤工作面机头及机尾设备区用单体特殊超前支架或液压支架及时支护；煤壁前方支承压力影响区用单体点柱或抬棚加强支护。当采用沿空留巷时，煤壁后方支承压力影响区可用石膏和电厂灰进行巷旁支护。

这些支护方式中，单体液压支柱类端头支护普遍存在的问题是加强支柱太多，支卸工作量大，减少了作业空间；支柱侧向稳定性差，不能控制围岩水平推力；摩擦式金属支柱初撑力太低，阻止和减缓顶板受采动影响而引起的变形移动能力差。因此不仅影响采煤工作面的快速推进，而且影响采煤工作面的安全生产。

液压支架类端头支护普遍存在的问题是支架前端受力小，顶梁受载不均，支架与采煤

表 8-1　端头支护技术现状及存在问题

端头范围		支护方式	示　意　图		存 在 的 问 题
			平　面	剖　面	
A	巷道端头	单体支柱			支护工作量大，不安全
		液压支架			移架困难，功能不全
B	采煤工作面机头及机尾设备区	单体特殊超前支架			支护工作量大，不安全，影响快速推进
		液压支架			支架梁端支撑力太小
C	煤壁前方支承压力影响区	单体支柱			支护工作量大
		抬棚			支护工作量大
D	煤壁后方支承压力影响区	巷旁支护			支护工作量大，巷道移近量大，坑木消耗多
					增加了充填材料成本和充填工序

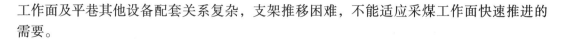

工作面及平巷其他设备配套关系复杂，支架推移困难，不能适应采煤工作面快速推进的需要。

二、采煤工作面端头支护的发展现状

我国自行研制和使用端头支架是从 20 世纪 80 年代开始的，许多大中型煤炭生产企业与煤机制造企业联合，对工作面端头支架进行研究和应用。经过 30 多年的探索，已研制成功了几大系列（上百种）端头支架。但由于各地区地质条件不同及工作面设备布置的特殊性，端头支架的研制和使用一直处于不断改进和完善阶段。兖矿集团一直把端头支架作为科研项目进行研究，但由于各矿条件不同，意见不同，推广使用情况也不同。潞安集团、大同煤矿集团公司、晋煤集团使用端头支架较早，对前后置式及三架一组、两架一组都进行了尝试。宁煤集团尝试使用端头支架也已有近 20 年的历史，目前宁煤集团所属各矿使用的端头支架已基本涵盖了所有端头支架的结构形式，而且其结构的复杂程度堪称国内之最。

随着煤矿机械化水平不断提高，采煤工作面单产能力越来越大，在地质条件变化较大的矿井，综采工作面端头支架的选用、配套、布置方式等对增加采煤工作面产量、提高劳动生产率、降低成本、减轻工人的体力劳动和保证安全生产有着非常重要的作用。

从表 8-2 可以看出大采高端头支架的发展现状和技术特点：

（1）2005—2013 年开展大采高端头支架项目 39 个，含 48 种端头支架，包括两架一组端头支架 21 种，占总数的 43.75%；三架一组端头支架 24 种，占总数的 50%；单架式端头支架 3 种，占总数的 6.25%。

（2）所开发的端头支架在 32 个矿业集团或煤矿使用，且大采高工作面基本上都配有端头支架。

（3）所开发端头支架工作阻力与基本支架（中间架）相同的有 37 种，其中工作阻力大于 8000 kN 的有 36 种，工作阻力大于 10000 kN 的有 23 种。端头支架高度比中间支架低的有 19 种；端头支架高度多数为 4.5~5.5 m，与工作面中间架一样，多为掩护式。端头支架的控制方式包括电液控制和手动操作，其中电液控制有 23 种，手动操作有 16 种。端头支架在 6 架以上者有 25 种，占统计工作面的 69.4%。

表 8-2　2005—2013 年中煤北煤机公司开发的大采高（大于 4 m）端头支架

序　号	年　份	基本架型号	端头支架型号	端头支架控制系统	端头支架数量/架
1	2006	ZY8600/24/50	ZYT8600/24/45	手动操作	6
2	2006	ZY5600/20/42	ZYT5600/20/42	手动操作	
3	2006	ZY6800/19/40	ZYT6800/19/40	手动操作	
4	2006	ZY8000/24/50	ZYT8000/22/45	手动操作	
5	2006	ZY8640/23/55	ZYP8640/23/45A	手动操作	4
6	2007	ZY8000/24/50	ZYT8000/22/45	手动操作	4
7	2007	ZY10000/28/62D	ZYGT10000/26/55D	电液控制	9

表 8-2（续）

序 号	年 份	基本架型号	端头支架型号	端头支架控制系统	端头支架数量/架
8	2007	ZY8640/23/47	ZYT8640/23/47	手动操作	6
9	2007	ZZ9900/29.5/50	ZZT9900/29.5/50	手动操作	6
10	2008	ZY9000/25.5/55	ZYT12000/25/50D	电液控制	7
11	2008	ZY10800/28/63D	ZYT10800/28/55D	电液控制	4
12	2008	ZY12000/25/50D	ZYT12000/25/50D	电液控制	7
13	2008	ZY10000/28/62D	ZYGT10000/26/55D	电液控制	2
14	2009	ZY12000/28/63D	ZYT12000/28/55D	电液控制	6
15	2009	ZY9000/22/45D	ZYT9000/22/45D	电液控制	3
16	2009	ZY8600/24/48	ZYT8600/24/48	手动操作	6
17	2009	ZY6600/22/46	ZT10000/21/42	手动操作	1
18	2009	ZY6600/22/46	ZT6747/17/33	手动操作	1
19	2009	ZY10000/28/62D	ZYP10000/26/55D	电液控制	2
			ZYT10000/26/55D		7
20	2009	ZZ9000/29.5/40	ZZ9900/29.5/40	手动操作	6
21	2010	ZY12000/28/62D	ZY12000/28/62D	电液控制	6
22	2010	ZY10000/28/62D	ZYP10000/26/55D	电液控制	2
			ZYT10000/26/55D		7
23	2010	ZY12000/28/62D	ZYT12000/28/62D	电液控制	7
24	2010	ZY12000/28/62D	ZYT12000/28/62D	电液控制	6
25	2010	ZY12000/28/63D	ZY12000/28/55D	电液控制	9
26	2011	ZY13000/28/62D	ZYT13000/26/55D	电液控制	7
27	2011	ZY10000/27/60D	ZZD25000/25/50	手动操作	1
28	2011	ZY10000/24/48	ZY10000/24/48	手动操作	6
29	2012	ZY8600/22/45D	ZYT8600/22/45D	电液控制	2
30	2012	ZY11000/25/55D	ZYG11000/25/55D	电液控制	2
31	2012	ZY12000/28/58D	ZYT12000/26/55D	电液控制	11
32	2012	ZY12000/26/63D	ZYT12000/26/63D	电液控制	2
33	2012	ZY9000/20/40	ZYT9000/20/40	手动操作	6
34	2012	ZY9000/25.5/55D	ZYT9000/25.5/55D	电液控制	6
35	2012	ZY13000/28/62D	ZYT13000/26/55D	电液控制	9
36	2012	ZY13000/28/62D	ZYT13000/26/55D	电液控制	7
37	2013	ZY11000/25/50D	ZYT11000/25/50D	电液控制	7
38	2013	ZY8000/25/50	ZYT8000/25/50	手动操作	6
39	2013	ZY10000/22/45D	ZYT10000/22/45D	电液控制	2

总之，随着我国大采高综采技术的发展，端头支架发展越来越快，基本上大采高工作面均配置有端头支架，其特征是端头支架成组配备，与大采高中间架相匹配，工作阻力大，支撑高度高，架型先进，电液控制等，可促进工作面快速推进，加快开采强度，保证安全高产稳产。

第三节　大采高综采工作面端头支架的支护要求和设计原则

自 20 世纪 80 年代以来，我国研制了多种综采工作面端头支架。随着大采高液压支架技术的发展，我国 60% 以上大采高综采工作面均配有特种支架。随着综采技术的发展和工作面推进速度的加快，巷道断面尺寸加大，排头支架或过渡支架已变成不可缺少的设备，端头支架的普及率越来越高，其作用也越来越大。

一、工作面上下端头支护特点

端头支架与工作面过渡支架、排头支架、采煤机、输送机、转载机配套使用。端头支架的主要功能是支撑和控制顶板，隔离采空区，防止采空区矸石进入采煤工作面，自行移架，自动推拉工作面转载机，保证操作人员安全。端头支架的应用对增加采煤工作面产量，提高劳动生产率，降低成本，减轻工人的体力劳动和保证安全生产有非常重要的作用。

综采工作面端头根据回采巷道不同有上端头、下端头之分。

1. 工作面上端头

工作面上端头是指综采工作面与工作面回风巷的交汇处。工作面上端头支护要求具有以下几个特点：

（1）此处布置有刮板输送机机尾及其他一些附属设备，端头支护必须有利于这些设备的安全运行及综采工作面的正常推进。

（2）此处一般是工作面通风的回风口，为保证工作面安全生产，端头支护必须有足够的通风断面。

（3）此处是工作面工作人员的进出通道，又是事故多发地段，端头支护必须牢固可靠，以保证行人的绝对安全。

（4）此处是采煤机进刀打回头的地点，为减轻工人的劳动强度，提高劳动生产率，端头支护必须有利于采煤机自开切口。

（5）此处在综采工作面边缘，由于顶板一侧有煤柱支撑，有利于采空区呈三角区悬顶，且悬顶面积较大，因此不采用沿空留巷时端头支架应有较大的切顶能力。

2. 综采工作面下端头

综采工作面下端头是指综采工作面与工作面运输巷的交汇处。工作面下端头与上端头相比，区内布置设备更多，包括刮板输送机机头、转载机机尾等，因此下端头支护除应满足上端头支护要求外，还有以下几个特点：

（1）综采工作面下端头设备复杂，体积庞大，要求端头支架不仅要保证各种机电设备得到正常维护，而且有较大的无立柱空间，以保证此处设备的正常运转及顺利前移。

（2）端头支架不仅要保证刮板输送机机头及自身的顺利前移，而且要保证转载机及破碎机前移，因而对端头支架的推移力及拉架力有更高的要求。

总之，端头支架必须与综采工作面回采巷道机电设备配套，支护面积大，无立柱空间大，有护巷及护帮能力，系统转动灵活，推拉力满足要求，以保证设备的正常运转及工作面的推进要求。

二、大采高综采工作面端头支架设计原则

（1）端头支架应根据实际的矿压显现情况合理确定支护强度及立柱初撑力，特殊底板应最大限度地减小底板比压。

（2）应结合实际巷道断面及配套设备空间选取合适的架型，以维护巷道与工作面交叉口的顶板，为端头刮板输送机和转载机的连接提供条件，保证运输设备正常运转。应有足够的工作空间，保证工人生产安全及人行道顺利畅通。

（3）满足端头支架自移要求，并为刮板输送机的机头、机尾及转载机的前移提供动力。

（4）对于大倾角综采工作面，端头支架与工作面支架应紧靠，以防工作面支架倾倒。端头支架与转载机配合时应设计导向限位机构。

（5）综采工作面上下端头均为采煤机进刀打回头的地方，端头支架应为采煤机自开切口创造有利条件。

（6）随着综采工作面推进，工作面回风巷和运输巷的棚梁及棚腿要不断回收利用，端头支架应为棚梁和棚腿的回收创造有利条件。

（7）端头支架应能提高工作面端头的安全程度，减轻工人的劳动强度，提高劳动效率，为工人提供良好的工作环境。

第四节　大采高综采工作面端头支架设计

一、端头支架设计难点

（1）巷道宽度限制端头支架的结构，新建矿井与老矿井区别很大，新建矿巷道较宽，多数达到 5000 mm（机巷为 5400 mm，风巷为 5000 mm），容易布置端头支架。

（2）配套关系复杂。机头布置的设备多，相互关系复杂，附加件要求多；端头支架与过渡支架配合时要考虑搭接与防护问题；端头支架底座结构对软底、起伏底板的适应性较差。

（3）适应性差。端头支架顶梁适应异形或拱形的结构设计，且总体结构布置对其稳定性和支护能力有一定影响。

（4）端头支架的拉移千斤顶与推移梁、转载机等设备之间的推移关系复杂，并且对推移顺序有要求。

（5）端头支架防倒机构、调架机构、防护机构的设计强度较难确定。

（6）支护面积大，顶梁下无立柱空间大。

（7）通用性差，设计、制造工作量大。

（8）管理难度大，维护工作量大。

二、端头支架布置方式

大采高工作面端头支架发展迅速，形式多变，根据地质条件和配套设备情况主要有以下几种。

1. 无端头支架布置方式

运输巷顶板完整、锚索（或锚杆、架棚）支护、矿山压力小、工作面倾角小的综采工作面，可以不布置特殊端头支架，只采用普通液压支架作为端头支架使用。

运输巷顶板破碎、钢带锚网索（或锚网索、架棚）支护、矿山压力特别大、顶底板软、巷道极易变形、巷道断面小、不利于端头支架拉移的综采工作面，可以不布置端头支架。

2. 一架中置支护端头支架布置方式

运输巷顶板较稳定、底板较硬、锚网索（或锚索、架棚）支护、矿山压力不大、巷道易变形、巷道断面小的综采工作面，可以布置一架中置支护端头支架（图8-4）。端头支架全封底或不封底，转载机安装于端头支架底座中间。

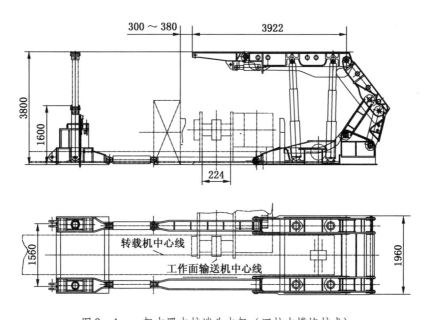

图8-4　一架中置支护端头支架（四柱支撑掩护式）

3. 两架一组支护端头支架布置方式

对于两架一组支护端头支架，顶梁调架机构的强度应充分加强，同时应考虑分体底座外侧的调整装置。

1）底座平齐式（转载机落地式）

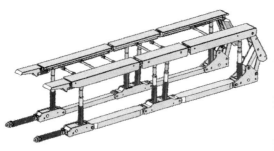

图 8-5 两架一组底座平齐式支护端头支架

综采工作面布置两架一组底座平齐式支护端头支架。端头支架底座平齐，转载机安装于两架端头支架中间（图 8-5）。

2）底座内伸式（转载机坐落在端头支架底座上）

运输巷顶板破碎、底板软、钢带锚网索（或锚网索、锚索、架棚）支护、矿山压力大的综采工作面，可以布置两架一组底座内伸式支护端头支架。端头支架底座内伸，转载机安装于两架端头支架中间的 L 形底板上，一般内伸板不搭接。

（1）优点。底板为半封底，迈步式移架比较灵活；对巷道断面变化的适应能力强。

（2）缺点。支架底板比压较大，底座容易扎底，与转载机的配合差；前架推进时容易使两组支架底座分开，需随时调整；各主体结构件的宽度较小，对其安全系数应充分考虑。

4. 两架一主一副偏置支护端头支架布置方式

运输巷顶板破碎、底板较软、钢带锚网索（或锚网索、锚索、架棚）支护、矿山压力大、巷道断面较小的综采工作面，可以布置两架一主一副偏置支护端头支架（图8-6）。

副端头支架较窄，主端头支架较宽且全封底，靠近工作面煤壁安装，转载机安装于主端头支架底座中间。

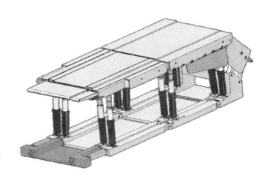

图 8-6 两架一主一副偏置支护端头支架

5. 两架一组前后架端头支架布置方式

对于两架一组前后架端头支架（图 8-7），整架的稳定性应充分考虑，后架端头支架的强度及支护能力是设计重点。

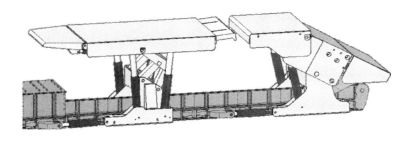

图 8-7 两架一组前后架端头支架

（1）优点。底板为全封底，比压较小，对软底适应能力较强，对底鼓有一定的抑制作用；能适应较窄的巷道断面，与转载机的配合紧凑。

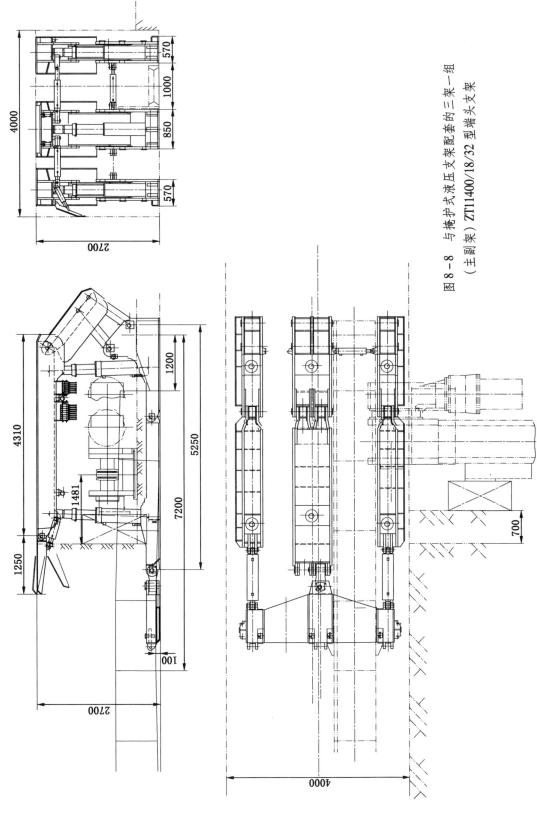

图 8 - 8　与掩护式液压支架配套的三架一组
（主副架）ZT11400/18/32 型端头支架

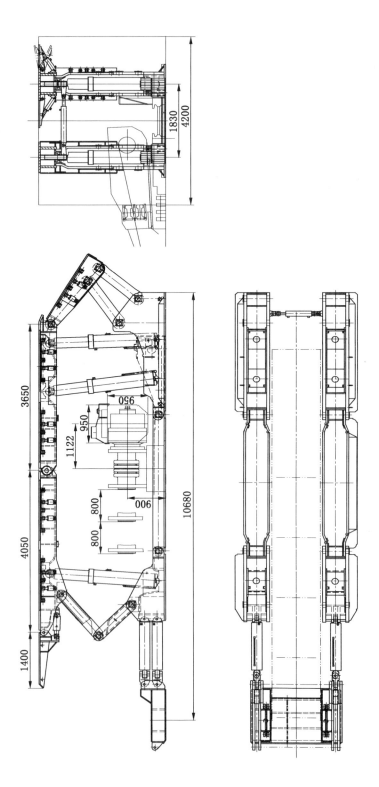

图 8－9　与掩护式液压支架配套的三架一组 ZT14000/22/35 型端头支架

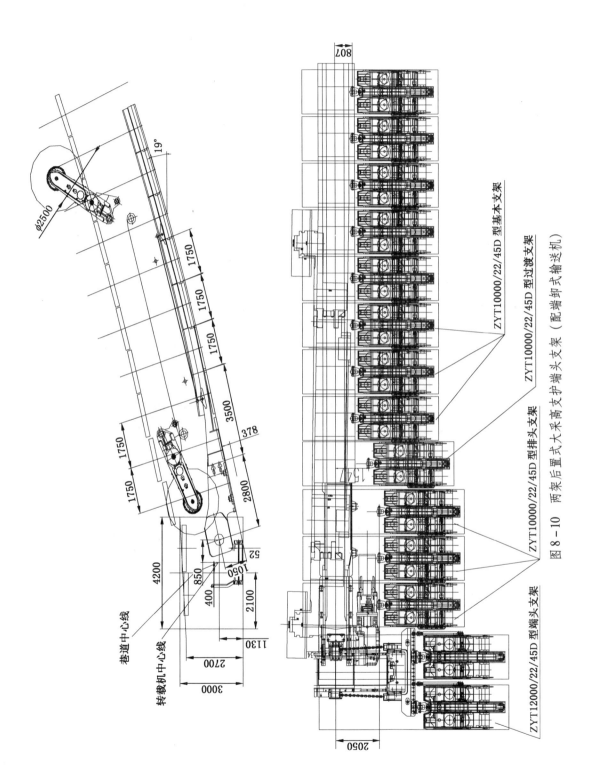

图 8-10 两架后置式大采高支护端头支架（配端卸式输送机）

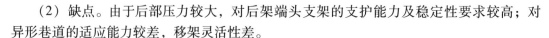

（2）缺点。由于后部压力较大，对后架端头支架的支护能力及稳定性要求较高；对异形巷道的适应能力较差，移架灵活性差。

6. 三架一组中置支护端头支架布置方式

运输巷顶板破碎、底板较软、钢带锚网索（或锚网索、锚索、架棚）支护、矿山压力较大、巷道断面较小的综采工作面，可以布置三架一组中置支护端头支架。中间端头支架较宽且全封底，转载机安装于中间端头支架的凹槽内，两侧各安装一架较窄的端头支架。

与掩护式液压支架配套的三架一组（主副架）ZT11400/18/32 型端头支架如图 8 – 8 所示，与掩护式液压支架配套的三架一组 ZT14000/22/35 型端头支架如图 8 – 9 所示。

7. 两架或三架支护端头支架布置方式

综采工作面运输巷可以布置两架或三架滞后支护端头（排头）支架（图 8 – 10 ~ 图 8 – 13），并完善后置式工作面端头（排头）支架、过渡支架的布置方式。

保证工作面上下出口的支护，过渡支架顶梁长度与基本支架顶梁长度一致，端头（排头）支架顶梁伸缩梁伸出长度与基本支架顶梁长度一致；转载机安装于端头支架前；改进端头支架推移梁，使其与转载机机尾限位；增加端头（排头）支架两侧的辅助推移千斤顶，提高端头（排头）支架拉移推移梁支点的稳定性。

支架配套方面尽可能缩小支架立柱与刮板输送机之间的距离（掩护式液压支架保证

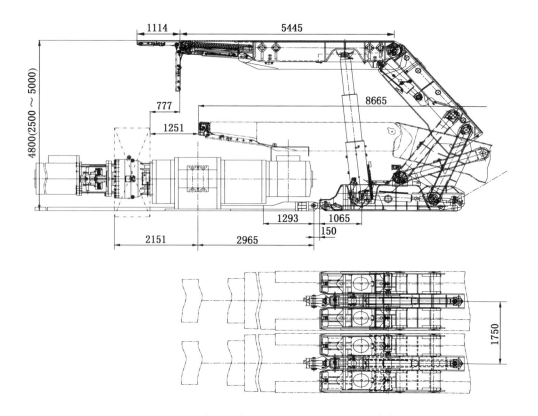

图 8 – 11　两架后置式 ZY12000/25/50D 型端头支架

立柱前行人空间，端头支架、过渡支架保证立柱前行人及检修空间），缩短其顶梁长度，尤其端头支架、过渡支架要缩短推移梁长度，缩小其滞后基本支架距离，以减小其压力。

机尾布置顶梁加长型排头支架，排头支架顶梁伸缩梁伸出长度与基本支架顶梁长度一致。

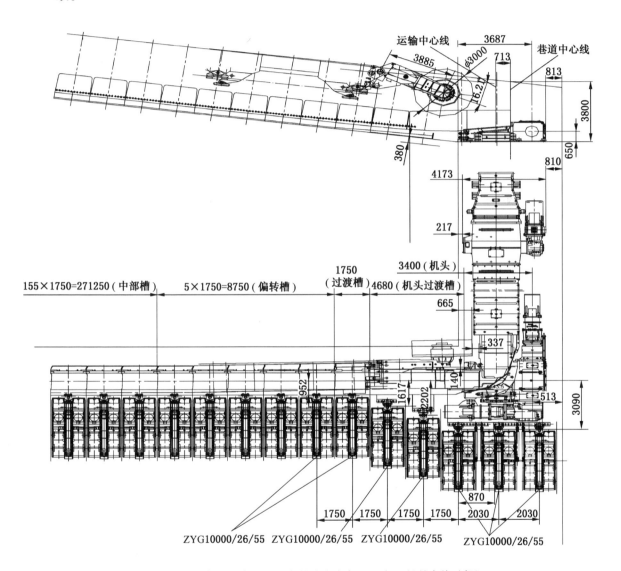

图 8-12 三架后置式大采高支护端头支架（配交叉侧斜式输送机）

8. 异形巷道端头支护端头支架布置方式

异形巷道端头支架高度设计适当，不大于运输巷高度 0.5 m，保证其处于合理的工作状态，巷道出现高顶时应采用刹顶、顶梁加垫等措施处理；对于斜梯异形巷道，端头支架顶梁（尤其是顶梁较宽的支架）可设计为旋转式，旋转顶梁应增加纵向三角棱，以防止其顶梁横向变位倾倒。

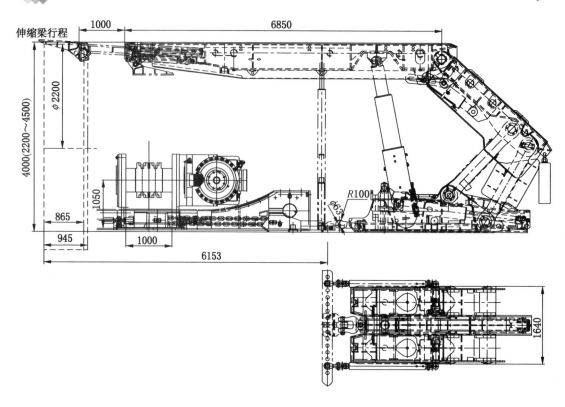

图 8-13 三架后置式 ZY12000/26/50D 型端头支架

常见典型异形巷道形状如图 8-14 所示,异形巷道端头支护端头支架如图 8-15 所示。

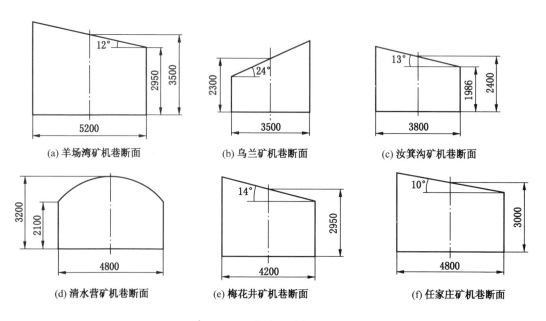

(a) 羊场湾矿机巷断面 (b) 乌兰矿机巷断面 (c) 汝箕沟矿机巷断面

(d) 清水营矿机巷断面 (e) 梅花井矿机巷断面 (f) 任家庄矿机巷断面

图 8-14 典型异形巷道形状

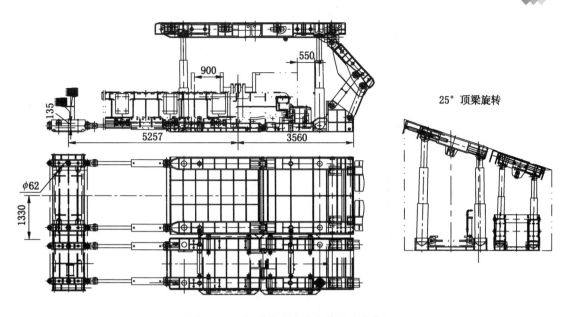

图 8-15　异形巷道端头支护端头支架

9. 超前支护 + 端头支架布置方式

　　回采巷道顶板破碎、底板软、锚网索支护、矿山压力小的综采工作面，可以采用超前支护 + 端头支架布置方式。可以是一架中置超前支护 + 异形巷道端头支架布置方式(图8 - 16)，也可以是两架迈步中置超前支护 + 端头支架布置方式（图8 - 17），且超前支护长度根据具体情况可安装几架或多架超前支护。因超前支护易将顶板压力重新分布，造成顶板更加破碎，人为增大巷道矿山压力，且顶板"网包"落在两架之间难以处理，超前支护 + 端头支架布置方式应该专门研究，在合适地质条件下才选用。

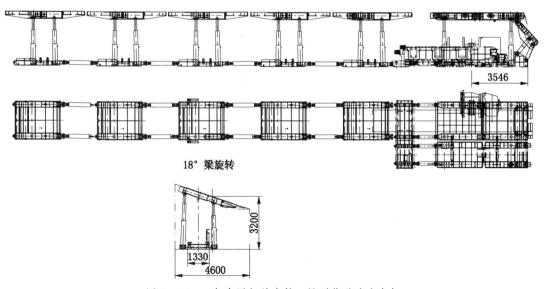

图 8-16　一架中置超前支护 + 异形巷道端头支架

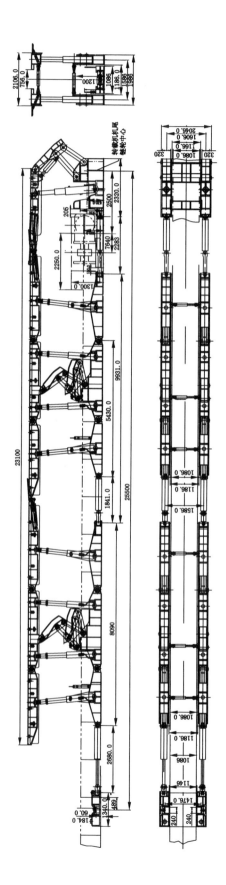

图 8 - 17　两架迈步中置超前支护 + 端头支架

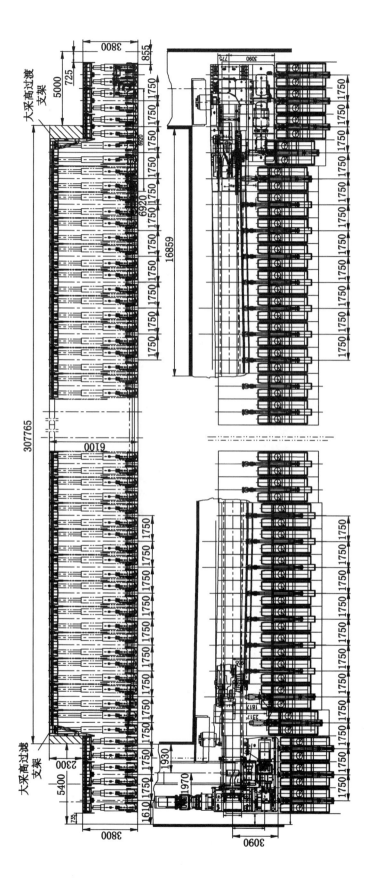

图 8-18 大落差大采高端头支架

10. 大落差大采高端头支架布置方式

近水平大采高工作面为减少两端过渡区域丢煤，在煤层硬度、矿山压力许可的条件下可用台阶式布置方式开采，并采用大落差大采高端头支架支护，如图 8 - 18 所示。即过渡支架高度与工作面支架一致，第一架过渡支架侧护梁加长、加高，掩护至端头侧护。

11. 大采高放顶煤端头支架布置方式

为解决大采高综采放顶煤工作面运输巷后部刮板输送机处的支护问题，综采放顶煤端头支架设计较长，一般采用及时支护端头支架布置方式。

第五节　大采高端头支架合理支护强度和参数的确定

一、端头支架合理支护强度的确定

端头支架支护强度与采煤工作面支架一样，主要取决于顶板压力，但其所处位置及支撑条件不同于采煤工作面支架。从矿压实测来看，端头支架支护强度低于采煤工作面支架，且与采煤工作面顶板压力分布规律有关。因此，研究端头支架支护强度时，应从分析沿采煤工作面长度方向矿压分布入手。

1. 沿综采工作面长度方向矿压分布规律

1）沿综采工作面长度方向支护强度分布

由图 8 - 19 和表 8 - 3 可知，如以长 120 m 左右的综采工作面为例，沿综采工作面长度方向上下 30 m 区段内支护强度均小于综采工作面中段的支护强度，越靠近端头，支护强度越小。综采工作面上下 30 m 区段内支护强度仅为全综采工作面支护强度平均值的80%，而综采工作面中段支护强度为全综采工作面支护强度平均值的 114.2%。

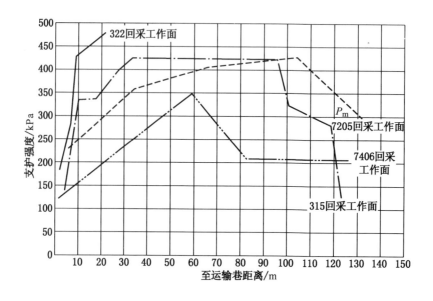

图 8 - 19　支护强度沿综采工作面长度方向的分布

表 8-3　实测支护强度沿综采工作面长度方向分布

综采工作面	顶板分类	项目	全综采工作面支护强度/kPa	综采工作面上下30m区段内				综采工作面中段	
				支护强度/kPa	下区段与中段之比/%	支护强度/kPa	上区段与中段之比/%	支护强度/kPa	与全综采工作面支护强度之比/%
柴里315	II₂	平均	315	261	63.5	241	58.7	411	130.5
		最大	646					631	97.7
邢台7205	II₂	平均	344	288	71.8	373	93	401	116.6
		最大	580	500	77.1	626	96.5	649	112.0
姚桥7406	II₂	平均	280	174	50.7	217	62.2	349	124.6
		最大							
柴里322	III₂	平均	429	353	82.3			401	93.5
		最大	631	577	90.7			631	100
平均	与全综采工作面支护强度之比/%		342	269	78.7	277	81.0	390.5	114.2
	平均			80					
平均	与中段支护强度之比/%			269	68.9	277	70.9		
	平均			70					

　　综采工作面上下 30 m 区段内支护强度为综采工作面中段支护强度的 70%，也就是说，综采工作面上下 30 m 区段内支架所受顶板平均压力比综采工作面中段低 30% 左右。从端头支架与工作面支架支护强度对照表（表 8-4）可以看出：绝大多数端头支架的支护强度为与之配套的工作面支架支护强度的 60% ~ 80%，只有少数端头支架的支护强度接近或大于与之配套的工作面支架的支护强度。

　　端头支架的工作阻力是由端头支架的支护强度和支护面积所决定的。

表 8-4　端头支架与工作面支架支护强度对照

端头支架型号	支护强度/MPa	工作阻力/kN	工作面支架型号	支护强度/MPa	工作阻力/kN	端头支架与工作面支架支护强度之比/%
ZTZ12800/16/30	0.66	12800	ZY6600/13/25	0.84	6600	78.6
ZTP7500/18/36	0.37	7500	ZZP4200/17/35	0.68	4200	54.4
ZTP7450/18.5/35	0.52	7450	ZZ4000/18/38	0.70	4000	74.3
ZT4420/18.5/35	0.37	4420	ZY2000/14/31	0.50	2000	74
ZTZ8000/17/35	0.56	8000	ZY3200/19/40	0.63	3200	88.9
ZTZ14000/25/47	0.59	14000	ZZ5600/25/47	0.90	5600	65.6

表 8-4（续）

端头支架型号	支护强度/MPa	工作阻力/kN	工作面支架型号	支护强度/MPa	工作阻力/kN	端头支架与工作面支架支护强度之比/%
ZTP5400/17/35	0.57	5000	ZZP5400/17/35	0.83	5400	68.7
ZTZ19200/19/30	0.76	19200	ZFH4400/17/28	0.67	4400	113.4
ZTF11500/22/32	0.47	11500	ZF3200/17/28	0.46	3200	102.2
ZTZ14000/25/47	0.58	14000	ZZ6000/25/50	0.89	6000	65.2

2）沿综采工作面长度方向支架与围岩工作状态分布

支架压死及安全阀开启在一定程度上也可以反映顶板压力大小或支架支撑能力。由表 8-5 可知：综采工作面中段支架压死率比上下段高 3 倍，综采工作面中段安全阀开启率比上下段高 2.5~10 倍。

表 8-5 柴里 321 综采工作面支架工作状态统计

分 段	支 架 压 死		安 全 阀 开 启		采空区悬顶宽度/m	挡矸帘损坏率/%
	架	%	架	%		
下段（1~16 架）	2	16.7	1	6.7	5.6	31.3
中段（17~32 架）	8	66.6	11	73.3	1.2	62.5
上段（33~47 架）	2	16.7	3	20	2.4	46.7
全综采工作面	12	100	15	100	2.95	46.8

由于沿综采工作面长度方向上、中、下段支撑条件不同，当顶板稳定时上下段采空区内悬顶宽度一般大于中段，中段采空区内垮落充分，因此中段支架受载比上下段均匀。由于破碎岩块的冲击和水平剪切力的作用，挡矸帘损坏率还是综采工作面中段高于上、下两个区段。

煤壁片帮深度、顶板垮落高度和顶板破碎度都是反映液压支架综采工作面端面顶板稳定程度的指标。由表 8-6 可知：综采工作面中段的煤壁片帮深度、顶板垮落高度和顶板破碎度高于上下段。

表 8-6 综采工作面围岩变形状态统计

位 置	邢台 7205		范 各 庄 1370					
	煤壁片帮位置/架	煤壁片帮深度/mm	煤壁片帮位置/架	煤壁片帮深度/mm	顶板垮落位置/架	顶板垮落高度/mm	顶板破碎位置/架	顶板破碎率/%
下 段	1~25	128.95	1~20	240.8	1~20	243.6	1~20	40.9
中 段	26~55	548.29	21~40	451.4	21~40	495.8	21~40	44.0
上 段	56~89	264.16	41~60	565.7	41~60	210.0	41~60	20.3
全综采工作面	1~89	290.83	1~60	400.8	1~60	316.3	1~60	35.6

2. 根据矿压观测结果确定端头支架合理支护强度

当前端头支架支护强度与综采工作面支架一样，设计支护强度偏大。据统计，中煤北煤机公司设计的端头支架支护阻力比支撑掩护式液压支架高 12%，但因支护面积比支撑掩护式液压支架大 59%，所以支护强度比支撑掩护式液压支架低 4.2%。尽管端头支架设计符合支架支护强度低，支护面积大的要求，但端头支架支护强度平均值仅为综采工作面中部支架支护强度的 48.3%（表 8 – 3），原因是：①端头一侧有煤柱支撑，条件比中段好，作用在支架上的顶板压力小；②端头支架支护面积大，所以在满足支护面积和切顶要求的前提下，端头支架支护强度可比综采工作面中部支架降低一半。但端头支架应合理布置支柱，使其既能保证支架不脱离顶板，又能灵活机动地移动支架，以便端头支架始终能保持较大的支护面积。

3. 根据综采工作面端头顶板"弧三角形悬板"结构确定端头支架支护强度

实践证明：只要综采工作面端头顶板岩层具有一定的强度和分层厚度，就可能形成"弧三角形悬板"结构。这种结构的破坏形式与综采工作面内的"梁"结构破坏形式不相同，"梁"的破坏一般随综采工作面推进呈周期性折断、失稳，而"弧三角形悬板"的破断则起始于两端最大弯矩处，并沿着弧形主应力线方向扩展，形成"悬板"随综采工作面推进而不断前移，因此没有明显的周期来压特征，仅表现为综采工作面后方某一位置的顶板强烈沉降。在综采工作面端头"弧三角形悬板"下顶板可以得到该结构的保护，一般不会出现台阶下沉、切落顶板等来压形式，所以只要"弧三角形悬板"稳定存在，综采工作面端头维护条件将好于中部。但在不易形成"弧三角形悬板"结构的顶板条件下，综采工作面端头得不到该结构的保护，维护较困难。

除此以外，由于原生裂隙或采动裂隙的影响，支承煤体、煤柱的片帮失稳，或者顶板岩层产生离层，都可能引起"弧三角形悬板"突然破坏，使综采工作面端头发生意外事故。

根据上述综采工作面端头矿压显现的主要特征，可见端头支护作用有：

（1）支撑不能形成稳定"弧三角形悬板"的直接顶板。

（2）给予"弧三角形悬板"一定的支撑力，增加其稳定性。

（3）当"弧三角形悬板"突然破坏时，支架能支撑"弧三角形悬板"的载荷，并能经受由此引起的冲击，所以端头支架支护强度为

$$P = \gamma' h' + k\gamma h$$

式中　γ——形成稳定的"弧三角形悬板"岩层容重；

　　　h——形成稳定的"弧三角形悬板"岩层厚度；

　　　γ'——"弧三角形悬板"下位岩层的平均容重；

　　　h'——"弧三角形悬"下位岩层的总厚度；

　　　k——系数，一般取 2～4。

二、端头支架布置方式及参数选择

端头支架布置方式有中置式和偏置式之分，两者区别主要表现在运输巷的端头支架上。在此，主要分析运输巷端头支架布置方式及其发展。

1. 运输巷端头支架布置方式及其发展趋势

转载机中心线与运输巷中心线重合的布置方式称为中置式（图 8 - 20a）。转载机中心线与运输巷中心线不重合的布置方式称为偏置式（图 8 - 20b）。

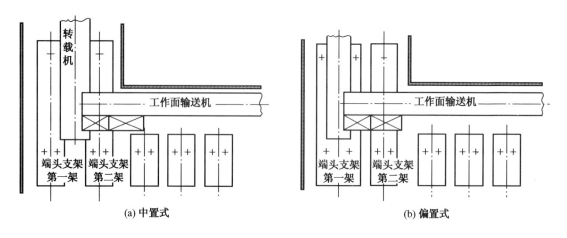

(a) 中置式　　　　　　　　　　　　　(b) 偏置式

图 8 - 20　端头支架布置方式

中置式布置将转载机布置在两架端头支架中间，这样两架端头支架可设计成左右对称形式，两架支架的几何尺寸和重量都相近，此时前端推移装置也容易布置，因此推转载机和移架都较顺利。但由于转载机布置在运输巷中心线上，不仅直接对运输巷同时摆放变电列车、泵站的工作面产生不良影响，而且在一些回采巷道宽度较小的工作面，人员通过困难。

偏置式布置将转载机放在靠运输巷外帮一侧，这样运输巷另一侧就有很多空间摆放变电列车和泵站等，人员通过也很顺利。但这时转载机放在靠运输巷外帮一侧的端头支架中间，该支架宽度就要加大，相邻端头支架宽度就要减小，两架端头支架的几何尺寸和重量相差很大，且推移装置通常设计成移步横梁式，这就导致移架困难。

偏置式端头支架的弱点限制了其推广使用，而对中置式端头支架的弱点，一些企业采取下列方法予以克服。例如，潞安集团王庄矿将变电列车及泵站放在转载机的中部槽托架上（图 8 - 21a）；铁法煤业（集团）晓南矿将泵站放在沿回采巷道向前约 40 m 处的硐室内（图 8 - 21b）；大隆矿加大回采巷道宽度，使转载机中心线偏离回采巷道中心线（图 8 - 21c）；潞安集团五阳矿利用转载机的间隙使其槽帮一侧弯曲（图 8 - 21d）。

2. 端头支架参数选择

1）端头支架高度、宽度的选择原则

端头支架高度应视回采巷道高度、顶板可能垮落高度及支架最小卸载高度而定，同时尽量使端头支架与工作面支架的结构件、液压件等可以互换。如端头支架掩护梁、连杆和立柱等与工作面支架相同，则端头支架高度、宽度和工作面支架基本相同。如工作面采高大而回采巷道高度小，工作面采用大采高支架，而回采巷道安装矮端头支架，此时不管回采巷道留顶煤还是留底煤，都会给端头支架与排头支架衔接带来困难。如果留顶煤，则排

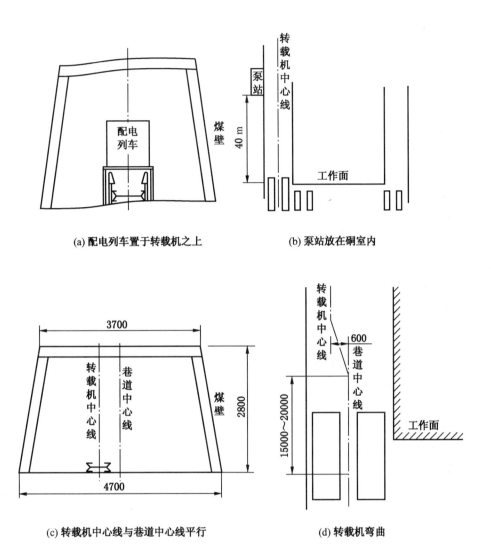

(a) 配电列车置于转载机之上　　　　(b) 泵站放在硐室内

(c) 转载机中心线与巷道中心线平行　　　(d) 转载机弯曲

图 8-21　中置式端头支架布置方式

头支架要在靠端头支架一侧加大侧护板,以其维护回采巷道顶煤,防止碎煤窜入回采空间;如果留底煤,则工作面输送机两端上翘会丢失三角煤。为了减少三角煤损失,要求采煤机增加卧底量,但会给自开切口带来不便。

此外,为适应回采巷道宽度,保证端头支架顺利前移,端头支架前探梁常设计成前窄后宽的楔形,伸入回采巷道内保证两侧有 200 mm 间隙。

2) 端头支架拉架力和推转载机力的选定原则

端头支架构件都比较大,整架较长,而且较重,一般每架质量大于 15 t,加之回采巷道顶底板不平,浮煤、浮矸及设备间阻力和支架脱顶影响等,端头支架拉架力宜大不宜小。DW_1 型端头支架拉架力为 471 kN,推转载机力为 1256 kN。

— 213 —

第六节 典型大采高特种支架

一、综采工作面配置

1. 工作面长度

倾斜宽度为 320 m。

2. 回采巷道尺寸

（1）运输巷：沿 2 号顶板布置，矩形断面宽 5400 mm，高 3500 mm。

（2）回风巷：沿 2 号顶板布置，矩形断面宽 4600 mm，高 3800 mm。

3. 设备布置

（1）刮板输送机机头有两台 855 kW 电动机，其中一台垂直布置，另一台平行布置。

（2）刮板输送机机尾有一台 855 kW 电动机，平行布置。

（3）运输巷第 1~3 架为端头支架，第 4~8 架为过渡支架，从第 9 架开始为中间支架。

（4）回风巷倒数第 1~3 架为端头支架，倒数第 4~8 架为过渡支架，从倒数第 9 架开始为中间支架。

（5）满足转载机中心线距割透煤体的最小距离（配套确定）。

（6）设备到上下帮的最小安全距离为 700 mm。

（7）支架动作顺序为机头端头支架、机头过渡支架、中间支架，机尾端头支架与中间普通支架同步。

4. 工作面配套设备

工作面配套设备见表 8-7。

表 8-7 工作面配套设备

名 称	型 号	数量	特 点
中间支架	ZY10000/28/62D	150	工作面斜宽 320 m，数量有富余
过渡支架	ZYG10000/26/55D	10	运输巷和回风巷各 5 架
端头支架	ZYT10000/26/55D	6	顶梁比工作面支架长，并带防倒防滑装置；首尾架均带侧护壁装置和防进矸装置。运输巷和回风巷各 3 架
过滤站	高压过滤站	1	用于泵站出口处
过滤器	手动反冲洗过滤器	166	
采煤机	MG900/2210-GWD	1	截深为 865 mm
刮板输送机	SGZ1250/3×855	1	3 台电动机，其中一台电动机垂直布置，两台电动机平行布置
转载机		1	
破碎机		1	
乳化液泵		1	四泵两箱
喷雾泵		1	三泵两箱
控制系统	天玛	166	支架可实现全自动电液控制；采煤机、输送机全自动控制；泵站可根据流量需要自动控制

5．开采方式

采用综合机械化长壁采煤法，顶板控制采用全部垮落法，工作面走向长 1800～2500 m，倾斜宽度为 320 m，目前首采工作面按走向长度为 1730 m、倾斜长度为 320 m 考虑设备参数。

6．巷道断面

运输巷宽为 5400 mm，高为 3500 mm；回风巷宽为 4600 mm，高为 3800 mm。均为矩形断面。

二、支架的主要参数及对比

1．中间支架

ZY10000/28/62D 型掩护式液压支架如图 8－22 所示，支架主要技术参数见表 8－8。

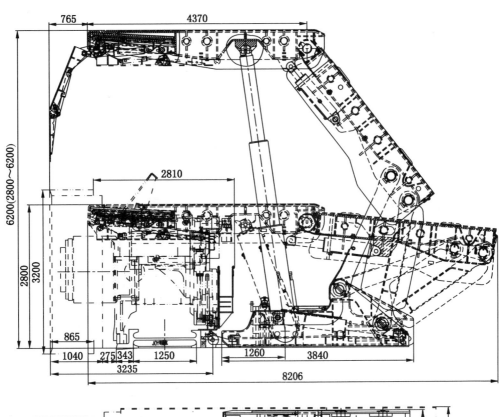
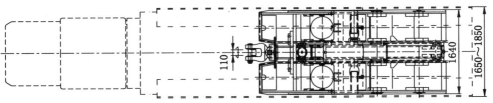

图 8－22　ZY10000/28/62D 型掩护式液压支架

表 8-8　ZY10000/28/62D 型掩护式液压支架主要技术参数

序号	项　目	技 术 参 数	
1	形式	两柱掩护式	
2	适应工作面的倾角/(°)	纵向适应倾角为 0~16，横向适应倾角为 0~18	
3	支护高度/mm	展开高度为 6200，收缩高度为 2800	
4	额定工作阻力/kN	10000 （$p = 39.8$ MPa）	
5	初撑力/kN	7917 （$p = 31.5$ MPa）	
6	初撑力与额定工作阻力比/%	79.17	
7	平均支护强度/MPa	1.03~1.06 （支护高度为 3.5~6.0 m）	
8	底座宽度/mm	1640	
9	平均对地比压/MPa	1.9~2.18	
10	支架中心距/mm	1750	
11	支架宽度/mm	最大为 1850，最小为 1650	
12	外形尺寸（整体）/(mm × mm × mm)	8230 × 1650 × 2800	
	重心位置到底座前端的距离/mm	1749	
13	总质量/t	约 42.28	
14	工作寿命（循环次数）/次	40000	
15	移架速度	每台支架完成一个工作循环时间	小于 8 s
		采煤机与支架联动，成组拉架时 8 台支架一组，4 台支架同时拉架，完成一个工作循环时间（具有擦顶移架功能）	12.5 s
16	人行道宽度/mm	立柱后为 605，立柱前为 398（拉完支架后）	
17	推移步距/千斤顶行程/mm	865/960	
18	推溜力/拉架力/kN	505/990	
19	两立柱中心距/mm	960	
20	顶梁长度/mm	4715	
21	护帮高度（一级 + 二级）/宽度/mm	2700/1380	
22	梁端距变化范围/mm	722~776	
23	立柱在额定工作阻力下的安全系数	2.5	

2. 过渡支架

ZYG10000/26/55D 型掩护式过渡支架如图 8 – 23 所示，支架主要技术参数见表 8 – 9。

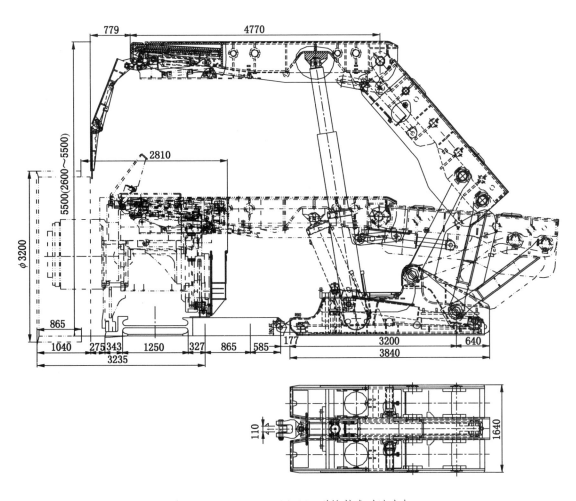

图 8 – 23　ZYG10000/26/55D 型掩护式过渡支架

表 8 – 9　ZYG10000/26/55D 型掩护式过渡支架主要技术参数

序号	项　　目	技 术 参 数
1	形式	两柱掩护式
2	适应工作面的倾角/(°)	纵向适应倾角为 0 ~ 16，横向适应倾角为 0 ~ 18
3	支护高度/mm	展开高度为 5500，收缩高度为 2600
4	额定工作阻力/kN	10000($p = 39.8$ MPa)
5	初撑力/kN	7917($p = 31.5$ MPa)

表8-9（续）

序号	项　　目	技　术　参　数	
6	初撑力与额定工作阻力比/%	79.17	
7	平均支护强度/MPa	1.03~1.06（支护高度为3.0~5.3 m）	
8	底座宽度/mm	1640	
9	平均对地比压/MPa	1.87~2.14	
10	支架中心距/mm	1750	
11	支架宽度/mm	1650~1850	
12	外形尺寸（整体）/(mm×mm×mm)	8409×1650×2600	
	重心位置到底座前端的距离/mm	1509	
13	总质量/t	约42.65	
14	工作寿命（循环次数）/次	40000	
15	移架速度	每台支架完成一个工作循环时间	小于8 s
		采煤机与支架联动，成组拉架时8台支架一组，4台支架同时拉架，完成一个工作循环时间（具有擦顶移架功能）	12.5 s
16	人行道宽度/mm	立柱后为605，立柱前为398（拉完支架后）	
17	推移步距/千斤顶行程/mm	865/960	
18	推溜力/拉架力/kN	505/909	
19	两立柱中心距/mm	960	
20	顶梁长度/mm	4770	
21	护帮高度（一级+二级）/宽度/mm	2800/1380	
22	梁端距变化范围/mm	595~680	
23	立柱在额定工作阻力下的安全系数	2.5	

3. 排头支架

即靠近端头的过渡支架，如图8-24所示。其主要参数同过渡支架。

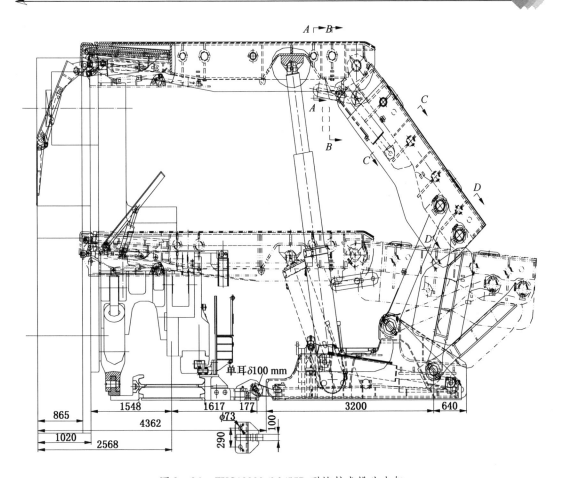

图 8 - 24　ZYG10000/26/55D 型掩护式排头支架

4. 端头支架

ZYT10000/26/55D 型掩护式端头支架如图 8 - 25 所示，支架主要技术参数见表 8 - 10。

表 8 - 10　ZYT10000/26/55D 型掩护式端头支架主要技术参数

序号	项　目	技　术　参　数
1	形式	两柱掩护式
2	适应工作面的倾角/(°)	纵向适应倾角为 0 ~ 16，横向适应倾角为 0 ~ 18
3	支护高度/mm	展开高度为 5500，收缩高度为 2600
4	额定工作阻力/kN	10000（$p = 39.8$ MPa）
5	初撑力/kN	7917（$p = 31.5$ MPa）
6	初撑力与额定工作阻力比/%	79.17
7	平均支护强度/MPa	1.03 ~ 1.06（支护高度为 3.0 ~ 5.3 m）

表 8 - 10 (续)

序号	项 目	技 术 参 数	
8	底座宽度/mm	1640	
9	平均对地比压/MPa	1.83 ~ 2.11	
10	支架中心距/mm	1750	
11	支架宽度/mm	1650 ~ 1850	
12	外形尺寸（整体）/(mm × mm × mm)	8909 × 1650 × 2600	
	重心位置到底座前端的距离/mm	1309	
13	总质量/t	48.155	
14	工作寿命（循环次数）/次	40000	
15	移架速度	每台支架完成一个工作循环时间	小于 8 s
		采煤机与支架联动，成组拉架时，8 台支架一组 4 台支架同时拉架，完成一个工作循环时间（具有擦顶移架功能）	12.5 s
16	人行道宽度/mm	立柱后为 605，立柱前为 398（拉完支架后）	
17	推移步距/千斤顶行程/mm	865/960	
18	推溜力/拉架力/kN	675/1309	
19	两立柱中心距/mm	960	
20	顶梁长度/mm	5200	
21	护帮高度（一级 + 二级）/宽度/mm	2800/1380	
22	梁端距变化范围/mm	595 ~ 680	
23	立柱在额定工作阻力下的安全系数	2.5	

对比表 8 - 8 ~ 表 8 - 10 可知：

（1）4 种支架支护高度不同，中间支架为 2800 ~ 6200 mm；过渡支架、排头支架、端头支架为 2600 ~ 5500 mm。

（2）4 种支架平均对地比压不同，中间支架为 1.9 ~ 2.18 MPa；过渡支架和排头支架为 1.87 ~ 2.14 MPa，端头支架为 1.83 ~ 2.11 MPa。

（3）4 种支架外形尺寸不同，中间支架为 8230 mm × 1650 mm × 2800 mm，过渡支架、排头支架为 8409 mm × 1650 mm × 2600 mm，端头支架为 8909 mm × 1650 mm × 2600 mm。

（4）4 种支架重心位置到底座前端的距离不同，中间支架为 1749 mm，过渡支架和排头支架为 1509 mm，端头支架为 1309 mm。

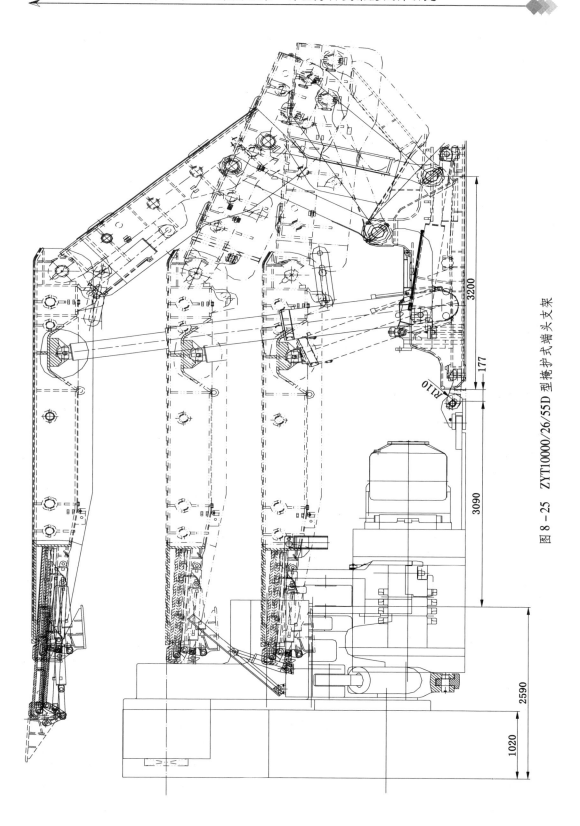

图 8 - 25　ZYT10000/26/55D 型掩护式端头支架

（5）4 种支架总质量不同，中间支架约为 42.28 t，过渡支架和排头支架为 42.65 t，端头支架为 48.155 t。

（6）4 种支架推溜力/拉架力不同，中间支架为 505/990 kN，过渡支架和排头支架为 505/909 kN，端头支架为 675/1309 kN。

（7）4 种支架顶梁长度不同，中间支架为 4715 mm，过渡支架为 4770 mm，排头支架为 5670 mm，端头支架为 5200 mm。

（8）4 种支架护帮高度/宽度不同，中间支架为 2700/1380 mm，过渡支架、排头支架和端头支架为 2800/1380 mm。

（9）4 种支架梁端距变化范围不同，中间支架为 722～776 mm，过渡支架、排头支架和端头支架为 595/680 mm。

三、ZY10000/26/62D 型掩护式液压支架技术说明

（1）支架形式。两柱掩护式。

（2）工作面布置 6 架端头支架，机头、机尾各 3 架，端头支架能完全互换使用；布置 10 架过渡支架，机头、机尾各 5 架；端头支架和过渡支架的最低高度为 2600 mm，最高高度为 5500 mm；端头支架推移油缸与中间支架形式、结构相同（缸径不同），机头、机尾端头支架可以互换。

（3）最小支护高度为 2800 mm，最大支护高度为 6200 mm。

（4）端头支架、过渡支架和中间支架的中心距均为 1750 mm。顶梁和掩护梁两侧均带有双侧活动侧护板，能适应左右工作面的需要，通过侧推油缸调节，可使梁体宽度在 1650～1850 mm 范围内变化。

（5）支架能适应俯采及仰采工作面。

（6）支架底座对底板的最大压力前端为 2.0 MPa，支架的额定工作阻力为 10000 kN，最大支护强度为 1.06 MPa。

（7）整套支架的主要结构件采用屈服应力不小于 680 N/mm^2、抗拉强度不小于 750 N/mm^2 的 Q690 高强度钢材制造。主要销轴材料为 35CrMnSiA，屈服强度不小于 800 N/mm^2，抗拉强度不小于 1000 N/mm^2。立柱采用屈服应力不小于 680 N/mm^2、抗拉强度不小于 760 N/mm^2 的 27SiMn 钢材制造。主要结构件强度满足工作阻力为 10800 kN 时的长时工作条件。

结构件间孔轴配合间隙不大于 1 mm，四连杆机构的孔轴间隙不大于 0.85 mm。主要结构件强度按 12000 kN 的工作阻力进行校核，为确保立柱中缸的设计强度，选用 27SiMnA 钢材。

（8）端头支架、过渡支架和中间支架的立柱采用 ϕ400 mm 的双伸缩立柱，立柱与底座窝加设弹性填充物，用阻燃带弹性的塑胶填充物把立柱下柱窝处的空隙填满。

（9）端头支架、过渡支架和中间支架的每个立柱配有大流量（1000 L/min）安全阀，并加保护套。平衡油缸上下腔配有进口的 250 L/min 的安全阀，能满足使用要求。

（10）支架推移千斤顶的行程为 960 mm，能确保有效推移步距（865 mm）。推移装置的移架和推溜力能满足走向 8°～16°生产条件的要求，连接头与输送机的横销采用半环卡

箍固定结构，连接头相对于支架能左右偏转10°，可提高支架对输送机上下窜动的适应能力。底座中间档的后部封板靠后，当推移杆伸出时能方便拆除推移千斤顶。

（11）端头支架、过渡支架和中间支架均设有提底油缸，底座下陷移架困难时能将底座前端抬起超过100 mm而顺利移架。底座设有辅助推移装置的安装位置，可根据现场实际情况安装；顶梁设有辅助支撑的安装位置，如图8-26所示。

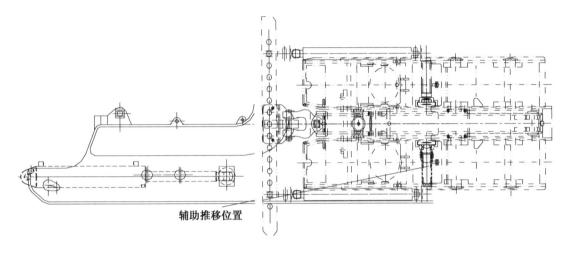

辅助推移位置

图8-26　底座上辅助推移装置安装位置

（12）端头支架、过渡支架和中间支架的一级和二级护帮油缸均设有双向锁和节流堵。

（13）设计平衡油缸安全阀流量为250 L/min，在安全阀上配有泄液收集和引流装置。平衡油缸设有保护链（图8-27），防止平衡油缸在连接销轴失效后掉落伤人。

（14）端头支架、过渡支架和中间支架均设有起底装置，可实现移架联动和单独控制抬底功能。

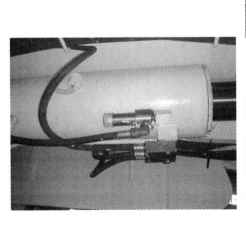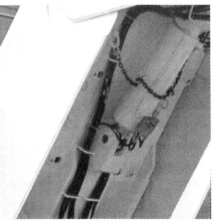

图8-27　平衡油缸保护链

（15）端头支架、过渡支架和中间支架的顶梁为箱形结构，顶梁前端带有伸缩行程为865 mm的内伸缩梁，内伸缩梁前端带有二级护帮装置，二级护帮装置能挑平并翻转180°。二级护帮装置总高度为2720 mm。支架护帮装置的供回液胶管采用内藏式，避免磨损支架供回液管。

（16）加强加宽了支架顶梁前端唇口，其厚度为120 mm，增加了强度。

（17）端头支架、过渡支架和中间支架的二级护帮收回后，末端厚度小于700 mm。

（18）端头支架、过渡支架和中间支架的顶梁和掩护梁两侧均带有活动侧护板，使用时可固定其中的一侧，以适应左右工作面的需要。通过4个φ100 mm的侧推千斤顶，可加大侧推弹簧的预紧力和侧护板的厚度与刚度，提高支架防倒能力。

（19）端头支架、过渡支架和中间支架的立柱后设有不小于600 mm的人行通道，并有相应的防滑设计；立柱间设置有高度为2000 mm的可伸缩挡矸网（图8-28），行人脚踏板厚度为8 mm。

（20）每台支架操纵阀的主进液管路上均设有手动反冲洗过滤器，过滤精度为25 μm，具有自清洁功能。

（21）支架具有带压移架功能。每台支架分别在顶梁、掩护梁和连杆处安设有倾角传感器，能即时监测支架高度、纵（横）向倾斜角度，对支架降、移、升动作和支架倾斜位置实现自动和半自动控制。

（22）全套支架按泵站供液压力31.5 MPa设计。

（23）端头支架、过渡支架和中间支架的顶梁前部装有喷雾装置，通过主阀实现编程控制，通过球阀实现手动控制，保证割煤后及时喷雾降尘，同时每台支架上均设有本架清洗装置。

（24）支架上推移油缸与活塞杆的连接采用卡环结构。

（25）所有超过60 kg的部件都设有起吊环或起吊孔。

（26）支架推移油缸回路中设有液压锁和安全阀，防止倒拉输送机。

（27）所有过渡支架、端头支架、中间支架均可适应左右工作面调整的需要。

（28）端头支架、机头过渡支架、机尾过渡支架每两架一组，各配4组防倒、防滑、抬底装置，其他支架全部预留防倒、防滑、调架装置安装位置，并每隔10架配一整套防倒、防滑、调架装置，推移千斤顶、侧护千斤顶、底调千斤顶、护帮千斤顶和抬底千斤顶（采用上下槽结构）可满足最差工作条件下移架、推溜、调架、防护煤帮的要求，机头推移千斤顶采用φ230 mm缸径，推移力能够满足在最大仰斜坡度下整体推移刮板输送机机头、转载机、破碎机的要求。

（29）支架在最低位置时，底座上的限位装置能机械限位，如图8-29所示。

（30）支架的顶梁和掩护梁在175°时设有主动机械限位装置，防止支架"打高射"，保护平衡千斤顶。

（31）所有支架的顶梁上均设有照明灯安装位置。

（32）因为支架工作高度较高，因此设计有能移动并能挂（靠）在支架内的检修用平台，以便检修时使用。

（33）机头、机尾处的顶梁上设有防漏矸装置，底座靠外帮侧设有挡矸装置，以提供

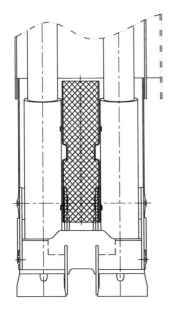

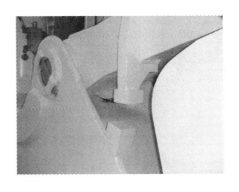

图 8-28　立柱间挡研网　　　　　　　图 8-29　底座上的机械限位装置

安全的工作空间。

（34）支架立柱间和立柱前设置有可方便拆装的防护网。

（35）支架在顶梁及掩护梁处设有限位机构（图 8-30），并在掩护梁上设有平衡千斤顶保护链，防止断销千斤顶坠落。

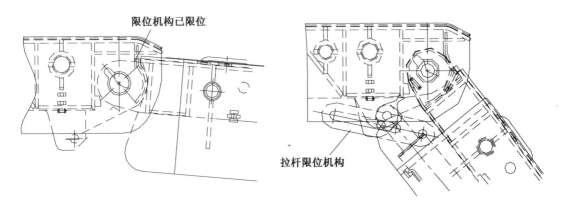

图 8-30　限位机构

（36）第一台过渡支架一、二级护帮装置采用加强结构，顶板加厚，主筋采用坡口填平再起角焊的焊接方式，护帮主筋两侧增加筋板来加强护帮装置的强度。

（37）调整并改进了手动操作阀安装位置和结构（图 8-31），避开主进回液高压胶管位置，防止主进回液高压胶管在移架中的磨损。

（38）排头支架、端头支架连接头能适应配套输送机。

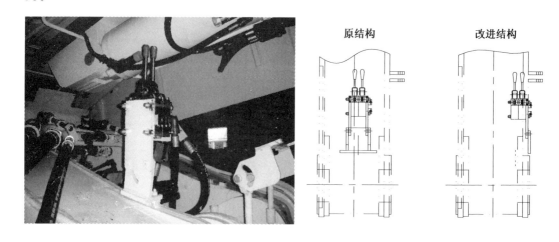

图8-31 操作阀安装位置和结构

（39）抬底千斤顶的上盖耳座销锁由原U形卡固定结构改为方挡销固定，并加大了销轴的固定连接槽（图8-32）。

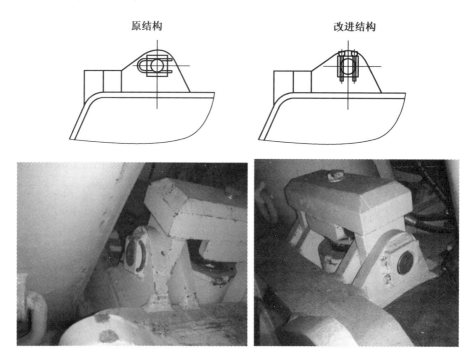

图8-32 抬底千斤顶的上盖耳座销锁固定结构

（40）根据配套，端头支架伸缩梁伸出后与中间支架顶梁平齐，若端头支架出现前倾现象，顶梁下加装单体支柱的柱窝，如图8-33所示。

（41）底调缸加装单向锁，避免油缸不闭锁造成破坏。

（42）支架立柱采用铜锡合金打底镀铬电镀工艺，可提高其耐腐蚀性。

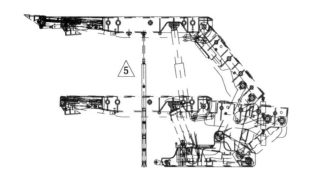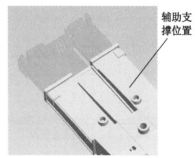

图 8-33　端头支架辅助支撑

四、ZYT10000/26/55D 型掩护式端头支架设计技术说明及与中间支架和过渡支架的对比

（1）主要结构件主筋、顶板板厚、材质及安全系数见表 8-11。

表 8-11　主要结构件主筋、顶板板厚、材质及安全系数

结构件名称	主　筋		顶　板		安　全　系　数
	厚度/mm	材　质	厚度/mm	材　质	
顶梁	25	Q690	30	Q550	1.32
掩护梁	25	Q690	30	Q550	1.47
前连杆	30	Q690	16	Q690	1.26
后连杆	25	Q690	16	Q690	1.31
底座	30	Q690	25	Q690	1.22
推杆	20	Q690	20	Q890	1.58
一级护帮板	30	Q690	25	Q690	1.42
二级护帮板	25	Q690	25	Q690	1.3
伸缩梁	25	Q890	20	Q890	1.2
侧护板	25	Q550	20	Q550	1.5

所选材料与 ZY10000/28/62D 型掩护式液压支架相同。

（2）主要安全阀技术特征见表 8-12，与中间支架相同。

表 8-12　主要安全阀技术特征

项　目	立柱安全阀	平衡油缸上腔安全阀	平衡油缸下腔安全阀
形式	弹簧式	弹簧式	弹簧式
流量/(L·min^{-1})	1000	250	250
开启压力/MPa	39.8	42	42

（3）侧护板。行程为 200 mm，弹簧最大工作压力为 11.297 kN。

（4）端头支架顶梁负载分布见表 8 – 13。在支架高度相同的情况下，端头支架合力作用点、有效支撑力基本上与中间支架相同，而端头支架顶梁前端力和后端力均小于中间支架。

表 8 – 13　端头支架顶梁负载分布

支架高度 H/mm	合力作用点 S_d/mm	有效支撑力 Q/t	前端力 Q_1/t	后端力 Q_2/t
5500	1249	1033.3	252.3	781
5400	1251	1031.1	252.3	778.7
5300	1253	1029.6	252.3	777.3
5200	1254	1028.8	252.3	776.5
5100	1254	1028.5	252.3	776.2
5000	1254	1028.6	252.3	776.2
4900	1254	1028.9	252.3	776.5
4800	1254	1029.4	252.4	777
4700	1253	1030.1	252.4	777.7
4600	1252	1030.8	252.4	778.3
4500	1251	1031.5	252.4	779
4400	1251	1032.2	252.5	779.7
4300	1250	1032.8	252.5	780.3
4200	1250	1033.3	252.5	780.7
4100	1249	1033.6	252.5	781.1
4000	1249	1033.8	252.5	781.2
3900	1249	1033.7	252.5	781.1
3800	1250	1033.4	252.5	780.8
3700	1250	1032.8	252.5	780.3
3600	1251	1031.9	252.5	779.4
3500	1252	1030.8	252.4	778.3
3400	1254	1029.2	252.3	776.9
3300	1255	1027.4	252.2	775.1
3200	1257	1025.2	252.1	773.1
3100	1260	1022.7	251.9	770.7
3000	1262	1019.8	251.7	768
2900	1265	1016.5	251.5	765
2800	1268	1012.9	251.2	761.7
2700	1271	1009	250.8	758.2
2600	1274	1004.8	250.4	754.4

（5）支架顶梁立柱铰点前后比例为 3.48∶1，此值比中间支架大（中间支架为 2.24∶1）。

（6）支架在调高范围内顶梁合力作用点的变化如图 8-34 所示，其变化范围与中间支架同等调高范围（图 8-35）内不一致。如支架高度为 5500 mm 时，两者分别为 1248 mm 和 1242 mm；支架高度为 4000 mm 时，两者分别为 1248 mm 和 1249 mm；支架高度为 3000 mm 时，两者分别为 1262 mm 和 1260 mm。总之，端头支架比中间支架稍大一些。

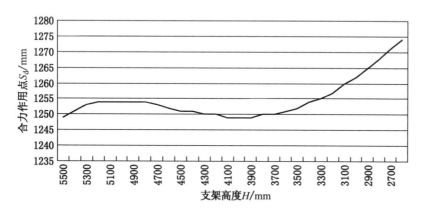

图 8-34　端头支架在调高范围内顶梁合力作用点的变化范围

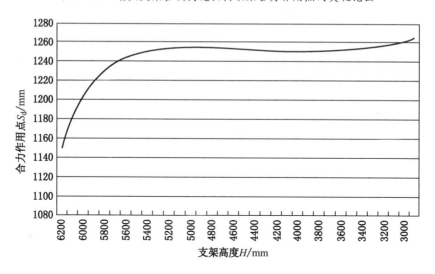

图 8-35　中间支架在调高范围内顶梁合力作用点的变化范围

（7）支架在调高范围内顶梁有效支撑力的变化如图 8-36 所示，其变化范围与中间支架同等调高范围（图 8-37）内不一致。对比可知：端头支架顶梁有效支撑力、前端力及后端力均比中间支架相应值低一些。

（8）立柱、千斤顶结构如图 8-38～图 8-44 所示，主要技术参数见表 8-14。其中立柱与中间支架相同，平衡油缸与中间支架相同，侧护板油缸与中间支架相同，起底油缸与中间支架相同，一级护帮板油缸与中间支架相同，二级护帮板油缸与中间支架相同，伸缩油缸与中间支架相同，底调油缸与中间支架相同。

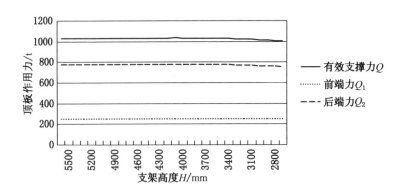

图 8-36 端头支架在调高范围内顶板作用力的变化范围

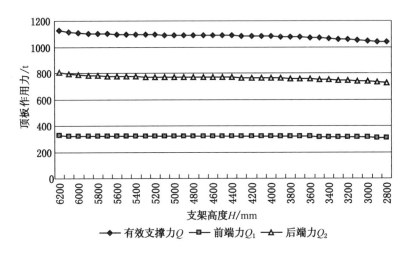

图 8-37 中间支架在调高范围内顶板作用力的变化范围

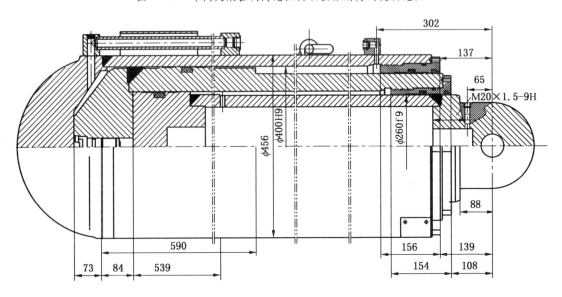

图 8-38 立柱

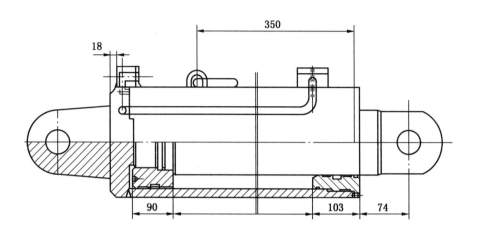

图 8-39　平衡千斤顶

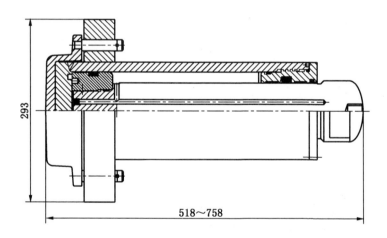

图 8-40　抬底千斤顶

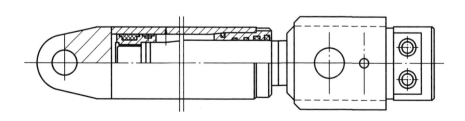

图 8-41　侧推千斤顶

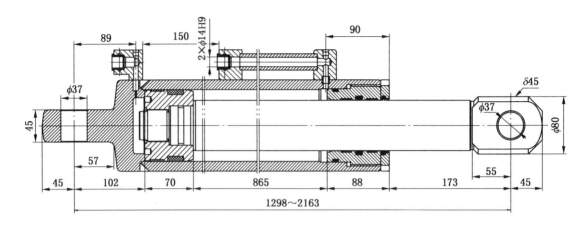

图 8-42 伸缩千斤顶

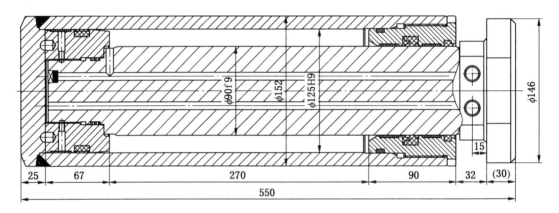

图 8-43 调架千斤顶

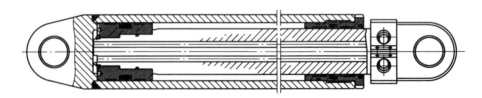

图 8-44 护帮千斤顶

表 8-14 端头支架立柱和千斤顶主要技术参数

液压件名称	形式	油缸内径/mm	油缸外径/mm	活塞杆直径/mm	行程/mm	推力/kN	拉力/kN
立柱	双伸缩	大缸 400，中缸 290	大缸 470（缸口 475），中缸 380	活柱外径 260，内径 170	中缸 1670，活柱 1640	6000（p = 47.7 MPa）	385.9
平衡千斤顶	双作用	230	270	160	630	1982（p = 47.7 MPa）	1023（p = 47.7 MPa）

表 8 - 14 （续）

液压件名称	形式	油缸内径/mm	油缸外径/mm	活塞杆直径/mm	行程/mm	推力/kN	拉力/kN
抬底千斤顶	双作用	140	168	100	260	485	
侧推千斤顶	双作用	100	121	70	200	247/275（p = 31.5/35 MPa）	126
伸缩千斤顶	双作用	100	121	70	865	247（p = 31.5 MPa）	126
调架千斤顶	双作用	125	152	90	270	387（p = 31.5 MPa）	186
一级护帮千斤顶	双作用	100	121	70	415	247/298（p = 31.5/38 MPa）	126
二级护帮千斤顶	双作用	63	83	50	330	98/118（p = 31.5/38 MPa）	36

（9）推移千斤顶结构如图 8 - 45 所示，主要技术参数见表 8 - 15。

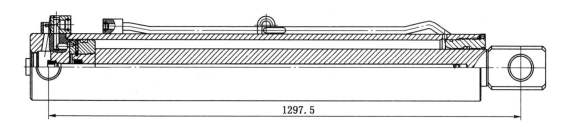

1297.5

图 8 - 45　推移千斤顶

表 8 - 15　推移千斤顶主要技术参数

数量/根	形式	油缸内径/mm	油缸外径/mm	活塞杆直径/mm	行程/mm	推溜力/kN	拉架力/kN
1	普通双作用	200	245	140	960	505	990

镀层材料	镀层厚度/mm		服务寿命（循环次数）/次
	乳白铬	硬铬	
乳白铬、硬铬	0.03 ~ 0.04	0.05 ~ 0.06	20000

（10）立柱油缸、阀、液控系统的寿命和质保期与中间支架相同，见表 8 - 16。

（11）主要结构件的机械设计安全系数不小于 1.2（$f = 0.3$）。

（12）支架所受集中负载不致引起倾覆的情况下距顶梁前端 100 mm 处的负载极限值为 110 kN，此值低于过渡支架。

表 8-16 立柱油缸、阀、液控系统的寿命和质保期

名　　称	寿命/a	质保期/a
立柱油缸	2	1
阀	2	1
液控系统	1.5	1

（13）在受集中负载打开平衡油缸安全阀（下腔）的情况下，距顶梁前端 100 mm 处的负载极限值为 155 kN，此值低于过渡支架。

（14）轴孔间隙与过渡支架相同。底座和前后连杆的轴孔配合实际间隙为 0.85 mm，其铰接孔的加工精度为 11 级（+0.25 mm），粗糙度为 6.3 μm；顶梁和掩护梁的轴孔配合实际间隙为 0.85 mm，其铰接孔的加工精度为 11 级（+0.25 mm），粗糙度为 6.3 μm。

五、ZYG10000/26/55D 型掩护式过渡支架设计技术说明及与中间支架和端头支架的对比

（1）主要结构件主筋、顶板板厚、材质及其安全系数见表 8-17。

表 8-17 过渡支架主要结构件主筋、顶板板厚、材质及安全系数

结构件名称	主　筋		顶　板		安全系数
	厚度/mm	材　质	厚度/mm	材　质	
顶梁	25	Q690	30	Q550	1.32
掩护梁	25	Q690	30	Q550	1.47
前连杆	30	Q690	16	Q690	1.26
后连杆	25	Q690	16	Q690	1.31
底座	30	Q690	25	Q690	1.22
推杆	20	Q690	20	Q890	1.58
一级护帮板	30	Q690	25	Q690	1.42
二级护帮板	25	Q690	25	Q690	1.3
伸缩梁	25	Q890	20	Q890	1.2

所选材料与 ZY10000/28/62D 型掩护式液压支架相同。

（2）主要安全阀技术特征与中间支架和端头支架相同。

（3）侧护板行程和弹簧最大工作压力与中间支架和端头支架相同。

（4）过渡支架顶梁负载分布见表 8-18。过渡支架在支架高度相同的情况下，前端力高于端头支架和中间支架，而后端力低于端头支架和中间支架。

表8-18 过渡支架顶梁负载分布

支架高度 H/mm	合力作用点 S_d/mm	有效支撑力 Q/t	前端力 Q_1/t	后端力 Q_2/t
5500	1249	1033.3	279.6	753.6
5400	1251	1031.1	279.6	751.4
5300	1253	1029.6	279.6	749.9
5200	1254	1028.8	279.6	749.1
5100	1254	1028.5	279.6	748.8
5000	1254	1028.6	279.7	748.9
4900	1254	1028.9	279.7	749.2
4800	1254	1029.4	279.7	749.7
4700	1253	1030.1	279.7	750.3
4600	1252	1030.8	279.8	751
4500	1251	1031.5	279.8	751.7
4400	1251	1032.2	279.8	752.3
4300	1250	1032.8	279.8	752.9
4200	1250	1033.3	279.9	753.4
4100	1249	1033.6	279.9	753.7
4000	1249	1033.8	279.9	753.8
3900	1249	1033.7	279.9	753.8
3800	1250	1033.4	279.9	753.5
3700	1250	1032.8	279.9	752.9
3600	1251	1031.9	279.8	752.1
3500	1252	1030.8	279.7	751
3400	1254	1029.2	279.7	749.5
3300	1255	1027.4	279.5	747.8
3200	1257	1025.2	279.4	745.8
3100	1260	1022.7	279.2	743.4
3000	1262	1019.8	279	740.7
2900	1265	1016.5	278.7	737.8
2800	1268	1012.9	278.4	734.5
2700	1271	1009	278	731
2600	1274	1004.8	277.5	727.3

（5）支架顶梁立柱铰点前后比例为 2.24 : 1（同中间支架）。

（6）支架在调高范围内顶梁合力作用点的变化如图 8 - 46 所示。

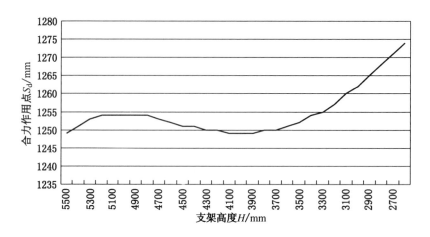

图 8 - 46　过渡支架在调高范围内顶梁合力作用点的变化范围

（7）过渡支架在调高范围内顶板作用力的变化范围如图 8 - 47 所示。

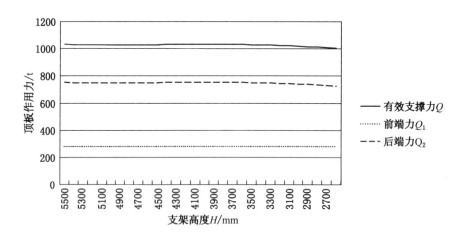

图 8 - 47　过渡支架在调高范围内顶板作用力的变化范围

（8）立柱油缸、阀、液控系统的寿命和质保期与中间支架和端头支架相同。

（9）主要结构件的机械设计安全系数不小于 1.2（$f = 0.3$），与端头支架和中间支架相同。

（10）支架所受集中负载不致引起倾覆的情况下距顶梁前端 100 mm 处的负载极限值为 145 kN，与中间支架相同。

（11）在受集中负载打开平衡油缸安全阀（下腔）的情况下，距顶梁前端 100 mm 处的负载极限值为 198 kN，与中间支架相同。

（12）轴孔间隙与端头支架相同。底座和前后连杆的轴孔配合实际间隙为 0.85 mm，其铰接孔的加工精度为 11 级（+0.25 mm），粗糙度为 6.3 μm；顶梁和掩护梁的轴孔配合实际间隙为 0.85 mm，其铰接孔的加工精度为 11 级（+0.25 mm），粗糙度为 6.3 μm。

（13）立柱、千斤顶与中间支架相同。

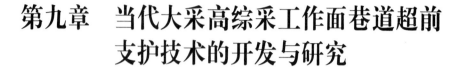

第九章　当代大采高综采工作面巷道超前支护技术的开发与研究

随着我国大采高综采工作面技术的发展、产量的提高，大采高综采工作面通风、运输和开采工艺对回采巷道断面尺寸要求越来越大，目前神华集团矿区和晋城寺河矿区综采工作面回采巷道宽度已达 5000～6000 mm，高度已达 4000～4500 mm。传统的依靠单体支柱进行超前支护的方式从支护能力、支护高度、支护速度、自动化程度、安全性等方面都不能适应综采工作面快速推进对超前支护的要求，成为制约大采高综采工作面高产高效的瓶颈。因此，在大采高综采工作面推进速度加快、回采巷道宽度和高度逐渐加大的情况下，研制大采高超前支架来解决大采高综采工作面巷道超前支护问题就显得非常重要。实践证明，利用大采高综采工作面巷道超前支护可以实现大采高综采工作面巷道超前支护机械化，保证回采巷道超前支护的安全可靠性，并可提高支护效率，降低支护成本。

第一节　大采高综采工作面巷道超前支架问题的提出及开发现状

一、问题提出

随着大采高综采工作面采高加大，工作面加长，推进距离加大，推进速度加快，使得工作面开采强度加大，导致综采设备功率、生产能力、设备尺寸及重量加大，主要表现如下：

（1）综采工作面采高加大到 5 m 以上，其巷道高度由 3.5 m 增加到 4.5 m 以上，巷道宽度由 4.0 m 增长到 6 m 以上。

（2）综采工作面采高加大后，综采工作面巷道与工作面交叉点的空间也随之加大，因此产生了排头支架与端头支架的布置关系，采煤工艺增加了割三角煤及工作面采高变化区段的顶板支护问题，产生了端头支架、工作面刮板输送机和巷道超前支架移置的安排问题，总之增加了此区内设备布置、移置和采煤工艺的复杂性。

（3）由于巷道规格加大，综采工作面巷道仍采用传统的超前支护方式就不能满足工作面快速推进的要求，制约了巷道超前支护机械化的发展。

以单体支柱为主的超前支护方式出现的问题如下：

（1）以单体支柱为主的支护方式不能适应工作面端头和回采巷道超前区顶板变化的支护强度要求。大采高综采工作面超前支护支承压力急增区为超前工作面煤壁 28～44 m，要求支护强度最高。此区之外支承压力变小，要求支护强度低一些。

（2）以单体支柱为主的支护方式不能对顶板实现均匀控制。以单体支柱为主的支护方式对顶板提供的是点载荷，至多在采用顶梁时变为线载荷，不能均匀控制顶板。而采用液压支架支护可以很容易通过顶梁实现支架对顶板的面接触，并提供均匀的支护强度。

（3）以单体支柱为主的支护方式难以保证足够的工作面巷道出口高度。有效控制垂直位移以保证一定的巷道出口高度，是对工作面端头及回采巷道超前液压支架支护强度的更高要求，以单体支柱为主的支护方式难以提供足够的支护强度。

（4）以单体支柱为主的支护方式效率低。超前支架的使用将实现长壁开采工作面端头及回采巷道超前支护机械化，实现整体迈步自移，既提高了工作效率，又可取消繁重的体力劳动。

（5）以单体支柱为主的支护方式同工作面其他设备间不能合理配套。以单体支柱为主的支护方式制约了综采工作面的总体机械化水平，而超前支架可以适应工作面端头及回采巷道超前区的客观条件，实现端头支架与工作面大功率装备的全面配套。

（6）以单体支柱为主的支护方式操作工艺复杂，安全状况差。而超前支架结构简单，性能可靠，动作灵活轻便，还可以降低采煤机端部进刀的等待时间，经济社会效益显著。

因此，探寻适合端头及回采巷道超前区支护的机械化、高效率、更安全的支护技术就被提了出来。

二、大采高综采工作面巷道超前支架开发现状

依据煤层赋存条件、配套设备及巷道和工作面布置条件，中煤北煤机公司开发了27种大采高综采工作面巷道超前支架（表9－1）。其中两架一组的有11种，占40.7%；三架一组的有7种，占26.0%；四架一组的有6种，占22.3%；五架一组的有1种，占3.7%；前后架铰接的有2种，占7.3%。适用于异形巷道的有3种（五架一组1种，四架一组2种）。所开发的大采高巷道超前支架以中置式布置居多（有23种，占85.2%），推移方式以前后推移为主；其次为锚固推移。支架工作阻力整架最大为42660 kN，最小为8670 kN。支架高度为1400～4500 mm，支架宽度为1800～4780 mm，支架长度为8000～28520 mm。

表9－1　中煤北煤机公司研制的巷道超前支架

编号	型　号	架型结构		参数		
		特　点	工作阻力/kN	高度/mm	宽度/mm	长度/mm
1	ZFT18000/23/38（运输巷）	三架一组，相互推移	18000	2300～3800	2200～2540	9500
2	ZCH18000/20/38（回风巷）	三架一组，顶梁可转动	18000	2000～3800	1800～4000	18500
3	ZH12600/15/32（巷道）	三架一组，转载机中置，顶梁可旋转，锚固推移	12600	1500～3200	3110～3880	26716

安全可靠大采高支护设备新技术

表 9-1（续）

| 编号 | 型号 | 架型结构 | | 参数 | | |
		特点	工作阻力/kN	高度/mm	宽度/mm	长度/mm
4	ZT18330/18/35（巷道）	前后架铰接，转载机中置	18330	1800~3500	3420~4400	8943
5	ZT18337/18/40（巷道）	前后架铰接，转载机中置	18337	1950~4000	2460~4125	11196
6	ZT33570/24.5/38（巷道）	三架一组，转载机中置	33570	2450~3800	3050~4285	27650
7	ZT8670/23/35（巷道）	三架一组，共两组，转载机中置	8670	2300~3500	3000~4238	21000
8	ZT22380/25.5/40（巷道）	两架一组，转载机中置	22380	2550~4000	3100~4280	15000
9	ZTC27200/17/32（异形巷道）	四架一组，转载机中置，适合异形巷道支护	27200	1700~3200	3000~4240	20700
10	ZH33680/24/45（巷道）	四架一组，转载机中置	33680	2400~4500	3080~4280	28520
11	ZT19200/17/34（巷道）	四架一组，转载机中置	19200	1700~3400	2400~3800	22530
12	ZFDC10300/25/43（回风巷）	两架一组，前后推移	10300	2500~4300	2500~4635	20123
13	ZYD5150/22.5/40（运输巷）	两架一组，前后推移	5150	2250~4000	3440~4450	16000
14	ZH24000/22/33（异形巷道）	五架一组，前后推移	24000	2200~3300	2300~3550	21540
15	ZFDC11600/19.5/40（回风巷）	两架一组，前后推移	11600	1950~4000	2590~4635	26130
16	ZFDC5150/22.5/40（运输巷）	两架一组，前后推移	5150	2200~4000	3125~4780	8000
17	ZTC4200/24/43（异形巷道）	四架一组，前后推移	4200（一架）	2400~4300	2320~3500	18395
18	ZTC4000/18/38（巷道）	四架一组，前后推移	4000（一架）	1800~3800	2270~3720	21279
19	ZFDC5800/23/39（回风巷）	四架一组，前后推移	5800（一架）	2300~3900	2200~3600	27670
20	ZCZ25000/14/38（巷道）	两架一组，锚固推移	25000	1400~2800	2300	20569

— 240 —

表 9-1（续）

编号	型　号	架 型 结 构		参　数		
		特　点	工作阻力/ kN	高度/ mm	宽度/ mm	长度/ mm
21	ZTC42660/25/38 （回风巷）	三架一组，前后 推移	42660	2500～3800	1300～4700	21600
22	ZH24500/24/45 （回风巷）	三架一组，锚固 推移	24500	2400～4500	3050～4280	20100
23	ZQL5150/25/43 （运输巷）	两架一组，与输送 机相互推移	5150（一架）	2500～4300	3827～4662	9600（一架）
24	ZFDC10300/25/43 （回风巷）	两架一组，前后 推移	10300	2500～4300	2680～4635	20123
25	ZYDC5150/25/43 （运输巷）	两架一组，前后 推移	5150（一架）	2500～4300	3800～4800	8800（一架）
26	ZCQF2×5000/22/38 （回风巷）	两架一组，前后 推移	10000	2200～3800	3550	20000
27	ZCQJ2×5000/22/40 （运输巷）	两架一组，前后 推移	10000	2200～4000	3550～4615	2068

第二节　大采高综采工作面巷道超前支护技术

大采高综采工作面巷道超前支护技术实质是用机械化自移超前支架代替以单体支柱为主的巷道超前支护技术。巷道超前支架安置在煤壁前方、巷道超前支承压力升高区内，且与工作面端头支架相连，随工作面向前推进而自动前移，用于支撑超前支承压力，维护受反复支撑的巷道围岩稳定，以确保大采高综采工作面正常运转。超前支架的研制及应用，为大采高综采工作面巷道超前支护机械化提供了一种新思路。

一、超前支架设计特点

（1）超前支架主要用于工作面开切眼外 10～30 m 范围内的超前支护。

（2）超前支架具有一定的支撑能力，并且支撑能力与金属支架的承载能力相匹配，避免了对巷道顶板的反复支撑，减缓了巷道围岩的变形，保持了巷道断面的完好。

（3）超前支架具有很好的动压让压特性，能与巷道围岩压力显现相适应。

（4）超前支架随着综采工作面的推进向前快速推移，可以满足高产高效工作面的进度要求。

（5）超前支架梁体、侧护板可根据巷道断面形状来调节，具有良好的接顶性和护帮能力。

（6）超前支架行走依靠推移油缸来完成，同转载机互为支点，或以左右支架互为支点。

（7）超前支架工作阻力满足巷道顶板压力要求。

二、超前支架的布置及控制

超前支架在综采工作面端头布置于工作面端头支架的前方，其顶梁后铰梁与端头支架前梁间距为 300 ~ 400 mm，底座两侧设有推移千斤顶，并通过推移油缸与转载机连接，底座跨转载机或转载机放置在两组超前支架之间。超前支架推移与转载机联动，并由转载机导向。

超前支架采用集中控制方式，端头支架、转载机及超前支架操作控制系统集中在端头支架进行，以便快速协调移设，满足综采工作面高强度开采要求。

三、超前支架应用技术要求

总体要求是：在综采工作面运输巷端头巷道超前支护中达到预期效果，简化端头巷道超前支护工艺，减轻工人劳动强度。

（1）支架采用多铰接梁结构及相适应的工作阻力、初撑力，改善顶板的支护效果，控制直接顶的离层和破碎，有效维护端头超前支护部位设备和人员安全作业空间。

（2）支架采用集中控制形式，端头支架、超前支架及配套设备实现协调快速推移，满足工作面高产高效对端头设备频繁快速推移的要求。

（3）将支架与转载机联动，以转载机为导向，保证支架推移的平稳性和可靠性。

（4）支架结构紧凑，充分利用转载机上部空间布置结构支撑件，在巷道两侧为设备和行人提供足够的安全通道。

四、巷道超前支架的结构特点

巷道超前支架均放置在巷道内，位于端头支架前方，在运输巷内端头支架与超前支架结合动作。一般来说，巷道超前支护支架具有下列特点：

（1）巷道超前支架多为组合支架，有两架一组、三架一组、四架一组和五架一组。一般分有主架和副架。

（2）转载机放置在液压支架之间，多为中置式布置。

（3）每台超前支架均采用四连杆机构。

（4）异形巷道多采用多架一组（四架一组或五架一组）超前支护支架，以适应巷道形状和尺寸变化，并便于操作。

（5）巷道超前支架多数为前后互相依靠推移，少数用锚固式推移。

（6）巷道超前支架之间靠千斤顶调节。

（7）一般情况下，主副架的顶梁之间、底座之间采用铰接结构，增强了对顶底板不平整的适用性。主副架顶梁之间、底座之间设有调架千斤顶。支架的前移靠推拉千斤顶实现。主副架由 4 根立柱支撑。主副架中心距范围为 1300 ~ 1500 mm。主副架后部顶梁设有尾梁，可支护架间顶板。主副架中间设有四连杆，由底座、前后连杆和顶梁组成四连杆机构，保证顶梁不出现"前仰后趴"现象。

五、自移式超前支架

1. 承载过程

自移式超前支架承载过程是指自移式超前支架与顶板之间相互作用的力学过程，包括初撑阶段、承载增阻阶段和恒阻阶段。

1）初撑阶段

在升架过程中，当自移式超前支架的主副顶梁接触顶板且直到立柱下腔的液体压力逐渐上升到乳化液泵站工作压力时停止供液，液控单向阀立即关闭，这一过程为自移式超前支架对顶板的初撑阶段。此时自移式超前支架对顶板的支撑力为初撑力。

2）承载增阻阶段

自移式超前支架初撑结束后，随着顶板下沉，立柱的下腔液体压力逐渐升高，自移式超前支架对顶板的支撑力也越来越大，呈现增阻现象，这一过程为自移式超前支架的承载增阻阶段。

3）恒阻阶段

随着顶板压力进一步增加，立柱下腔的液体压力越来越高，当升高到安全阀的调定压力时安全阀开启溢流，立柱下缩，立柱下腔液体压力随之降低，当下降到安全阀调定压力时安全阀关闭。随着顶板的继续下沉，安全阀重复这一过程。由于安全阀的作用，自移式超前支架的支撑力维持在一个恒定数值，这就是支架的恒阻阶段。此时，自移式超前支架对顶板的支撑力称为工作阻力，它是由自移式超前支架安全阀的调定压力决定的。

自移式超前支架在达到额定工作阻力以前具有增阻性，以保证支架对顶板的支撑作用；当自移式超前支架达到额定工作阻力以后，支架能随顶板的下沉而下缩，即具有可缩性和恒阻性；自移式超前支架的工作特性取决于立柱、液控单向阀和操作阀的性能以及密封的好坏，所以这些元件是自移式超前支架的关键液压元件。

2. 自移式超前支架的动作原理

自移式超前支架的循环推拉步距为 600～800 mm，随工作面机头处过渡支架推拉后及时推拉。轨道巷内的端头支架与三架一组的自移式超前支架的动作原理如下。

1）推前架

按照"半卸载"原理，以中间支架为支点完成推前架任务。

（1）推主架。降尾梁，使立柱杆腔接通高压乳化液，同时高压乳化液控制单向锁打开，乳化液通过阀芯与阀座间隙回油箱。主架下降脱离顶板后，使换向阀处于工作位置，推动主架向前 600～800 mm。主架下降，顶梁与顶板之间保持一定的小压力，也可带压移架。防倒调架千斤顶处于浮动状态，活塞杆可随主架前移被拉出。底座和顶梁位置不正时，使用防倒调架千斤顶加以调整。使高压乳化液进入立柱活塞腔，回液进入油箱，随着立柱中压力的增加，主架接顶并到达初撑力时停止供液，挑尾梁。

（2）推副架。降尾梁，使立柱杆腔接通高压乳化液，同时高压乳化液控制单向锁打开，乳化液通过阀芯与阀座间隙回油箱，实现副架降架并移到位。调整架间距后升副架，挑尾梁。

2）拉中架

按照"半卸载"原理，以前架为支点完成拉中架任务。中架和前架的液压控制系统完全相同，因此对中架各液压阀的动作原理一致。中架的动作顺序为：主架支撑，降尾梁—降副架—拉副架—升副架—挑尾梁；副架支撑，降主架—拉主架—升主架—挑尾梁。

3）拉端头支架

端头支架的动作顺序为：主架支撑，降副架—拉副架—升副架；副架支撑，降主架—拉主架—升主架—挑尾梁。

在自移式超前支架的移动过程中，应注意：遇垮落带或顶板高度变坡较大时要用材料衬平，以保证自移式超前支架顶梁接顶严密，遇巷道底板不平或变坡较大时要落底或用材料衬平，以保证自移式超前支架的底板受力均匀。

第三节　神东矿区大采高综采工作面运输巷超前支架的研制及使用

在大采高综采工作面巷道宽度增至 6000 mm、高度加至 4000~4500 mm 的条件下，神华矿区开发了适用运输巷的 ZYDC3000/28/47 型超前支架，获得了良好的应用效果。

一、支架结构特点

（1）支架采用四柱支撑掩护式架型，并将紧凑型反四连杆机构布置在前后排立柱之间适当位置，保证支架处于较低支护高度时四连杆机构不会影响支架与运输巷其他设备的配套性。

（2）铰接式顶梁结构有利于提高支架对巷道顶板条件的适应性；人行道侧的侧翻梁设计为两级，使侧翻梁可根据巷道断面形状灵活调节。

（3）大跨度（2350 mm）龙门式结构底座按照 5500 mm 大采高综采工作面转载机旋转槽配套要求设计，使支架与转载机可按"骑"式布置，并且龙门洞的过煤高度达到 1950 mm，适应大采高综采工作面对设备过煤高度的要求。

（4）支架同时安装了本架控制和远程电液控制两套电液控制系统，远程电液控制系统的 PM3 控制器安装在工作面端头支架内，支架工可以在本架直接完成对超前支护支架的控制，也可以在端头支架内对超前支架进行远程操作。

（5）支架的窄掩护梁和窄连杆机构降低了对工作面通风的阻风面积。

（6）支架结构及控制元件采用横向对称方式设计，满足左右工作面对设备的配套要求。

二、支架主要技术参数

支架高度/mm	2800~4700
支架宽度/mm	3460~4650
初撑力（$p=31.4$ MPa）/kN	2524
工作阻力（$p=37.3$ MPa）/kN	3000
支护强度/MPa	0.06~0.07

操作方式　　　　　　　　　　　　　　　　　　　　　　本架控制和远程电液控制
支架总质量/kg　　　　　　　　　　　　　　　　　　　　　　　　　　　27000

三、支架关键技术

ZYDC3000/28/47 型超前支架专用于工作面运输巷的超前支护，为转载机、破碎机及行人提供安全作业空间。支架在研制中紧密结合神东矿区地质条件和生产技术条件确立如下关键技术。

1. 合理的超前支护强度

神东矿区综采工作面运输巷多沿底板掘进，顶板留厚度不等的硬煤，掘进过程中主要采用锚杆支护，局部裂隙破碎区用锚网做加强支护，可以认为顶板相对比较稳定，因此确定支架对运输巷顶板的超前支护作用应以"护"为主，支架初撑支护强度不宜过高，初撑力与锚杆力能够防止采动影响顶板下位岩层过早离层破碎即可，支架工作阻力则应同时考虑采空区侧向采动压力可能对巷道产生的不良影响。经过近 3 年对多个巷道超前压力观测数据的分析，确定支架支护强度为 0.05~0.07 MPa。

2. 适当的超前支护范围

支架顶梁过长会增加顶梁对巷道顶板（或顶煤）的反复支撑次数，破坏直接顶和预留顶煤的完整性，不利于顶板控制。而且神东矿区综采工作面运输巷顶板相对较稳定，即使考虑采空区侧向采动压力对运输巷的不良影响，超前压力影响范围也仅在 10 m 左右，因此 ZYDC3000/28/47 型超前支架顶梁长度（包括前梁）设计为 7700 mm，即运输巷超前支护范围约为 8500 mm，这完全能够控制运输巷超前压力影响段的顶板。

3. 支架与运输巷设备的配套性

与运输巷设备具备良好的配套性是超前支架成功的关键，因此 ZYDC3000/28/47 型超前支架结构严格按照转载机、破碎机的配套要求设计。支架布置于工作面端头支架前方，龙门式底座在运输巷中按"骑"转载机的方式安装（图 9-1），同时在破碎机底槽上焊接用于推移支架的耳板，超前支架与破碎机互为支点通过推移系统推拉前移，推移步距与工作面液压支架的推移步距相同。

在龙门式底座的左右座箱上分别设计有调架千斤顶，可有效调节超前支架与转载机旋

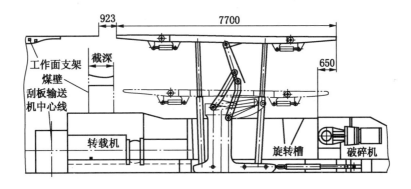

图 9-1　ZYDC3000/28/47 型超前支架在运输巷中的布置

转槽的相对位置，防止二者相互干涉，确保支架与转载机相互导向交替前移。

4. 降低支架对工作面通风的不良影响

超前支架的工作位置正在综采工作面通风出口处，为降低支架四连杆机构的阻风面积，采用了窄四连杆机构，这样有利于工作面通风。

5. 减少支架对顶板的反复支撑破坏

支架采用电液控制系统，操作人员可以灵活调整电液控制系统的参数，设置带压移架功能，避免顶梁对顶板的反复支撑破坏。

四、支架试用效果

2005 年 6 月起，ZYDC3000/28/47 型超前支架在补连塔煤矿 5500 mm 大采高综采工作面试用，取得了很好的应用效果。

（1）提高了作业人员的安全性。使用超前支架后，彻底取消了单体支柱支护方式，提高了作业安全性。

（2）控制了运输巷采动影响段的冒顶事故。支架对巷道围岩控制能力强，尤其在顶板破碎处应用超前支架，不仅可以减少锚网支护及架设工字钢棚的数量，而且支架支护下的工作空间安全性好，使用中多次有效防止了冒顶伤人事故的发生。

（3）支架与运输巷设备配套性好，端头支架、超前支架及转载机、破碎机等设备实现了协调推进，满足了高产高效工作面对端头设备快速推移的要求。

（4）超前支架与工作面端头支架集中控制，取消了专门的运输巷超前支护工，提高了工作效率。

第四节　寺河矿 2302 大采高综采工作面回风巷超前支架的研制及试验

寺河矿综采工作面采用顺序开采方式，2301 工作面回采完毕后开始对 2302 工作面进行回采，这样就造成靠近 2301 工作面的 23023 回风巷受到两次动压影响。为了确保 23023 回风巷的安全，就必须对 23023 回风巷进行超前支护，其超前支护距离为 20 m。

23023 回风巷选用 ZZ7200/23/38A 型垛式超前支架进行超前支护。共选用 6 架，每 3 架为一组，共分两组，每组支架可通过推移油缸的相互作用实现自移，如图 9 – 2 和图 9 – 3 所示。

一、支架组成及主要技术特征

该支架由顶梁、掩护梁、前连杆、底座、液压控制系统、推移系统组成，属于四柱支撑掩护式架型。

支架高度为 2300 ~ 3800 mm；初撑力为 6160 kN；支护阻力为 7200 kN（$p = 36.7$ MPa）；支护强度为 1.19 ~ 1.21 MPa（$M = 3000 ~ 3700$ mm）；底座对底板比压为 1.93 ~ 1.95 MPa（$M = 3000 ~ 3700$ mm）；支架整体运输尺寸为 4100 mm × 1460 mm × 2300 mm。

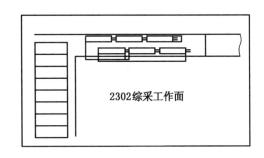

图9-2　ZZ7200/23/38A型垛式超前支架布置示意图

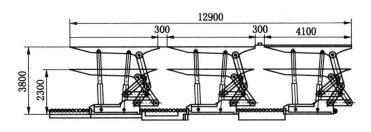

图9-3　寺河矿回风巷超前支架纵向布置方案

二、推移系统

推移系统由万向连接头、φ140/φ105 mm推移千斤顶、十字连接头组成。每架支架对称安装两套推移系统，推移系统将每组支架中的前后两架相互连接，从而实现前后支架的相互推移。

每架支架的两套推移系统由本架支架的两片操纵阀来分别控制，从而可以对支架推进方向进行灵活控制。

推移系统中，万向连接头与十字连接头共同作用，可以最大限度地提高推移系统的自由度，从而最大限度地降低推移千斤顶活塞杆所受到的偏载力，提高推移系统的可靠性。

选用垛式超前支架对巷道进行超前支护，不需要专门的泵站等配套设施，只需将工作面液管串入垛式超前支架内就可进行支架的升降、前移等，操作简单，且支护面积大，支撑能力强，并可通过推移油缸的相互作用实现支架自移，大大降低了劳动强度，提高了支护效率。每班只需两名工人操作一次（0.5 h左右）就可实现巷道超前支护。

三、支架使用

ZZ7200/23/38A型垛式超前支架初撑力大，工作阻力大，对顶板的支撑能力强。

第五节　典型大采高巷道超前支架简介

一、内蒙古不连沟煤业不连沟矿适用回采巷道的两架一组超前支架

如图9-4所示，其型号为ZT22380/25.5/40，工作阻力为22380 kN，支架高度为

2550～4000 mm，支护宽度为 3100～4280 mm，支护长度为 15000 mm。

二、陕煤张家峁矿适用回风巷的两架一组超前支架

如图 9-5 所示，其型号为 ZFDC10300/25/43，工作阻力为 10300 kN，支架高度为 2500～4300 mm，支护宽度为 2500～4635 mm，支护长度为 20123 mm。

三、陕西南梁矿适用运输巷的两架一组超前支架

如图 9-6 所示，其型号为 ZTC42660/25/38，工作阻力为 42660 kN，支架高度为 2500～3800 mm，支护宽度为 4300～3700 mm，支护长度为 21600 mm。

四、宁煤集团汝箕沟矿适用巷道超前支护的前后架铰接的超前支架

如图 9-7 所示，其型号为 ZT18337/19.5/40，工作阻力为 18337 kN，支架高度为 1950～4000 mm，支护宽度为 2460～4125 mm，支护长度为 11196 mm。

五、中煤鄂尔多斯分公司适用回风巷的三架一组锚固推移的超前支架

如图 9-8 所示，其型号为 ZH24500/24/45，工作阻力为 24500 kN，支架高度为 2400～4500 mm，支护宽度为 3050～4280 mm，支护长度为 20100 mm。

六、新疆能源三架一组顶梁可旋转适用大倾角煤层沿顶掘进回风巷的超前支架

如图 9-9 所示，其型号为 ZCH18000/20/38，工作阻力为 18000 kN，支架高度为 2000～3800 mm，支护宽度为 1800～4000 mm，支护长度为 18500 mm。

七、宁夏宝丰马连台矿适用异形巷道的四架一组超前支架

如图 9-10 所示，其型号为 ZTC4200/24/43，工作阻力为 4×4200 kN（16800 kN），支架高度为 2400～4300 mm，支护宽度为 2320～3500 mm，支护长度为 18395 mm。

八、中煤东坡矿适用回风巷的四架一组超前支架

如图 9-11 所示，其型号为 ZFDC5800/23/39，工作阻力为 4×5800 kN（23200 kN），支架高度为 2300～3900 mm，支护宽度为 2200～3600 mm，支护长度为 27670 mm。

九、中煤大屯能源适用异形巷道的四架一组支撑式巷道超前支架

如图 9-12 所示，其型号为 ZTC27200，工作阻力为 27200 kN，支架高度为 1700～3200 mm，支护宽度为 3000～4240 mm，支护长度为 28520 mm。

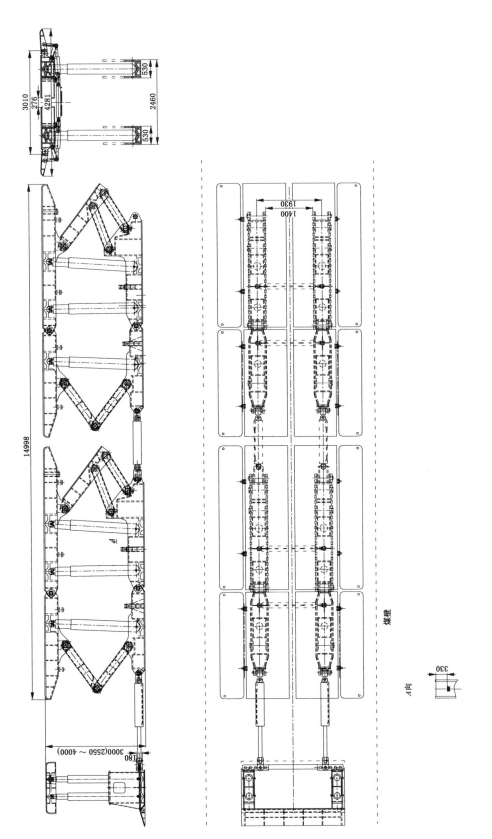

图 9 - 4 适用回采巷道的两架一组超前支架

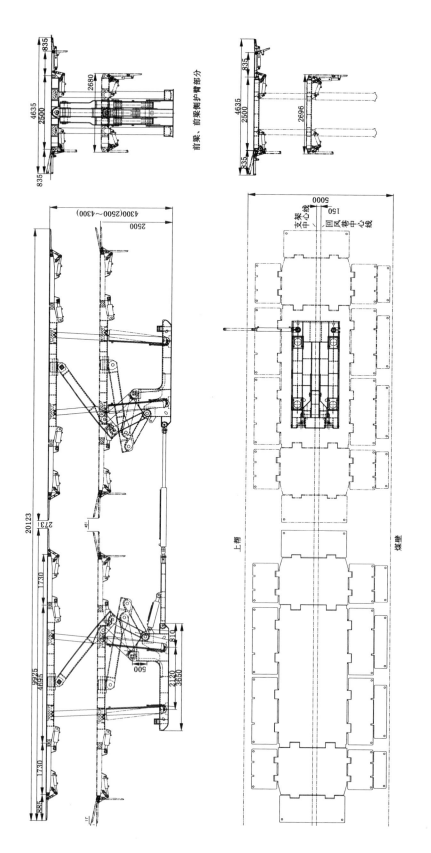

前架：前架侧护臂部分

图 9 – 5　适用回风巷的两架一组超前支架

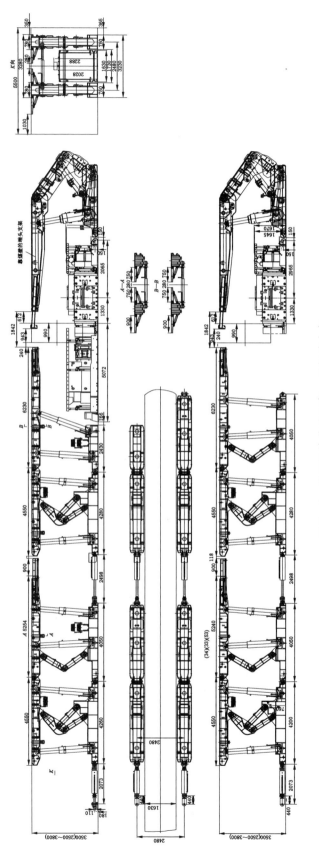

图 9 - 6 适用运输巷的两架一组超前支架

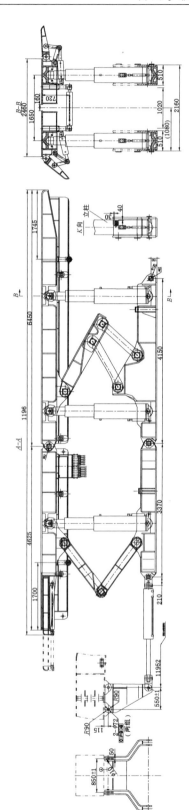

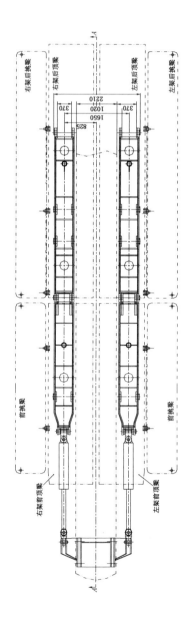

图 9 - 7 适用巷道超前支护的前后架铰接的超前支架

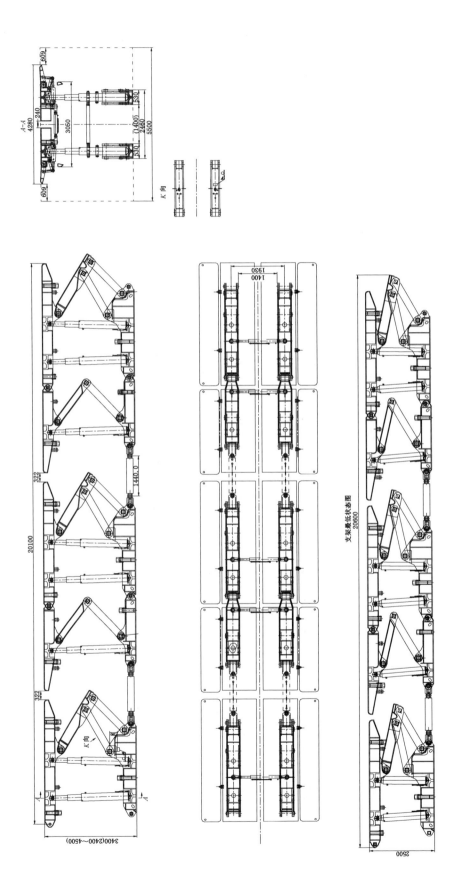

图 9-8 适用回风巷的三架一组锚固推移的超前支架

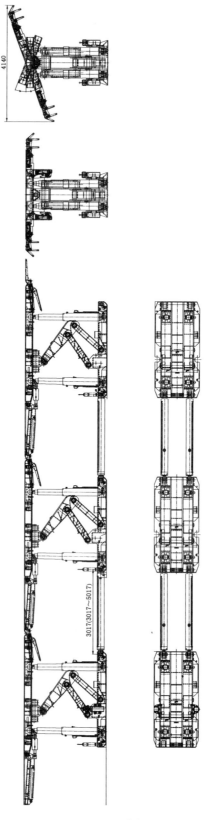

图 9 – 9 三架一组顶梁可旋转适用大倾角煤层沿顶顶掘进回风巷的超前支架

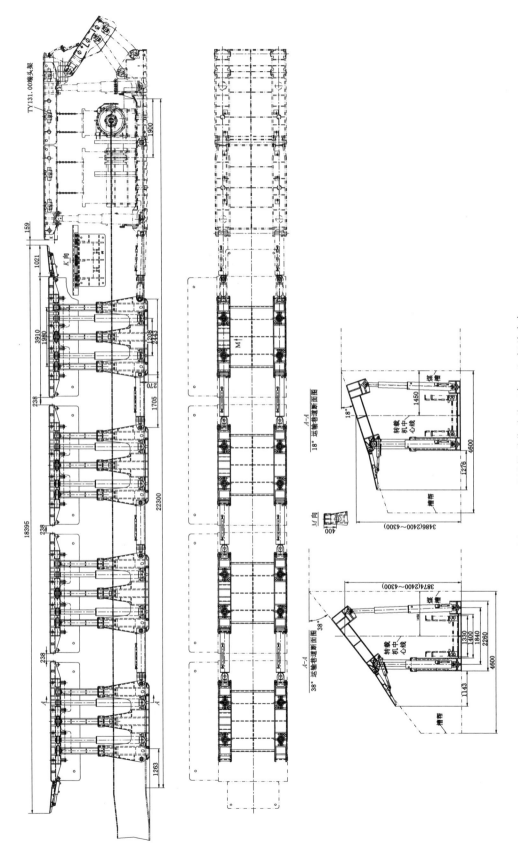

图 9－10 适用异形巷道的四架一组超前支架

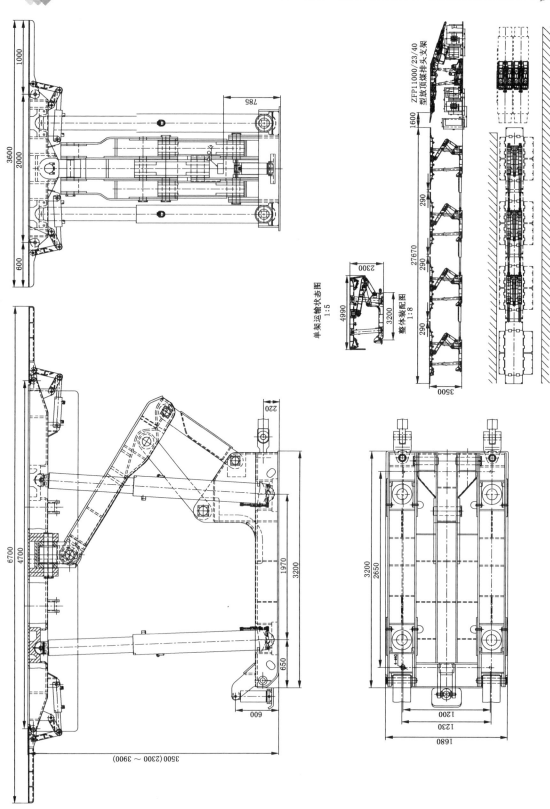

图 9 - 11　适用回风巷的四架一组超前支架

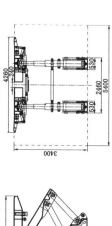

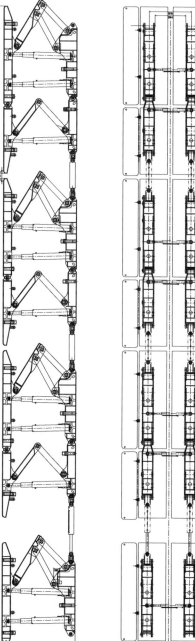

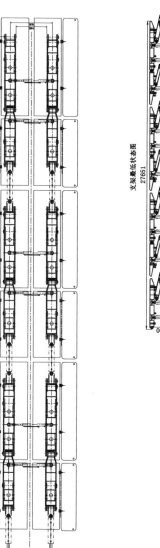

支架最低姿态图

图 9 - 12　适用异形巷道的四架一组支撑式巷道超前支架

第十章　大采高综采工作面成套设备配套选型

大采高综采工作面的落煤、装煤、运煤、支护等生产过程是一个系统工程，整个系统的先进可靠不仅取决于单机设备的先进性和可靠性，而且设备的选型与配套的合理也是至关重要的。设备、选型、配套三者缺一均不能收到综采工作面高产高效的成果。同时，由于大采高综采工作面具有采高大、采面长、推进长度大、设备功率大、设备重量和几何尺寸大、投资高等特点，从配套上看，对设备稳定性、系统供电、设备搬家倒面等方面均提出了新的要求，因此大采高综采工作面设备配套范围更为广泛，也更加复杂。

第一节　大采高综采成套设备组合方式、
配套选型原则及准备工作

一、大采高综采成套设备组合方式

大采高综采设备和技术经历了全部引进、部分设备国产化及全部国产化的探索过程。当前我国大采高综采成套设备组合方式有 3 种，其中全部设备国产化及部分设备国产化比例正在迅速增长。

（1）第一种是全套设备均为国产，如淮南矿业集团张集矿在倾角为 6°~10°、平均采高为 4.0 m、采煤工作面长 200 m、II_2 顶板条件下使用 ZZ6000/21/42 型支撑掩护式液压支架、MG400/920 - WD 型电牵引采煤机、SGZ800/800 型刮板输送机、PLM - 200 型转载机、SSJ1200/2×40 型带式输送机、DRB200/31.5 型乳化液泵，端头使用液压支架维护，年产达 3.6358 Mt。

（2）第二种是引进部分关键综采设备（如电牵引采煤机、重型刮板输送机、液压泵站、3.3 kV 变电站及供配电设备等），配以国产装有大流量阀组的液压支架和大运量带式输送机。如晋煤集团寺河矿在倾角为 1°~10°、平均采高为 6.2 m、综采工作面长 221.5 m、II_2 顶板条件下使用 ZY9400/28/62 型掩护式液压支架、SL500 型采煤机、JOY1332/1400 型刮板输送机、BRW400/31.5 型乳化液泵、400 型带式输送机时，年产达 6.6 Mt。再如神华集团上湾煤矿应用 ZY10800/28/63 型掩护式液压支架，与引进的采煤机、刮板输送机、转载机、破碎机和乳化液泵等配套，年产达 12 Mt。

（3）第三种是全部引进大采高综采成套设备。我国从 1978 年开始引进大采高综采成套设备（表 10 - 1），其效果也即达到年产 1 Mt 的水平。由于选型与条件的适应性、设备水平、管理和操作水平的限制，全部引进综采成套设备未取得良好的经济效果。而到 20 世纪 90 年代后期，我国使用综采设备已有一定经验，国外综采设备水平也已提高，加之神华集团煤层赋存条件良好，再次引进综采成套设备并辅以连续采煤机等配套设备快速掘

进巷道,利用无轨运输设备实现了设备快速搬家倒面,使得工作面产量得到了很大提高。以神华和寺河为代表的矿区引进的大采高综采成套设备获得了极好的技术经济效果,从2002年起,神华矿区有3个综采工作面年产超过10 Mt,创造了世界纪录,其效率提高了近10倍。2008年神华集团大柳塔煤矿综采工作面年产9 Mt(采高4.4 m),工效为545 t/工。神华集团榆家梁煤矿综采工作面年产15.10 Mt(采高3.5~4.5 m),工效为400~613 t/工。

表 10-1　我国典型煤矿引进的大采高综采成套设备

	相 关 参 数	开滦集团范各庄矿	神华集团大柳塔煤矿	神华集团榆家梁煤矿	晋煤集团寺河矿
条件	煤层倾角/(°)	1	2~3	10	3~5
	煤层厚度(采高)/m	2.7~4.5 (3.8)	4~5 (4)	3.2~5.2 (4.3)	6.4 (5.3)
	工作面长度/m	128	220	240	220
	推采长度/m	1260	2000	>3000	930
	截深/m	0.5	0.865	0.865	0.865
	顶板分类	II_2	II_2	II_2	II_2
	底板岩性	粉砂岩			
引进设备	液压支架	G320-23/45 型	WS1.7-21/45 型	DBT8638/24/50 型	ST8638/25.5/55 型
	采煤机	EDW300-LH 型	6LS-03 型	SL-500/1815 型	SL-500/1715 型
	刮板输送机	EKF_3/E74V 型	LX(2A)-2000/1400 型	AFC9/2×700 型	PF4/1132/2×700 型
	转载机	EKF_3/E74V 型	JOY315 型	AFC9/375 型	PF4/1332/315 型
	破碎机	EKF_3/E74V 型	JOY315 型		WB1418/315 型
	带式输送机	BES800 型	B1200/2×400 型		CACE-1400/2000 型
	乳化液泵站	KD613G 型	S200TRMAX 型	S300(318 L/min)	ZHP-3K200/200 型
	技术指标	平均月产 73623 t,最高月产 86390 t,平均日进 2.614 m,工作面工效为 22.795 t/工	最高年产 867260 t,最高日产 36846 t,平均日进 16.1 m,工效为 170 t/工	2002 年年产大于 10 Mt,2008 年年产为 15.10 Mt,工效为 400~613 t/工	最高月产 500000 t,2003 年年产 5.01 Mt,2004 年年产 8.01 Mt

二、大采高综采工作面成套设备配套选型原则

(1)最大限度地满足总体要求的各项技术指标和开采参数,如采煤方法、工艺方式、生产能力、工作面长度、采高、工作面推进长度等。

(2)综采工作面主要设备选型要适应生产区域地质条件、煤层开采条件和矿压特性,以保证工作面稳产、高产。

（3）综采工作面"三机"配套要满足其几何尺寸、生产能力、设备性能和使用寿命的要求，各相关子系统间要保证性能指标和生产能力的配套要求。

（4）工作面各辅助生产系统与矿井各有关系统设备类型、衔接关系要合理。

（5）各子系统间要有合理的富余系数，并考虑与环境系统的配合关系。

（6）主要生产设备要附设先进的、科学的监测监控设备，以提高系统的可靠性。

（7）应遵循工作面总体设计中的设备投资费用原则，注意不能因费用因素降低设备配套选型档次。

总之，高产高效综采工作面主要设备配套选型的原则是：追求提高工作面配套系统的完整性、单机性能的可靠性、配套选型的经济合理性，同时注意设备配套的稳定性。

三、大采高综采工作面设备配套选型前应了解的资料和要求

1. 明确煤层赋存条件、生产条件及工作面产量要求

大采高综采是一个多工序、多环节的采煤过程，工作面采煤、运煤及支护（包括端头及过渡支护）构成了综采最重要的几个环节，这些环节上主要设备的生产效率、质量、使用寿命是决定综采工作面能否达到高产高效的关键，所以应依据煤层赋存及矿井生产技术条件选用可靠的具有良好使用效果的综采成套设备。为此在设备配套选型前应了解下列资料和要求：

（1）煤层赋存条件：煤层厚度（最大、最小和平均），煤层倾角（最大、最小和平均），开采深度（最大、最小和平均），煤层硬度，煤层顶底顶板岩层厚度、岩性及其分类，煤质和储量等。

（2）矿井地质及水文条件：地质构造复杂程度、断层、褶曲等，瓦斯含量，煤层自然发火期，煤尘爆炸危险程度，矿井尺寸、采区划分，采煤工作面长度，采高，推进长度，水文地质条件（水源及涌水量等）。

（3）矿井能力及对工作面的产量要求：矿井生产能力（10^4t/a），矿井开采计划，矿井通风、排水、供水、供电、运煤、辅助运输等方式和能力，对工作面的产量要求(t/月、t/a）及年工作日数等。

2. 分析确定可能的工作面生产能力及采煤参数

综采工作面可能达到的生产能力的计算公式为

$$A = LMSN\gamma Cd \tag{10-1}$$

式中　A——工作面可能达到的生产能力或对工作面要求的产量指标，t/a；

L——工作面长度，m；

M——采高，m；

S——采煤机割煤深度，m；

N——每日需进刀次数；

γ——煤炭容重，t/m^3；

C——工作面采出率；

d——年工作日数。

第二节 大采高工作面主要设备配套选型

一、液压支架选型

1. 支架选型原则

支架支护阻力与工作面矿压特点相适应，支架结构与煤层赋存条件相适应，支护断面与瓦斯含量相适应；经济上能确保高产高效、优质、低耗；生产上能够保证工作面安全正常运转。

2. 支架选型内容

（1）支架形式。掩护式或支撑掩护式。

（2）立柱根数。两柱或四柱。

（3）支护阻力。初撑力和额定工作阻力。

（4）支架结构高度。最大和最小高度，顶梁和底座尺寸及其相对位置，以及对防滑、防倒、防矸、防片帮、调架、移架、端面维护等装置的要求。

3. 支架选型应考虑的问题

分析围岩条件，提出对架型、支架参数和支架结构选择的要求。液压支架选型涉及综采工作面顶板分类，要根据综采工作面的矿压特性选定液压支架支护阻力，并要考虑煤层赋存条件对支架结构的要求。对于高产高效综采工作面，液压支架选型时，液压控制方式和系统的选择尤为关键，因为它决定着工作面推移速度，影响着工作面高产高效。

（1）我国缓倾斜煤层工作面基本顶分4级，直接顶分4类。综采工作面矿压特性随不同的采煤方法及顶板类级而异，因而对支架选型有相应的要求。

1、2类直接顶与Ⅰ、Ⅱ级基本顶综采工作面具有基本顶来压步距小而稳定、强度缓和、顶板岩石压力小且分布均匀、直接顶特别是端面不稳定、受移架影响严重等矿压特性，因而要求支架初撑力高，控制端面顶板能力强，护顶能力强，挡矸、护帮装置全，能快速操作移架，及时支护。我国大采高综采工作面直接顶多为2类，基本顶多为Ⅱ级。

3、4类直接顶与Ⅲ、Ⅳ级基本顶综采工作面具有基本顶来压步距大、强度高、顶板岩石压力大且分布不均、直接顶稳定等矿压特性，要求支架支撑能力大，抗水平推力强，切顶性能好，在冲击压力下支架安全阀流量大，能及时卸载。我国大采高综采工作面属此类的顶板较少。

（2）对于大采高整体开采工作面，随着采高加大，上覆岩层动压频繁，矿压显现强烈，支架应具有足够的支护阻力；采高加大后要有相应的防片帮、漏顶装置，尽力保持支架稳定，为此提高支架刚度十分重要。

（3）大采高综采工作面应采用先进的电液自动化控制系统，并配置大流量双进双回系统和与之相匹配的大流量阀及附件。

（4）根据煤层赋存条件和立柱伸缩比范围选择支架结构高度、结构特点、结构性能等。

二、采煤机选型

1. 选型原则

适合大采高煤层地质条件，并且采煤机采高、截深、牵引速度等参数选取合理，有较大的使用范围；满足工作面开采生产能力要求，采煤机实际生产能力要大于工作面设计生产能力的 10% ~ 20%；与液压支架和刮板输送机相匹配。

2. 主要性能参数确定

1）采高

采煤机的采高应与煤层厚度的变化范围相适应。考虑底板上的浮煤和顶板下沉影响，工作面的实际采高要减小，为保证采煤机能够正常工作，采高 M 与煤层厚度 H 应保持下列关系：

$$H_{\min} = (1.1 \sim 1.2) M_{\min} \qquad (10-2)$$

$$H_{\max} = (0.9 \sim 0.95) M_{\max} \qquad (10-3)$$

2）下切深度

一般取 100 ~ 300 mm，以保证采煤机割到输送机机头和机尾时能割透过渡槽的三角煤。

3）截深

截深影响采煤机的截割功率，还影响采煤机与液压支架和输送机的配套尺寸。截深的选择主要考虑煤层压酥效应和高产高效要求，一般大于 0.8 m。

4）适应煤层倾角

当倾角大于 12°时或潮湿底板倾角为 8°时，采用无链牵引与制动闸配合实现停车制动。电牵引调速系统采用回馈制动。

5）理论生产率

在额定工况和最大参数条件下工作的生产率为采煤机理论生产率，即

$$Q = 60MBv\rho \qquad (10-4)$$

式中　B——截深，m；

　　　v——采煤机截煤时的最大牵引速度，m/min；

　　　ρ——煤的实体密度，一般取 1.35 t/m³。

实际选取采煤机型号时，应按工作面生产能力确定采煤机牵引速度、牵引力、装机功率和滚筒直径。

三、刮板输送机选型

工作面刮板输送机生产能力的选择原则是保证采煤机采落的煤被全部运出，并留有一定的备用能力。工作面刮板输送机的运输能力为

$$Q_c = K_c K_h K_\mu K_y Q_m \qquad (10-5)$$

$$K_\mu = \frac{v_e}{v_e - v_c}$$

式中　K_c——采煤机截割速度不均衡系数；

K_h——采高修正系数，$K_h = H_{max}/M$；

Q_m——采煤机平均落煤能力，t/h；

K_μ——采煤机与刮板输送机同向运动时的修正系数；

v_e——刮板输送机链速，m/min；

v_c——采煤机牵引速度，m/min；

K_y——运输方向及倾角系数。

通常考虑到工作面输送条件，工作面输送机实际运输能力应为工作面最大需运出煤量的1.2倍。另外，输送机铺设长度和装机功率应根据工作面长度等采煤参数予以确定。

四、"三机"配套选型应考虑的问题

大采高综采工作面"三机"的相互联系尺寸与空间位置配套关系、设备性能的协调性与适应性、各设备之间的生产能力配套是"三机"配套的重点问题，其中核心设备是液压支架。

从具体配套程序来看，首先是将依生产能力初步确定的采煤机和刮板输送机的机型进行配套，而后再将此配套横纵断面与支架配套。

1. 依采高要求确定"三机"配套的最低支架结构高度 H_z

计算公式为

$$H_z = A + C + t \tag{10-6}$$

式中　A——采煤机机身高度，即输送机高度和采煤机底托架高度 h 之和，其中采煤机底托架高度应保证机身下部空间大于过煤高度 E，一般 $E > 300\ mm$；

　　　C——采煤机机身上部空间高度，mm；一是考虑便于采煤机司机观测和操作，二是考虑顶板下沉后不影响采煤机顺利通过；

　　　t——支架顶梁厚度，mm。

2. 依采煤参数、巷道尺寸和采煤工艺要求确定采煤机自开切口的"三机"纵向配套尺寸

其配套尺寸如图10-1所示。目前高产高效综采工作面刮板输送机普遍采用交叉侧卸式布置。为了采煤机能自开切口，必须使输送机的机头、机尾延伸至回采巷道中，割煤滚筒在长摇臂的支撑下可以实现自开切口，"三机"尺寸要匹配，保证不丢底煤，且能割透上下煤壁，回采巷道顶底板符合设计要求，保证"三机"运行推移正常。

3. 工作面断面应满足通风安全的要求

在采煤机行走机构与刮板输送机承载机构和导向机构在结构尺寸上做到密切配合的前提下，由工作面各种设备组成的工作面断面应满足通风安全的要求，特别是在高瓦斯矿和煤尘大的大采高综采工作面。

4. 校核综采工作面"三机"性能配套

在"三机"横纵断面配套尺寸关系确定后，要校核工作面"三机"性能配套。

综采工作面"三机"性能配套主要指各设备性能之间的相互匹配问题，在满足生产能力的前提下，既要充分发挥设备性能，又不使设备处于超负载状态或低效率运转。一般来说，采煤机牵引速度与液压支架移架速度的匹配关系见表10-2。

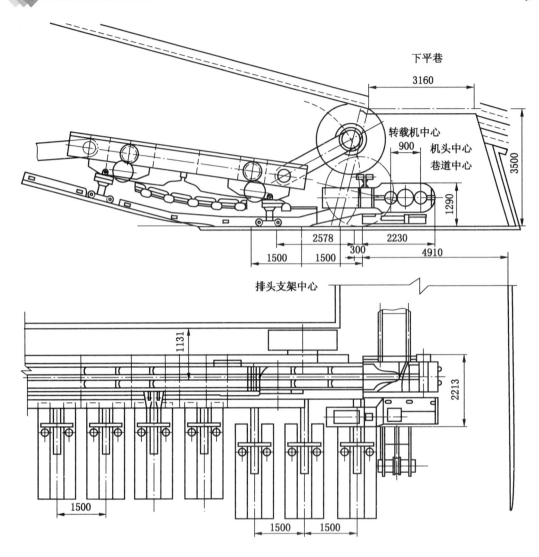

图 10 - 1 东庞矿大采高综采工作面采煤机自开切口剖面图

表 10 - 2 采煤机牵引速度与液压支架移架速度的关系

采煤机牵引速度/(m · min⁻¹)	6	7	8	9	10	11	12	13	14
液压支架移架速度/(s · 架⁻¹)	13.6	11.6	10	9.0	8.2	7.5	7.0	6.3	5.8

如果大采高支架不配备大流量阀，则每移一架需 20 ~ 25 s，这就将采煤机牵引速度限制在 3.5 ~ 4.5 m/min 的范围内。要实现高产，提高采煤机牵引速度，必须改进支架供液系统和流量阀的性能，或采用电液控制液压支架，以提高移架速度。

5. "三机"生产能力的校核

在上述配套的基础上进行配套选型中的最重要一环，"三机"生产能力校核。

工作面小时生产能力取决于工作面的年产量，采煤机的生产能力依据工作面小时生产

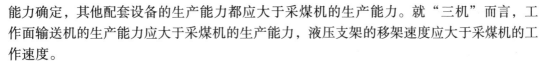

能力确定，其他配套设备的生产能力都应大于采煤机的生产能力。就"三机"而言，工作面输送机的生产能力应大于采煤机的生产能力，液压支架的移架速度应大于采煤机的工作速度。

（1）工作面设备应具有的生产能力为

$$Q_{\mathrm{h}} = \frac{Q_{\mathrm{y}} f}{DTK} \tag{10-7}$$

式中　Q_{h}——设备应具有的最小生产能力，t/h；

　　　Q_{y}——工作面年产量，t；

　　　D——年生产天数；

　　　f——能力富余系数，取 1.2~1.6；

　　　T——每日生产时数（三采一准取 $T = 18\,\mathrm{h}$）；

　　　K——开机率。

（2）采煤机可实现的生产能力为

$$Q_{\mathrm{S}} = 60 B M \rho v_{\mathrm{S}} C > Q_{\mathrm{h}} \tag{10-8}$$

式中　Q_{S}——采煤可实现的生产能力，t/h；

　　　ρ——煤的实体密度，t/m³；

　　　v_{S}——采煤机平均牵引速度，m/min；

　　　C——能力富余系数。考虑生产不均衡因素影响，采煤机实际生产能力应比工作面设备的生产能力高 10%~25%，即 $C = 1.1 \sim 1.25$。

（3）工作面刮板输送机可实现的运输能力为

$$Q_{\mathrm{C2}} = 3600 F \phi \rho_{散} v_{\mathrm{C}} = Q_{\mathrm{C1}} \tag{10-9}$$

式中　Q_{C1}——刮板输送机应具有的生产能力，t/h；

　　　Q_{C2}——刮板输送机可能实现的生产能力，t/h；

　　　F——中部槽货载截面积，m²；

　　　ϕ——装满系数，取 0.65~0.9；

　　　$\rho_{散}$——散体煤的视密度，t/m³；

　　　v_{C}——刮板输送机链速，m/s。

刮板输送机与采煤机是串联设备，采煤机具有落煤、装煤功能，刮板输送机具有装煤、运煤功能，其衔接关系是软连接，往往煤壁片帮、垮落的煤炭是突发的、随机的，且要及时运出，所以刮板输送机的运输能力应比采煤机生产能力大些，具体视工作面开采条件和顶板压力而定。

（4）液压支架应达到的移架速度和液压系统流量。为了保证高产高效综采工作面采煤机连续割煤，整个工作面移架速度应不小于采煤机连续割煤的平均牵引速度。实践证明，移架速度高于采煤机牵引速度有利于高产高效。

采煤机平均牵引速度为

$$v_{\mathrm{S}} = \frac{Q_{\mathrm{h}} n_{\mathrm{t}}}{60 B M \rho C} \tag{10-10}$$

式中　n_{t}——每日工作时数。

工作面移架速度 v_y 为

$$v_y > K_y \cdot v_S \qquad (10-11)$$

式中 K_y——不均衡系数，1.17~1.22。

单位时间（每分钟）的移架数目为

$$N = \frac{v_y}{J}$$

式中 N——单位时间移架数目，架/min；

J——支架中心距，m。

支架的移架速度主要取决于支架液压系统的流量 Q_L，当所需移架速度确定后，则支架供液系统应具有的流量为

$$Q_L = \frac{1000 v_y K_f (n_1 s_1 F_1 + n_2 s_2 F_2 + n_2 s_2 F_3)}{J} \qquad (10-12)$$

式中 K_f——考虑漏油、窜液、调架同时用液的工况富余系数；

n_1——推移千斤顶个数；

s_1——支架移动步距，m；

F_1——推移千斤顶拉架时活塞作用面积，m^2；

n_2——立柱根数；

s_2——升柱降柱行程，m；

F_2——降柱时活塞作用面积，m^2；

F_3——升柱时活塞作用面积，m^2。

年产 3 Mt 的工作面，在采高 4.5 m 条件下，采煤机牵引速度应为 7.5 m/min，按式（10-12）计算，支架供液系统最低流量应为 168 L/min，因而应配备流量为 200 L/min 以上的包括乳化液泵、操作阀、泵箱、管路及连接件等的供液系统。

6. "三机"配套寿命

"三机"配套寿命是指综采工作面各单机设备的大修周期应该相互接近。高产高效要求工作面各种设备，特别是主要设备必须处于良好的运转状态。如果工作面生产过程中设备交替更换进行大修或"带病"运转，则必然影响高产高效的实现，也会对设备造成损坏。目前我国综采"三机"设备的配套寿命尚无统一标准，但一般要求设备产煤 10 Mt 以上大修一次。在工作面同时装备有国产设备和引进设备时，更应充分注意设备寿命的配套问题，以便充分发挥综采设备的整体效能。一般来说，大采高综采工作面要求单机寿命在 20 Mt 以上，以保证长推进距离采完一个工作面再进行设备大修。

第三节 大采高工作面外围环节设备配套选型应考虑的问题

依条件和生产能力对工作面设备进行"三机"正确配套选型后，对工作面外围环节设备（端头支架、刮板转载机、破碎机、可伸缩带式输送机、供液和供电设备等）与"三机"的配套选型，特别是运输设备与工作面生产能力的配套务必核对清楚。

一、采煤工作面端头支护与端头支架的选型

端头支架应具备适应所用综采工作面地质条件、巷道尺寸、配套设备及方便使用的性能，从配套性上看应满足下列要求。

1. 端头支架与刮板输送机机头的搭接关系

如图 10-2 所示，纵向空间距离 L_A 应满足

$$L_A \geq W_h + S_d + 200 \qquad (10-13)$$

式中　W_h——刮板输送机机头最大宽度，mm；

S_d——移架步距，mm。

工作面刮板输送机中心线与端头支架中心线垂直布置，机头在端头支架的纵向空间内纵向移动，刮板输送

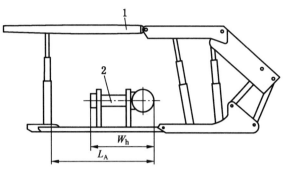

1—端头支架；2—输送机机头

图 10-2　端头支架与刮板输送机配套关系

机机头向前移动需依靠过渡支架，端头支架放置机头的纵向空间应大于机头横向最大尺寸与步距之和。

2. 端头支架与转载机的配套

对于中置式端头支架，转载机均放置在架体内，架体内放置转载机的槽宽应能适应所选型号的转载机宽度要求，连接转载机与端头支架的推移梁也应与所选型号的转载机配套。转载机是依靠端头支架所有推移千斤顶共同作用向前推进的，而端头支架的推移则是其中一架以另一架或另两架和转载机为支点向前推动，因此对端头支架的推移机构应实现同步推进，交替拉架。图 10-3 所示为偏置式推移梁结构。

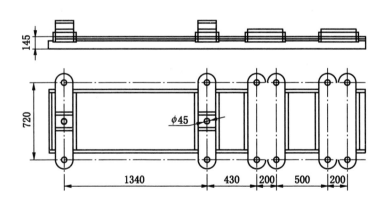

图 10-3　偏置式推移梁结构

3. 端头支架选型时应满足的技术要求

端头支架必须有足够的行人空间，保证人员安全通过，按端头液压支架技术条件要求，端头支架内最小通道宽度应大于 500 mm。

对于两架一组或三架一组的中置式或偏置式端头支架，整架应放置在巷道内，架体应有适应巷道尺寸变化的能力。

端头支架的拉架力应能在各种条件下顺利拉架，特别是综采工作面出现问题不能进行正规循环时，采煤机的冷却水、降尘水及采空区的大量淋水都会积存在下端头处，加上基本顶来压，端头支架会陷在煤泥中，工作条件逐渐恶化，拉架阻力会急剧增加，此时则需要较大的拉架力。推移千斤顶拉架力设计应按最恶劣条件考虑，一般应不小于端头支架架体总质量的 3 倍。

转载机的前移是依靠端头支架的推移千斤顶通过推移梁传递推动力来实现的。端头支架推移千斤顶所克服的阻力包括转载机与端头支架、可伸缩带式输送机之间的摩擦力，推移梁受巷道底板的阻力及其他附加力。一般情况下，端头支架推移机构的推力应大于 1.3 倍拉架力。

二、煤炭运输系统及设备配套选型

1. 对运输设备的选型要求

工作面刮板输送机生产能力必须大于工作面设计生产能力，其富余系数必须大于 1.2。

刮板转载机和破碎机的生产能力必须大于综采工作面刮板输送机设计生产能力，防止高峰期煤炭运不出去，限制工作面高产。

可伸缩带式输送机生产能力必须大于转载机生产能力，并保证缩短、移置带式输送机的装置可靠，不能因此限制工作面高产。

工作面刮板输送机上的采煤机导轨装置必须可靠。

工作面刮板输送机和转载机通用件可互换，包括破碎机、运输"三机"的寿命要保证一个高产高效工作面不予更换，特别是中板、链条和链轮强度要足够。

工作面刮板输送机和转载机的推移机构工作可靠，要保证推移速度与工作面推进速度相匹配，特别是工作面刮板输送机机头和转载机。

巷道底板软、不平整时，工作面运输设备应选用封底式中部槽。

为保证适宜的输送能力，必须装置大功率电动机、联轴节、可靠的启动装置。

为便于检查、维修、处理事故，要设中部槽观测孔及监测装置，以减少机器故障的停机时间，保证采煤机的开机率。

为保证工作面运输设备正常运转，电气设备要高度可靠，启动、停车、运转要安全。

2. 转载机选型原则

转载机运输能力应大于高产高效工作面输送机能力，其中部槽宽度或链速一般应大于工作面输送机。

转载机的机型，即机头传动装置、电动机类型、中部槽类型及刮板链类型，应尽量与工作面输送机机型一致，以便于日常维修及配件管理。

转载机机头槽接带式输送机的连接装置应与带式输送机机尾结构及搭接重叠长度相匹配，搭接处的最大机高要适应巷道动压后的支护高度；转载机高架段中部槽长度既要满足转载机前移重叠长度的要求，又要考虑工作面采后超前动压对巷道顶底板移近量的影响。

通常对于超前动压影响距离远且矿压显现剧烈的巷高较低的平巷，转载机应选用较长机身（架空段）及较大的功率。巷道易底鼓变形时，转载机应跨接在两侧的专用地轨上。

当平巷内水患大、带式输送机需要铺在巷道上帮侧时，转载机增设 S 形中间槽而使其机尾仍在巷道下帮侧，以保证工作面输送机进入运输巷，利用采煤机自开切口。

高产高效工作面快速推进要求转载机有良好的推移、锚固和行走机构，在选型时必须予以认真考虑。

3. 破碎机选型原则

破碎机的类型和破煤能力应满足高产高效工作面生产可能出现的大块煤岩等状况需要，一般选用轮式锤击式破碎机。

破碎机的结构应与所选转载机的结构尺寸相适应。

破碎机应与其安装位置相适应。

4. 可伸缩带式输送机选型原则

可伸缩带式输送机带宽、带速及其传动功率必须大于转载机运输能力的 1.2 倍。

带式输送机的单机许可铺设长度要与综采工作面的推进长度相适应，尽量少铺设输送机台板，必要时可选用多点驱动装置。

选型要考虑巷道顶底板条件，对于无淋水或底板无渗水、底板无底鼓的巷道，选用 H 架型落地式可伸缩带式输送机，否则宜选用绳架吊挂式带式输送机。

可伸缩带式输送机的信号及安全防护装置应以可靠为主。

5. 转载机和平巷可伸缩带式输送机与工作面刮板输送机的配套

转载机和平巷可伸缩带式输送机与工作面刮板输送机的配套是指运输能力上的配套，其原则是由里（工作面）向外（平巷）的运输设备能力后者大于前者。一般来说，转载机和可伸缩带式输送机运输能力要高于刮板输送机 15% ~ 20%。

6. 乳化液泵站及供液系统选型配套

当前我国大采高综采工作面选用的乳化液泵流量在 160 ~ 400 L/min，压力在 31.5 ~ 44.9 MPa，装机功率在 90 ~ 250 kW，配套液箱容量在 1000 ~ 2500 L。

乳化液泵站输出的液流压力应满足液压支架额定工作阻力的需要，并考虑管线阻力所造成的压降。乳化液泵输出的单机额定流量和泵的台数应满足工作面液压支架的操作需要，为了保证初撑力应做到快速移架、及时支撑。多台支架同时作业时需要足够的流量。乳化液泵站电动机选用电压等级应与工作面其他设备电压等级相一致。乳化液箱的容量应满足多台泵同时运行的需要。当设立固定乳化液泵站实行远距离向工作面液压设备供液时，要计算确定所用管路类型、口径和液流压降的损失，并确定所需的泵压和台数。我国大采高综采工作面一般选用三泵两箱供液系统，当前大采高工作面已发展到四泵两箱大流量自动控制自动补液补压泵，同时配备自动及清洗过滤站，以保证乳化液或浓缩液的清洁度。

7. 供电系统的选用

我国大采高综采矿井供电系统一般采用 3.3 kV 或 6.6 kV 电压下井，工作面电压为 3.3 kV 或 1140 V。随着大采高工作面几何尺寸的加大，为减少长电缆电压降，有的矿井入井电压已升到 10 kV，工作面电压升到 3.3 kV。

矿用隔爆型移动变电站多放置在轨道列车上，随工作面推进而移动。它向综采工作面及上下平巷供电，其额定电压为6600/3300 V或1140 V。移动变电站的型号和数量按实际负荷容量、电压等级、工作电流值等选取，我国多为1140 V。与此相配套的开关有高压侧FB-6型负荷开关、低压侧DZKB型馈电开关，隔爆干式变压器型号为KBSGZY。

第四节　依据回归方程推荐的大采高综采工作面设备配套选型

在推荐设备过程中应注意：

（1）液压支架工作阻力、架型和主要技术特征应按工作面顶底板岩性及矿压参数进行选取。

（2）采煤机应按工作面煤层坚硬程度及产量要求等进行选取。

（3）其他主要运输设备总装机功率应按产量要求进行匹配，比已在煤矿使用过的设备装机功率略有调整。

大采高综采工作面按回归方程推荐的综采成套主要设备见表10-3。

表10-3　大采高综采工作面按回归方程推荐的综采成套主要设备

月产量/ 10^4 t	依 $A = a + bx$ 回归方程计算值			按总装机功率计算值 W 推荐综采成套主要设备			
	总装机功率/kW $A = 0.04 + 0.0063W$	工作面长度/m $A = -21.4 + 0.21L$	月平均推进度/m $A = -4.8 + 0.14S$	液压支架	采煤机	刮板输送机	转载机
30	(R = 0.778) 4756	(R = 0.779) 245	(R = 0.742) 249	ZY6000/25/50	6LS-03 (1500 kW)	AFC-2×700 (1400 kW)	SBL-375 (375 kW)
20	3168	197	177	ZZ6400/24/47	MG2×400 (800 kW)	SGZ880/800 (800 kW)	SZZ880/220 (220 kW)

按总装机功率计算值 W 推荐综采成套主要设备		使用煤矿主要技术经济指标					
带式输送机	乳化液泵	使用煤矿	实际总装机功率/kW	采高/m	工作面长度/m	月平均推进度/m	平均月产量/t	顶板分类
SSJ1200/440 (1320 kW)	S200 (>125 kW)	神华补连塔矿	6400 (>4900)	4.5	240	156	338449	Ⅱ₂
SSJ1200/800 (800 kW)	MRB200/31.5 (125 kW)	铁法晓南矿	3050 (2750)	4.5	188	164	171298	Ⅱ₂

注：A平均值为12.37×10^4 t，W平均值为1951 kW，L平均值为160 m（R=相关系数），S平均值为124 m；平均采高为4.03 m，采高区间为3.6~4.5 m。

第十一章　大采高工作面设备配套选型的
相关技术研究

当今大采高工作面采高已达 7.0 m，工作面长度已达 360 m，推进长度在 4000 m 以上，电牵引采煤机功率已达 2500 kW 以上，刮板输送机功率已达 3000 kW 以上，大采高工作面设备总装机功率超过 5000 kW，因此应对供电系统及装备、设备搬家倒面及技术设备等进行改革和创新。

第一节　大采高工作面供电技术的发展及应用

大采高工作面供电系统主要由以下几个部分组成：可靠、优质、经济的电源，保护功能完善、灵敏度高的开关，电压输出稳定、损耗小的变压器，连接各种电气设备的动力电缆及各类用电设备等。

大采高工作面采高约为 4.5 m，工作面长度低于 200 m，推进长度不超过 2000 m，设备装机功率为 1000 ~ 1500 kW 时，采用 3300 V 或 6000 V 供电系统下井，工作面 1140 V 或 660 V 供电系统尚能使工作面综采设备安全运转。但当今大采高工作面几何尺寸和装机功率已大幅度提高，使用 1140 V 或 660 V 供电系统必然会造成电缆断面加大，并且会给电缆安装、维护和管理带来困难。因此须将入井电压提升至 10 kV，工作面电压升至 3.3 kV。

一、工作面 3.3 kV 供电系统

20 世纪 90 年代以来，在借鉴国外经验的基础上我国逐步改造和新建了一批大型现代化矿井，在这些矿井中电压升高至 3.3 kV，达到一井 1 ~ 2 个工作面，工作面年产达到 6.0 Mt 以上。目前，国内大部分高产高效综采工作面大都采用了 3.3 kV 供电系统。

1. 工作面 1.14 kV 供电系统的局限性

经常达不到功率大于 2×300 kW AFC 驱动装置启动扭矩的要求；采煤设备对供电功率的要求已使诸如巷道配电箱、拖曳电缆和电缆接头等供电设施的电流达到了极限；工作面的设计已受到可供给 AFC 驱动装置和采煤机功率极限的限制。

人们曾考虑过消除这些限制条件的方法，虽然增大供电设备的额定电流是能办到的，但因为需要重新设计和更新一些设备，而且更大截面的电缆拖曳移动起来十分困难，因此最好的办法是提高工作面设备的用电电压。

2. 选择 3.3 kV 电压的理由

我国煤矿在选择使用 3.3 kV 供电电压时考虑了以下因素：国外煤矿已有使用 3.3 kV 供电系统的现成设备及经验；3.3 kV 是我国承认的电压等级；具有在地面使用 3.3 kV 以

上设备的经验。

3. 电压升级为 3.3 kV 后的优点

在工作面设计中可采用功率大于 750 kW 以上的驱动装置；工作面电压的稳定性将大大提高；可减小移动电缆的尺寸，从而节约成本。

目前工作面 3.3 kV 供电设备（如防爆变压器和防爆组合开关等）的设计和生产都已经很成熟，并已经成功应用于我国各大煤矿，因此大采高工作面采用 3.3 kV 供电系统是我国煤矿发展的必然趋势。

二、10 kV 下井供电系统

1. 10 kV 和 6 kV 下井电压参数计算比较

电网输送能力与电压的计算公式为

$$S = \frac{U^2}{Z} \tag{11-1}$$

式中　S——导线的输送容量，kV·A；

　　　Z——导线的阻抗值，与导线的长度、截面有关，即 Z 为导线单位长度阻抗 Z_u 与导线长度 L 的乘积，Ω；

　　　U——电网电压，kV。

将下井供电电压由 6 kV 提高到 10 kV 时，根据式（11-1），则

$$(S \cdot Z)_{10} / (S \cdot Z)_{6} = (U_{10} / U_{6})^2 = 2.78$$

即
$$(S \cdot Z)_{10} = 2.78 (S \cdot Z)_{6} \tag{11-2}$$

式中　$(S \cdot Z)_{10}$、$(S \cdot Z)_{6}$——10 kV 与 6 kV 电网的输送容量和阻抗；

　　　U_{10}、U_{6}——10 kV 与 6 kV 电网电压。

从式（11-2）中可以看出，若电网输送容量和导线单位长度阻抗不变，则输送距离可以增长 2.78 倍；若线路阻抗不变，则输送容量可提高 2.78 倍。

2. 10 kV 和 6 kV 下井电压的经济性比较

提高电网输送能力，可取得如下经济技术效益：

（1）多数大型矿井需要在风井安装电缆供井下采区负荷，由于供电距离远，负荷大，6 kV 电压供电已不能满足要求，采用 10 kV 供电可提高供电能力和供电可靠性。

（2）下井电缆截面大约可减少 50%，可以节约相应的设备投资费用。

（3）减少电网的电力损耗。

（4）采用 10 kV 电压供电后，一些地面工矿企业可以省略 10/6 kV 变压环节，节约相应的配电设备投资。

经过多年来的技术创新改造，目前 10 kV 井下开关设备、变压器、电缆等电气设备的各项指标已能满足井下 10 kV 供电要求。正因为 10 kV 电压入井的诸多优点，我国厚煤层大采高工作面均采取 10 kV 供电电压直接入井。

总之，对于发展中的大采高工作面，工作面采用 1140 V 供电系统存有不少问题，而改为 3.3 kV 供电系统是有根据的。地面采用 10 kV 下井供电系统表明技术上是合理的，经济上是有效的。

三、大采高工作面供电设备

随着大采高工作面液压支架、采煤机、刮板输送机等设备装备水平不断提高，与之配套使用的供电设备也应不断完善，因此研究使用新型矿用隔爆型高压真空配电装置、大容量矿用隔爆型移动变电站、智能组合开关、智能型真空电磁启动器等技术先进的矿用隔爆型设备是大采高工作面供电技术发展的必然要求。

1. 新型矿用隔爆型高压真空配电装置

新型矿用隔爆型高压真空配电装置是煤矿井下馈送电的重要设备。随着 10 kV 下井技术的发展、大采高工作面电动机单机容量的增大及全矿井自动化的实施，对井下配电装置的设计提出了更高的要求，所以研制高可靠性、智能化的新型矿用隔爆型高压真空配电装置是技术发展的需要。

新型矿用隔爆型高压配电装置采用永磁操作机构断路器代替弹簧操作机构断路器、固封极柱灭弧室和智能综合保护器，较以往使用的高爆开关故障明显减少，保护灵敏可靠，操作简单，性能稳定，维修方便，大大提高了供电的安全性、可靠性，保证了各用电区域的正常供电，提高了生产效率，特别是对移动变电站的可靠供电及保护发挥了重要作用，有力保障了安全生产。

2. 10 kV 大容量矿用隔爆型移动变电站

随着采煤机单机容量的增大，特别是大采高工作面总装机容量的急剧增加，对供电设备的要求越来越高。矿用隔爆型移动变电站是高产高效综合机械化采煤的主要供电设备，因此研究性能可靠、技术先进的高电压、大容量移动变电站是实现大采高高效综采必须解决的问题。

新型 10 kV 大容量矿用隔爆型移动变电站采用大容量干式变压器，其容量可达 6300 kV·A；低压侧采用低压综合保护箱，保护箱不带开关，保护器采用 PLC 可编程智能化综合保护；高压侧采用高压真空开关，并且由单纯的手动合闸发展到手动、电动双重合闸，保护器采用 PLC 可编程控制器和液晶显示器系统，具有过载、断路、断相、过压、欠压、超温、急停、低压侧后备等保护功能。

国内新型 10 kV 大容量 6300 kV·A/10/3.3 型矿用隔爆移动变电站已在神华集团神东公司投入使用，为煤矿井下供电提供了更安全、可靠的保障，为我国大采高工作面供电技术的发展起到了积极作用。

3. 智能型大容量多组合组合开关

组合开关是对综采工作面主要负荷进行集中控制与保护的电气设备，可以提高设备的自动化程度，实现多台电动机之间的逻辑控制关系，是真空电磁启动器的更新换代产品。其性能的优劣直接关系着被控电动机运行的可靠性和安全性，乃至整个综采工作面的生产状况。因此，研制多回路、多控制方式，智能化程度高，具有通信及监测功能，具有工作面设备联动控制功能的组合开关，有利于工作面供电设备的压缩，同时也能提升整个工作面供电设备的可靠性。

随着煤矿井下工作面工作电压的提升，很多防爆开关生产厂家已经设计出适用于电压 3.3 kV 供电系统的 KJZ 系列智能矿用隔爆兼本质安全型真空组合开关，该组合开关是专为综采工作面大功率机电设备设计的全数字控制智能组合启动控制设备，能对工作面采煤

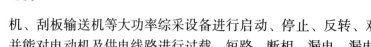

机、刮板输送机等大功率综采设备进行启动、停止、反转、双速切换及主、从顺序控制，并能对电动机及供电线路进行过载、短路、断相、漏电、漏电闭锁、高压绝缘监视、接触器粘连、过压、欠压保护。3.3 kV 组合开关可内置采煤机监测、显示装置，能与 TTT 和 CST 刮板软启动装置配套使用，并能实现采煤机和输送机的数据传输。

工作面生产的运行情况表明，KJZ 系列智能型矿用隔爆兼本质安全型真空组合开关性能可靠，能满足井下大采高工作面大功率采煤设备的控制和保护功能。

四、大采高工作面供电设备选型

随着大采高配套设备、供电及自动化控制技术的发展，一些大型矿井大采高工作面所用的输送机和采煤机等机械设备均采用 3.3 kV 电压供电，并大量采用高集成度的负荷中心或更高集成度的配电变压器和负荷中心为一体的新型设备，改善了采区电网和工作面大功率电气设备的运行工况。

某一工作面长度为 300 m，走向长约 3200 m，采高为 5.0 ~ 6.8 m，设计生产能力为 12 Mt/a。工作面配备有 ZY17000/32/70D 型中间支架，SL1000 型采煤机，SGZ1400/4500 型刮板输送机，SZZ1600/700 型转载机，PLM6000 型破碎机，S500 型乳化液泵站，S300 型喷雾泵站。工作面供电系统高压为 10 kV，低压为 3.3 kV 和 1140 V，其中采煤机、刮板输送机、转载机和破碎机采用 3.3 kV 电压供电，其余电气设备采用 1140 V 电压供电。

工作面用移动变电站和组合开关配套结果分别见表 11 - 1 和表 11 - 2。

表 11-1　工作面用移动变电站

编　号	规格、型号	数量/台	负 荷 设 备
YB - 1	KBSGZY - 4000/10/3.45	1	采煤机、转载机、破碎机
YB - 2	KBSGZY - 5000/10/3.45	1	刮板输送机
YB - 3	KBSGZY - 1250/10/1.2	1	乳化液泵站、喷雾泵站
YB - 4	KBSGZY - 1600/10/1.2	1	巷道带式输送机

表 11-2　工作面用组合开关

编　号	型　号	数量/台	控制和保护设备
ZH - 1	KJZ3 - 600/3300 - 2	1	采煤机
ZH - 2	KJZ3 - 1200/3300 - 6	1	转载机、破碎机
ZH - 3	KJZ3 - 1400/3300 - 6	1	刮板输送机
ZH - 4	KJZ - 1500/1140 - 9	1	乳化液泵站、喷雾泵站

第二节　大采高工作面设备搬家倒面及相关技术发展

近年来，大采高工作面产量飞速增长，其工作面几何尺寸不断加大，综采成套设备重量不断增加，液压支架等单机重量也在增加，因此工作面设备搬家倒面的任务加重了很多。回采推进速度的提高，要求综采工作面接续时间越来越短，由以前的一年搬家一次缩短到一年2次或3次以上，煤矿对搬家所耽误的非出煤生产时间越来越关注。事实上，由于搬家时间过长给煤矿造成的非生产性损失也非常大，因此缩短综采工作面设备搬家时间，提高采区接续率和综采设备开机率是现代化矿井必须面对的问题之一。

一、国内外综采工作面设备搬家现状

国内外传统的综采工作面设备搬家基本上以绞车、蓄电池机车、轨道平板车等分散落后的传统辅助运输方式为主，运输环节多，系统复杂，安全性差，占用了大量设备和劳动力。据统计，在美国用传统方法搬运安装一套综采设备需4~6周时间，以全年产量考虑，由于综采工作面搬家产量损失高达10%~15%。

国外使用综采工作面快速搬家设备始于20世纪70年代，在美国，由于综采工作面快速搬家成套设备的使用，在采用先进回撤工艺的基础上实行"面到面"快速搬迁，综采工作面搬家时间已由早期的4~6周缩短到现在的1周。近年来，综采工作面快速搬家成套设备和根据各矿区地质条件采用的多点、双点、单点回撤工艺技术已经在美国、澳大利亚、南非等采煤大国得到普及应用，并取得了显著的经济效益。经过多年的发展，国外一些技术先进的煤机厂商也相继推出了各自有代表性的产品，如BOATLONGYEAR的框架式车、DBT的多功能车、SANDVIK的铲板式车等。目前，这些产品在我国都有引进，并对煤矿综采工作面搬家发挥了重要作用，但其整机及配件价格高、备件供应时间长、售后服务不及时等问题也给用户带来许多不便。

20世纪90年代，我国神华集团开始引进国外先进的综采工作面快速搬家成套设备用于综采工作面设备搬家，并配合先进的辅巷多通道回撤工艺，取得了非常明显的效果，使我国煤矿综采设备快速搬迁技术实现了飞跃式发展。在其影响带动下，国内其他煤矿，如晋煤集团寺河矿、朔州安家岭矿、兖州济三矿等先后引进以支架搬运车为主的综采工作面快速搬家设备，均取得了显著效果。

二、我国大采高工作面快速搬家成套设备及技术

我国大采高工作面设备总重近万吨，其中液压支架重量已发展到50 t以上（采高达7.0 m），工作面端头支架重量超过50 t，工作面长度已由150 m提高到360 m，支架数量由100架左右提高到近200架。支架总重由1500 t增加到8000 t以上，提高了5倍多。如此重量级设备采用原始的搬家工艺和搬家设备进行5000~10000 m的搬运是难以想象的，因此必须根据科学的回撤工艺技术，采用先进的综采工作面快速搬家成套设备对综采工作面液压支架、刮板输送机、采煤机、转载机、破碎机、移动变电站列车等设备进行"面到面"的快速搬迁。

1. 综采液压支架的搬运

液压支架占综采工作面设备总重的80%以上，液压支架的搬运是综采工作面回撤搬家的关键工序，其搬运时间占工作面全部设备搬家时间的70%，并且其技术难度和风险性也是最大的。在以无轨胶轮辅助运输的现代化矿井中，液压支架的搬运通常采用专用支架搬运车来实现。支架搬运车是在煤矿井下专门用于搬运液压支架的以电动机为动力的特

种运输车辆，是实现工作面快速搬家的有效设备，具有载重能力大、运行速度快、机动灵活、爬坡度大等优点，可以实现不转载运输，节约大量辅助运输人员，极大地提高运输效率。

支架搬运车按承载结构形式分为铲板式支架搬运车、U 形框架式支架搬运车和平板拖车式支架搬运车。

铲板式支架搬运车如图 11 - 1 所示，其特点是以铲板为承载单元，装卸灵活，不仅可以搬运支架，而且可以搬运其他物料，属于多功能车类，缺点是机身长，自重大，重心高，所以运行稳定性较低。铲板式支架搬运车主要用于支架短距离运输和摆放，不太适合长距离搬运作业。

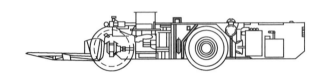

图 11 - 1　铲板式支架搬运车

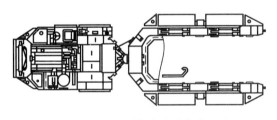

图 11 - 2　U 形框架式支架搬运车

U 形框架式支架搬运车如图 11 - 2 所示，以带四轮驱动的 U 形框架作为支架承载单元，采用 4 套起吊装置将支架直接悬挂并用夹紧机构固定，具有自重轻、重心低、运行平稳、装卸方便快捷、转运速度快、井下适应性好等优点。U 形框架式支架搬运车是目前主要的支架搬运设备，特别适合于长距离搬运作业。

平板拖车式支架搬运车结合了铲板式支架搬运车和 U 形框架式支架搬运车的特点，由牵引车和拖车组成。拖车为带承载桥段封底箱式结构，是支架承载体。该车的主要缺点是：①由于拖车底板高，所以支架重心高，运行稳定性较差；②拖车本身无驱动装置，在重载情况下牵引车容易打滑，所以爬坡能力受限；③由于拖车底板高，支架装卸必须依靠绞车牵引，所以在安全性和方便性方面不及前面两种方式的支架搬运车。但该车在牵引车前端配置了能够方便拆卸的铲板装置，在不搬运支架的情况下，可以作为搬运其他设备的多功能车辆使用。

国内第一台 WC40Y 型框架式支架搬运车适合在巷宽 4 m、液压支架中心距为 1.75 m 的条件下使用。其主要性能指标不低于同类进口机型。

2. 采煤机和移动变电站列车的搬运

采煤机是综采工作面单机吨位最大的设备，也是搬运最困难的设备。传统的综采工作面搬家中一般采用铺设轨道的方式（或铺设地面铁轨，或临时架设单轨吊车），为此需要进行大量的准备工作，耗费大量工时和材料。随着采煤机吨位的逐渐加大，传统的搬运方式已不能适应现代化矿井的需求，因此在大型现代化矿井目前普遍采用无轨胶轮车辅助运输的方式搬运采煤机。

目前国内外还没有专用于采煤机搬运的设备，我国神华集团各煤炭公司采用以蓄电池为动力的铲板式支架搬运车搬运采煤机。蓄电池为动力的铲板式支架搬运车具有很好的承载稳定性，不必另外布置配重，以蓄电池组为其动力，平均过载能力大（可达额定值的 3.5 倍），尤其适合井下恶劣环境条件，且无噪声，无有害气体排放，不会造成环境污染。

目前采煤机的搬家工艺是将采煤机前后摇臂和破碎机拆掉，采用两台以蓄电池为动力的铲板式支架搬运车将采煤机及其下面的 5 节中部槽从头尾两点整体抬出工作面并直接转移到新工作面（图 11 - 3），已拆卸的摇臂和破碎机采

图 11 - 3　采煤机搬运

用铲板式支架搬运车铲运到新工作面。这样不仅避免了铺设轨道的准备工序，节约了成本，而且实现了采煤机的不转运搬迁。一般情况下，采煤机的搬运时间最长不超过两个班，在神华集团神东公司，大部分矿井只需要一个班就可完成搬家，仅相当于传统搬运方式耗时的 1/10。

采用两台以蓄电池为动力的铲板式支架搬运车抬运采煤机的搬运方式简单快捷，但需要两台车前后步调一致行进，否则极易造成采煤机滑落，并且由于采煤机吨位较大，两台铲板式支架搬运车几乎全程处于过载状态，对其寿命有较大影响，铲板与轮胎损坏比较严重，因此国外某些煤机企业开始研究用于采煤机搬家的专用设备，实现采煤机安全搬迁。但由于这些设备体积和重量过于庞大，对巷道有比较严格的要求，因此其在井下的适应性还有待优化，目前正在开发此类车型。

移动变电站列车拆解以后的移动变电站、乳化液泵、乳化液箱、开关及综采工作面转载机、破碎机、带式输送机等均可采用 WC25EJ 型铲板式支架搬运车铲运。新型 WC40Y（B）型封底式多功能运输车可满足除采煤机以外的所有综采工作面设备与物料的搬迁。

3. 刮板输送机的搬运

综采工作面采到终采线后，应首先将工作面运输巷或回风巷中的所有设备提前搬走，以便使车辆接近综采"三机"（采煤机、刮板输送机、液压支架），综采"三机"的搬家顺序是先将刮板输送机撤出，撤出方式为首先将机头机尾拆解，然后采用 WC25EJ 型铲板式支架搬运车分别铲运到新工作面。中部槽的搬运受到终采线附近顶板支护方式的局限，目前终采线附近顶板大多采用单体支柱配合钢梁或垛式支架支护方式，因此撤中部槽的设备应充分考虑到支护设备的影响，外形尺寸应尽量小型化，以满足移动灵活、方便、适应性强的要求。为此专门开发了 WC4EJ 型 4 t 多功能叉车（图 11 - 4），该叉车结构小巧，具备装载、铲叉、举升、放输送带（电缆）等功能，可以在较小的

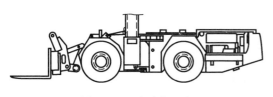

图 11 - 4　多功能叉车

空间内完成各种作业。使用该车可以很方便地将中部槽从工作面转移出去，移出工作面的中部槽采用普通运料低污染胶轮车再转运到新工作面。

4. 无轨胶轮车运输

1）优点

上述大采高综采设备的运输设备均是无轨胶轮车。从国内外使用情况来看，采用无轨胶轮车辅助运输为提高矿井生产能力创造了有利条件，解决了煤矿长期以来辅助运输制约生产能力的瓶颈问题，并在生产上取得了很好的成效。神东矿区无轨防爆胶轮车的成功应用，证明了无轨辅助运输的确有着传统轨道运输无可比拟的优势。

（1）运输效率高。可实现一次装卸后从地面直到采区工作面或从井口至采区工作面不经转载的直达运输，运输速度快，运输能力大，从而可节省大量辅助运输人员，并可提高运输效率。

（2）多用途。无轨辅助运输车辆按用途不同有运输类车、铲运类车和特种车，每种车型在井下均可承担各种不同任务，使用范围较广。

（3）车型多。应用范围广，可实现一机多用，并可集铲装、运输和卸载功能于一体。综采工作面设备搬迁时可自装自卸，拆除、铲装、运输、卸载和调整就位一机完成，既减轻了工人的劳动强度，又大幅度提高了生产效率和安全性。

（4）爬坡能力强。最大重载下可爬14°的坡，完全可以在水平煤层与近水平煤层中使用。

（5）实现了安全运输。无轨胶轮车性能良好，机动灵活，操作简单，装卸方便，大大减轻了工人的劳动强度，基本杜绝了人身伤亡事故。

（6）巷道布置简单。只需对底板硬化，不需要太多的辅助设施，可以将辅助运输从地轨、绞车等有轨系统中彻底解放出来。

（7）载重能力大。重型车可整体运输液压支架等大型设备，运输能力可达35 t。轻型车可运输材料及人员，一车最多可运25 ~ 40人；也可载运14 ~ 20 t矸石，在20 s内完成自卸作业。

（8）运输成本低。传统的辅助运输系统运营费用占吨煤成本的15% ~ 20%，为10 ~ 20元；而无轨胶轮车在神华集团大柳塔煤矿使用时吨煤运输费用仅为1元，远低于传统辅助运输方式，从而降低了吨煤成本。

2）无轨胶轮车的技术特征

神东公司从1994年开始购进各种类型的无轨胶轮车几百台，全矿区已基本实现了无轨胶轮车辅助运输，大大提高了矿井生产的技术经济效益。中煤科工集团太原研究院是国内研制无轨胶轮车技术与装备最早的单位，起步于1997年，经过十余年的探索和发展，目前已成为我国最大的防爆无轨胶轮车研发和生产企业。已研究成功和批量生产出二十余种型号的防爆无轨胶轮车，其部分车型主要技术参数见表11 - 3。

3）适用条件及应用

无轨胶轮车的长、宽较大，自重、载重量大，车轮对底板的比压较高，因此要求井下行走无轨胶轮车的巷道宽度及底板的抗压强度必须满足其正常的运行条件。

行走无轨胶轮车的巷道，一般路面底板硬度不小于4。采用混凝土铺设底板时纵向坡度最好不大于7°，横向坡度为3° ~ 5°。

表 11-3　部分国产无轨胶轮车主要技术参数

名　称	人　车	材料车	自卸车	洒水车	指挥车
型号	WrC20/2J	WqC3J（A）	WqC3J	WqC3J-S	WqC2J
结构形式	平头单排客厢式	长头单排平板式	平头单排自卸式	平头单排式	平头双排平板式
整车装备质量/kg	4620	4350	4200	4500	3340
驱动方式	4×2 后双轮驱动	4×2 后双轮驱动	4×2 后双轮驱动	4×2 后双轮驱动	4×2 后双轮驱动
外形尺寸/(m×m×m)	6.06×1.98×2.2	5.98×1.95×1.8	5.7×1.98×2.2	5.9×1.95×2.1	4.85×1.88×2.15
爬坡能力/(°)	14	14	14	14	14
最小地隙/mm	210	190	210	200	210
最小转弯半径/m	7.5	7.5	7.5	7.5	6
最高车速（满载）/(km·h^{-1})	29	27	29	29	27

巷道最小宽度应满足多功能车和支架搬运车的宽度，一般每侧还要留有不小于300 mm 的安全间隙。

巷道转弯最小外半径不小于 8 m，行驶巷道的通风量不小于 500 m³/min。

巷道最小高度应以运送液压支架搬运车的高度为准，并距离顶板不小于 250 mm。

新建矿井最好采用连续采煤机多条巷道掘进，每隔 50 m 设一联络巷，便于无轨胶轮车掉头转向，双向运输；巷道采用矩形，锚喷支护；巷道宽度为 4.5~5.5 m，高度不小于 3.2 m，采用混凝土路面；巷道最大坡度不超过 10°，并有完善的行车标志。

除去用引进设备搬运前述大采高综采工作面主要设备外，还可利用国产无轨胶轮车进行材料、设备、人员等运送工作。

（1）材料的运输。井下所需各种材料按照材料的形状一般要求集装化运输，对于小型的或一次需用量较少的散装材料（如采掘工作面用的锚杆、水泥、沙子、木材、管材及所用工具等），一般利用 WqC3J(A) 型无轨胶轮车运输。该车一次运量可达 3 t，能够满足井下各工作地点日常材料的供应。对于一些用量大、体积大的材料，可用 WC5、W8 型无轨胶轮车来完成，WC5 型无轨胶轮车一次所载货物可达 5 t，W8 型无轨胶轮车一次所载货物可达 8 t。

（2）设备的运输。对于综采工作面回采巷道中所需运输的物料及小型设备，且外形尺寸不超过 5250 mm×1800 mm×2000 mm，均可利用 WC2 型无轨胶轮车或轻型无轨胶轮车直接运输。对于特重型设备（如采煤机），可以利用 CJB-100 型采煤机搬运车进行运输。按照无轨胶轮车的载重能力，40 t 以下的支架或设备均可用 WC40Y 型框架式支架搬运车和 WC25 型铲板式支架搬运车运输。

（3）人员的运输。工人在上下班过程中把大量体力和时间消耗在路途中，这种损失是无形的。随着井型和开拓范围的不断扩大，运输距离越来越长，这个问题会更加突出。

用 WrC20/2J 型防爆无轨胶轮车运输人员，配置 20 人座的乘人车厢，实测运人平均时速为 20 km/h，乘车站设在等候室，既可以增加人员的安全性和舒适性，又可以提高工人的工作效率。

用无轨胶轮车运送人员不仅避免了工人远距离行走消耗体力，而且速度快，舒适度高，减少了现场交接班时间，同时也提高了工人上班时的工作效率。

第三节 大采高工作面开切眼及设备回撤通道开掘和支护技术

随着大采高工作面几何参数的加大，综采成套设备尺寸的增大和重量的加重，生产能力的增加，工作面推进速度的加快，因此需要快速安装设备和搬家倒面，这就为开切眼和回撤通道的尺寸、施工及支护提出了新的要求。一般开切眼高和宽取决于设备尺寸和要求的安全间隙，不同采高，开切眼规格、施工方法及支护方式也不同。

一、采高 4.5 m 左右的大采高工作面开切眼开掘及支护技术

如大同煤矿集团公司四老沟矿采用 ZZ9900/29.5/50 型液压支架的工作面，开切眼宽 8.4 m，高 3.8 m，具有断面大、控顶面积大、维修时间长等特点。为实现大采高工作面设备安全、快速地安装及开切眼支护费用节省等目标，要求开切眼施工中在保证顶板完整性、减少对围岩震动破坏的同时实行快速施工。

大断面开切眼巷道施工分两次掘进成巷，采用先导硐后扩帮顶施工方法，采用综掘机组掘进扩帮。导硐掘进先将开切眼采空区侧的一半（巷宽 4.2 m）施工出来，退回综掘机，扩帮掘进，再将剩余一半（巷宽 4.2 m）施工完成。

大断面开切眼在支护设计中充分利用了顶板岩层的自承能力，采用锚杆、锚索联合支护方式，将顶板岩层、锚杆、锚索结合成为一个共同的整体。在实际应用中，不要求锚杆一定要伸入稳定岩层中，但锚杆要有合理的长度、直径及可靠的锚固力。锚杆长度和间距之间应满足某种关系，使巷道围岩在锚杆、锚索的约束作用下达到平衡和稳定。结合巷道顶板的具体条件计算锚杆支护参数，最终确定开切眼支护选用长 2 m、直径为 18 mm 的树脂锚杆，锚杆排距为 1.0 m，间距为 0.9 m。锚索支护作用是通过锚索的预紧力限制围岩有害变形的发展，从而保持围岩稳定。

根据巷道顶板钻孔岩样试验分析，工作面顶板各岩层强度指标变化很大，岩层水平层理发育，分层厚度小，而且富含煤线，整体性差。参照本矿相同顶板条件下井巷工程的实践，该类顶板在深度为 3~4.5 m 位置有弱面发育，极易造成下部顶板离层和漏冒。因此工作面开切眼巷道必须使用锚索进行补强加固支护，选取长 6.3 m、直径为 15.24 mm 的锚索，间距为 3 m，排距为 1.6 m。

二、采高 6.5 m 左右的大采高工作面开切眼开掘及支护技术

如淮南矿业集团潘一矿采用 ZY10800/30/65 型液压支架的工作面，开切眼有效宽度达 9 m（煤机窝处最大宽度达 12 m），平均高度为 4.2 m。

1. 施工工艺

为更好地控制顶板及两帮，整个开切眼分两次掘进。初次掘进宽度为 5000 mm，高度

为 3200 mm；第二次掘进宽度为 4000（7000）mm，高度以短距离"正台阶"推进。

初次掘进施工工艺：①安全检查（顶板、瓦斯、工程质量、探头位置等）；②综掘机切割（初次切割高度为 3.2 m）；③"敲帮问顶"，除掉活矸并找平顶板；④挂顶部金属网，并联网；⑤用挑梁器上顶部槽钢梁，然后采用 DWB35 - 30/100 型单体液压支柱进行临时支护；⑥打顶部锚（杆）索眼；⑦安装顶部锚（杆）索；⑧刷帮，铺巷帮金属网、钢带、槽钢，打帮部主支护的上部 3 排锚杆及辅支护的锚杆、锚索，主支护钢带沿横向铺设，辅支护槽钢沿纵向铺设；⑨掘进贯通后掀、拆出货设备；⑩后退综掘机至开切眼下口；⑪自下向上铲底（达 4.2 m 高），打帮部主支护的下部两排锚杆；⑫再次掀、拆出货设备及后退综掘机；⑬拉线施工第 1、2、3 道挑棚（一梁四柱）和第 1 排木垛。

第 2 次掘进施工工艺：①～⑧道工序与初次掘进相同，从第⑨道工序开始为每向前推进 30 m 后退综掘机铲底至 4.2 m 高；⑩打帮部主支护的下部 2 排锚杆；⑪拉线施工第 4、5 道挑棚（一梁四柱）和第 2 排木垛。

2. 支护方式选择

在仔细分析顶板岩性及上下风巷围岩应力分布情况后，参考其他普通大采高工作面支架组装硐室（宽 × 高 = 5000 mm × 6000 mm）锚网索支护经验，决定采用锚网索加挑棚和木垛联合支护。理由主要有 3 个：一是该开切眼 13 - 1 煤层基本顶是厚层中细砂岩，能通过长锚索将锚固端锚入较稳定的中细砂岩中，实现顶板表层应力向深部转移。二是在采用高强度、高刚度锚网索支护的基础上，通过走向挑棚、木垛的辅助支护，可以达到减小开切眼跨度，提高锚网索支护安全性的目的，尤其是开切眼中下部断层群分布区，连续的挑棚、木垛辅助支撑，将在一定程度上改善顶板岩层结构的整体性。三是该矿在普通大采高工作面煤巷掘进支架组装硐室的锚网索支护有一定经验，对 13 - 1 煤层顶板、两帮煤体开掘后的应力分布及矿压显现规律比较清楚，有利于调整支护方案。开切眼支护方案如图 11 - 5 所示。

3. 主要支护参数

（1）锚索规格为 $\phi18$ mm × 6200 mm，顶板每排（0.8 m 控顶距）布置 9 根；巷道东帮上部（2.4 m 控帮距）各布置 1 根。

（2）锚杆规格为 $\phi20$ mm × 2500 mm 高强螺纹钢锚杆及 $\phi20$ mm × 2500 mm 树脂锚杆，顶板每排布置 3 根，开切眼东帮主支护每排布置 5 根，与锚索同排；辅助支护每 2.4 m 布置 2 根。开切眼西帮从顶至底每排布置 5 根，与锚索同排，高强螺纹钢锚杆与树脂锚杆间隔使用。

（3）钢梁为 12 号槽钢，顶板 L_1 = 4800 mm，L_2 = 4400 mm，巷帮 L_3 = 2700 mm。

（4）巷帮钢带为 Q235，规格为 1900 mm × 200 mm × 3 mm（横向布置）。

（5）顶部托板（A3 钢加工）规格为 140 mm × 90 mm × 10 mm，帮部托板（旧 29U 型钢加工）规格为 150 mm × 120 mm × 10 mm。

（6）金属网为 10 号铁丝编制，规格根据巷道断面确定。

（7）锚固剂型号为 Z2355，顶部锚杆每孔 2 卷，帮部 1 卷；锚索每孔 4 卷。

（8）顶板锚索间排距为 900 mm × 800 mm × 800 mm，锚杆间排距为 4500 mm × 4000 mm × 800 mm。

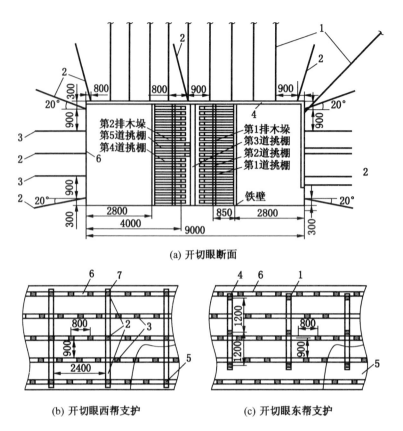

(a) 开切眼断面

(b) 开切眼西帮支护   (c) 开切眼东帮支护

1—锚索 ϕ22 mm×6200 mm；2—高强度锚杆 ϕ20 mm×2500 mm；3—树脂锚杆 ϕ20 mm×2500 mm；
4—12 号槽钢梁；5—金属网；6—Q235 钢带；7—ϕ16 mm 钢筋梯子梁

图 11-5 开切眼支护方案

（9）帮部主支护锚杆间排距为 900 mm×800 mm，辅助支护锚杆间排距为 1200 mm×2400 mm。

（10）正常宽度（9000 mm）布置 5 道挑棚，煤机窝处布置 6 道。棚梁为 11 号工字钢，长度为 4500 mm。第 1 道距开切眼东帮 2800 mm，其余 4 道间距为 850 mm。

（11）每根挑棚梁上打 4 根支柱，中部支柱为 ϕ180 mm×4400 mm 圆木，其余 3 根为 DW45 型单体液压支柱。

（12）木垛采用优质道木，长×宽×高=1600 mm×200 mm×200 mm，两排，沿开切眼居中位置交错布置。正常段间距为 10 m，应力集中区间距为 5 m。道木的层与层钉牢。

（13）锚索锚固力不小于 200 kN，顶锚杆锚固力不小于 100 kN，巷帮锚杆锚固力不小于 60 kN，树脂锚固剂黏结强度不小于 4 MPa，锚索安装预紧力不小于 100 kN，锚杆安装扭矩不小于 180N·m。

三、停采支护技术

大同煤矿集团公司四老沟矿为确保工作面所有设备顺利、快速撤退，必须保证停采期间顶板完整、设备撤退的空间足够大，并且要避开工作面周期来压。相对普通综采而言，大采高设备功率大，吨位重，尤其是 ZZ9900/29.5/50 型液压支架，外形尺寸达 7.8 m × 1.75 m × 3.0 m（长×宽×高）。实践表明，支架撤架要求的回转空间为 8393 mm，因而机道宽度不低于 4.5 m、停采高度不低于 4.5 m 才能确保支架顺利撤出。由于工作面设备回撤至少需要一个月，要维护好如此大的撤退空间，对顶板支护方式提出了更高的要求。为此，确定工作面停采长度为 17 m，切顶线至停采煤壁距离为 10 m，采取锚索、锚索组、金属网、钢丝绳联合支护。

（1）铺网。根据支架的外形尺寸及机道宽度，工作面距终采线 17 m 时开始铺网，网为 10 m × 1.3 m（长×宽）的菱形金属网，搭接宽度为 200 mm。从采空区压网 2 茬到机道煤壁护帮 3 茬，共铺网 20 茬，其中从采空区至支架顶梁端 13 茬采用双层网来增强金属网的强度（以防撤架时扯破网），其余为单层。金属网将整个机道空间和煤壁护严，并将金属网头压入采空区 1 m。铺网过程中对应位置挂设锚索。锚索组、煤壁网用锚杆固定。

（2）网下铺设钢丝绳。铺网时在网下从工作面头至尾铺 3～5 根 ϕ41 mm 的钢丝绳，停采后钢丝绳处于支架主梁上，钢丝绳头尾两端用卡子固定于预先设定的工字钢梁上，工

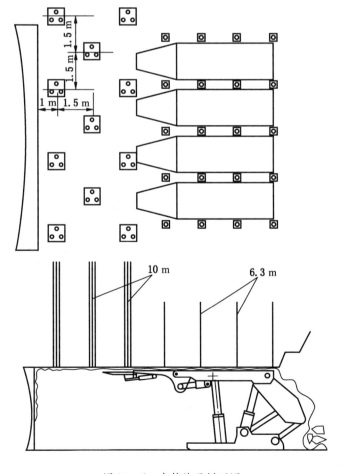

图 11 - 6 支护的平剖面图

字钢梁（长 5 m）用 6 根 ϕ17.8 mm 锚索固定在工作面头尾顶板上，钢丝绳与金属网每 0.5 m 用 8 号铅丝扭结固定。

（3）停采机道支护。当铺网长度达到 7 m 时，需要在机道内进行支护作业。支架切顶线至停采煤壁的顶板采用 7 排锚索、锚索组支护，排距为 1.5 m。其中从切顶线的第 1 排至主梁上方的第 4 排采用 ϕ15.24 mm、长 6.3 m 的锚索，间距为 1.75 m；机道第 5 排至第 7 排采用锚索组，每 3 根长 10 m、直径为 17.8 mm 的锚索为 1 组，组间距为 3.0 m，特制 500 mm×500 mm×12 mm（长×宽×厚）的三孔铁托板，锚索组"五花"布置；第 7 排距煤壁 1 m。支护的平剖面图如图 11 - 6 所示。

（4）煤壁支护。煤壁挂设 3 排护帮锚杆及金属网，圆钢树脂锚杆直径为 18 mm，长 2 m，排距为 1.2 m，间距为 2.0 m。第 1 排距顶 0.2 m，3 排锚杆呈"五花"布置。

四、大采高工作面大断面回撤通道联合支护技术

寺河煤矿为加快工作面设备回撤和安装速度，提高矿井产量和效益，在 S102 工作面采用预掘回撤通道方式进行回撤。回撤通道为宽 5.5 m、高 4.0 m 的大断面矩形巷道。工作面采高为 5.5 m，煤层厚度为 6～6.4 m，平均厚度为 6.2 m，回撤通道基本上沿煤层顶板掘进，底煤松软。回撤通道采用锚梁网索联合支护，如图 11 - 7 所示。

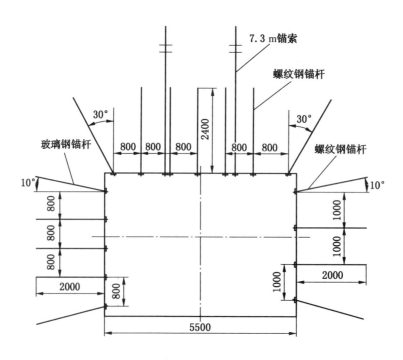

图 11 - 7 回撤通道支护方式

1. 顶板支护

采用的锚杆杆体为 20 号左旋无纵筋螺纹钢筋，杆尾螺纹为 M22，长度为 2400 mm。锚杆配合菱形金属网护顶。靠近巷帮的顶板锚杆安设角度与垂线成 30°，排距为 0.8 m，

每排7根锚杆，间距为0.8 m。树脂加长锚固采用2支锚固剂，一支规格为K2335，另一支规格为Z2360，钻孔直径为28 mm，锚固长度为1300 mm。钢筋托梁采用 ϕ16 mm 的钢筋焊接而成，配合拱形高强度托盘，同时配合长7.3 m的单根钢绞线及直径为5.24 mm的锚索补强支护。采用3支锚固剂，一支规格为K2335，其余两支规格为Z2360。锚索排距为3.0 m，每排2根，间距为3.0 m。

2. 采空区侧帮支护

采用长2.0 m、直径为18 mm 的螺纹钢锚杆，杆尾螺纹规格为M20，排距为0.8 m，每排每帮4根，间距为1.0 m。树脂端部锚固，采用一支Z2360锚固剂。靠近顶板的巷帮锚杆安设角度与水平成10°。采用菱形金属网护帮。钢筋托梁采用 ϕ16 mm 的钢筋焊接而成，并配合拱形高强度托盘。

3. 煤柱侧帮支护

采用长2.0 m、直径为18 mm 的玻璃钢锚杆，杆尾螺纹规格为M16，排距为0.8 m，每排每帮5根，间距为0.8 m。树脂端部锚固，采用一支Z2335锚固剂。其他参数同另一帮。

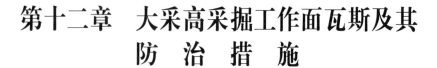

第十二章　大采高采掘工作面瓦斯及其防治措施

　　我国煤炭资源丰富，目前保有储量已达 130 Gt 以上，且有 48% 的煤层属于高瓦斯和突出煤层。我国厚煤层储量占总储量的 40% 以上，产量约为当今产量的 48% 。瓦斯多与厚煤层共生，由于我国煤层透气性差，因此瓦斯抽放也十分困难。随着厚煤层地下开采产量日益增长，瓦斯事故也不断发生。因此，大采高采掘工作面瓦斯防治工作就是一个急待解决的难题。

　　矿井瓦斯是煤矿严重自然灾害的重要根源。瓦斯的存在使人窒息，遇火源爆炸。瓦斯爆炸还极易引起煤尘爆炸，因此瓦斯事故常表现为瓦斯大量涌出、煤与瓦斯突出及爆炸。煤矿瓦斯通常指甲烷（也称沼气），煤层瓦斯中 80% 以上是甲烷，另含有高浓度的二氧化碳。

　　矿井瓦斯涌出量是指矿井生产过程中涌入巷道的瓦斯量，可用绝对瓦斯涌出量和相对瓦斯涌出量两个参数来表示。矿井绝对瓦斯涌出量是指矿井在单位时间内涌出瓦斯的体积，常用单位为 m^3/min 或 m^3/d。矿井相对瓦斯涌出量是指矿井在正常生产条件下采 1 t 煤所涌出的瓦斯体积，单位是 m^3/t。根据矿井相对瓦斯涌出量和瓦斯涌出形式不同，我国《煤矿安全规程》将矿井瓦斯等级划分为 3 级：低瓦斯矿井，矿井相对瓦斯涌出量小于或等于 $10 \ m^3/t$；高瓦斯矿井，矿井相对瓦斯涌出量大于 $10 \ m^3/t$；煤与瓦斯突出矿井。突出矿井危险等级分为较弱、中等、严重（即Ⅰ、Ⅱ、Ⅲ）3 级。Ⅲ级突出矿井为严重突出矿井，只要满足下列条件之一即可：①最大突出强度大于 1000 t/次；②近十年突出总次数大于 100 次；③最大突出强度大于 400 t/次，且近十年突出总次数大于 10 次。Ⅰ级突出矿井为较弱突出矿井，凡同时具备下列条件者即可：①最大突出强度小于 100 t/次；②近十年突出次数小于 20 次。Ⅱ级突出矿井为中等突出矿井，凡不符合上述Ⅰ、Ⅲ级的突出矿井条件者。

　　随着大采高综采技术在我国的发展，其应用范围不断扩大。由于大采高工作面单产高的特性，在开采过程中绝对瓦斯涌出量大幅度增加，采空区积累的大量瓦斯向工作面涌出，造成工作面上隅角、回风巷瓦斯超限，影响了开采的安全性。《煤矿安全规程》规定："采掘工作面及其他巷道内，体积大于 $0.5 \ m^3$ 的空间内积聚的瓦斯浓度达到 2.0% 时，附近 20 m 内必须停止工作，撤出人员，切断电源，进行处理。"为使瓦斯不超限，除进行瓦斯抽放外，为了保证大采高工作面高产，必须采取有效的技术措施，保证达到规定指标，确保不停产。

第一节 对大采高工作面瓦斯涌出影响因素的分析

一、大采高工作面瓦斯源

采区范围内涌出瓦斯地点称为瓦斯源。含瓦斯煤系地层在开采过程中受采掘作业影响，煤层及围岩中的瓦斯赋存条件遭到破坏，从而造成一定区域内煤层及围岩中的瓦斯涌入工作面。一般来说，工作面瓦斯源主要有本煤层、邻近煤层、围岩及采空区瓦斯。本煤层瓦斯通过落煤和煤壁涌出；邻近煤层瓦斯经采动影响后，涌入采掘工作面和采空区；采空区瓦斯来源于遗留在采空区的浮煤和邻近煤层卸压瓦斯。采空区大量高浓度瓦斯积聚在垮落带和裂隙带之间，在通风负压作用下进入工作面和回风流中。根据平顶山矿多次现场测定，工作面瓦斯涌出量可达 $26 \sim 35 \ \mathrm{m^3/min}$，瓦斯主要来源于 1 号采空区，占总瓦斯涌出量的 40% ~60% 。此外，工作面上隅角也是瓦斯易聚集超限的地点，防治时也应注意。

二、影响大采高工作面瓦斯涌出因素的分类

（1）地质构造及煤层赋存影响：煤层及围岩的瓦斯含量；煤层和围岩的透气性及地质构造；地面大气压力变化等自然因素。

（2）采掘工程及其采动影响：巷道布置；支承压力分布；回采强度、开采速度及产量；生产工序；开采顺序和采煤方法；配风量等开采因素。

三、大采高工作面瓦斯涌出的影响因素

1. 煤层和围岩的瓦斯含量

煤层（包括可采层和非可采层）和围岩的瓦斯含量是瓦斯涌出量大小的决定因素，瓦斯含量越高，瓦斯涌出量越大。如前所述，当前矿井瓦斯涌出量预测以瓦斯含量为主要依据。

2. 煤层和围岩的透气性

煤层与围岩的透气性对煤层瓦斯含量有很大影响，围岩透气性越大，煤层瓦斯越易流失；反之，瓦斯易于保存，煤层瓦斯含量大。通常泥岩、页岩、砂页岩、粉砂岩和致密的灰岩等透气性差，易于形成高瓦斯压力，瓦斯含量高；若地层岩石中以中砂岩、粗砂岩、砾岩和裂隙或溶洞发育的灰岩为主时，其透气性好，煤层瓦斯含量也低。

3. 地质构造

地质构造因素对瓦斯涌出量的影响主要指地质构造对开采层瓦斯含量及邻近层与围岩瓦斯含量的影响，进而影响工作面瓦斯涌出量。综采工作面影响瓦斯涌出的地质因素主要是煤层埋藏深度、煤和围岩的透气性及地质构造。大采高高产高效工作面由于其推进距离长，工作面从回采开始至结束工作面标高可能有较大变化，瓦斯含量也会变化很大。封闭型地质构造有利于封存瓦斯，开放型地质构造有利于排放瓦斯，闭合而完整的背斜构造又覆盖不透气的地层是良好的储瓦斯构造，在其轴部煤层往往积存有高压瓦斯，形成顶气。断层对瓦斯涌出也有较大影响，开放性断层附近煤层瓦斯含量低，封闭性断层一般可以阻

止瓦斯排放,煤层瓦斯含量往往相对较高。

4. 地面大气压力变化

地面大气压力变化必然引起井下空气压力变化。地面大气压力在 1 年内变化量可达 $(5 \sim 8) \times 10^{-3}$ MPa,1 天内的最大变化量可达 $(2 \sim 4) \times 10^{-3}$ MPa,但与煤层瓦斯压力相比,地面压力的变化量是很微小的。地面大气压力的变化对煤层露头面处瓦斯涌出量没有太大影响,但对采空区瓦斯涌出量有较大影响。在生产规模较大的大采高工作面,采空区瓦斯涌出量占很大比重的矿井,当气压突然下降时采空区积存的瓦斯会更多地涌入风流中,使矿井瓦斯涌出量增大;当压力上升时矿井瓦斯涌出量会明显减少。例如,峰峰羊渠河矿气压由 0.09976 MPa 增至 0.1013 MPa 时,矿井瓦斯涌出量由 11.61 m³/min 降至 8.06 m³/min。

5. 工作面巷道布置及通风系统

晋城寺河矿开采 3 号煤层,煤层平均厚度为 6.2 m,埋藏深度为 250 ~ 600 m,东区、西区 3 号煤层瓦斯含量平均分别为 9.03 m³/t 和 16.6 m³/t。2004 年矿井瓦斯测定绝对瓦斯涌出量为 386 m³/min,相对瓦斯涌出量为 25.28 m³/t。矿井通风系统选择大风量通风系统,主要理由是:①由于工作面日产 2×10^4 t 以上,工作面绝对瓦斯涌出量高,要求配风量大。同时,由于实现高产高效,大采高工作面走向应尽可能地长,工作面通风阻力较大。由于平均每百米巷道瓦斯涌出量高达 0.5 m³/min,掘进期间难以用局部通风机解决通风问题,需要采用全负压通风方法解决掘进期间的通风难题,为此选用盘区风井通风模式,即一个盘区配一个对应风井。②据实测工作面瓦斯涌出量在 80 ~ 200 m³/min;矿井最高瓦斯涌出量为 182 m³/min。综合考虑工作面配风量和解决上隅角瓦斯问题,选用了"三进两回"的通风系统,其巷道布置及通风系统如图 12 - 1 所示。

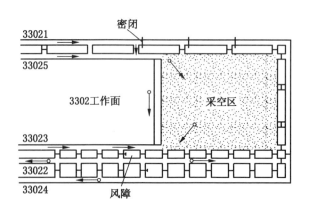

图 12 - 1 寺河矿工作面巷道布置及通风系统

潞安屯留矿开采 3 号煤层,煤层厚度平均为 5.35 m,埋藏深度为 408 ~ 476 m,大采高工作面是选择双巷布置,另附一条瓦斯排放巷,巷间留 30 m 宽煤柱。工作面回采后运输巷与回风巷自然垮落,瓦斯排放巷维护后继续为下区段工作面作瓦斯排放巷使用。由于如此布置煤柱留设较多,瓦斯排放巷受相邻两个工作面的回采影响,巷道维护困难,而后选用图 12-2 所示巷道布置方案，采用原方案的支护参数，只改变巷道布置的空间关系，将上区段工作面瓦斯排放巷维护后作下区段工作面回风巷，下区段工作面瓦斯排放巷布置在上区段回风巷和瓦斯排放巷之间，采用留小煤柱沿空掘巷（两者之间煤柱宽 5 m），上区段工作面回风巷和瓦斯排放巷间煤柱宽 35 m。实践证明：此方案煤柱小，采区采出率高；受采动影响小，巷道维护成本低。

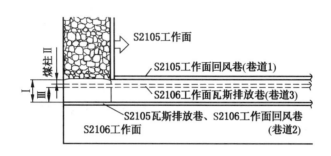

图 12-2　屯留矿工作面巷道布置方案

6. 工作面超前支承压力

平顶山十三矿二采区 12071 工作面回采 $2^{15~17}$ 煤层，煤层平均厚度为 5.6 m，平均倾角为 29°，煤层直接顶是砂质泥岩，局部为泥岩互层，不稳定，平均厚度为 1 m，其抗压强度为 20.16 MPa；基本顶为中粗粉砂岩，平均厚 6 m，其抗压强度为 70.95 MPa；煤质较软，抗压强度为 0.285 MPa。工作面长 126 m，推进长度平均为 1263 m，瓦斯绝对涌出量一般为 2~3 m³/min。后退式回采，全部垮落法处理顶板。通过现场监测得出该工作面支承压力分布为峰值在距工作面前方 15 m 左右，卸压区范围为 0~7.5 m，增压区范围为 7.5~45 m。

为了研究不同支承压力对瓦斯涌出的影响，作出孔深 6 m 时钻孔瓦斯涌出量、钻屑量与距离工作面关系图（图 12-3），孔深 8 m 时钻孔瓦斯涌出量、钻屑量与距离工作面关系图（图 12-4），孔深 6 m、8 m 时钻孔钻屑量与距离工作面关系比较图（图 12-5），孔深 6 m、8 m 时钻孔瓦斯涌出量与距离工作面关系比较图（图 12-6）。从图 12-3~图12-6可知：

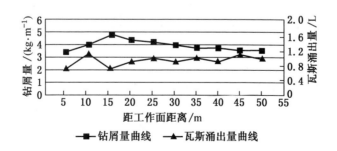

图 12-3　孔深 6 m 时钻孔瓦斯涌出量、钻屑量与距离工作面关系图

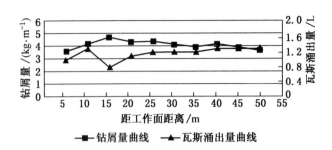

图 12-4 孔深 8 m 时钻孔瓦斯涌出量、钻屑量与距离工作面关系图

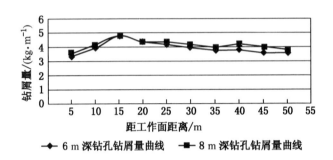

图 12-5 孔距 6 m、8 m 时钻孔钻屑量与距离工作面关系比较图

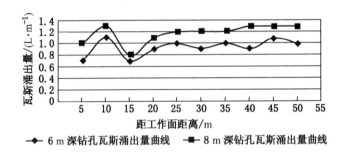

图 12-6 孔距 6 m、8 m 时钻孔瓦斯涌出量与距离工作面关系比较图

(1) 6 m 深钻孔和 8 m 深钻孔钻屑量均在距离工作面 15 m 时达到最大，距离工作面 5 m 时钻屑量最小，15 m 之后钻屑量逐渐减小并趋于稳定。根据煤体承受应力和钻孔钻屑量关系可知，工作面超前支承应力峰值距离工作面 15 m 左右，这与现场监测的支承应力峰值位置基本相符。

(2) 在距工作面 7~8 m 间钻屑量一般要大于 5~6 m 间钻屑量，从支承应力的分布可知主要是因为 7~8 m 间支承应力大于 5~6 m 间支承应力。

(3) 从钻孔瓦斯涌出量曲线可知，无论是 6 m 深钻孔或是 8 m 深钻孔的瓦斯涌出量除在距工作面 5 m 处的瓦斯涌出量与所处位置的钻屑量关系不明显外，其他各测孔瓦斯涌出量均与所处位置的钻屑量成反比关系。即钻孔瓦斯涌出量与支承应力的大小成反比关系，在距工作面 15 m 支承应力峰值处钻孔瓦斯涌出量达到最小，而在距工作面 10 m 处达到最大。

（4）6 m 深钻孔的瓦斯涌出量一般要小于 8 m 深钻孔的瓦斯涌出量，但大小变化趋势基本一致。

7. 回采强度、开采速度和产量

1）回采强度

淮北芦岭矿属高突矿井。Ⅱ采区位于井田中央，是当前针对 8 煤层开拓二水平的主采区，共划分 4 个阶段。该采区生产实践表明，这是个主要瓦斯涌出异常区和严重突出危险区，前 3 个阶段已发生的突出次数占井田总突出次数的 50% 以上，在第 4 阶段还发生过井田强度最大的一次突出，突出瓦斯 123×10^4 m^3，突出煤 8924 t。研究表明，回采强度（即单位时间内回采产量）对瓦斯涌出具有较大影响。依据 1 ~3 阶段的通风、瓦斯和生产进度资料，采用回采期间的平均月产量表征回采强度，综合分析其对瓦斯涌出量的影响，分别对 1 ~3 阶段各月平均绝对瓦斯涌出量和平均相对瓦斯涌出量进行统计，去除其中异常点数据，并一一对应当月的实际回采产量作出瓦斯涌出与月产量关系图，如图12 -7 所示。

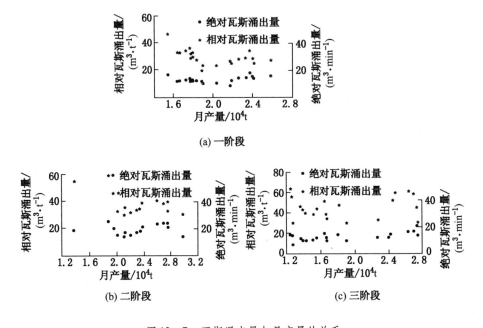

图 12 -7　瓦斯涌出量与月产量的关系

（1）3 个阶段的瓦斯涌出量都随月产量的变化相应地具有一定波状起伏，其中绝对瓦斯涌出量波幅较小，而相对瓦斯涌出量波幅较大。说明相对瓦斯涌出量与产量相关性更强。

（2）3 个阶段当月产量分别在（1.9 ~2.2）$\times 10^4$ t、（2.0 ~2.2）$\times 10^4$ t 和 2.0×10^4 t 时，瓦斯涌出量出现较明显的波谷，在此范围内瓦斯涌出量最小。

（3）在波谷前后瓦斯涌出量呈局部变化，特别是当月产量增大至（2.7 ~2.8）$\times 10^4$ t

后又出现减小趋势。鉴于当前数据资料的局限性，其原因尚待进一步探讨。

2）开采速度

加大开采速度是提高大采高工作面产量的一个有效措施，但波兰研究表明，一般开采均会引起矿山震动。矿山震动能量表示矿山震动强度的大小，在煤矿开采过程中释放能量的大小主要取决于开采煤层厚度、顶板控制方法和开采速度。增大开采速度可以使岩体中释放的震动能量增加，使震动次数增加，继而有可能使瓦斯涌出量增加。通过对 20 多个工作面的研究得知其影响可能要更加复杂一些。在研究的煤层中，当开采速度从 1 m/d 增加到 5 m/d 时，震动次数从每月 50 次增加到 140 次，如图 12-8 所示。一个月当中震动次数的增加使得瓦斯浓度的增加速度加快，但这仅限于开采速度为 1~2 m/d 时；当开采速度为 3~5 m/d 时，瓦斯浓度增加速度反而减小；当开采速度超过 5 m/d 时，震动次数继续增加，甚至超过 200 次/月，但是瓦斯浓度的平均增长值却在减小。

图 12-9 所示为 703 煤层的工作面在开采过程中开采速度连续增加，由此引起震动次数快速增加，从每月 60 次增加到 230 次，同时在震动之后有瓦斯涌出。当开采速度为 4~5 m/d 时，瓦斯涌出量的平均增长值达到最大；当开采速度超过 5 m/d 时，也能引起瓦斯释放，但是工作面内瓦斯浓度增加得很少。如果发生能量超过 1×10^5 J 的高能量震动，则工作面需停产。当一星期停产两次时，就应该考虑将工作面开采速度限制在 2~4 m/d。

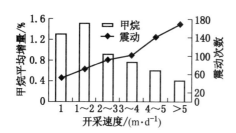

图 12-8 开采速度对震动次数和
瓦斯浓度平均增长值的影响

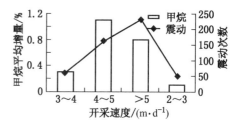

图 12-9 工作面开采速度对震动次数和
瓦斯涌出量的影响

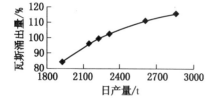

图 12-10 沙曲矿 14205 综采工作面
产量与瓦斯涌出量的关系

一个月后，工作面震动次数减少到每月 50 次左右，并且震动后瓦斯浓度平均值也减小到 0.1%。

3）产量

沙曲矿 14205 综采工作面产量与瓦斯涌出量的关系如图 12-10 所示，可以看出绝对瓦斯涌出量随日产增加也相应增加，而增长量略低于线性增加。原因是回采速度增高时，相对瓦斯涌出量中开采层涌出分量与邻近层涌出分量相对减少，且采落煤炭大块运来增加其在工作面停留排放瓦斯时间，因此瓦斯涌出量随产量增加的增高量略低于线性增加。

8. 生产工序

生产工序对工作面瓦斯涌出影响较大。研究表明，采煤工作面瓦斯涌出量与机组工作状态及位置有密切关系。生产班各工序（割煤、推溜、移架等）之间有滞后时间，但严格区分各道工序对瓦斯涌出的影响是无法做到的，只能从宏观上对生产班和检修班的瓦斯涌出情况进行对比。例如，沙曲矿 14205 综采工作面采用"三八制"作业形式，四点班和零点班生产，八点班检修。据 14205 综采工作面推进至距大巷终采线 625 m 时瓦斯尾巷瓦斯浓度实测值得出该工作面生产工序与瓦斯涌出的关系，如图 12 - 11 所示。由图 12 - 11 可知，生产班平均瓦斯

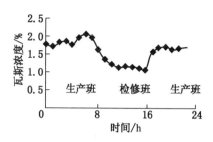

图 12 - 11　沙曲矿 14205 综采工作面生产工序与瓦斯涌出关系

涌出量是检修班的 1.5 ~ 1.8 倍，且检修班后的第一个生产班的瓦斯浓度平均值略低于第二个生产班的瓦斯浓度平均值。其产生原因主要是推进速度和产量不均衡，导致瓦斯涌出也不均衡。

9. 开采顺序和采煤方法

1）开采顺序

在开采煤层群中的首采层时，由于其涌出的瓦斯不仅来源于开采层本身，而且还来源于上、下邻近层，因此开采首采层时其瓦斯涌出量往往比开采其他各层大好几倍。

2）采煤方法

采出率越低，瓦斯涌出量就越大，因为丢煤中所含瓦斯的绝大部分仍要涌入巷道。采用陷落法处理采空区比采用充填法处理采空区时能造成上覆岩层更大范围的破坏和抗动，因此采用陷落法处理采空区比采用充填法处理采空区时工作面瓦斯涌出量要大。大采高工作面采用陷落法处理采空区上覆岩层断裂抗动荡范围更大，工作面瓦斯涌出量会更高，但它为采区瓦斯抽放创造了条件。

10. 工作面配风量

综采工作面配风量对瓦斯涌出量大小有一定影响，主要是对采空区瓦斯影响较大。配风量过小，上隅角瓦斯经常超限，但配风过大造成采空区瓦斯涌出量大，同样易造成回风流和上隅角瓦斯超限。因此，合理配风对控制综采工作面瓦斯涌出量具有重要作用。

第二节　大采高工作面瓦斯防治措施

我国煤层地质条件复杂，大多数煤层具有瓦斯压力低、透气性低、低饱和等"三低"现象，低压力使气流驱动能力不足，低透气性无法形成以抽放钻孔为半径的大范围解吸—扩散—渗流圈，低饱和是湿度、压力、围岩条件、煤的等温吸附性质等综合作用的结果。在目前的技术条件下，"三低"煤层瓦斯抽放是很困难的。但我国开采厚煤层采用大采高开采工艺，由于一次开采厚度大，上覆岩层的碎裂场和卸压场范围加大，有利于瓦斯解吸和增加煤岩透气性，这可以缓解我国煤层透气性差，原始煤体中直接钻孔抽放效果不佳的问题。对于高瓦斯矿井开采时应遵循"先抽后掘、边抽边掘、先抽后采"的原则。多年来抽放瓦斯的经验及开采保护层等的实践，使我国大采高工作面防治瓦斯有着一系列的有效技术措施，可确保安全生产。

一、高瓦斯掘进工作面瓦斯抽放技术

淮南矿区高瓦斯突出矿井占矿区总产量的 91.5% 和瓦斯涌出量的 97.2%，矿区自然条件复杂，长期以来瓦斯严重威胁着突出煤层掘进工作面的安全，制约着单进。对此，淮南矿区试验了多种掘进工作面的瓦斯防治方法，取得了良好效果，具有推广意义。

1. 超前卸压钻孔抽放试验及效果

潘三矿 1772（3）综采工作面内有 4 条断层，煤层瓦斯含量为 8.5 m^3/t，掘进工作面绝对瓦斯涌出量为 6.4 m^3/min，是煤与瓦斯突出工作面，曾在掘进过程中发生过两次煤与瓦斯突出，致使工作面被迫封闭。

1）超前卸压钻孔抽放措施

1772（3）掘进工作面在事故之前施工 10 个长 15 m、直径 73 mm 的超前卸压钻孔，钻孔施工完毕后释放瓦斯 8 h，允许进尺 6 m，但瓦斯浓度超限频繁发生，浓度最高达 4%。事故后复工，在工作面施工 21 个长 16 m、直径 91 mm 的钻孔，钻孔竣工后封孔合茬抽放 16h，经效果检验合格后允许进尺 6 m，但掘进进尺 3 m 后出现瓦斯超限，爆破后瓦斯涌出浓度达 2.45%，停掘再施工超前卸压钻孔抽放，后进尺 6 m 又出现瓦斯超限，平均一个月进尺不足 60 m，瓦斯平均超限 8 次。

2）边孔抽放措施

经现场测试，潘三矿 13-1 煤层透气性系数为 3.4 × $10^{-3} m^2/(MPa^2 \cdot d)$，非常低，抽放浓度衰减快，抽放效果差。但从统计结果看，抽放量与爆破后瓦斯涌出量之和远远大于落煤和煤壁的正常瓦斯涌出量，说明周围煤体瓦斯在爆破后向掘进空间运移，那么应通过抽放拦截这部分瓦斯。于是在掘进巷道的两帮各施工 3 个长 30 m 的深度抽放钻孔，与巷帮的夹角为 26°～30°，并在掘进工作面施工 21 个长 16 m、直径 91 mm

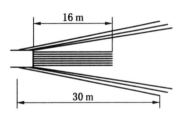

图 12-12　边孔布置平面图

的卸压钻孔。由于 U 型棚支护等现场条件的制约，边孔施工的角度较大，封孔深度在 3 m 左右，因此钻孔前方有漏气现象。钻孔的终孔离巷道帮在 15 m 左右，距离较远，不在卸压区域内，所以钻孔有效抽放段较小，抽放效果不太理想。由于边孔抽放不影响掘进，抽放时间比卸压钻孔抽放时间要长，抽放总量有所增加。但掘进期间容易破坏钻孔与抽放管路，抽放管理、维修难度较大，瓦斯超限仍时有发生，月进尺不足 70 m，如图 12-12 所示。

2. 巷帮钻场长钻孔抽放试验及效果

巷帮长钻孔首先应能长时间地进行抽放，达到较高的抽放率，增大抽放总量；其次要考虑钻孔施工及维护的难易，避免因工作面正常掘进受到干扰；三要考虑钻孔离工作面周边距离适当，太近会造成顶板来压将钻孔破坏，爆破震动会引起工作面周边裂隙与钻孔沟通造成漏气，钻孔终孔离巷帮太远则卸压带内的瓦斯又无法进入钻孔，直接影响钻孔有效使用时间。

长钻孔抽放参数的确定，要满足上述几个条件钻孔必须在钻场内施工。因此，每隔一定距离在巷道两侧做钻场，向工作面前方打超前抽放钻孔，即在巷道两帮各施工规格为 4 m × 4 m × 2.4 m 的钻场，每个钻场施工 3 个长 60 m、直径 91 mm 的长抽放钻孔，如图

12－13所示。经现场反复测试，钻孔开孔距巷帮低于2.0 m时抽放效果差，相距2.5～4.0 m时效果最好。所以每个钻场施工3～4个钻孔，间距为600 mm，钻孔方位与巷道中线成1°～3°的夹角，如图12－14所示。钻孔施工完毕后用聚氨酯封孔，每天24 h不间断地抽放。钻场间距为50 m，钻孔压茬10 m。即每掘进55 m、退后5 m开始做2个对称钻场，工作面施工12个长16 m、直径91 mm的卸压孔，配合巷帮长钻孔抽放。工作面每进尺10 m施工第二茬超前卸压钻孔，且一旦效果检验不合格，出现瓦斯超限就必须施工超前卸压钻孔。据统计，钻孔施工时间占50%以上，影响单进。

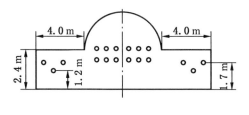

图12－13　巷帮长钻孔开孔位置

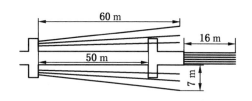

图12－14　巷帮长钻孔平面布置

3. 深孔预裂控制爆破配合长钻孔抽放试验及效果

1）1261（3）掘进工作面概况

1261（3）轨道巷掘进工作面位于潘三矿一水平西一采区，属13－1煤层，其设计长度为1320 m，采用锚索网支护，煤层结构复杂，顶板为复合顶板，工作面有F1254、F1251、F1203、F1208断层，对掘进影响较大，煤层瓦斯含量为9.5 m^3/t，煤尘具有爆炸危险性且易燃，属煤与瓦斯突出工作面。掘进过程中实施了巷帮钻场长钻孔边抽边掘措施，但抽放效果不是十分理想。

2）深孔预裂控制爆破措施

在掘进工作面同时打一组深爆破孔和控制孔，当爆破孔爆破后，由于控制孔的控制、补偿作用，导致炸药能量有效地作用在布孔区域的煤体上，使工作面前方煤体内产生一个具有一定长度，同时具有较大孔隙的破碎带和松动圈。从而有利于消除煤体结构的不均匀，减小地应力，降低能量梯度，达到消突增透的效果。

为进一步提高单进和掘进工作面的安全性，首先必须减少打钻时间，其次必须提高煤层透气性。要提高煤层透气性，就要使煤体充分松动或卸压，而掘进所形成的空间使巷道两侧及掘进前方应力重新分布，巷道两帮煤体松动有一定程度的增加，前方更远范围的煤体仍未松动，巷帮钻场深60 m的钻孔抽放衰减比较快。为进一步提高抽放效果，加大抽放量，在1261（3）掘进工作面施工1～2个孔深40 m、直径73 mm的钻孔，然后在每个钻孔放入适量炸药，孔口通过压风（不低于3 MPa）将黄泥压入进行封孔，封孔深度不低于10 m，最后进行爆破，将工作面前方60 m范围的煤体充分松动。煤层透气性将成百倍增加，大大提高了巷帮钻场的长钻孔抽放效果，而且工作面不需要再施工超前卸压钻孔，减少了打钻时间，反之就延长了掘进进尺时间，提高了单进。

4. 抽放方法效果比较

实施巷帮长钻孔边抽边掘并配合深孔预裂控制爆破后，平均每分钟抽放1.6 m^3，平均抽放率达 50%，抽放最高浓度达 45%，平均月单进 140 m，最高月单进为 165 m，有效提高了单进水平。与以往的瓦斯治理方法相比，深孔爆破配合巷帮长钻孔抽放瓦斯取得了较好的社会效益和经济效益，见表 12-1。

表 12-1　治理方法效果比较

治理方法	卸压钻孔抽放		巷帮长钻孔边抽边掘	深孔爆破配合巷帮长钻孔抽放
	超前卸压钻孔	卸压孔抽放		
最高炮后瓦斯浓度/%	4	3.5	1.8	0.8
平均炮后瓦斯浓度/%	1.6	1.1	0.5	0.26
月平均瓦斯超限次数	15	8	0.25	0.08
月平均进尺/m	50	60	90	140
最高月进尺/m	70	80	115	165
平均抽放浓度/%	—	5	15	18
最高抽放浓度/%	—	12	33	45
单孔抽放量/(m³·min⁻¹)	—	0.05	0.4	0.55
纯抽放流量/(m³·min⁻¹)	—	0.4	1.3	1.6
使用比较	1997 年 3 月 14 日在运输巷施工时发生突出；1997 年 11 月 13 日轨道巷发生了瓦斯爆炸事故，被迫封闭	每循环进尺 6 m 时需 3 个小班，而打钻抽放需 8 个小班，影响进尺，钻孔又不能始终抽放，抽放总量少	不间断抽放，抽放和打钻不影响掘进，还可探明前方地质构造	大大增加了煤层透气性，提高了有效瓦斯抽放时间，提高了瓦斯抽放总量，减少了突出危险性，提高了单进

综合以上分析可知：实施深孔爆破措施后，由每月平均进尺 120 m 提高到 140 m 以上，提高了单进。1261（3）掘进工作面在未实施深孔爆破措施时，平均抽放率为 17%，实施后上升为 65%，提高了近 4 倍。平均瓦斯抽放浓度由以前的 3% 提高到 18%，瓦斯抽放纯流量提高了 10 倍。实施深孔爆破措施后，改变了掘进工作面瓦斯压力梯度分布和其应力分布状况，大大地减少了掘进工作面的瓦斯突出危险性。因此，深孔爆破再配合巷帮长钻孔抽放，在条件允许的情况下在掘进工作面抽放瓦斯是行之有效的。

二、大采高工作面地面区域瓦斯抽放

寺河矿 3 号煤层平均厚度为 6.2 m，煤层倾角为 2°～10°，埋藏深度为 250～600 m，煤炭储量丰富。东、西区瓦斯含量平均分别为 9.03 m³/t 和 16.6 m³/t，2004 年矿井瓦斯测定绝对瓦斯涌出量为 386 m³/min，相对瓦斯涌出量为 25.28 m³/t。晋城矿区瓦斯赋存明显呈区域性分布，按照煤体瓦斯含量大小进行分级，对不同级别采取不同的瓦斯抽放方法。多年实践表明，煤体瓦斯含量超过 16 m³/t 时应预先进行地面瓦斯区域抽放，煤体瓦斯含量为 9～16 m³/t 时宜进行井下瓦斯区域抽放，煤体瓦斯含量为 6～9 m³/t 时可采取工作面双系统瓦斯抽放方法。

晋城矿区从 1990 年开始进行地面煤层气开采研究工作，形成了一套完井、压裂、采气的工艺和技术。目前已施工 37 口以上瓦斯抽放井，平均日产气量 2000 m³ 以上。生产实践表明，晋城矿区西区煤层可以进行地面煤层瓦斯抽放，抽放后瓦斯含量基本上可以降到 9 m³/t 以下。当井下工作面采过后，还可利用地面钻孔进行采空区瓦斯抽放，同时将吸瓦斯口布置在顶板断裂带内更有利于采空区瓦斯抽放。

晋城矿区在工作面生产前，于地面布置间排距 300 m × 300 m 的垂直钻孔，对原始煤体进行高压致裂，排水抽放煤体瓦斯。晋城矿区率先从美国引进了地面煤层气开发技术，在潘庄井田施工了 7 口煤层气试验井，单井平均日抽放量保持在 2000 m³ 左右。2004 年以来，新开发 100 口井进行扩大试验，现已形成 200 口瓦斯气井组规模，成为国内最大的地面瓦斯抽放井网，抽放瓦斯存量可达 (1 ~ 1.5) × 10⁸ m³/a。

从全国来看，采用钻孔水力压裂等措施后抽放瓦斯虽然取得一些经验，但产气效果不佳，抽气成本太高。到目前为止，全国已施工的十几个矿区数百口井中，最大产气量达 10000 m³/d 以上，但 80% 以上气井产气小于 1000 m³/d。因此，从目前情况看地面钻孔抽放瓦斯效果较差。

三、大采高工作面井下瓦斯抽放技术

1. 晋城矿区西区井下区域瓦斯抽放

所谓区域性瓦斯抽放就是在瓦斯含量较小的煤层或岩层中先掘进巷道，利用此类巷道向其两帮施工长钻孔，形成一个范围很大的瓦斯预抽区域，在该区域瓦斯抽放达到预抽效果后，在此区域的边缘煤层

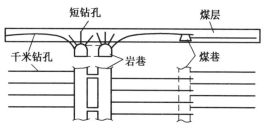

图 12 - 15　区域性瓦斯抽放实施方式

中施工巷道及长钻孔，以形成下一个预抽区域，直至整个井田瓦斯全部抽放。区域性瓦斯抽放实施方式如图 12 - 15 所示。

寺河矿 3 号煤层的瓦斯基础参数表明，晋城矿区西区煤层不仅瓦斯含量高，煤层瓦斯压力大，而且具有可抽性。3 号煤层的普氏系数在 2 左右，煤层整体性好，是近水平中厚煤层，非常适于施工煤层长钻孔。我国自主研制的 MK - 6 型钻机在抚顺老虎台矿施工穿层钻孔达 722 m；2001 年晋城无烟煤矿业集团利用该型钻机在寺河矿 10201S 工作面试验煤层长钻孔，取得全煤层钻进 509 m 的好成绩。国外煤层中最长的钻进纪录已达 1500 m。大宁矿应用引进的水平长钻孔钻机，成功地完成了千米钻进，孔深达到了 1002 m。综上所述，晋城矿区西区矿井可以进行井下瓦斯区域抽放。

2. 大采高工作面分源抽放瓦斯技术

平顶山八矿戊$_{9,10}$ - 12170 工作面是突出煤层大采高工作面，其煤层厚度平均为 4.5 m，倾角为 11°，选用 ZY6400 - 23.5/45 型掩护式液压支架；煤层瓦斯含量为 22 m³/t，瓦斯压力为 1.8 MPa，相对瓦斯涌出量为 6.67 m³/t，绝对瓦斯涌出量为 9.92 m³/min。该工作面煤层透气性低，透气性系数为 0.0019 m²/(MPa² · d)。在生产过程中一方面强化回采工作面支护，有效防止动压及煤壁片帮引起的瓦斯突出与瓦斯动压现象；另一方面采用分源抽放瓦斯技术。

在掘进期间，风、机两巷虽然沿煤层倾角已布置直径89 mm、深50 m左右的本煤层预抽孔，但其抽放率仅为10%，并出现严重的夹钻、顶钻、喷孔、响煤炮等突出预兆，采煤工作面中间还存在抽放空白区。经分析认为上隅角瓦斯需要采用大流量和低负压进行抽放，如采用同一系统进行抽放，会造成负压不匹配，抽放效果差，因此采煤工作面瓦斯综合治理在优化通风系统、合理配风的基础上，甩掉抽出式风机，采用分源（高位水平走向钻孔、上隅角、本煤层及采煤工作面浅孔）独立系统进行强力抽放。在泵站设计安装一台2BEF-353型泵进行高位孔抽放，两台2BEC-42型泵抽上隅角、本煤层瓦斯及利用地面泵站浅孔抽放瓦斯。大采高工作面分源抽放瓦斯系统如图12-16所示。

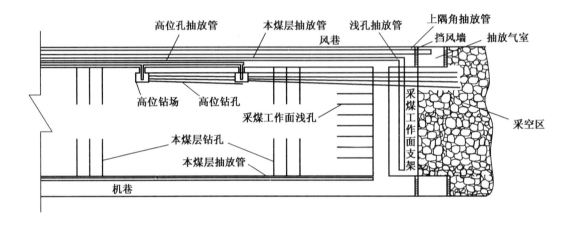

图12-16 平顶山八矿大采高工作面分源抽放瓦斯系统

1）本煤层抽放

掘进过程中，在风、机两巷沿工作面煤层倾向布置平行钻孔，孔径为75 mm，孔深40~60 m，孔间距为3 m；沿走向每隔3~5 m布置一个顺层钻孔，孔径为75 mm，上行孔深60 m以上，下行孔深40 m以上。抽放瓦斯深度为10%~20%，平均为15%，平均抽放纯流量为2.75 m³/min。

2）浅孔抽放

利用工作面前方煤体受采动卸压后透气性显著提高的特性，采用卸压区浅孔抽放。重新确定措施孔的排放半径，优化钻孔布置，在工作面布置两排直径89 mm、孔深10 m、孔间距2 m的措施孔，呈三花眼布置；抽放后再对钻孔进行浅孔注水，以湿润煤体，改善煤体结构，降低突出危险性；配备专业打钻队伍，做到随打、随封、随抽、随注。采用孔深6 m、孔间距10 m的长钻孔校验，采用q值、s值、C_q等指标校验，若校验参数均不超限则允许进尺3 m，保留措施孔超前距7 m，效检孔超前距3 m。

3）高位水平钻孔抽放

戊$_{9,10}$煤层顶板以上15~20 m有一层不易垮落的细砂岩，因此垮落带高度为15~20 m，裂隙带厚度为30~40 m，弯曲带厚度为50~100 m。风巷每隔80~100 m向煤层顶板施工一个高位钻孔，每个钻场布置7个直径89 mm、深140 m的高位水平钻孔，钻孔水平方向控制风巷以下 2 ~ 15 m 范围，垂直高度控制到戊$_{9,10}$煤层顶板以上 10 ~ 16 m 的位置，强力抽放采空区上部高浓度瓦斯（其单孔浓度最高可达 60% ~ 80%，纯流量在 1.2 m³/min 左右），阻截采空区高浓度瓦斯涌入上隅角。

3. 大采高工作面双系统瓦斯抽放技术

晋城矿区瓦斯主要在 3 号煤层中。煤体钻孔预抽放瓦斯负压高，瓦斯浓度高，瓦斯流量小；而采空区抽放瓦斯负压低，瓦斯浓度低，混合气体流量大。采空区抽放和煤层瓦斯预抽共用一个抽放系统，采空区的低负压大流量使抽放系统的负压降低，流量增大，影响煤体瓦斯预抽效果，为此寺河矿采用了工作面双系统瓦斯抽放技术。

（1）采空区瓦斯涌出量约占采煤工作面的 30%，实践证明采空区瓦斯抽放是治理工作面瓦斯问题的有效方法。高抽巷道或高抽钻孔抽放采空区瓦斯，大直径倾斜钻孔抽放采空区瓦斯，采空区半封闭抽放采空区瓦斯等方法都是行之有效的。

高抽巷抽放采空区瓦斯是在采区回风巷开口施工沿工作面走向的一段平巷，然后起坡至采空区塌陷断裂带位置高度，顺工作面走向全长掘巷；走向高抽巷一般处于距回风巷侧 30 ~ 50 m 处，施工完毕在其巷口打密闭墙并穿管进行抽放，如图 12 - 17 所示。

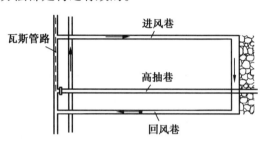

图 12 - 17　高抽巷抽放瓦斯示意图

近年来已开始使用大直径长钻孔来取代高抽巷进行采空区瓦斯抽放，大直径倾斜钻孔抽放方法是指采煤工作面在回采前在其尾巷施工倾向工作面的钻孔，并封孔连接至矿井抽放系统；钻孔直径可达 150 mm 以上，钻孔长度和倾角以终孔位置落在断裂带内为依据设计；工作面回采后在采空区积聚的瓦斯便进入采空区断裂带，由大直径倾斜钻孔抽入矿井瓦斯抽放系统，系统布置如图 12 - 18 所示。

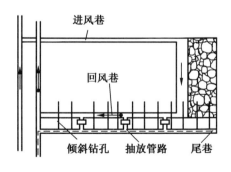

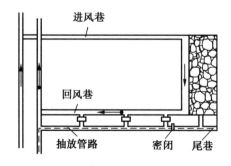

图 12 - 18　倾斜钻孔抽放瓦斯系统布置示意图　　图 12 - 19　采空区半封闭抽放瓦斯系统布置示意图

采空区半封闭抽放是指采煤工作面正在回采过程中，在尾巷横穿或在巷尾口打密闭插管进行抽放。这种抽放方法需要大直径抽放管路以尽可能多地抽排采空区混合风流，系统布置如图 12 - 19 所示。

（2）煤体钻孔瓦斯预抽就是使高负压作用于煤体，使煤体吸附瓦斯脱附成游离瓦斯，与煤体裂隙中存在的游离瓦斯一起被抽入瓦斯管路。煤体中的瓦斯在负压作用下，吸附瓦斯脱附为游离瓦斯，通过裂隙、管路抽放走，这样煤体瓦斯含量随着抽放的进行便会逐渐降低。

由过去瓦斯抽放经验可知，瓦斯含量在 6 m^3/t 以下，依靠多巷道大风量通风方法基本上能够保证工作面实现高产高效；6～9 m^3/t 以下、9～16 m^3/t、16 m^3/t 以上 3 个区段宜采用不同的瓦斯抽放模式。目前，寺河、成庄矿井的瓦斯含量在 9 m^3/t 以下，采用工作面双系统瓦斯抽放技术，通过密集钻孔预抽煤体瓦斯，采取大风量、多巷道通风、采空区抽放等措施实现了安全生产，并且达到了最高日产 3.5×10^4 t，年产原煤 800×10^4 t，月掘进进尺 1200 m。如果瓦斯含量在 16 m^3/t 以上，实践证明采用工作面双系统瓦斯抽放是行不通的。其根本原因是无法进行掘进工作，从而也就无法进行其他工作了。采用地面瓦斯抽放虽然技术上可行，但经济上不如井下区域瓦斯抽放的效益大。综上所述，煤层瓦斯含量在 9 m^3/t 以下时宜采用工作面双系统瓦斯抽放，煤层瓦斯在 16 m^3/t 以上时宜采用地面瓦斯抽放。

4. 上下隅角抽放

下隅角采用砌块封堵，其外吊挂一道 30 m 长接顶接底的挡风障，防止下隅角向采空区漏风。上隅角采用 10 根直径 75 mm 的高分子吸排管紧贴顶板插到切顶线处，采用单独抽放系统抽放上隅角瓦斯，同时靠切顶线在吸排管末端以外挂一道接顶接底的挡风障，其外再挂一道 30 m 的导风障，起均压和挡瓦斯的作用。在两道风障之间用直径 500 mm 的抽放管对上隅角瓦斯进行抽放。高位钻孔抽放与上隅角瓦斯涌出量关系如图 12-20 所示。

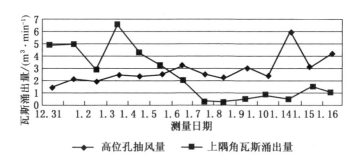

图 12-20 高位钻孔抽放与上隅角瓦斯涌出量关系图

四、大采高煤层开采保护层瓦斯治理技术

当煤系地层为煤层群时，如有煤层属高瓦斯突出煤层，多采用开采保护层治理瓦斯。对于大采高煤层实施开采保护层治理瓦斯，淮南矿区有着丰富的实践经验，并取得了良好效果。

1. 煤层群多重开采上保护层防突技术

淮南矿区在煤层群开采时，首先以非突出煤层 B8 作为首采保护层，然后依次开采非突出的 B7a、B7b 煤层，最后开采受到上保护层采动卸压保护的 B6、B4 突出危险煤层。采用此种开采技术对矿井资源回收、瓦斯治理和突出防治有重大意义。

B8 煤层回采工作面相对于 B6 煤层掘进工作面的合理超前距为不小于 40 m，保护效果十分显著；B8 煤层开采后 B6 煤层倾斜下方的卸压角分别为 78°、77°、77°；B8、B7a、B7b 煤层开采后 B6 煤层倾斜上方的卸压角为 77°，B8 煤层开采后 B6 煤层走向卸压角为 56°；B7a 煤层开采后 B6 煤层走向卸压角为 60.5°。

多参数综合分析表明，B6 煤层回采工作面相对于 B4 煤层掘进工作面的合理超前距为不小于 100 m，即在 B6 煤层工作面 100 m 以后，位于保护范围内的 B4 煤层突出危险性已经消除，保护效果十分显著。

2. 远距离缓倾斜下保护层开采瓦斯综合治理技术

对于不具备煤层群保护层条件的突出煤层开采，研究了远距离下保护层开采瓦斯治理技术。淮河以北新区 13-1 突出煤层与下方的 11-2 非突出煤层的间距 77 m，11-2 煤层倾角平均为 7°，煤层厚度平均为 1.8 m。被保护层 13-1 煤层倾角平均为 7°，煤层平均厚度为 4.2 m。底板专用瓦斯抽放岩巷布置在距 13-1 煤层底板 15~28 m 的砂岩中，倾斜方向为 13-1 煤层工作面中部偏向机巷 20 m 处。钻场间距为 10 m，每个钻场扇形布置抽放孔 15 个，钻孔打至距 13-1 煤层 4 m、至 13-2 煤层顶板为止。其他钻场沿专用抽放巷每隔 30 m 布置一个钻场，每个钻场 5 个钻孔。抽放孔见煤点间距在走向和倾斜方向均为 30 m，孔径为 91 mm。另外掘进专用考察巷和施工考察孔，考察保护范围和保护效果。

11-2 煤层开采后，采用深部基点法测得 C13-1 煤层变形量最大值为 68 mm，变形为 20.74‰；13-1 煤层卸压后透气性系数增大 597 倍；13-1 煤层单孔瓦斯流量增大 160 倍；瓦斯压力由 4.1 MPa 基本降为零。

被保护层 13-1 的瓦斯抽放量为 16~32 m³/min，平均为 22 m³/min，抽放瓦斯浓度为 61%~100%，平均为 74%，单孔最大抽放量为 3.60 m³/min，煤层瓦斯抽放率为 86.3%。研究结果表明，11-2 煤层回采后，被保护层 13-1 煤层消除了突出危险性，保护层采煤工作面超前被保护层掘进工作面的超前距为层间距的 3 倍，即不小于 210 m。被保护的 13-1 煤层在掘进过程中均未发生煤与瓦斯动力现象和突出事故，确保了安全生产。掘进单进由月进尺 60 m 左右提高到 200 m。由于消除了突出危险性，允许采用综采放顶煤开采，被保护层 13-1 煤层工作面年单产大幅度提高，可提高 2~3 倍。

五、高瓦斯矿综采工作面设备回撤期间通风和瓦斯防治措施

低瓦斯矿井综采工作面回撤时，一般采用设备从中部向两侧回撤的顺序，回撤期间两侧巷道利用局部通风机供风，因而在回撤过程中受车辆等各种因素影响导风筒容易被损坏，因而造成局部区域风流紊乱，回撤地点风量偏小。神华神东公司康家煤矿是高瓦斯矿井，该矿井综采工作面回撤设备如果仍采用这种方法，极易出现因导风筒损坏后回撤地点供风量减小致使局部瓦斯超限现象，给回撤工作带来困难，也不利于通风管理，并且在安全上有极大隐患。因此，有必要采取适合高瓦斯矿井设备回撤的方法——顺序回撤法来完成整个回撤工作，以保证回撤过程安全、顺利。该项措施经过两个工作面设备回撤的实际操作验证，效果良好，并将在今后的回撤工作中普遍推广。

1. 回撤前准备工作

如图 12-21 所示，回撤开始前首先组织施工队伍在运输通道内提前施工通车风门，

分别在一、二联巷之间，二、三联巷之间，三联巷以下（一联巷以上为临时调节风窗）3段巷道内各施工一组通车用推拉风门（共3组），以备回撤期间调整通风系统时使用。

另外，设备回撤前运输通道内应提前备有一定量的木垛支护材料（150 mm×200 mm×1000 mm的道木），设备开始回撤时回撤通道及两通道间断联巷内随回撤及时架设双排木垛，防止巷道发生垮落堵塞风路，影响回撤。

2. 回撤期间设备回撤顺序及通风系统调整方案

1）设备回撤路线

（1）工作面所有设备自回风巷侧向胶运进风巷侧回撤。

（2）工作面设备及液压支架撤出后沿胶运进风巷撤离。

（3）所有设备均不得通过回风巷运输，避免巷道内瓦斯出现异常时引起意外。

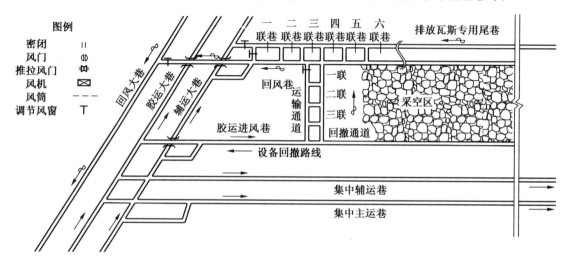

图12-21 设备回撤顺序及通风设施安设示意图

2）回撤期间通风系统调整方案

设备回撤顺序按自上而下顺序进行：

（1）回撤通道一联巷以上设备及液压支架回撤时，打开运输通道内的3组风门，风流并联通过运输通道和回撤通道一联巷以下段进入回撤通道一联巷以上段，然后进入回风巷，最后回到回风大巷。

（2）回撤通道一、二联巷之间设备及液压支架回撤时，关闭运输通道一、二联巷之间风门，打开其余风门，同时拆除运输通道内一联巷以上段临时调节风窗，风流并联通过运输通道和回撤通道二联巷以下段进入回撤通道，再并联经过运输通道和回撤通道一联巷以上段进入回风巷，最后回到回风大巷。

（3）依次类推，回撤通道二、三联巷之间设备及液压支架回撤时，关闭运输通道二、三联巷之间风门，打开其余风门；回撤通道三联巷以上设备及液压支架回撤时，关闭运输通道三联巷以上风门，打开其余风门，确保回撤地点通风顺畅。

（4）回撤通道内所有设备及液压支架回撤完毕后，方可拆除运输通道内风门设施，并及时封闭两条通道及工作面。

3. 液压支架回撤期间工作面支护方案

工作面液压支架回撤期间，为保证通风顺畅，防止局部瓦斯积聚超限，使回撤工作顺利完成，需要对巷道进行特殊支护，即采用木垛支护方式对巷道原有支护进行加固，如图12-22所示。

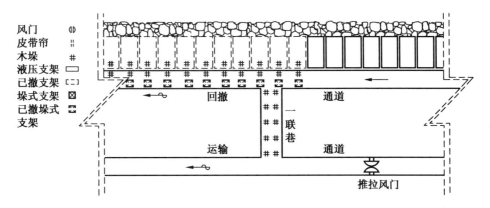

图12-22　综采工作面回撤期间回撤通道支护示意图

（1）每架液压支架撤出后，迅速在原支架与垛式支架之间架设两架木垛，以确保以后回撤过程中回风通道畅通。

（2）设备及液压支架回撤过通道联巷后，立即在联巷内架设两排木垛支护顶板，防止联巷垮落。联巷内木垛支护形式及规格要求与回撤通道内木垛相同。

4. 设备回撤期间通风及支护安全技术要求

（1）设备回撤前，应保证通风设施施工质量，减少漏风损失。

（2）设备及液压支架回撤期间，除保证工作面监测系统正常运行外，还必须至少设一名专职瓦检员现场检查，发现风流中瓦斯浓度大于1.5%时立即停止回撤作业，撤出人员，进行处理。

（3）回撤期间，工作面瓦斯抽放系统保持正常运行，继续抽放采空区内瓦斯，确保采空区瓦斯不至于大量涌入回撤通道，造成超限，影响回撤工作。

（4）派专人看管回撤通道内的通车推拉门，按回撤要求顺序开关风门，确保风流顺畅。

（5）回撤支护木垛要成排布置，接顶严密。

（6）回撤之前，为预防支护强度不够或顶板出现破碎垮落等情况造成风路阻塞，现场需备用局部通风机1台和风筒20节，防止回撤过程中出现局部垮落阻塞风路时使用。

第三节　我国煤矿井下瓦斯抽放钻孔施工装备与技术

一、我国煤矿井下瓦斯抽放钻孔施工装备

瓦斯抽放是防治煤矿瓦斯灾害事故的根本措施，从20世纪50年代开始，我国就将瓦斯抽放作为治理煤矿瓦斯灾害的重要措施在高瓦斯和突出矿井推广。2002年，国家煤矿

安全监察局制定了"先抽后采，以风定产，监测监控"的煤矿瓦斯防治方针；2006年，再次明确煤矿瓦斯治理"必须坚持先抽后采、治理与利用并举的方针"，进一步强化了瓦斯抽放治理瓦斯灾害的地位。在20世纪70年代我国把发展综合机械化采煤作为煤炭工作的一项重要工作之后，钻孔抽放技术也开始逐步发展起来；20世纪80年代初，煤炭科学研究总院西安分院在引进吸收国外先进技术的基础上，结合我国煤矿的实际生产条件研制出了拥有自主知识产权的全液压动力头式钻机，之后逐步走上钻机系列化与钻机工艺综合配套、全面发展的轨道。随着煤矿综采技术的发展，适合我国煤矿瓦斯钻孔施工的全液压动力头式钻机得到了长足发展，钻机品种逐渐增多，性能进一步改善和提高，同时煤矿井下复杂地层钻探、定向钻进、钻孔轨迹测量等钻探技术也有了新的发展。目前钻机已形成动力头式液压钻机系列化，并逐步向履带一体化、智能控制方向发展，井下定向钻进技术也逐步向随钻测量、随钻控制等方向发展，并初见成效。

1. 钻机

在煤矿井下特殊环境中，全液压动力头式井巷钻机有钻进效率高、工艺适应性强、操作安全、解体性好、易搬迁等特点，因此成为煤矿井巷钻探作业的主导机型。目前，国内全液压动力头式钻机的生产厂家较多，钻进能力从几十米到上千米，已形成多个系列。以煤炭科学研究总院为例，钻机产品已形成系列化。多年来，钻机产品经历了从小能力向大能力、单工艺向多工艺、分体式向履带式的发展过程，目前形成了ZDY（原MK）系列钻机，主要型号近20余种，钻进深度为75~1000 m。ZDY系列钻机型号及技术参数见表12-2。特别是近年来，又相继研制成功以负载敏感液压控制为核心技术的ZDY6000L、ZDY4000L、ZDY1200L等型号履带自行式全液压钻机和ZDY6000LD型一体化定向钻机，有力推动了我国煤矿井巷钻机向多功能一体化方向发展。

表12-2 ZDY系列钻机型号及技术参数

钻机型号	钻孔深度/m	钻杆直径/mm	最大扭矩/(N·m)	起拔能力/kN	进给能力/kN	电动机功率/kW
ZDY8000S	800/1000	89	8000/10000	250	250	90
ZDY6000S	600/800	89/73	6000	230	230	75
ZDY4000S	250/350	73	4000	146	146	55
ZDY3200S	100/350	73	3200	70	102	37
ZDY6000L	600/800	89/73	6000	230	230	75
ZDY4000L	250/350	73	4000	123	123	55
ZDY1200L	100/200	50/63.5	1200	45	45	22
ZDY6000LD	1000	73	6000	230	230	110

2. 配套钻杆

煤矿井下钻孔用钻杆在20世纪70年代以前以选用地面钻探用锁接手钻杆为主，钻杆为管体与接头拼装而成。这种结构的钻杆在使用中两细牙螺纹啮合处经常疲劳断裂，造成井下断钻杆的恶性事故,使用寿命短,因而逐渐被淘汰,后来逐步被内镦粗外平钻杆替代。20世纪90年代末,随着摩擦焊接工艺的改进和完善,以及焊接参数控制的程序化和自动化,摩擦焊接和数控加工技术逐步用于煤矿坑道专用钻杆的制造,极大地加快了钻杆的研发进程。当今摩擦焊接工艺在钻杆生产工艺中占主导地位,且生产效率高、成本低,钻杆强度和性能也得到很大提高。

随着煤矿坑道钻进工艺技术的不断发展,钻杆的种类、规格也不断增加。目前煤矿井下所用的钻杆种类主要有外平钻杆、螺旋钻杆、三角形钻杆和正方形钻杆等。外平钻杆是最常用的一种类型,适用于井下常规钻进作业和稳定组合钻具定向钻进。现有规格主要有ϕ42 mm、ϕ50 mm、ϕ63.5 mm、ϕ73 mm、ϕ89 mm等,具体参数见表12-3。

表12-3　煤矿坑道钻进用外平钻杆规格及主要参数

钻杆直径/mm	单根长度/mm	接头扣型	杆体壁厚/mm	适配钻头直径/mm
42	1500	平扣	6.80	75
50	1500	平/锥扣	6.50	75、94
63.5	1500	锥扣	7.10	94、113
73	1500	锥扣	9.19	94、113、133
89	1500	锥扣	9.19	113、133、153

螺旋钻杆主要用于满足松软煤层钻进和本煤层大直径救援孔的排粉需要。螺旋钻杆的连接方式主要采用螺纹连接、牙嵌连接、法兰连接以及插销连接等几种方式。由于插接式螺旋钻杆结构尺寸小,装卸钻杆相对方便,因此在钻孔施工中使用较为普遍。这种方式可方便处理钻进过程中因塌孔、喷孔、掉块等形成的卡钻、埋孔等孔内事故。目前常用的规格主要有ϕ78 mm、ϕ88 mm、ϕ100 mm、ϕ110 mm、ϕ130 mm等,具体参数见表12-4。

表12-4　煤矿井巷钻进用螺旋钻杆规格及主要参数

钻杆直径/mm	螺旋外径/mm	接头形式	适配钻头直径/mm
50.0	78	丝扣式、插接式	85/94
50.0	88	丝扣式、插接式	85/94
63.5	100	插接式	113
73.0	110	插接式	133
73.0	130	插接式	153

三角形钻杆和正方形钻杆是针对突出煤层钻进而开发的特殊结构形式钻杆,这两种类型的钻杆由于加工工艺复杂,防突效果不太明显,目前现场应用较少。

3. 配套钻头

煤矿井下瓦斯抽放钻孔施工所遇到的地层主要以煤或煤系地层为主,遇到火成岩或变质岩等坚硬地层情况较少,因此所用钻头一般以硬质合金和金刚石复合片(PDC)钻头为主。瓦斯抽放钻孔施工一般采用全面钻头进行不取芯钻进。硬质合金钻头一般只适用于本煤层、泥岩等低硬度地层的浅孔施工，目前大多数煤矿为提高钻进效率、节省起下钻时间，一般采用PDC钻头。煤炭科学研究总院西安分院研制和生产的煤矿井下PDC钻头多项研究成果处于国内领先水平，特别是最新研制的胎体式PDC钻头用于顶板硬岩钻进具有良好的保径效果和较长的使用寿命。目前生产的不同型号和规格的PDC钻头达100余种，钻头形式多样，结构优化，性能可靠。从钻头的使用功能上来讲，除了能够满足一般钻进要求外，有些钻头在结构设计上还具有防卡、防喷、反切削、自排粉等功能，以适应对复杂地层钻孔施工。

4. 其他

煤矿井下钻孔施工配套的其他钻具还有用于钻孔轨迹测量的测斜仪，定向钻进用电稳定器，用于抑制瓦斯富集煤层喷孔的多级稳定组合钻具，具有防喷和气水分离功能的孔口装置，防止孔内事故的安全接手，防喷接头，取芯器，送水器以及处理孔内事故的打捞工具等。近年来随着对煤矿井下钻探技术研究的深入，钻进工艺向多工艺方向发展，钻探工具的品种也越来越多，井下钻孔作业也越来越安全、高效。

二、我国煤矿井下瓦斯抽放钻孔施工技术

1. 常规钻进技术

常规钻进技术是指目前煤矿井下应用最为普遍的水力正循环孔口回转钻进技术。该技术钻具配置简单，直接采用外平钻杆和钻头连接作为主要钻具，采用清水作为循环介质。由于操作简单，加之煤矿井清水供应充足和便利，因此大多数煤矿都采用该技术进行钻孔施工。根据供给条件，循环水分为静压水循环和动压水循环。一般在钻孔孔径不大、钻孔深度要求不高、煤层（地层）成孔性较好的情况下，可直接采用井下管道供应的静压水作为钻孔循环介质进行施工，这样避免了水泵或泥浆泵频繁搬运的麻烦，并节省了动力资源。但是对于复杂地层的深孔钻进，为确保钻进过程中的排粉通畅和充分冷却钻头，需要配置专用的泥浆泵供送循环水。该技术对钻机和钻具没有特殊要求，适用于煤层（地层）条件相对稳定条件下的钻孔施工，对于钻孔结构有特殊要求的钻孔施工可采用二次或多次扩孔的成孔工艺。但在松软突出煤层、松散破碎带、炭质泥岩、绿泥岩中钻进，应避免直接用该钻进法进行钻孔施工，以免因水力冲刷、循环介质漏失、泥岩缩水等造成卡钻、埋钻等孔内事故。

2. 稳定组合钻具定向钻进技术

所谓稳定组合钻具定向钻进技术，就是在回转钻进的基础上，在靠近钻头的10~20 m的钻杆上接上3~5个接近于钻头直径的稳定器（也称扶正器），通过调整稳定器的位置和数量，并配合相应的钻进工艺参数，使钻具对钻头产生向上、向下或保直钻进的控制力，从而起到控制钻孔轨迹的目的。一般来讲，若想使钻孔上斜，可将第一个稳定器配置在靠近钻头的位置上，第二个稳定器配置在远离第一个稳定器的位置上。这样做钻进过程中在靠近钻头的稳定器的支撑作用下，充分利用该稳定器后部钻具的自重，并在回转和给进力的作用下使钻头具有一定的上翘趋势，更多机会地切削钻头上部岩层，从而使钻孔产生上仰趋势；反之，则使钻孔产生下斜趋势。若想使钻孔轨迹尽量保持钻进方向，那么

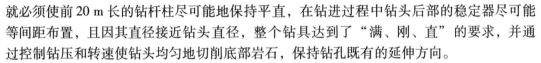

就必须使前 20 m 长的钻杆柱尽可能地保持平直，在钻进过程中钻头后部的稳定器尽可能等间距布置，且因其直径接近钻头直径，整个钻具达到了"满、刚、直"的要求，并通过控制钻压和转速使钻头均匀地切削底部岩石，保持钻孔既有的延伸方向。

稳定组合钻具定向钻进技术主要适用于对钻孔轨迹有特殊要求的瓦斯抽放钻孔施工，如沿煤层水平定向长钻孔的施工（孔深大于或等于 500 m），顶板高位水平定向钻孔的施工。可选用的钻机有 ZDY8000/10000S、ZDY6000S 型全液压钻机和 ZDY6000L 型钻机。该类型钻机具有扭矩、起拔能力大，起下钻速度快等特点，能够适应深孔钻机对钻机能力和钻进效率的要求。目前该技术已在陕西铜川陈家山矿、下石节矿以及晋城寺河矿、赵庄矿等矿区的本煤层瓦斯预抽钻孔施工中得到应用，同时还在沈阳红菱矿、铁法小青矿、七台河新兴矿、陕西铜川玉华矿、韩城桑树坪矿、下峪口矿、河南大秋庄矿等矿区的顶板水平定向长钻孔施工中得到应用。实践证明，使用稳定组合钻具调整钻孔轨迹时，对调整钻孔倾角比较有效，而调整钻孔方位角则效果较差；控制钻孔下斜比控制上仰相对容易；在稳定完整岩石中控制效果明显，而在松软地层中控制效果较差。因此，在钻孔设计时必须充分考虑上述因素，以保证定向钻孔施工效果。

3. 多级组合钻具防突钻进技术

多级组合钻具防突钻进技术主要针对强突出煤层开发。主要原理是采用小口径钻头开孔、逐级扩孔钻进方法，分层次、阶段性逐级释放瓦斯，这样既保证了钻头钻进的稳定性，又减少了一次成孔瓦斯突出或喷孔事故的发生。多级组合钻具防突钻头一般由 3 级组成，第一级钻头直径最小，然后通过组合接手将两个逐级增大的扩孔钻头组合在一起。常用的级配形式主要有 $\phi59/75/94$ mm 和 $\phi75/94/113$ mm 两种组合形式。这种钻头既适用于水力循环钻进，也适用于风力循环钻进，而采用风力循环钻进防突、防喷效果更好。

4. 螺旋钻进技术

螺旋钻进技术是通过驱动螺旋钻杆的回转将钻屑由螺旋叶片提升排至孔外，实际上螺旋钻杆和钻孔之间组成了一个"螺旋输送机"，钻头切削下来的岩粉几乎全部通过螺旋的传递排出。螺旋钻杆分为双头螺旋和单头螺旋两种，钻杆接头也有插接式和丝扣式两种，目前单头螺旋、插接式的应用更为广泛。由于硬质合金焊接工艺的耐高温特性，因此钻头一般选用硬质合金螺旋钻头。

采用螺旋钻进的优点是可有效避免水力冲刷对孔壁稳定性的破坏，在突出煤层中钻进有效防止了瓦斯突出，同时改善了施工环境，避免了采用风循环钻进的粉尘污染问题。但螺旋钻进过程中孔壁和钻杆之间的摩擦阻力很大，尤其对于深孔钻进，对钻机的扭矩及钻杆的强度要求很高。螺旋钻进技术除用于相对完整的煤层或局部破碎煤层的瓦斯抽放钻孔施工外，必要时还可用于煤矿井下紧急救援钻孔的施工。如煤炭科学研究总院西安分院已经研制出了施工 $\phi600$ mm 以下的大直径钻孔的螺旋钻具及装备。2003 年曾在阳泉新景矿采用 ZDY4000S 型钻机和配套螺旋钻具完成直径 500 mm、深 50 m 的顺煤层钻孔，这种大直径钻孔可替代联络巷或作为救灾应急通道使用。

5. 空气钻进技术

空气钻进技术即采用压缩空气作为钻孔循环介质进行钻孔施工的方法。该方法主要用于松散、破碎或遇水坍塌地层和松软突出煤层中钻进。目前大多数松软煤层矿井都在采用空气钻进工艺进行本煤层钻孔施工。如宁夏汝箕沟、淮南丁集、河南平顶山、徐州张集等矿区。采用空气正循环钻进，压风经钻杆、钻头到达孔底，在孔内形成高速风流，岩屑悬浮在风流中被吹向孔口，从而实现排渣和钻头冷却。相对于水力正循环排渣，风对孔壁的冲刷作用稍弱，对瓦斯解吸和泄出的影响较小，而且泄出的瓦斯和压风混合，孔内始终只有气固两相流动，发生梗阻的可能性也减小了。实践证明，风力排渣是在突出煤层或松软煤层打钻的较好方式，是提高钻孔深度的有效途径。

采用压缩空气作循环介质在煤层中钻进对于保持钻孔的稳定性和渗透性有很好的效果，但是单独采用压缩空气来满足排粉和冷却钻头，孔口粉尘污染会很严重，虽然能采用孔口降尘或集尘措施，但是往往由于孔口密封问题很难取得理想效果。

6. 孔底马达定向钻进技术

与国外相比，我国开始煤矿井下定向钻进技术的研究相对较晚。煤炭科学研究总院西安分院在20世纪90年代中期率先开展了煤矿井下孔底马达精确定向钻进技术研究，也摸索出一些经验，但是由于当时国产孔底马达可靠性较差，寿命较短，设备配套成本比回转钻进钻机高，不便于推广，导致国内对这项技术的研究没有继续深入下去。近年来随着瓦斯抽采钻孔深度不断增加和对钻孔轨迹精确定位需求的出现，国内煤炭企业一度出现进口国外长钻孔定向钻进技术与钻机的热潮。目前煤炭科学研究总院西安分院在高精度随钻测量定向钻进技术及装备方面已进行技术攻关和研究，关键技术取得了突破性进展，研制和开发的千米定向钻机和随钻测量系统已进入现场工业性试验阶段并取得成效，2008年下半年该技术和装备逐步推向市场。

孔底马达定向钻进技术的优点是控制钻孔方向的能力较强，钻孔轨迹的测量精度高。由于孔底马达和随钻测量系统的价格高，钻孔施工成本也相对较高，多适用于变形小、硬度高、韧性好的本煤层和结构稳定、构造简单的煤系地层的定向深孔及分支孔施工。

三、沿煤层定向钻进瓦斯抽放的优点

沿煤层定向钻孔与穿层钻孔技术参数对比见表12-5。与穿层钻孔相比，沿煤层定向钻进瓦斯抽放的优点如下：

表12-5 沿煤层定向钻孔与穿层钻孔技术参数对比

钻孔类型	单孔孔深/m	煤孔比例/%	瓦斯流量/($m^3 \cdot min^{-1}$)		抽采瓦斯浓度/%
			单孔	百米钻孔	
沿煤层定向钻孔	600~1000	89.6	3	0.36	80
穿层钻孔	70~120	35	0.06	0.04	40

（1）单孔成孔距离长。穿层钻孔深度在70~120m，沿煤层定向钻孔深度均在600 m以上，最深达到1023 m，平均单孔孔深为穿层钻孔的9倍。

（2）钻孔煤孔所占比例高。决定瓦斯抽采效果的关键因素是钻孔的煤孔深度。穿层钻孔煤孔所占比例为35%左右，沿煤层定向钻孔煤孔比例高达89.6%，为穿层钻孔的

2.56 倍。

（3）补充精确的地质资料。沿煤层定向钻进可以进行可控的探顶、探底操作，以便查明目标煤层顶、底板及断层等地质状况，为矿方补充精确的地质资料。

（4）瓦斯抽采效率高。沿煤层定向钻孔的单孔瓦斯平均流量、百米钻孔瓦斯平均流量分别达到 3 m^3/min 和 0.36 m^3/(min·hm)，分别是该矿同等地质条件下穿层钻孔的 50 倍和 9 倍；穿层钻孔的瓦斯抽采浓度一般在 40% 左右，沿煤层定向钻孔抽采浓度平均为 80%，最高达到 95%，为穿层钻孔的 2 倍。

（5）钻孔施工适应性强。穿层钻孔施工工艺受时间、空间的制约较大，必须在靠近目标煤体的井巷内进行施工，沿煤层定向钻进不受此限制，可在远离目标煤体的巷道内通过其精确的定向工艺施工钻孔抽采目标区域瓦斯。

（6）抽采系统集约化。沿煤层定向钻进采用主分支、长距离、一拖二和固定钻场模式设计，钻孔成孔后抽采孔口少，形成的抽采系统高度集约，便于管理。

（7）吨煤瓦斯治理费用较低。沿煤层定向钻进技术因其复杂性在国内还未推广，一般采用该技术治理瓦斯的工程都采取整体外包方式。以宁夏某矿区为例，总投资 9000 万元，目标区域 2521、2621 条带可采煤量为 27 Mt，吨煤瓦斯抽采费用为 3.3 元，施工期为 11 个月；若采用施工穿层、顺层钻孔瓦斯治理方式，则吨煤瓦斯抽采费用高达 5 元，施工期长达 4 年。

第十三章　采高7m以上液压支架开发及配套设备的发展

厚度7m左右的煤层在我国有着丰富的储量，分布也十分广泛，除神华神东矿区、万利矿区、宁煤矿区外，晋城寺河矿、赵庄矿、平朔安家岭矿、安太堡矿以及陕西一些矿区均有7~8m厚的煤层。在我国已发展采高6m左右煤层大采高综采成功的基础上，为了进一步加大采高，应尽量实现7m左右厚煤层见顶见底开采，以真正实现一次采全高，提高煤炭采出率，减少煤炭开采成本，安全可靠实现大采高综采工作面高产高效，促进煤炭科学技术发展，提高矿区开采的经济效益。神华集团神东矿区首先进行了7m左右厚煤层大采高开采的调查研究，并提出针对神华矿区上湾矿1-2煤层和大柳塔矿5-2煤层赋存条件开发以7m支架为代表的综采成套设备，并用其开采煤厚7m左右煤层的试验想法，发出我国自主协作设计制造7m支架，且与国内外适用7m采高综采设备配套的招标文件。从此揭开了我国开发7m以上高度液压支架的序幕，国内有开发能力的液压支架设计企业纷纷投入了有针对性的投标准备工作，中煤北煤机公司也参与了设计投标工作。

第一节　国内外5m以上大采高液压支架开发现状

一、国外5m以上大采高液压支架开发现状

澳大利亚 ANGLO COLA MINE 公司针对其子公司 MORANBAH NORTH COLA 煤矿近年来由于支架能力不适应而发生的长壁工作面顶板事故，对工作面配套设备提出了新的性能要求。由 JOY 公司为其提供支撑高度为2.4~5m，工作阻力为1750t（约17500kN），中心距为2050mm，立柱缸径为φ480mm的两柱掩护式液压支架。支架采用 RS20s 电液控制系统，是目前移架速度最快的系统。支架在最大测试高度6m、最大测试能力25000kN的试验台中进行耐久性试验指标为90000次应力循环，以确保井下实际寿命不少于45000~65000个工作循环。该工作面配套采煤机功率达3000kW，工作面总体配套能力达5000t/h。

德国 BUCYRUS 公司分别为捷克 Czech Republic 矿和南非 South Africa 矿生产了6m大采高支架。为捷克 Czech Republic 矿生产的6m支架二级护帮采用伸缩式机构。两种液压支架均采用了 PMC-R 电液控制系统。该系统的特点是：

（1）每台支架的控制器都体现了智能化的设计理念。

（2）可访问支架所有数据。

（3）可在任意支架上修改参数。

（4）可轻易地对全工作面进行程序升级或程序置换。

（5）工作面自动化生产不需要主控装置。

（6）井下或地面采用可视化装置，通过数据连接将工作面数据传送到外部网络。

表 13 - 1　BUCYRUS 公司 1993 年以来提供的 5 m 以上大采高液压支架

序号	煤　矿	国　家	供货年份	支架高度/ mm	支架工作阻力/kN
1	Lazy	捷克	1993	2800～6000	2×3180
2	West Walls End	澳大利亚	1997	2200～5300	2×4380
3	Newlands	澳大利亚	1998	2200～5000	2×4500
4	Prosper	德国	1998	2500～5000	2×3552
5	神东（S3）	中国	2001	2400～5000	2×4319
6	Matla	南非	2002	2700～6000	2×5278
7	晋城寺河	中国	2002	2550～5500	2×4319
8	Lazy 2	捷克	2002	2800～6000	2×3180
9	神东（S4）	中国	2003	2550～5500	2×4319
10	神东（S8）	中国	2004	2400～5000	2×4319
11	神东（S9）	中国	2004	2550～5500	2×4319
12	Kyrgaiskaja	俄罗斯	2004	2550～5500	2×4158
13	Broad Meadow	澳大利亚	2004	2400～5200	2×5655
14	神东（S10）	中国	2004	2550～5500	2×4319
15	大宁	中国	2005	2550～5500	2×3889
16	神东（S11）	中国	2005	2550～5500	2×4319
17	神东（S12）	中国	2005	2550～5500	2×4319
18	榆树湾（兖矿）	中国	2005	2550～5500	2×4319
19	酸刺沟（伊泰）	中国	2008	2400～5000	2×4319
20	Lazy（3）	捷克	2008	2800～6000	2×5655
21	Darkov	捷克	2008	2600～5500	2×5655

由表 13 - 1 可以看出，德国 BUCYRUS 公司从 1993 年至 2008 年共提供 5 m 以上大采高液压支架 21 套。其中捷克 4 套，支架最高 6 m，工作阻力最高 11310 kN；澳大利亚 3 套，支架最高 5.3 m，工作阻力最高 11310 kN；德国 1 套，支架最高 5.0 m，工作阻力最高 7104 kN；南非 1 套，支架最高 6.0 m，工作阻力最高 10556 kN；中国 11 套，支架最高 5.5 m，工作阻力最高 8638 kN；俄罗斯 1 套，支架最高 5.5 m，工作阻力最高 8316 kN。

二、中煤北煤机公司 5 m 以上大采高液压支架开发现状

2003 年在部分消化吸收引进国外支架先进技术的基础上，研制了 ZY8640/25.5/55 型液压支架。该支架使国内支架设备支护高度首次达到 5.5 m，在总体结构设计和部件结构设计中吸收了国外引进支架的部分特点，以国内试验标准为基础，大大提高了寿命考核指标，支架循环加载次数总体达到 50000 次。

2004—2006年，中煤北煤机公司在神华集团支持下，以国家发展改革委"重大装备本土化"项目子项目"年产10 Mt综采工作面支护设备本土化研究"立项，研制成功国内第一套全面消化吸收国外先进技术的本土化5.5 m高端液压支架——ZY9000/25.5/55型电液控制大采高支架。该支架在总体设计、部件结构设计、材料配置、液压元件及系统配置、加工工艺、检测试验标准等方面借鉴创新了国外先进技术。支架按照综合了欧洲标准和国家标准而制定的高端支架试验标准通过了41000次循环加载试验，移架速度等支护性能指标达到与引进支架同等水平。个别关键部位的设计通过验证说明达到国际领先水平。该成果于2006年通过中国煤炭工业协会组织的专家鉴定。

2007年中煤北煤机公司为神华集团神东公司研制的ZY12000/25/50D型电液控制掩护式液压支架，在国内首次把两柱掩护式液压支架单台工作阻力提高到12000 kN（单根立柱工作阻力达到6000 kN）。该支架所采用的高工作阻力、高强立柱在选材和制造工艺方面实现了新的重大突破。为研制更大采高（6~7 m）、更高工作阻力（12000~20000 kN）支架做好了技术储备。

2005年国内开始进行6 m以上大采高液压支架的研制。中煤北煤机公司研发的6 m以上大采高液压支架——ZY10400/30/65型掩护式液压支架最大高度达到6.5 m，中心距达2.05 m。该支架针对提高特大采高液压支架稳定性，加强对架前顶板和煤壁片帮控制，保证工作面安全作业空间等关键技术提出了新的思路。到目前为止，神华集团神东公司、晋城煤业集团、神华宁煤集团、神华集团万利公司、陕西煤业集团等先后采用了ZY9400/28/62D型、ZY10000/28/62D型、ZY10800/28/63D型、ZY12000/28/63型等6.2 m和6.3 m液压支架。这些支架的共同特点是：采高大（6 m以上），工作阻力高（10000 kN以上），部件采用高强度等级钢板（600~1000 MPa），采用电液控制系统，主体结构件寿命为复合加载40000次以上，移架速度等性能指标与国外引进设备相当。

通过以上高端支架产品的本土化，我国综采液压支架研制技术有了长足的进步，为7 m支架的研制奠定了如下技术基础：

（1）吸收国外先进的设计理念，设计中采用参数优化、三维动画、有限元分析等现代设计方法，保证了产品的"先天"质量。

（2）总结出一套5.5 m以上大采高液压支架在提高整体稳定性，保障安全作业空间，提高围岩维护效果等方面的完整设计理念，为7 m支架的研制提供了丰富的借鉴。

（3）7 m支架的关键部件大缸径、高工作阻力立柱的研制方面：材质、热处理工艺、焊接等关键技术问题通过12000 kN支架的研制已经得到解决，ϕ420 mm、ϕ450 mm、ϕ480 mm、ϕ500 mm缸径高工作阻力立柱均已试制样品。

（4）通过煤机企业与钢铁企业合作的多年开发，高强结构件制造所需的600~1000 MPa高强度等级钢板技术更加成熟，综合机械性能更加完善，质量趋于稳定。

（5）600~1000 MPa高强度等级钢材焊接已形成完整成熟的技术规范。近年来进一步提高焊接结构件综合机械性能的"等韧性匹配"焊接技术已应用于生产。

（6）通过消化吸收和本土化高端支架产品研制实践的总结，形成了一整套与国际先进水平接轨的产品质量控制、检验、检测和试验标准，为保证和评价产品质量和性能提供了依据。我国高端液压支架的主体技术水平已经达到与国际先进水平基本相当水平。

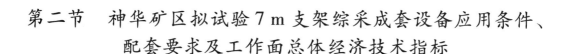

第二节　神华矿区拟试验7m支架综采成套设备应用条件、配套要求及工作面总体经济技术指标

一、试采煤层围岩条件

由表13-2可知，7m支架是在浅埋深（40~80 m），厚基岩（45~73 m），薄表土（0~5 m），近水平（1°~3°），煤层厚度约为7m，煤质硬度f值平均为2，基本顶为Ⅲ级来压强度，底板中等坚硬的条件下使用。

表13-2　围岩条件

分项	煤层编号	上湾矿I⁻²	大柳塔矿5⁻²
	工作面编号	51105、51106	三盘区
煤层赋存条件	煤层埋深/m	45~143	79.66~268
	上覆基岩厚度/m	45~135	72.57~224.56
	松散岩（表土）厚度/m	0~15	5~55.95
	煤层倾角/(°)	1~3	
	煤层厚度/m	5.1~8.6（平均7）	6.76~7.29（平均7.01）
	煤质硬度f	1.06~4.57（平均2.19）	
	煤层抗压强度/MPa	2.1~44.8（平均19.68）	9.36~31.1（平均19.54）
顶板及分类	顶板岩性及厚度	泥岩0~0.93m厚，砂层黏土岩0~3.12 m厚，粉砂岩0~3.0 m厚	泥岩、粉砂岩0.8~11.9 m厚（平均2.94 m），中砂岩或细砂岩3.89~47 m厚（平均23.33 m）
	抗压强度		中砂岩6.8~150.4 MPa（平均77.202 MPa），粉砂岩61.4~91.5 MPa（平均77.93 MPa）
	顶板分类	基本顶Ⅲ级，来压显现强烈（Kₘ=2.15，L₁=53.84 m）	基本顶Ⅲ级，来压显现强烈（Kₘ=0.82，L₁=54.2 m）
底板及分级	底板岩性及厚度	砂质泥岩、中砂岩	粉砂岩、细砂岩0.16~15.22 m厚（平均2.66 m）
	抗压强度	砂质泥岩50.7 MPa，中砂岩49.0 MPa	中砂岩、粉砂岩、细砂岩56.3~126.21 MPa（平均89.48 MPa）
	底板分级	中等坚硬岩石	受上分层煤柱集中压力影响

二、采矿技术及地质条件对配套设备的要求

由表13-3可知，7m支架是在水文、瓦斯影响不大，煤层易自燃，有煤尘爆炸危险

的条件下工作的。其配套设备满足生产能力（6000 t/h），但工作面采高大（7 m），工作面长度长（300 m），工作面推进度快（14.85 m），单位时间内采动空间大。如此每日大体积地开采，将导致工作面矿压在基本顶来压时显现十分强烈。所以，在这种围岩、矿井及配套设备和产量要求下，设计 7 m 支架必须立体动态地分析围岩活动。因工作面几何尺寸（长、宽、高）均加大，将导致矿压强度加大。

与 7 m 支架配套的综采设备单机生产能力是很大的，这些设备国内提供均较困难，多数须国外引进，也即 7 m 支架要与国外综采设备配套使用。

表 13 – 3　工作面参数及配套设备条件

分项			煤层编号	上湾矿 I⁻²	大柳塔矿 5⁻²
			工作面编号	51105、51106	三盘区
工作面参数			工作面采高/m	6.8 ~ 7.0	6.8 ~ 7.0
			工作面长度/m	300	300
			工作面日推进度/m	14.85	13.5
			工作面日产/t	36360（待定）	36360（待定）
其他条件			水文条件	水量不大	顶板水量一般 50 m³/h，最大 200 m³/h
			瓦斯等级	低瓦斯矿	低瓦斯矿
			煤层爆炸危险	有	有
			煤层自然发火期	3 个月	3 个月
			运输巷断面/（m×m）	6×4.4	6×4.4
			回风巷断面/（m×m）	5.2×4.4	5.2×4.4
配套设备要求	采煤机		生产能力/（t·h⁻¹）	6000	6000
			牵引速度/（m·min⁻¹）	13	13
	刮板输送机		生产能力/（t·h⁻¹）	6000	6000
			中部槽宽/m	1.35	1.35
	转载机		生产能力/（t·h⁻¹）	6000	6000
			槽宽/m	1.55	1.55
	乳化液泵		总流量/（L·min⁻¹）	1500	1500
			流量/（L·min⁻¹）	430	430
			压力/MPa	37.5	37.5
			台数	6	6
	带式输送机		生产能力/（t·h⁻¹）	6000	6000
			带宽/m	2	2

三、神华集团对 7 m 支架大采高工作面总体经济技术指标的要求

（1）年产煤量不低于 12 Mt。

（2）大修周期不低于 20 Mt 过煤量，主体结构件（顶梁、掩护梁、前连杆、后连杆、底座）确保 20 Mt 不出现变形断裂，其余结构件工业性试验 6 个月期间不出现变形、断裂等现象。

（3）支架样机按欧洲标准通过 5 万次的型式试验，按我国煤炭行业标准《液压支架通用技术条件》（MT 312—2000）进行安全标志证书取证试验，共计 62500 次寿命试验。

（4）支架支护性能（对顶板及煤壁维护性能）与国外引进装备技术指标相当或优于国外引进装备技术指标。支架对顶板的主动支撑力（初撑力）大于或等于工作阻力的 85%（通过自助增压实现），对煤壁的主动支护力比现有 5.5~6.3 m 大采高液压支架提高 5.6 倍以上。

（5）每台支架完成一个工作循环时间小于或等于 10 s（理论计算为 9.21 s）。

第三节　中煤北煤机公司对 7 m 支架的设计技术方案

一、工作面设备配套和能力设计

针对上湾矿运输巷断面为 6.0 m×4.4 m，回风巷断面为 5.2 m×4.4 m，实体煤宽即工作面长为 300 m，拟试采工作面。

二、支架主要技术参数的确定

1. 支架工作阻力及支架支护强度的确定

根据拟用 7 m 支架煤层赋存条件的分析，依据大采高液压支架工作面矿压特点和支架工作阻力及支架支护强度确定方法，结合配套断面设计要求，对支架纵向稳定性的优化设计，确定支架工作阻力为 17000 kN，支架的平均支护强度为 1.41~1.44 MPa。

2. 支架结构高度

（1）液压支架：中部支架，ZY17000/32/70D 型掩护式液压支架，139 架；过渡支架，ZYG17000/29/62D 型掩护式过渡支架，4 架（回风巷、运输巷各 2 架）；端头支架，ZYT17000/27/55D 型掩护式端头支架，8 架（回风巷、运输巷各 4 架）。

（2）采煤机：最大采高为 6.8 m，装机功率为 3000 kW。

（3）刮板输送机：槽内宽 1350 mm，装机功率不小于 3×1200 kW。

（4）泵站：单台支架所需流量不小于 1500 L/min，供液压力不低于 31.5 MPa。

支架采高由顺槽的 4.4 m 过渡到中部的 6.8 m（过渡段的相邻支架间高差为 240 mm）。运输巷布置 4 架端头支架，2 架过渡架、1 架中部支架，回风巷、运输巷的支架对称布置。

端头支架的工作高度为 4.4~4.64 m，过渡支架的工作高度为 4.88~5.12 m，中部支架的工作高度为 5.36~6.8 m。

因此，端头支架的结构高度为 2.7~5.5 m，过渡支架的结构高度为 2.9~6.2 m，中部支架的结构高度为 3.2~7.0 m，支架的高度比较合理，能满足工作面的正常支护要求。

3. 支架的主要技术参数、性能及结构特点

（1）支架型号：ZY17000/32/70D 型两柱掩护式液压支架（图 13－1）。

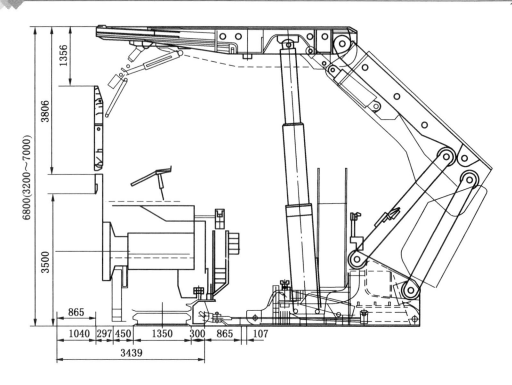

图 13-1 ZY17000/32/70D 型两柱掩护式液压支架

（2）支架高度：3200～7000 mm。

（3）工作阻力：17000 kN（43.3 MPa）。

（4）初撑力（增压后）：12370 kN（14923 kN，38 MPa）。

（5）支护强度（$f=0.2$，$H=5.0～7.0$ m）：1.41～1.44 MPa（图 13-2）。

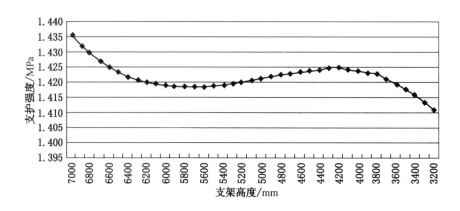

图 13-2 7 m 支架不同高度与支护强度的关系曲线

（6）支架中心距：2050 mm。

（7）移架步距（有效行程）：865（960）mm。

（8）移架/推溜力：1546/745 kN。

（9）对底板平均比压（$f=0.2$，$H=5.0\sim7.0$ m）：$2.77\sim2.79$ MPa（图 13-3）。

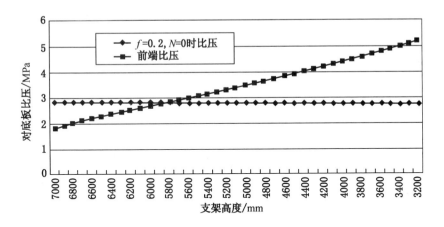

图 13-3　7 m 支架不同高度对底板比压的关系曲线

（10）前端对底板最大比压（$f=0.2$，$H=5.0\sim7.0$ m）：$1.79\sim3.42$ MPa。

（11）控制方式：电液控制。

（12）单台支架完成一个工作循环时间：理论计算 9.21 s。

（13）支架宽度：$1950\sim2200$ mm。

（14）支架单重：不大于 63 t。

（15）支架运输尺寸（长×宽×高）：9400 mm×1950 mm×3200 mm。

（16）立柱规格：大缸外径/内径，$\phi580/500$ mm（材料 27SiMn）（图 13-4）；中缸外径/内径，$\phi465/360$ mm（材料 27SiMnA）；活柱外径，$\phi320$ mm（实心）（材料 27SiMn）。

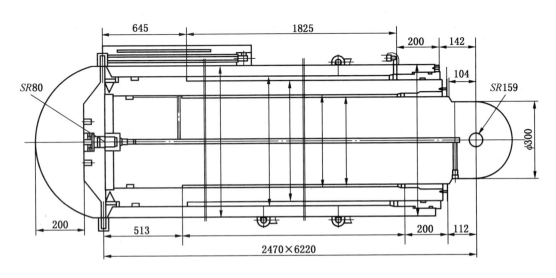

图 13-4　7 m 支架立柱结构

（17）其他千斤顶：规格见表 13 - 4。

表 13 - 4　各千斤顶规格

序号	名　称	缸径/mm	杆径/mm	行程/mm	数　量
1	推移千斤顶	φ250	φ180	960	1
2	抬架千斤顶	φ180	φ140	260	1
3	底调千斤顶	φ160	φ120	300	1
4	平衡千斤顶	φ280	φ190	660	1
5	侧推千斤顶	φ100	φ70	260	4
6	伸缩千斤顶	φ100	φ70	1100	2
7	一级护帮伸缩千斤顶	φ125	φ90	985	2
8	一级护帮千斤顶	φ125	φ90	620	2
9	二级护帮千斤顶	φ100	φ70	415	2
10	三级护帮千斤顶	φ80	φ63	330	2

通过以四连杆机构受力最小、纵向尺寸最紧凑为目标函数进行充分优化设计。支架前连杆的最大受力为工作阻力的 51.5%，后连杆的最大受力为工作阻力的 45.5%。前、后连杆的受力曲线如图 13 - 5 所示。

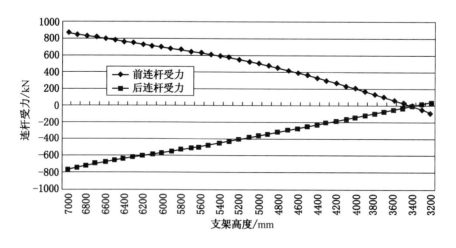

图 13 - 5　7 m 支架不同高度前、后连杆的受力曲线

4. 支架主要结构特点

（1）支架采用整体顶梁带 1100 mm 的伸缩梁结构形式，并设有增压增力复合三级护帮机构，伸缩机构和护帮机构互相独立。

（2）每个立柱下腔上设两个安全阀，一个流量为 500 L/min，另一个流量不小于

— 318 —

2000 L/min，提高立柱的反应速度和抗冲击能力。考虑目前国外该阀现状，建议采用两个流量为 1350 L/min 的安全阀。

（3）支架设 3 个人行通道，即立柱前、立柱后部的上下通道。其中，立柱后部下通道宽大于 600 mm，高 2000 mm；立柱后部上通道宽大于 600 mm，带护栏，每隔 5 架和两端设置上下过渡梯。

5. 过渡支架和端头支架的情况

过渡支架和端头支架的结构形式和中部支架类似，只是根据配套使用情况将支架的结构高度、顶梁长度、顶梁形式等做相应调整。

第四节　7 m 支架在神华补连塔矿初步试验

由于神华集团对 7 m 支架试验时间与拟定试验的大柳塔矿和上湾矿适于 7 m 支架综采成套设备的工作面不合适，而大柳塔矿邻近的补连塔矿 22303 工作面正好符合要求，故 7 m 支架综采成套设备初步试验确定为在补连塔矿 22303 工作面。

补连塔矿 22303 工作面埋深 129 ~ 280 m，基岩厚度为 120 ~ 250 m，顺槽掘进时留有顶煤沿底板掘进。直接顶厚 0.96 ~ 4.2 m，以粉质泥岩为主；直接底厚 0.85 ~ 15.25 m，以泥岩、粉岩为主。

一、补连塔矿 22303 工作面综采成套设备选型和主要参数

1. 设备配套

22303 工作面长 301 m，推进长度为 4965 m，共使用 152 台郑煤机支架，其中机头机尾端头架使用 ZY12000/28/55 型液压支架 7 台，机头机尾过渡架使用 ZY12000/28/63 型液压 2 台，中部使用 ZY16800/32/70 型液压支架 143 台，工作面采煤机为 JOY 公司 7LS7 型采煤机，工作面运输设备为 DBT3×1000 型刮板输送机，中部槽为西北奔牛 1.2 m 槽宽、2.05 m 长中部槽，配套 DBT 公司 522 型破碎机，带式输送机选用 SSJ160/400/3×500 型带式输送机。

2. 设备主要参数

ZY16800/32/70 型液压支架主要技术参数见表 13 - 5。

7LS7 型采煤机主要技术参数见表 13 - 6。

表 13 - 5　郑煤机 ZY16800/32/70 型液压支架主要技术参数

序号	项　目	主要参数	序号	项　目	主要参数
1	支架中心距/m	2.05	6	立柱直径/mm	500
2	工作阻力/kN	16800	7	立柱中心距/mm	1130
3	支护高度/m	4.2 ~ 6.8	8	推移步距/mm	865
4	初撑力/kN	12370	9	护帮板长度/mm	3550
5	移架速度/(m·min⁻¹)	10	10	支架质量/t	67.5

表 13-6　JOY 公司 7LS7 型采煤机

序号	项　目	主要参数	序号	项　目	主要参数
1	采高/m	3.5~6.8	8	破碎机功率/kW	270
2	生产能力/(t·h⁻¹)	5000	9	截深/mm	865
3	滚筒直径/m	3.45	10	卧底量/mm	430
4	总装机功率/kW	2330	11	最大牵引力/kN	1042
5	截割功率/kW	2×860	12	重载牵引速度/(m·min⁻¹)	20
6	牵引功率/kW	2×150	13	空载牵引速度/(m·min⁻¹)	30
7	泵电动机功率/kW	40	14	总质量/t	135

刮板输送机、转载机和破碎机主要技术参数见表 13-7。其中，刮板输送机主要技术参数见表中序号 1~8，转载机主要技术参数见表中序号 10~16，破碎机主要技术参数见表中序号 9、17、18。

SSJ160/400/3×500 型带式输送机主要技术参数见表 13-8。

表 13-7　刮板输送机、转载机和破碎机主要技术参数

序号	项　目	主要参数	序号	项　目	主要参数
1	刮板输送机设计长度/m	313	10	转载机运输长度/m	28.9
2	刮板输送机运输能力/(t·h⁻¹)	4200	11	转载机运输能力/(t·h⁻¹)	4500
3	刮板输送机链速/(m·s⁻¹)	1.59	12	转载机链速/(m·s⁻¹)	2.06
4	刮板输送机功率/kW	3×1000	13	转载机驱动功率/kW	522
5	刮板输送机中部槽内宽/mm	1188	14	转载机溜槽内宽/mm	1588
6	刮板输送机中部槽中心距/mm	2050	15	转载机链条规格/(mm×mm)	38×126
7	刮板输送机链条规格/(mm×mm)	48×144/160	16	转载机整机质量/t	81.3
8	刮板输送机整机质量/t	780	17	破碎机破碎能力/(t·h⁻¹)	4800
9	破碎机驱动功率/kW	522	18	破碎机整机质量/t	17

表 13-8　SSJ160/400/3×500 型带式输送机主要技术参数

序号	项　目	主要参数	序号	项　目	主要参数
1	运输长度/m	5500	6	最大倾角/(°)	-3~+5
2	额定运输能力/(t·h⁻¹)	4000	7	驱动电动机功率/kW	500
3	带宽/m	1.6	8	驱动功率/kW	6×500
4	带速/(m·s⁻¹)	4.5	9	CST 型号	630KS
5	提升高度/m	±30	10	驱动滚筒直径/mm	1060

二、补连塔矿 22303 工作面 7 m 大采高综采成套设备初步试验

补连塔矿 22303 工作面于 2009 年 12 月 31 日投入生产,采取一日三班工作制,白班检修 4 h,生产 4 h;中班和晚班各生产 8 h。初步试验累积推进 400 m,过煤量为 110×10^4 t。

该工作面试验期间采高为 5.8 ~ 6.4 m,采煤机牵引速度为 5 m/min,每刀煤约 2200 t,最高日产 2.2×10^4 t。

经矿压观测得知:工作面推进距开切眼 63 m 时,顶板初次来压,支架下缩量大,最大下缩量位于第 102 ~ 131 架之间,其下缩量高达 1.2 ~ 1.3 m;周期来压步距为 13 ~ 17 m,压力相比采高 6.3 m 时无明显变化。

工作面采高局部达到 6.6 m,采高加大后显现漏矸,煤壁片帮比 6.3 m 采高时严重得多。

经初步运转,发现初步试验综采主要设备暴露的问题和使用效果如下。

1. 采煤机

JOY 公司的 7LS7 型采煤机出现的主要问题是牵引离合器损坏频繁,破碎机不能满足使用要求,截齿选型较小。采煤机基本满足 7 m 工作面使用要求。

快速接头形式的油管连接方式容易漏油,建议改为螺纹连接。

2. 支架

郑煤机 ZY16800/32/70 型液压支架出现的主要问题是护帮、伸缩梁动作慢;护网不可靠;一级护帮油缸不易更换;部分油缸接头座、阀座、主进回液管焊接质量差;立柱喷漆质量差,容易剥落;伸缩梁、护帮双向锁安装位置不合理。支架基本满足 7 m 工作面使用要求。

3. 转载机、破碎机、刮板输送机机头与机尾

转载机功率不足;高低速转换方式需要优化;转载、破碎减速器温度高;链轮润滑方式不合理;刮板输送机低速联结齿套定位螺栓易断,且不易取出。目前工作面未达到设计采高,采煤机限速,暂不能验证运输能力。

4. 中部槽

1.2 m 刮板输送机中部槽使用中出现 4 节槽帮断裂,1 节槽帮开裂;哑铃销卡块易脱落,从目前使用及分析情况看,本套中部槽不能满足 7 m 大采高工作面生产要求。

5. 带式输送机

SSJ160/400/3×500 型带式输送机使用中容易过载,重载起车困难,建议改为两部输送带搭接,采用变频驱动。现用 1.6 m 带式输送机与 1.6 m 主运胶带运输能力基本匹配,若发挥采高 7m 工作面的能力,需提高主运系统运输能力。

综上所述,鉴于该试验工作面初步运转期间采高最高达 6.6 m,采高未达到设计要求,且试验工作面矿压比采高 6.2 m 左右工作面未显现异常;工作面生产能力比采高 6.2 m 左右工作面未有明显增多;工作面主要设备在未达工作面设计能力的情况下,尚未经受充分考验,但暴露了问题,为改进设备提供了方向和依据。7 m 支架综采成套设备初步试验的预计效果尚未达到,仍待试验、改进、完善和提高。

第五节　继续发展采高7 m左右大采高综采成套设备之路

采高7 m左右大采高综采成套设备研究国内外均属于起步、初步试探阶段，需在实践中求得发展。根据神华矿区汇集国内外大采高综采成套设备的开发商与厂家关于采高7 m左右大采高综采成套设备开发的大讨论及前述神华矿区补连塔矿初步试验的经验，归纳起来继续发展、完善。采高7 m左右大采高综采成套设备尚需攻克一系列技术难点，经历引进国外技术和设备，在消化提高的基础上逐步坚持自主开发和制造，实现采高7 m左右大采高综采成套设备全部国产化。

一、继续发展采高7 m左右大采高综采工作面主要设备配套方案

以支架高度为准提出3个方案，即支架高3.15~7.0 m、3.25~7.3 m和3.35~7.5 m。其配套方案见表13-9和图13-6。

表13-9　综采工作面主要设备配套方案

项　目		方案一	方案二	方案三	现有6.3 m支架
支架	高度/m	3.15~7.0	3.25~7.3	3.35~7.5	2.8~6.3
	宽度/m	2.05	2.05	2.05	1.75
	工作阻力/kN	16000~17000	16000~17000	16500~18000	10800~13000
	支护强度/MPa	≥1.35	≥1.35	≥1.4	≥1.3
	质量/t	约63	约65	约68	46.5
采煤机	采高/m	6.8	7.1	7.4	6.2
	装机功率/kW	3000	3225	3225	2390
	生产能力/(t·h^{-1})	6000	6000	6000	4900
	电压/kV	3.3/4.16/10	3.3/4.16/10	3.3/4.16/10	3.3
	拖曳电缆/(根×mm²)	1×240/1×240/1×70	2×150/1×240/1×70	2×150/1×240/1×70	1×185
	质量/t	约150	约180	约210	120
刮板输送机	槽内宽/m	1.35	1.35	1.35	1.188
	驱动功率/kW	3×1200/3×1600	3×1200/3×1600	3×1200/3×1600	3×1000
	铺设长度/m	300	300	300	300
	生产能力/(t·h^{-1})	6000	6000	6000	4200
	单节槽长/m	2.05	2.05	2.05	1.75
带式输送机	带宽/m	2	2	2	1.6
	带速/(m·s^{-1})	4.5	4.5	4.5	4.0
	运输能力/(t·h^{-1})	6000	6000	6000	4000

表 13-9（续）

项 目		方案一	方案二	方案三	现有 6.3 m 支架
乳化液泵	配套支架所需流量/(L·min⁻¹)	1500	1500	1500	1300
	单台泵流量/(L·min⁻¹)	430	530	530	430
	压力/MPa	37.5	37.5	37.5	37.5
	数量/台	6	4	4	4
移动变电站	工作面负荷/kW	9000	9225	9225	6434
	输入电压/kV	10	10	10	10
	输出电压/kV	3.3/4.16	3.3/4.16	3.3/4.16	3.3
	变压器容量/(kV·A)	6300+4000	6300×2	6300×2	4000×2
组合开关	工作面负荷/kW	9000	9225	9225	6434
	负荷回路数量	9	7+4/9	7+4/9/4	9
	额定电压/kV	3.3/4.16	3.3/4.16	3.3/4.16/10	3.3
	采煤机供电回路数	1	2/1	2/1/1	1
	组合开关数量/台	1	2/1	2/1/2	1
辅助运输车辆	框架式支架搬运车运输能力/(t·台⁻¹)	80	80	80	55
	框架式支架搬运车数量/台	6	6	6	6
	铲板式支架搬运车运输能力/(t·台⁻¹)	70	70	70	45
	铲板式支架搬运车数量/台	2	2	2	2

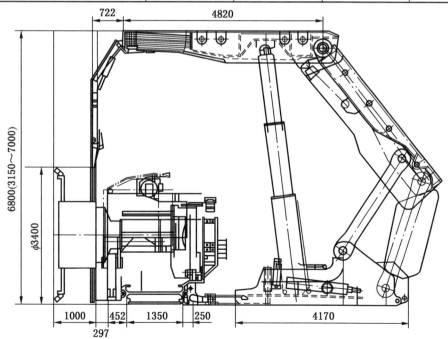

(a) 方案一

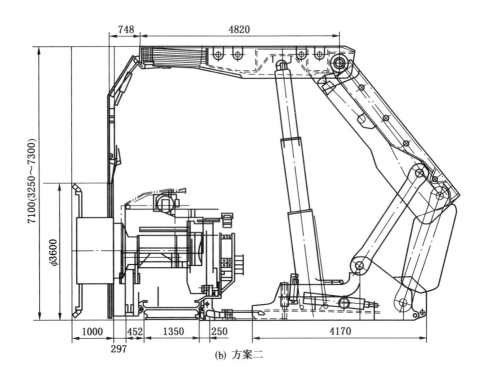

(b) 方案二

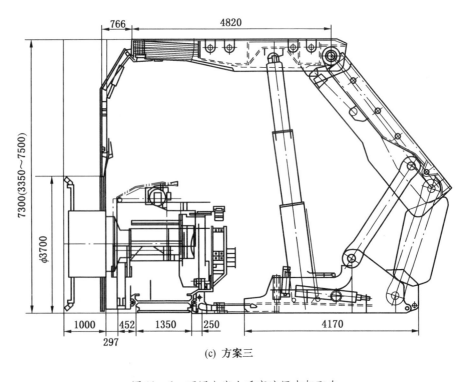

(c) 方案三

图 13-6 不同方案大采高液压支架配套

（1）不同方案的大采高液压支架主要技术参数见表 13 - 10。伸缩顶梁长度为 4980 mm；梁端距为 7 m 支架 722 mm，7.3 m 支架 748 mm，7.5 m 支架 766 mm；护帮板长度为 7 m 支架 3.7 m，7.3 m 支架 4 m，7.5 m 支架 4.2 m；伸缩梁收回后梁端厚度为 530 mm；支架宽度侧护板打开 2150 mm，护帮板收回 1950 mm；平衡千斤顶直径为 280 mm；推移油缸直径为 230 mm；底座宽度为 1920 mm；过人通道宽度大于 600 mm。

表 13 - 10 不同方案的大采高液压支架主要技术参数

项 目		方案一 7.0 m 支架	方案二 7.3 m 支架	方案三 7.5 m 支架	现有 6.3 m 支架
高度/m	最高	7.0	7.3	7.5	6.3
	最低	3.15	3.25	3.35	2.8
工作阻力/kN		16000 ~ 17000	16000 ~ 17000	16500 ~ 18000	13000
中心距/m		2.05	2.05	2.05	1.75
支护强度（5 m 以上）/MPa		≥1.35	≥1.35	≥1.4	≥1.3
底板比压 （5 m 以上）/MPa	最大	≤6	≤6	≤6	≤5.8
	平均	≤3	≤3	≤3	≤3
运输尺寸/（m×m×m）		9.3×1.95×3.15	9.5×1.95×3.25	9.65×1.95×3.35	8.54×1.67×2.8
支架质量/t		约63	约65	约68	46.5
控制系统		电液控制	电液控制	电液控制	电液控制
推荐系统流量/（L·min^{-1}）		1500	1500	1500	1200
立柱缸径/mm		ϕ500	ϕ500	ϕ500	ϕ420
推移缸径/mm		ϕ230	ϕ230	ϕ230	ϕ200
平衡缸径/mm		ϕ280	ϕ280	ϕ280	ϕ230

（2）不同方案的采煤机主要技术参数见表 13 - 11。此外预计采煤机运输尺寸为 19606 mm×2000 mm×3275 mm；过煤高度为 1314 mm；采用 U3000 销排，其最大允许牵引力为 1600 ~ 2000 kN。

表 13 - 11 不同方案的采煤机主要技术参数

项 目	方案一 7.0 m 支架	方案二 7.3 m 支架	方案三 7.5 m 支架	现有 6.3 m 支架
最大采高/m	6.8	7.1	7.4	6.2
滚筒直径/m	3.4	3.6	3.7	3.2
总装机功率/kW	3000	3225	3225	2390
牵引功率/kW	150	200	200	150
截割功率/kW	1200	1250	1250	900
生产能力/（t·h^{-1}）	6000	6000	6000	4900

表 13 - 11（续）

项　目	方案一 7.0 m 支架	方案二 7.3 m 支架	方案三 7.5 m 支架	现有 6.3 m 支架
重载牵引速度/(m·min⁻¹)	13	13	12	16.6
供电电压/kV	3.3/4.16/10	3.3/4.16/10	3.3/4.16/10	3.3
拖曳电缆/(根×mm²)	1×240/1×240/1×70	2×150/1×240/1×70	2×150/1×240/1×70	1×185
质量/t	约 150	约 180	约 210	120

（3）不同方案的刮板输送机主要技术参数见表 13 - 12。此外，槽帮高度为 500 mm 或更高；中板厚度至少需要 50 mm，采用 450HB 材料；底板厚度至少需要 40 mm，采用 450HB 材料。

表 13 - 12　不同方案的刮板输送机主要技术参数

项　目	方案一 7.0 m 支架	方案二 7.3 m 及以上支架	现有 6.3 m 支架
槽内宽/m	1.35	1.35	1.188
运输能力/(t·h⁻¹)	水平时 6000	6000	4200
总装机功率/kW	3×1200/3×1600	3×1200/3×1600	3×1000
链条直径/mm	52/60	52/60	48
链速/(m·s⁻¹)	1.78	1.88	1.59
供电电压/kV	3.3/4.16/10	3.3/4.16/10	3.3
工作面长度/m	300	300	300
挡煤板高度/m	2.15/2.25	2.15/2.25	1.65
中部槽长度/m	2.05	2.05	1.75

（4）不同方案的转载机及破碎机主要技术参数见表 13 - 13。

表 13 - 13　不同方案的转载机及破碎机主要技术参数

项　目	方案一 7.0 m 支架	方案二 7.3 m 及以上支架	现有 6.3 m 支架
槽内宽/m	1.55	1.588	1.588
运输能力/(t·h⁻¹)	6000	6500	4500
转载机功率/kW	600	600	522
链条直径/mm	38	42	38
链速/(m·s⁻¹)	2.111	2.28	2.06
破碎机功率/kW	600	600	522
供电电压/kV	3.3/4.16/10	3.3/4.16/10	3.3

（5）不同方案的乳化液泵站主要技术参数见表 13-14。

表 13-14　不同方案的乳化液泵站主要技术参数

项　　　目	方案一 7.0 m 支架	方案二 7.3 m 及以上支架	现有 6.3 m 支架
配套支架所需流量/（L·min⁻¹）	1500	1500	1200
流量/（L·min⁻¹）	430	530	430
压力/MPa	37.5	37.5	37.5
数量/台	6	4	4

（6）带式输送机：带速 1.6 m 宽的为 4 m/s，2.0 m 宽的为 4.5 m/s；生产能力 1.6 m 宽的为 4000 t/h，2.0 m 宽的为 6000 t/h。

（7）不同方案的矿用防爆移动变电站主要技术参数见表 13-15。

表 13-15　不同方案的矿用防爆移动变电站主要技术参数

项　　　目	方　案　一	方　案　二	方　案　三
输入电压/kV	10	10	10
输出电压/kV	3300	4160	
变压器容量/（kV·A）	6300+4000	6300×2	
工作面负荷/kW	7800	9225	9225

（8）不同方案的开关主要技术参数见表 13-16。

表 13-16　不同方案的开关主要技术参数

项　　　目	方案一	方案二	方案三	方案四
负荷回路数量	9	7+4	9	4
额定电压/kV	3.3	3.3	4.16	10
采煤机供电回路数	1	2	1	1
组合开关数量	1	2	1	2
工作面负荷/kW	7800	9225	9225	9225

（9）特种车辆。鉴于 7 m 以上支架质量在 65 t 左右，需要新开发 80 t 以上车辆；当采煤机质量达 159 t，甚至 200 t 时，需开发 70 t 铲板车，否则采煤机需继续分解运输。

（10）超前支架主要技术参数见表 13-17。

表 13-17 超前支架主要技术参数

巷别	巷道尺寸/m		工作阻力/kN	支护高度/m	备　　注
	高度	宽度			
回风巷	4.5	5.4	10300	2.7~4.7	
运输巷	4.5	6.0	5150	2.6~4.8	因转载机影响，超前支架仅能支护 10 m，另 10 m 无法支护

二、继续发展采高 7 m 左右大采高综采工作面主要设备主要技术难点

1. 液压支架技术难点

（1）研究大采高液压支架整体适应性。包括大采高液压支架与围岩关系研究，高工作阻力支架结构可靠性研究。

（2）高工作阻力支架由于立柱、推移缸径大，影响移架速度，对电控及主阀流量要求较高。

（3）液压支架采用 $\phi500$ mm 双伸缩立柱，目前国内外还没有完全符合规格要求的管材，需要开发。目前国内最大只能轧制 $\phi420$ mm 管材，国外也只使用过最大 $\phi480$ mm 的立柱。

（4）目前进口主阀内部通径最大只有 20 mm，最大流量为 450 L/min，而 7 m 液压支架需要主阀流量达到 600 L/min，需要研发新的大流量主阀和立柱液控单向阀。

（5）立柱安全阀流量需 2000 L/min，目前国内使用的安全阀流量最大为 1000 L/min，需要研发新的安全阀。

（6）随着支架高度增大，稳定性减小。煤壁片帮更难控制，需研究可靠性更高的护帮机构。

2. 采煤机技术难点

（1）目前世界上采煤机最大滚筒直径为 3.2 m，需要研发直径 3.4 m 滚筒。

（2）目前世界上采煤机摇臂最大功率为 900 kW，需要研发 1200 kW 以上大功率摇臂。

（3）目前世界上采煤机配套最大牵引块为 U2000 型，牵引力为 1000 kN。需要研发 U3000 型牵引块，其牵引力可达 1650~2000 kN。

（4）采煤机稳定性与采高成反比，随采高的增加而降低，需要研究采煤机的整机稳定性。

（5）可靠性已成为国内外煤矿机械研究的重点，建立采煤机整机的可靠性模型以及进行关键零部件的可靠性分析、可靠性设计是提高大采高电牵引采煤机可靠性的关键。

（6）采高 7.3 m 和 7.5 m 时，采煤机功率达到 3225 kW，若采用 3.3 kV 电压等级，开关数量和电缆数量都要增加；若采用 4.16 kV 或 10 kV 电压等级，则需要重新研发电控、开关、拖曳电缆，实施困难大，且煤安认证困难。

（7）随采高增加，采煤机稳定性减小，影响采煤机的运行速度。

3. 刮板输送机技术难点

（1）由于工作面采高加大，采煤机滚筒直径增大，刮板输送机驱动功率也相应加大，

从而导致刮板输送机体积增大。为了保证机头割透性，要求工作面运输巷宽度在6 m以上。

（2）目前世界上刮板输送机链条最大直径为50 mm，需要研发更大直径的链条。

（3）目前世界上刮板输送机驱动功率最大为3×1000 kW，需要研发更大功率的驱动部。

4. 供电系统技术难点

（1）如采用4.16 kV电压等级，需研发矿用防爆变电站。因该电压等级属美国标准，产品型式试验目前国内没有地方可做，且煤安认证困难。

（2）10 kV多回路组合开关目前尚无定型产品，需重新研发，且煤安认证困难。

（3）10 kV供电单相接地短路电流太大，容易引起供配电设备和电缆损坏或爆炸事故；同时，接地点会产生很大的电弧，容易引起煤尘或瓦斯爆炸事故。

（4）10 kV供电工作面设备多为移动，电缆受挤压概率很高，漏电选线不正确的话易造成大面积停电。

（5）10 kV供电出现于人体两脚之间跨步电压要比3300 V供电系统大得多，对人身安全不利。

5. 特种车辆技术难点

（1）主要是柴油防爆发动机功率问题，目前最大功率只能达到230 kW，配套到55 t支架搬运车上能力基本匹配，在80 t以上车辆使用功率不足，需重新研发大功率发动机。

（2）80 t车辆需要研发新轮胎。

三、进一步提升煤矿机械化水平战略及可行办法

前述我国大采高综采技术及设备发展状况，采高7 m支架综采成套设备的初步试验和7 m左右大采高综采成套设备存在的难点，给大采高综采设备发展指出了方向。解决7 m左右大采高综采成套设备现存的难点，并逐步实现大采高综采设备全部国产化，不是一件容易的事情，必须从提升煤矿机械化水平的战略上采取措施。首先抓好液压支架国产化，动员可以利用的力量逐步减少引进设备，逐步攻克技术难点，实现大采高综采设备的全部国产化。

1. 进一步提升煤矿机械化水平的战略措施

1）国家应更加重视煤矿机械化发展

国家应在政策和发展环境上加大扶持力度，将煤炭大型装备国产化研制纳入国家相关科技和产业规划中，从财政、金融、税收等方面予以支持，建立和完善科技创新的投资机制与激励机制。形成在国家资金指导下，以企业投入为主，吸收社会资金为辅的多元化煤炭科技投入机制，把涉及大型装备的重大关键技术列入国家重大科技攻关项目中。

2）加强采煤技术及采掘机械基础理论研究

强化"科教兴煤"战略，加强企业、高校和研究设计机构的合作，建立以高校、科研院所为核心的全社会广泛参与的理论研究和科技开发平台，以产、学、研联合的形式加强多领域、多学科合作，进行重大科技项目攻关，建立健全技术创新体系，加强大型装备研究开发的基础理论、核心技术研究工作。加强基础理论研究，不仅重视引进消化的模仿

设计，还要深入研究相应的理论和手段，鼓励一批有实力的大中型企业根据自身发展需要攻关研究新技术、新工艺和新产品以及拥有自主知识产权的核心技术，并在某些领域积极与国外合作，获得国内甚至世界一流的技术和专利。

3）创新煤矿设计理念，适应煤矿机械化发展

国内在建和规划的特大型矿井已将一井一面作为主要生产模式，通过加大采高、拉长工作面提高采出率，将日产 50 kt、年产 12 Mt 以上作为生产目标。煤矿开采不断朝大型化、自动化、智能化、信息化方向发展，迫切要求煤矿设计解放思想，提升理念，努力把我国大型矿井建成"开拓布局集中化，采掘综合机械化，煤流运输胶带化，辅助运输连续化，主要设备自动化"的具有国际领先水平的现代化矿井。

4）提升装备制造能力适应市场需求

煤机装备制造企业应加大科研投入，尽快建立以企业为主体的大型装备自由开发机制，加快推进科技创新和重大装备国产化进程，加强国内煤机行业的有效协作，提高综采设备成套能力，攻克电液控制系统、高端胶带和密封件等技术，实现大采高液压支架、大功率采煤机的全面国产化。

2. 推广神华集团公司综采成套设备研发的经验

十几年来神华神东矿区在引进国外设备的同时，积极认真地开展了引进设备的国产化工作研究及实践，并且已经取得了显著成绩，积累了一些有益的经验。

1）设备研发坚持有所为有所不为

神华集团公司认识到目前国内设备与国外设备在设计、制造工艺、制造设备等方面存在一定差距，坚持研发初期以仿制为主，从易到难，从零件、部件到整机采取循序渐进的做法，积极稳妥地寻求国内具有研发、制造实力的专业厂家共同进行研发。在开展研发工作中，突出确保国产化设备的高可靠性与长寿命。通过几年研发工作的实践，总结出在国产化研发工作中必须坚持有所为有所不为的原则，对国内产品达不到高可靠性、长寿命的设备零部件坚持进口，确保整台设备的性能。研发国产化设备不以降低国产化设备的技术水平和性能为代价，确立不片面追求设备的高国产化率的理念。神华集团公司先后研发了液压支架、带式输送机、移动变压器、综采工作面负荷控制中心、连续采煤机、给料破碎机、连续运输系统、锚杆机和防爆胶轮车等综采、连采、洗选、装车以及辅助运输等 19个种类的设备，对引进设备的部分零部件实现了国产化，品种达到 13801 种。

2）坚持与专业化厂家（公司）合作研发

神华集团公司国产化工作坚定支持国内民族企业，有选择地与国内有实力的企业进行全方位合作，加快提升我国综采成套设备研发制造能力，尽快缩短与国外产品的差距，尽快研制出满足国内煤炭企业需求的高性能产品。神华集团公司从 1994 年引进第 1 套设备开始，就组织和邀请国内科研院所、煤机制造企业到矿区进行技术研究，消化吸收国外设备设计制造的先进理念和技术，打破传统研发模式，坚持研发创新体制。2001 年与煤炭科学研究总院太原分院联合组建成立产、学、研一体化的神华集团机电工程技术创新基地，2005 年加大与国内大型煤机制造企业的研发合作，先后与中煤北京煤矿机械有限责任公司、郑州煤矿机械集团有限责任公司等进行研发合作，搭建了一个共同研发的平台。通过对神东矿区引进设备的调研，与矿区工程技术人员共同研究分析，参与引进设备的大

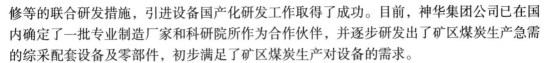

修等的联合研发措施，引进设备国产化研发工作取得了成功。目前，神华集团公司已在国内确定了一批专业制造厂家和科研院所作为合作伙伴，并逐步研发出了矿区煤炭生产急需的综采配套设备及零部件，初步满足了矿区煤炭生产对设备的需求。

3）设计上坚持不断学习和创新

神华集团公司坚持让国内研发企业参与神华引进设备的相关活动，让这些企业有更多的学习机会提高其专业技术水平。这些年，公司先后为他们创造机会，参加出国考察、设备中检，参加各类国外技术专家来华进行的技术交流、技术讲座和有关技术方案的讨论、研讨，使国内研发企业受益匪浅，大大提高了国内相关研发企业专业技术人员的技术水平，转变了煤机制造企业的观念，扩大了研发思路，提高了其研发的创新能力。同时，为国内研发企业提供引进设备大修时学习、研究的机会，使这些企业在引进设备大修过程中深入了解进口设备的设计理念、零部件结构、基本尺寸和配合的相关要求，分析研究零部件材料的物理化学特性，为下一步国产化研发制造同类设备进行技术储备。

在设备研发设计工作中坚持走技术集成模式，加快同类设备的研发进度。神华集团公司在研发项目确定阶段，从设计方案开始就确定了哪些元件是核心、关键部件，其国产部件技术要求和性能、可靠性、服务寿命必须达到同类国外设备选配部件同等技术水平，否则坚持选用进口部件，确保研发设备的可靠性和技术性能。

4）质量控制坚持重大装备制造实施监造

神华集团公司从 2005 年开始为确保和提高国产化研发产品的质量，首次对重大装备项目成立项目部专门进行监造，在国内聘请制造工艺、材料检验、焊接等方面的高级专业技术人员，并选派本企业高级专业技术人员组建了液压支架国产化制造监造项目部，进驻中煤北京煤矿机械有限责任公司和郑州煤矿机械集团有限责任公司。监造工作促使两公司转变了传统生产方式，提高了质量管理意识，提升了生产设备，改进了生产工艺，逐步建立了生产高端产品的管理模式，保障了液压支架的制造质量，生产的液压支架已在神东矿区批量使用并替代了部分引进设备，产品质量已超越其历史最好水平，达到或接近国外同类产品的质量水平。

5）研发执行高于国标的企业标准

对研发综采成套装备的企业，除了必须建立完善的质量管理体系，加强设备制造过程控制外，为积极推动我国综采成套装备制造、试验国家标准的更新换代，神华集团公司在研制液压支架过程中要求企业应组织相关专业技术人员起草新的企业标准，缩小我国液压支架制造、质量检验标准与国外标准的差距，提升我国综采成套装备制造水平。为此，神华集团公司在研制液压支架过程中坚持执行高于国标的企业标准，按欧洲标准设计支架，生产制造和检验，采用新的企业样架试验规程指导支架的研发，使样架型式试验次数超过国家标准规定。确保样架型式试验达到国外产品试验的水平，保证液压支架批量生产质量。

3. 当前我国大采高综采成套设备研发的重点

1）大采高液压支架研发

对大采高强力液压支架的优化设计及结构力学分析的研究，要突破传统思想束缚，认真分析国内与国外在设计上的差距，吸收目前国外支架设计的先进理念和技术，以快速提

升国内液压支架的设计水平。

对支架高强度结构件焊接新工艺及装备的研究，应作为国内生产支架结构件的重点研究内容，使国内支架制造企业在高强度结构件焊接方面从工艺到生产装备提升到较高水平。

应重视与支架配套的高可靠性液压元件、密封、管件、直径大于 32 mm 以上液压胶管的研发，电液控制系统的研发应组织国内相关企业技术攻关。要认真做好电液控制系统矿用防爆兼本安电器设计、防爆兼本安电器电磁兼容问题以及数字通信电路接口设计研究，确保矿井数据传输要求，保障电液控制系统研发成功。

对大采高强力液压支架用特大直径液压立柱的研发，当前应抓好直径 400 mm 立柱加工用特种高强度钢管的轧制质量，提升立柱加工设备，装备高精度数控加工机床以确保立柱加工尺寸精度，关键零部件均应在数控加工中心上加工，以提高加工精度和加工面粗糙度等级。要采用新的试验、质量验收标准对立柱质量进行检验，才能保证特大直径液压立柱的制造质量。

要研究制定新的样架压架试验规程，试验内容应与国外公司压架试验规定、型式、加载方法、试验次数保持一致，也可在国外公司制定的样架试验规定的基础上增加特殊试验项目，以使样架试验的结论与国外公司试验结论在同一检验水平。

2）电牵引长壁采煤机研发

大功率 3300 V 高电压电牵引长壁采煤机的研发，应以神华集团公司引进的采煤机为研究对象进行优化研发。对主要部件的研发制造宜对国外采煤机的旧部件做必要的材质理化分析及配合尺寸的精确测绘，目前要以仿制为主进行试制和工业试验，待取得试验成果满足服务寿命要求后才可投入正式生产，以替代进口部件。

对采煤机的主要电器、电子元部件，可直接选用进口国际知名公司的优质产品替代。采煤机的液压元件应直接购买引进设备的同一厂家的产品，保证其性能、质量和服务寿命达到同等水平。

3）刮板输送机、转载机和破碎机研发

刮板输送机的研发要以神华集团公司引进主机功率 3×1000 kW 刮板输送机及相应配套的转载机、破碎机为基准，对国内产品质量存在的差距进行认真分析研究，把长寿命作为重点研究课题。对刮板输送机结构件加工焊接工艺与装备、材料的耐磨性进行研究，以实现刮板输送机结构件的生产制造达到高标准、高质量，保证产品高强度、长寿命。如果刮板输送机、转载机和破碎机达不到长寿命，将会对年产 10 Mt 工作面造成巨大影响。

同时，要研究刮板输送机软启动技术，组织国内有关科研院所和企业合作开发，集中攻关，以刮板输送机驱动电气软启动、CST 装置、阀控充液型液力偶合器 3 方面研究为突破口选择最优方式，实现软启动装置的国产化。刮板输送机驱动功率 1000 kW 电动机，目前研发虽已取得一定成果，但 1000 kW 防爆电动机质量与国外电动机还有差距，产品质量应在现有基础上从设计到制造工艺进一步提升，确保电动机高质量、长寿命。

刮板输送机配置的 1000 kW 大功率减速器、$\phi48 \sim 52$ mm 的圆环链及接链环目前宜直接进口，也可考虑合作生产，引进国外制造技术在国内生产以降低产品价格。

4）综采工作面供电系统装备研发

目前，神华集团公司已经对综采工作面供电系统工作电压为 10/3.3 kV、大容量矿用防爆移动变电站，工作电压为 3300 V 和 1140 V 多路组合动力控制中心进行了研发，并已在井下成功应用，逐步推广替代进口产品。但仍需要对防爆移动变电站配套的 6 ~ 10 kV 及 3.3 kV 开关箱继续进行研发，因开关箱和电缆插头、连接座国内设计制造水平较低、质量差、可靠性低，需要尽量提升设计与制造水平。

同时，供电设备研发中主要电气元件宜直接采用国外公司生产的高品质同规格产品，对设备中某些特定的元件，如大电流隔离换相开关，1140 V 和 3300 V 电缆连接装置要组织国内研发企业集中力量攻关，并制定出相关制造及检验国家标准，以指导企业贯彻实施，满足配套需要。

5）大运量工作面巷道带式输送机研发

大功率、长距离、大运量工作面巷道带式输送机应对带宽 1400 ~ 1600 mm、小时运量不小于 3500 t/h、输送距离为 3000 ~ 6000 m、驱动装置采用 CST 或防爆变频驱动装置带式输送机进行研发，以满足矿井 10 Mt 综采工作面配套使用。

工作面巷道带式输送机的研发重点是可控软启动技术，对 CST 装置及可控软启动控制软件的研发，要组织国内对过程控制和软件编写有经验的相关科研院所的专业技术人员集中攻关，自主研发 CST 可控软启动装置的控制软件。对变频技术在带式输送机上的应用研究，鉴于目前井下特殊的工况条件及考虑到防爆变频装置的制造成本，应逐步进行研发推广。

同时，要对工作面巷道带式输送机的自控张紧技术进行研发，特别是对 APW 自动张紧系统应在国内组织有实力的厂家研发生产。并尽快开展 3000 ~ 6000 m 长距离、大运量、高带速带式输送机的动态分析研究，以指导带式输送机的设计与制造及带式输送机的安全可靠运行。

小　　结

（1）我国至今已查明煤炭资源 1.3×10^{12} t，其中厚煤层储量占 45%，产量占总产量的 40% 以上，厚煤层资源在我国储量丰富、分布广泛，是我国实现高产高效矿井的主采煤层。

厚煤层采用大采高综采技术和设备在我国得到飞速发展，在煤层赋存条件适宜的情况下，采用大采高开采厚煤层比采用分层开采和放顶煤开采有明显的优势。

提高大采高综采工作面单产主要靠加大工作面几何参数和提高配套设备能力及可靠性。加大工作面几何参数是指大采高综采工作面条件发生变化，要求设备发展与其适应；提高配套设备能力及可靠性是综采成套设备发展与其上列变化条件的适应和保障。其中支护设备的发展是"龙头"，是成败的关键。

（2）我国大采高液压支架研制随采高加大发展基本上分为两个阶段，其一是采高小于 4.5 m，其二是采高大于 5 m，已向 7 m 发展。

第一阶段研发应用了大量产品。由于我国大采高煤层赋存丰富，两柱掩护式液压支架和四柱支撑掩护式液压支架都有其用武之地。对于围岩"三软"和"两硬"难采条件，我国也相应开发了适用支架。不论国产还是引进液压支架工作阻力加大，配套设备功率和能力增大都可带来良好经济效益。

第二阶段首先是全部由国外引进适于采高 5.5 m 综采成套设备，在晋城寺河矿取得大采高综采年产超过 8 Mt 的好成绩。在此基础上，神华上湾矿在寺河矿 ZY9400/28/62 型国产掩护式液压支架的基础上，研制了 ZY10800/28/63 型两柱掩护式电液控制大采高液压支架，实现了在采高 6 m 条件下综采工作面年产 12 Mt，工效达 808 t/工。尽管如此，采高 5 m 以上支架进入国产化，但距全部国产化并配以全部综采设备国产化还有相当大的差距。

（3）我国大采高综采工作面长度已由 110 m 发展到 367 m，增长了 234%。支架结构高度已由 4.2 m 增长到 7 m，增长了 67%；支架工作阻力由 3200 kN 增长到 17000 kN，增长了 431%；支架宽度已由 1.5 m 发展到 2.05 m。这一系列增长都是为了满足大采高综采工作面采煤参数增加的要求。在煤层赋存条件相近的情况下，神东矿区在不增加工作面个数的前提下，工作面长度由 240 m 增加到 300 m，3 年间煤炭增产 55.3%，工效提高了 49% ~ 59.2%，同时节约成本约 5000 万元，煤炭采出率提高 3.8%。晋城寺河矿在高瓦斯条件下，大采高工作面长度由 225 m 增长到 300 m，煤炭采出率提高 5.7%，最高月产提高 17%，工效提高 10%。

加大大采高工作面几何参数确实可以提高工作面技术经济指标，但应注意加大大采高工作面几何参数又受煤层赋存条件、生产技术条件、设备生产能力和大修周期的限制与约束，因此只有依据生产系统复杂变化的现实，合理确定工作面主要采煤参数，才能使大采高工作面获得良好的开采效果。

（4）大采高综采工作面矿压特点是：①随采高加大，基本顶来压步距有减小趋势，动载系数有升高趋势；②随工作面加长，支架受载有明显增大趋势；③随采高加大、工作面加长，大采高综采工作面煤壁片帮更加恶劣；④大采高综采工作面采动影响大；⑤加快工作面推进对大采高工作面矿压显现不一。

（5）大采高液压支架工作阻力的确定方法有：岩石自重法、实测统计法、载荷类比法。支架支护强度和工作阻力确定方法有三种：①按顶板分类确定特大采高液压支架合理支护强度；②按随采高加大，大采高液压支架工作阻力与采高呈正比增加确定合理工作阻力；③按随工作面加长，大采高液压支架工作阻力与工作面长度呈正比增加确定合理工作阻力。在确定支架合理支护强度或工作阻力时，应取各种方法计算结果的最大值，并将结果增加 10%～30% 作为安全系数。

（6）对大采高液压支架设计的总体要求是为实现大采高液压支架经济技术指标先进，在设计过程中采用优化、动态、可行性、相似、逻辑、模拟、有限元分析，借助计算机确定设计对象的全部数据，最后评价、测试与诊断设计质量及可能出现的故障。具体应该做到：设计优化，设计手段先进，选型配套技术先进，配置合理，可靠性高，稳定性良好，适应性强，具有人性化设计。

大采高液压支架设计和计算方法包括优化设计方法、有限元三维模型工况模拟、可靠性分析、液压系统分析等。

大采高液压支架合理高度确定时应考虑最大高度和最小高度留有余地，根据运输条件适应整体运输，支架调高比尽可能加大，支架立柱伸缩比合理。

大采高液压支架中心距和宽度合理确定应考虑支架稳定性，结构布置、经济技术合理性。

大采高液压支架设计应合理选择护帮机构的结构形式，伸缩梁护帮机构——挑梁、一级护帮、二级护帮及复合护帮机构。液压支架护帮机构的护帮高度要求不小于工作面最大采高 1/3，最低不能小于工作面最大采高 1/4。液压支架的中心距越大，需要支护的煤壁越宽，护帮板也应越宽，但不能超过梁体宽度。支架常用侧护板有平推式单侧活动侧护板、平推式双侧活动侧护板和折页式侧护板，其中平推式双侧活动侧护板适应性最强。侧护板宽度一般在 850～950 mm。

（7）中煤北煤机公司从 1981 年起研制 BC520/25/47 型支撑掩护式液压支架和 BY320/23/45 型掩护式液压支架至今已开发售出 130 余种。依据煤炭工业发展及煤层赋存条件和大采高综采设备与技术的不断提高和完善，大采高液压支架开发可分为 3 个阶段。

（8）在大采高液压支架总体设计条件及依据得到明确认识的前提下，选择 ZY12000/28/62D 型两柱掩护式电液控制液压支架作为研究当代大采高液压支架的典范，以此举一反三。

当代大采高液压支架总体设计规划典范条件定为晋城赵庄矿，矿方对支架设计的主要要求是单面年产（8～10）Mt，支架大修期过煤量超 15 Mt，支架总体寿命大于 40000 次工作循环，支架配置国际先进的电液控制系统，立柱、千斤顶用进口优质密封件，支架质量不超过 40 t。

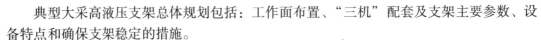

典型大采高液压支架总体规划包括：工作面布置、"三机"配套及支架主要参数、设备特点和确保支架稳定的措施。

（9）典型当代大采高液压支架设计主要特点包括：支架架型和工作阻力、支架高度及放置间距、支架中心距和推移千斤顶行程的确定，支架底座、支架前后连杆、掩护梁、顶梁、护帮装置和伸缩梁、立柱、8 种千斤顶结构设计及主要参数，支架其他细致设计和人性化设计，支架供回液系统和液压系统，支架电液控制系统设计等内容。

（10）典型大采高液压支架设计计算采用了传统的方法和先进的有限元分析。传统计算包括：支架对底板比压计算，传统力学分析几何参数优化，通过平面力学计算测算顶梁、掩护梁和底座最大弯矩，并以此计算主要结构件危险断面的安全系数，为支架设计提供科学数据和要求，从而保证支架结构件设计的强度和质量。

在明确对 ZY12000/28/62D 型掩护式液压支架三维模型建立边界条件的基础上，对其结构件进行了有限元分析，按第四强度理论计算不同工况情况下的应力分布；对立柱大缸 ϕ470/400 mm，中缸 ϕ380/290 mm（壁厚 45 mm），活柱外径 ϕ260 mm 的有限元分析为支架选材和设计提供了科学依据，保证在工作阻力达 12000 kN 的条件下进行设计，使得支架设计强度和可靠性得到了保证。

（11）设计典型大采高液压支架选用检查合格的高强度钢板、管材和销轴用材，选用了先进的制造工艺，可以确保支架制造质量，为用户提供质量放心的大采高液压支架，支架寿命确保复合加载 41000 次（相当于国家标准 60000 次以上），整架工作寿命不小于 40000 次工作循环，确保单面年产（10～15）Mt 以上的设计生产能力，支架过煤超过 15 Mt 不大修，满足了用户要求。

（12）液压支架电液控制系统是一种本安型用于综采工作面液压支架进行电液控制的成套电子装置。液压支架的各个功能都采用计算机——传感器技术自动控制，借助电磁先导阀驱动操作主阀控制各油缸的动作。2007 年底国产电液控制系统通过项目验收与评议，逐步在国产液压支架上应用。

（13）FEP 公司的 116 型、MARCO 公司的 PM32 型、TIEFENBACH 公司的 ASG5 型、中煤北煤机公司的 ZDZY 型电液控制系统各有特色。据不完全统计，电液控制系统 60% 以上用于大采高液压支架，5.5 m 支架几乎全部配置了电液控制系统，应用在 ZY9000/25.5/55D 型、ZY8640/25.5/55D 型、ZY12000/28/58D 型、ZY13000/28/62D 型等大采高液压支架上。应用电液控制系统后大幅度提高了井下生产效益，改善了井下工人劳动条件，改善了工作面顶板支护状况，实现了综采工作面自动化和信息化。

（14）大采高液压支架电液控制系统合理选型应考虑：①支架降、移、升速度要快，升支架、移支架需要主阀组阀芯粗、流量大，电磁先导阀能力要与主阀匹配；②具备立柱初撑力自保、立柱自助补压及擦顶（带压）移架功能；③增强支架护帮机构的护帮初撑力能力；④避免平衡安全阀频繁开启卸压的功能和措施；⑤两端各 10 台液压支架控制器程序参数设置能实现采煤机斜切进刀区域的自动拉架、推溜功能；⑥通过控制器程序设备实现升立柱时抬底油缸自动缩回，移架时抬底油缸自动伸出抬起底座前端等功能；⑦大采高液压支架护帮机构联动功能；⑧预配置支架防倒防滑功能和接口；⑨具备良好的数据收集功能；⑩具备良好的图形显示，数据存储、查询、统计功能，以及各生产设备实时在线监测等功能。

（15）随着大采高液压支架综采工作面的使用和发展，煤壁片帮不可避免，片帮引起冒顶的事故频繁发生，支架在工作过程中倾倒、歪斜不稳定现象十分常见，大采高综采工作面配套设备下滑等故障导致工作面暂时停产，影响大采高工作面安全生产。应对煤壁、顶板、支架出现的问题及成套设备运转的不稳定性，查询不稳定产生的原因、影响因素及防治措施，始终是开发大采高液压支架，保证稳产高产高效的重要研究课题。

（16）在研究大采高工作面煤壁片帮产生原因、影响规律的基础上，总结了从采矿和机械两方面防治煤壁片帮和冒顶的措施。

采矿措施包括：加固煤壁，优化工作面布置，加快工作面推进速度，带压擦顶快速移架，及时支护等。液压支架结构设计措施包括：①提高支撑能力，5 m 以上大采高液压支架普遍采用强力支架，其支护强度都大于 1.0 MPa，最高达 1.5 MPa，工作阻力大于 10000 kN，最高达 18000 kN；②提高支架对近煤壁顶板的支撑能力，主要措施为优化四连杆机构，采用整体顶梁，顶梁前端增加及时支护机构。

（17）护帮机构的作用主要是护帮、及时支护和辅助铺顶网。

护帮措施有在工作面支架顶梁前端设计安装护帮机构。护帮机构可以翻转 180°挑平，设计时要求超过顶梁平面。护帮机构包括简单铰接式、四连杆式——伸缩式二级护帮机构。伸缩梁护帮机构有内外伸缩梁之分。采高 6.5 m 以上，护帮高度达 3 m 以上，采用三级复合护帮机构和增力型复合护帮机构。

护帮机构选型的主要依据是：煤层物理性质，顶板情况，采高和截深。设计选型内容包括：护帮形式，高度，护帮板宽度，千斤顶和四连杆式护帮机构的设计计算等。

（18）随着液压支架高度的不断加大，必然会带来大采高液压支架在纵向和横向的不稳定性，特别是在倾角大及有仰俯斜开采的大采高液压支架，其不稳定性更为突出。如何保持大采高液压支架的稳定性是保证大采高液压支架可靠性、顺利实现综采工作面高产高效的关键技术之一。

（19）液压支架的横向稳定性是指液压支架在运动和承载过程中，支架结构沿对称中心的垂直方向（平行于工作面方向）保持其几何形态稳定的特性。其主要表现有 3 种：顶梁纵向中心与底座纵向中心发生相对角位移和相对线位移；顶梁平面与底座平面不平行，有一个横向夹角。这 3 种情况往往同时存在。影响大采高液压支架稳定性的主要因素除工作面条件和管理水平外，液压支架自身的结构力学性质是重要的决定因素：①四连杆机构销轴与销轴间隙的影响；②结构件铰接点横向间隙的影响；③工作面倾角和采高的影响；④端头、过渡支架支护状态的影响；⑤输送机上、下蹿动的影响；⑥工作面其他情况，如顶底板不平，工作面过断层、老巷、破碎带或冲积层等。

（20）液压支架的纵向稳定性是指液压支架在运动和承载过程中，支架结构沿对称中心平面方向（垂直于工作面方向）保持其几何形态稳定的特性。除支架本身结构外，液压支架的纵向稳定性还与综采工作面条件和采煤工艺有关。其影响因素包括：纵向水平力的影响，工作面走向倾角的影响，工作面顶板状态的影响和推进速度影响。

（21）提高大采高液压支架稳定性的措施包括：①优化液压支架参数，合理设计液压支架结构，如优化设计四连杆机构；②合理确定支架结构参数——尽量降低液压支架重心

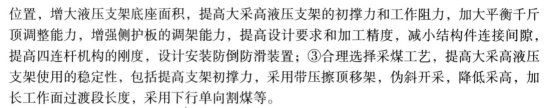

位置，增大液压支架底座面积，提高大采高液压支架的初撑力和工作阻力，加大平衡千斤顶调整能力，增强侧护板的调架能力，提高设计要求和加工精度，减小结构件连接间隙，提高四连杆机构的刚度，设计安装防倒防滑装置；③合理选择采煤工艺，提高大采高液压支架使用的稳定性，包括提高支架初撑力，采用带压擦顶移架，伪斜开采，降低采高，加长工作面过渡段长度，采用下行单向割煤等。

（22）随着综采工作面采高的增加，工作面的不安全因素也在不断加大。其不安全因素除片帮外，还有来自顶板和采空区方向冒落碎矸的危险，采煤机割煤的危险，工作面粉尘的危害，工作时操作人员的危险，瓦斯和煤尘的危险等。防护机构和措施包括：增强侧护板的防护能力，避免矸石从支架结构件间隙漏入工作空间，设置辅助挡煤装置，设置喷雾降尘装置，设置双行人通道，采用电液控制系统，在端头支架两端设立挡风帘等。

（23）大采高综采工作面成套设备整体稳定性与液压支架的稳定性密切相关，没有单个液压支架的稳定性保证，就没有整个工作面成套设备保持稳定性的基础。所有影响单个液压支架稳定性的因素都会严重影响整个工作面成套设备的稳定性。因此，提高工作面成套设备稳定性除前述提高单个支架稳定性的措施外，还应在工作面设备整体性能上采取一些措施，包括工作面设备的配套性能，设置端头支护，采用大落差过渡支架，设置防倒防滑系统（含端头支架的锚固和防倒措施）。

（24）大采高综采工作面特种支架系指用于其工作面端头和工作面两头具有特殊作用的支架，一般包括端头支架、排头支架和过渡支架，也有时排头支架和过渡支架合二而一。

（25）回采工作面端头系指回采工作面与顺槽交叉地点，其范围由 4 个区域组成：巷道端头、回采工作面机头、机尾设备区，煤壁前方和后方支承压力影响区。回采工作面端头的特点有：①回采工作面和顺槽采支运设备交叉布置地点；②进行 10 种工序作业的地区；③巷道两侧和工作面周围均有支承压力存在，这些压力分为三区——压力急增区、压力升高区和压力缓升区。因此，端头既是顶板控制的难点，也是顶板控制的重点。

（26）单体支柱类端头支护普遍存在的问题是加强支架太多，支卸工作量大，减少了作业时间；支架侧向稳定性差，缺乏控制围岩水平推力的能力；木柱和摩擦式金属支柱初撑力太小，阻止和减缓顶板采动影响而引起的变形移动能力差。因此影响回采工作面快速推进，而且影响回采工作面安全生产。

液压支架类端头支护普遍存在的问题是支架前端受力小，顶梁受载不均，支架与回采工作面及其他设备配套关系复杂，支架推移困难，不能适应回采工作面快速推进的需要。

（27）端头支架的作用包括：维护巷道和工作面交叉口的顶板；为端头区刮板输送机和转载机的连接提供条件；可以自动移动，并为刮板输送机的机头、机尾及转载机的前移提供动力；端头支架与工作面支架紧靠，能防止工作面支架倾倒；为采煤机自开切口创造有利条件；采用端头支架为两巷棚梁和棚腿回收创造有利条件；使用端头支架可以提高工作面端头区的安全程度，减轻工人劳动强度，提高劳动效率，为工人提供良好的工作环境。

对工作面上、下端头的支护要求不一样。总之，端头支架必须满足与综采工作面回采巷道机电设备的配套性，支护面积大，无立柱空间大，有护巷和护帮能力，利用拆棚和替

棚，系统运动灵活，推拉力满足要求，保证设备正常运转及工作面推进要求。

端头支架设计难点是：①巷道宽度限制端头支架的结构，新建矿井与老矿井区别很大；②配套关系复杂；③适应性差；④端头支架推移机构与转载机等设备相互移动关系复杂；⑤端头支架防倒调架机构的强度和端头支护防护装置的设计强度要足够；⑥支护面积大，顶梁下无立柱空间大；⑦通用性差；⑧管理和维护量大。

端头支架布置方式有：①无端头支架布置方式；②一架中置式端头支架布置方式；③两架一组端头支架布置方式——底座平齐式、底座后置式、底座内伸式；④两架一主一副偏置式布置；⑤两架前后架布置方式；⑥三架一组中置式布置方式；⑦两架或三架滞后支护式布置；⑧异形巷道端头支护布置方式；⑨超前支架加端头支架布置方式；⑩大落差台阶式布置方式。

（28）确定端头支架合理支护强度与回采工作面支架一样，主要取决于顶板压力，但它所处位置及支撑条件不同于回采工作面，因此从矿压观测来看端头支架支护强度低于回采工作面支架。

据观测回采工作面上下 30 m 区段内支护强度为回采工作面中段支护强度的 70%，即回采工作面上下 30 m 区段内的支架所受顶板压力平均比回采工作面中段低 30% 左右。

只要回采工作面端头顶板岩层具有一定的强度和分层强度，就可能形成"弧三角形悬板"结构，只要"弧三角形悬板"稳定存在，回采工作面端头维护条件将好于中部。但是，在不易形成"弧三角形悬板"结构的顶板条件下，回采工作面端头得不到该结构的保护，维护是较困难的。此外，由于原生成采动裂隙的影响，支承煤体、煤柱的片帮失稳，或者顶板岩层产生离层，都可能引起"弧三角形悬板"的突然破坏，造成回采工作面端头的意外事故。此时，支架能支撑该"悬板"的载荷，并能经受因此引起的冲击。

（29）典型大采高液压支架选为适用宁夏红柳矿区 2 号煤层的 ZY10000/26/62D 型掩护式端头支架、排头支架和过渡支架。内容包括：运用 ZY10000/26/62D 型掩护式中间支架和特种支架的综采工作面配置——综采工作面布置、顺槽尺寸、设备布置、工作面配套设备，开采方式，巷道断面。

过渡支架选用 ZYG10000/26/55D 型掩护式液压支架，排头支架选用 ZYG10000/26/55D 型掩护式液压支架。这两种支架主要参数基本上与中间支架相同，主要特征是顶梁延长。

（30）中煤北煤机公司 2005—2013 年开发销售了 39 个大采高端头支架项目，含 48 种端头支架，包括"两架一组"的有 21 种，占其总种数的 43.75%；"三架一组"的有 24 种，占其总种数的 50%。所开发销售的端头支架分布在 32 个矿区和煤矿。近年来我国支架最大高度大于 5.5 m 到 7 m 的大采高液压支架，工作阻力在 8000 kN 以上的有 36 种，占开发售出端头支架项目的 92.3%，也即近年来大采高液压支架工作面基本上都配有端头支架。其特征是端头支架成组配备，端头支架与大采高中间架相匹配，其有高工作阻力、高支撑高度，架型先进，电液控制等特征，可促进工作面快速推进，加大开采张度，保证安全高产高效。

中煤北煤机公司 1998—2013 年开发售出大采高过渡支架（含排头架）53 种，其中支撑掩护式有 13 种，占 24.5%；掩护式有 40 种，占 75.5%。

过渡支架与工作面中间架结构基本相同，仅是顶梁延长一个步距，约800 mm。

过渡支架采用电液控制的有20种，其中大于5 m的支架有17种。

过渡支架53个项目分布在45个矿区和煤矿，过渡支架占工作面支架总数的比例平均为3.67%，最高为7.87%。

过渡支架高度多数与中间支架高度一致，仅有11种过渡支架高度与中间支架相比有所降低，平均降低0.7 m，最大为1.5 m，最小为0.3 m，随着中间支架高度加大，过渡支架高度呈增大趋势。

（31）随着我国近年来大采高综采工作面技术、设备和产量的提高，大采高综采工作面通风、运输和开采工艺对顺槽断面尺寸要求越来越大，至今两巷宽度已达5000～6000 mm，高度已达4000～4500 mm。综采工作面快速推进对超前支护的要求越来越高，传统的依靠单体支柱进行超前支护方式在支护能力、支护高度、支护速度、自动化程度、安全性等方面都不能适应，顺槽超前支护成了制约大采高综采工作面高产高效的瓶颈。因此，在大采高综采工作面推进速度加快、顺槽宽度和高度逐渐加大的情况下，开始研制大采高超前支护支架，用其解决大采高综采巷道超前支护问题。

（32）大采高综采工作面巷道超前支护技术实质是用机械化自移超前支架代替以单体支柱为主的巷道超前支护技术。巷道超前支架的主要结构特点是：①巷道超前支架多为组合支架，有"两架一组""三架一组""四架一组""五架一组"的，一般分为主副架；②转载机放在液压支架之间，多为中置式布置；③每台超前支架均采用四连杆机构；④异形巷道多采用"多架一组"（"四架一组"或"五架一组"）超前支架，以适应巷道形状和尺寸的变化；⑤巷道超前支架以前后互相依靠推移，少数用锚固式推移；⑥巷道超前支架之间靠千斤顶调节。

（33）神华矿区开发了适用运输巷道的ZYDC3000/28/47型超前支架，应用效果良好。其关键技术为：①确定合理的超前支护强度（0.05～0.07 MPa）；②确定适当的超前支护范围（8500 mm）；③严格按照转载机、破碎机的配套要求进行设计；④降低支架对工作面通风的不良影响（采用窄四连杆机构）；⑤减少支架对顶板的反复支撑破坏。其试用效果是提高了作业人员的安全性，控制了顺槽采动影响段的冒顶事故，配套性好，满足了高产高效工作面对端头设备的快速推移要求，取消了专门的顺槽超前支护工，提高了工效。

（34）由于大采高综采工作面采高大、工作面长、推进度快、设备功率高、质量和几何尺寸大，所以从配套上看对设备稳定性、系统供电、设备搬家倒面等方面均提出了新要求。因此，大采高综采工作面设备配套更为广泛，更加复杂。

当前我国大采高综采成套设备组合方式有3种：①全部设备均为国产，以淮南张集矿为代表，工作面平均采高为4.0 m，工作面长200 m，使用ZZ6000/21/42型支撑掩护式液压支架、MG400/920-WD型电牵引采煤机和SGZ800/800型刮板输送机等国产综采成套设备，年产达363.58×10⁴ t；②引进部分关键综采设备，如电牵引采煤机、重型刮板输送机、液压泵站、3.3 kV变电站及供电设备，配以国产液压支架和带式输送机等；③全部引进大采高综采成套设备，不同年代获得不同效果，最好为2008年神华榆家梁矿综采工作面年产15.10 Mt（采高3.5～4.5 m），工效400～613 t/工。

（35）大采高综采工作面成套设备配套选型原则如下：①最大限度地满足总体要求的

各项技术指标和开采参数，如采煤方法、工艺方式、生产能力、工作面长度、采高、工作面推进长度等；②大采高工作面主要设备选型要适应生产区域地质条件、煤层开采条件和矿压特性，以保证工作面稳产、高产；③大采高工作面"三机"配套要满足其几何尺寸、生产能力、设备性能和使用寿命的要求，各相关子系统间要保证性能指标和生产能力的配套要求；④工作面各辅助生产系统与矿井各有关系统设备类型、衔接关系要合理；⑤主要生产设备要附设先进的、科学的监测监控设备，保持优良的工况，提高系统的可靠性；⑥应遵循工作面总体设计中的设备投资费用原则，注意不能因费用因素降低设备配套选型档次，迁就凑合。总之，高产高效矿井大采高工作面主要设备配套选型应追求提高工作面配套系统的完整性、单机性能的可靠性、配套选型的经济合理性，同时还应注意设备稳定性配套。

（36）明确煤层赋存条件、生产条件及工作面产量要求后，首先分析确定可能的工作面生产能力及采煤参数，在此基础上首先对大采高工作面主要设备进行配套选型。

①液压支架选型，其原则从技术上讲，支架支护阻力与工作面矿压特点相适应，支架结构与煤层赋存条件相适应，支护断面与瓦斯含量相适应。经济上能确保高产、高效、优质、低耗，生产上能够保证工作面安全正常运转。在明确选型内容后，其支架选型顺序是：分析围岩条件，提出对架型、支架参数和支架结构选择的要求，液压支架选型涉及工作面顶板分类，要根据综采工作面矿压特点确定液压支架支护阻力，并考虑煤层赋存条件对支架结构的要求，对于高产高效工作面液压支架选型中液压控制方式和系统的选择尤为关键，因为它决定着工作面推进速度，影响着工作面高产高效。

②采煤机选型，其原则是：适合大采高煤层地质条件，并且采煤机采高、截深、牵引速度等参数选取合理，满足工作面开采生产能力要求，采煤机实际生产能力要大于工作面设计生产能力的 $10\% \sim 20\%$ ；与支架和刮板输送机相匹配。选型时应确定的主要性能参数有采高、下切深度、截深、适应煤层倾角和理论生产率，同时按工作面生产能力确定采煤机牵引速度、牵引力、装机功率和滚筒直径。

③刮板输送机选型，其原则是：保证采煤机采落的煤被全部运出，并留有一定备用能力。通常考虑到工作面输送条件差，工作面输送机实际运输能力应为工作面最大需运出煤量的 1.2 倍。输送机铺设长度和装机功率应根据工作面长度等采煤参数予以确定。

（37）大采高工作面"三机"的相关联系尺寸和空间位置配套关系，设备性能的协调性和适应性，各设备之间生产能力的配套是"三机"配套的主要问题。"三机"配套程序：首先是初步确定采煤机和刮板输送机的机型等进行配套，而后再将此配套横、纵断面与支架配套。具体"三机"配套内容包括：①依采高确定"三机"配套的最低支架结构高度；②依采煤参数及巷道尺寸和采煤工艺要求确定采煤机自开切口的"三机"纵向配套尺寸；③校核工作面断面是否满足通风安全要求；④校核工作面"三机"性能配套；⑤校核"三机"生产能力配套；⑥校核"三机"寿命是否配套。

此后，对工作面外围环节设备（端头支架、桥式转载机、破碎机、可伸缩带式输送机、供液和供电设备等）与"三机"配套选型，特别是运输设备与工作面生产能力的配套务必核对清楚。转载机和平巷可伸缩带式输送机与工作面刮板输送机的配套指的是运输能力上的配套，其原则是由里（工作面）向外（平巷）的运输设备能力后者大于前者。

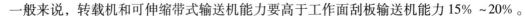

一般来说，转载机和可伸缩带式输送机能力要高于工作面刮板输送机能力15% ~20%。

（38）大采高综采工作面采高约4.5 m，工作面长度低于200 m，推进长度不超过2000 m，设备装机功率为1000 ~1500 kW时，采用3300 V或6000 V下井，工作面1140 V或660 V供电系统尚能使工作面综采设备安全运转。但当今大采高工作面几何尺寸和装机功率已大幅度提高，这个系统必然造成电缆面加大，给电缆安装、维护和管理带来困难。因此，须将入井电压提升至10 kV，工作面电压升至3.3 kV。目前10 kV直接入井，使我国许多大采高工作面矿井取得了巨大的经济效益。国产新型矿用隔爆型高压真空配电装置、10 kV大容量矿用隔爆型移动变电站、智能型大容量多组合组合开关等设备已能满足我国大采高工作面电压升高的要求。

（39）由于大采高综采工作面产量飞速增长，其工作面几何尺寸不断加大，综采成套设备重量不断加大，液压支架等单机重量也不断增加，使工作面设备搬家倒面的任务加重很多，回采推进速度的提高要求综采工作面接续时间越来越短，因此煤矿对搬家所耽误的非出煤生产时间越来越关注。

我国大采高综采工作面设备总重近千万吨，对于如此重量级设备采用传统的搬家工艺和设备进行上万米的搬运是难以想象的，因此我国学习了国外先进的设备搬家工艺，引进了国外搬家装备，如铲板式、平板拖车式和U形框架式的液压支架搬运车。神华、晋城等矿区采用这些搬家设备取得了显著效果。采煤机利用铲板车、刮板输送机利用多功能叉车搬运效果良好。

大采高综采主要设备的运输设备均是无轨胶轮车。实践证明：它具有运输效率高、多用途、车型多、爬坡能力强、运输安全、巷道布置简单、载重能力大、运输成本低等优点。因无轨胶轮车的长、宽较大，自重、载重量大，车轮对底板的比压较高，故要求井下行走无轨胶轮车的巷道宽度及底板抗压强度必须满足其正常运行条件，行走无轨胶轮车的巷道一般路面底板硬度$f \geqslant 4$，采用混凝土铺设底板，纵向坡度最好不大于7°，横向坡度为3°~5°。国外引进搬运设备主要用于搬运大采高综采工作面主要设备，国产无轨胶轮车多用于运输材料、设备和人员等。

（40）采高4.5 m左右的大采高工作面开切眼一般宽8.4 m，高3.8 m。大断面开切眼的施工分两次掘进成巷，采用锚杆、锚索联合支护。

采高6.5 m左右的大采高工作面开切眼宽9 m（煤机窝处最大宽度达12 m），平均高度为4.2 m。为更好地控制顶板和两帮，整个开切眼分两次掘进，初掘宽度为5 m，高3.2 m；第二次掘进宽度为4 m（7 m），高度以短距离"正台阶"推进，开切眼采用锚网索加挑梁和木垛联合进行。宽5.5 m、高4.0 m的大采高工作面回撤矩形巷道采用锚梁网索联合支护。

（41）我国煤炭资源丰富，但有48%的煤层属于高瓦斯和突出煤层。由于我国煤层透气性差，因此瓦斯抽放也十分困难。随着厚煤层地下开采产量日益增长，瓦斯事故也不断发生。因此，大采高采掘工作面瓦斯防治工作是个急待解决的问题。

由于大采高综采工作面单产高，在开采过程中绝对瓦斯涌出量大幅度增加，采空区积聚的大量瓦斯向工作面涌出，造成工作面上隅角、回风巷瓦斯超限而影响了开采的安全性。《煤矿安全规程》规定："采掘工作面及其他巷道内，体积大于0.5 m^3的空间内积聚

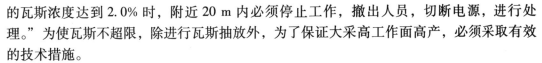
的瓦斯浓度达到 2.0% 时，附近 20 m 内必须停止工作，撤出人员，切断电源，进行处理。"为使瓦斯不超限，除进行瓦斯抽放外，为了保证大采高工作面高产，必须采取有效的技术措施。

（42）一般来说，工作面瓦斯主要来源于本煤层、邻近煤层、围岩及采空区。影响大采高工作面瓦斯涌出因素包含两类：一类是地质构造及煤层赋存条件，含煤层及围岩瓦斯含量，煤层和围岩的透气性及地质构造，地面大气压力的变化等自然因素；另一类是采掘工程及其采动影响，含巷道布置，支承压力分布，回采强度、推进度及产量，开采顺序和采煤方法，配风量等开采因素。

（43）我国瓦斯地质条件复杂，大多数煤层具有瓦斯压力低、透气性低、低饱和等"三低"现象，它给瓦斯抽放带来困难。但因大采高开采，上覆岩层的破裂场和卸压场范围加大，有利于瓦斯解吸和增加煤岩透气性，这又缓解了我国煤层透气性差的问题，为瓦斯抽放提供了有利条件。对于高瓦斯矿井开采时应遵循"先抽后掘，边抽边掘，先抽后采"的原则。多年抽放瓦斯的经验及开采保护层等实践，使我国大采高工作面防治瓦斯有着一系列的有效技术措施。

①高瓦斯掘进工作面瓦斯抽放技术：超前卸压钻孔抽放和边孔抽放，巷帮钻场长钻孔抽放，深孔预裂控制爆破配合长钻孔抽放等技术。实践证明：深孔爆破再配合巷帮长钻孔抽放，在条件允许的情况下，在掘进工作面抽放瓦斯是行之有效的。

②大采高综采工作面地面区域瓦斯抽放：晋城寺河矿多年实践表明，在煤体瓦斯含量超过 16 m³/t 时应预先进行地面瓦斯区域抽放，抽放后瓦斯含量基本上可以降低到 9 m³/t 以下。当井下工作面采过后，还可以利用地面钻孔进行采空区抽放。同时，将吸瓦斯口布置在顶板裂隙带内更有利于采空区瓦斯抽放。从全国十几个矿区数百口井看，产气量不高，地面瓦斯抽放效果不佳。

③大采高综采工作面井下瓦斯抽放：本煤层抽放，浅孔抽放，高位水平钻孔抽放，工作面双系统瓦斯抽放。上下隅角瓦斯管理应予注意。

④大采高煤层开采保护层瓦斯防治技术：煤层群多重开采上保护层防突，远距离缓倾斜下保护层开采瓦斯综合防治。

⑤对于高瓦斯矿综采工作面设备回撤必须采取顺序回撤法来完成整个回撤工作，以保证回撤过程安全、顺利。

（44）我国煤层井下瓦斯抽放钻孔施工装备于 20 世纪 70 年代开始发展，到了 80 年代我国自主研制出全液压动力头式钻孔，之后逐步走上钻机系列化与钻进工艺综合配套、全面发展的轨道。目前钻机已形成动力头液压钻机系列化，并逐渐向履带一体化、智能控制方向发展，井下定向钻进技术也逐步向随钻测量、随钻控制等方向发展，已初见成效。

我国钻孔形成了 ZDY（原 MK）系列主要型号 20 余种，钻进深度覆盖 75～1000 m。近年又研制成功 ZDY6000L 系列履带自行式全液压钻孔和 ZDY6000LD 一体化定向钻机，有力推动了我国煤矿坑道钻机向多功能一体化方向发展。同时配套钻杆、配套钻孔及辅助配套设备也得到相应发展，使井下钻孔作业越来越安全、高效。

（45）我国瓦斯抽放钻孔施工技术包括：常规钻进技术，稳定组合钻具定向钻进技术，多级组合钻具防突钻进技术，螺旋钻进技术，空气钻进技术和孔底马达定向钻进技术。沿煤层定向钻进瓦斯抽放技术最优，其优点是单孔成孔距离长，钻孔煤孔所占比例高；可补充精确的地质资料；瓦斯抽采效率高；钻孔施工适应性强；抽采系统集约化；吨煤瓦斯治理费用较低。因此，该方法有推广价值。

（46）厚 7 m 左右的煤层我国有着丰富的储量，分布也十分广泛。在我国已发展采高 6 m 左右煤层大采高综采成功的基础上，为进一步加大采高，尽量实现 7 m 左右厚度煤层见顶见底开采，真正实现一次采全高，提高煤炭采出率，减少煤炭开发成本，安全可靠实现大采高综采工作面高产高效，促进煤炭科学技术发展，提高矿区开采的经济效益。神华神东矿区在调查研究的基础上，提出了自主协作开发 7 m 高液压支架的想法，开始了 7 m 高液压支架并与国外综采设备配套开采的初步试验。

（47）德国 BUCYUS 公司从 1993 年至 2008 年共向世界提供了 5 m 以上大采高支架 21 套，其中捷克 4 套，支架最高 6 m，工作阻力最高 11310 kN；南非 1 套，支架最高 6 m，工作阻力最高 10556 kN；中国 11 套，支架最高 5.5 m，工作阻力 8638 kN。其他 5 套支架高度为 5.0 ~ 5.5 m，供给澳大利亚、德国和俄罗斯。

中煤北煤机公司 2003 年研制了 ZY8640/25.5/55 型大采高液压支架，使国产液压支架首次达到 5.5 m，2005 年开始研制 6 m 以上大采高液压支架，创新开发了 ZY10400/30/65 型掩护式液压支架。随后晋城矿区、神华矿区、宁煤集团、万利公司、陕西煤业集团等先后采用了 ZY9400/28/62D 型、ZY10000/28/62 型、ZY10800/28/63D 型、ZY12000/28/63 型等 6.2 ~ 6.3 m 支架。这些支架的共同特点是采高大（6 m 以上），工作阻力高（10000 kN 以上），部件采用高强度等级钢板（600 ~ 1000 MPa），采用电液控制系统，主结构件寿命为复合加载 40000 次以上，移架速度等性能指标与国外引进设备相当。

（48）中煤北煤机公司按照神华矿区大柳塔矿和上湾矿 7 m 煤层赋存条件及配套要求参与了 7 m 支架设计招标工作，提供了完整的 7 m 支架设计方案，为该支架的开发做了大量技术工作。后因试验地点改为补连塔矿 22303 工作面，7 m 支架设计制造神华集团选用了郑州煤矿机械有限公司。其试验主要综采设备有：①ZY16800/32/70 型液压支架工作面中间架 143 台，机头、机尾端头架 7 台（ZY12000/28/55）和机头、机尾过渡架 2 台（ZY12000/28/63）；②JOY 公司提供的 7LS7 型电牵引采煤机 1 台；③DBT 公司提供的 3 × 1000 型刮板输送机机头和机尾装置 1 套；④DBT 公司提供的 522 型破碎机和转载机；⑤西北奔牛公司提供的刮板输送机中部槽 1 套；⑥上海煤科院提供的 SSJ160/400/3 × 500 + 3 × 500 型可伸缩带式输送机 1 套。

经 2009 年 12 月 31 日投产，至 2010 年 2 月 22 日试采，累计推进 400 m，产煤 1.1 Mt。试验期间采高为 5.8 ~ 6.4 m，采煤机牵引速度为 5 m/min，最高日产 2.2 kt，每刀产煤约 2200 t。

试验期间矿压观测表明：初次来压步距为 63 m，最大下缩量达 1.2 ~ 1.3 m；周期来压步距为 13 ~ 17 m，压力与采高 6.3 m 时相比无明显变化。工作面采高局部达 6.6 m，此时显现顶板漏矸，煤壁片帮比采高 6.3 m 时严重得多。

由于试验期间工作面采高未达到设计要求，与采高 6.3 m 工作面相比产量无明显增多，矿压显现未见异常，综采成套设备单机和配套均未经受充分考验。但单机却暴露了不少问题，为改进提供了方向和依据。总之，7 m 支架综采成套设备尚未达到预期效果，仍待试验、改进、完善和提高。

（49）继续发展采高7m左右大采高综采工作面主要设备配套方案以支架高度为准提出3个方案，即支架高3.15~7.0 m、3.25~7.3 m和3.35~7.5 m。

继续发展采高7m左右大采高综采工作面主要设备的技术难点体现在液压支架、采煤机、刮板输送机、供电系统和特种车辆等方面。

进一步提升煤矿机械水平的战略措施包括：国家应更加重视煤矿机械化发展，加强采煤技术及采掘机械基础理论研究，创新煤矿设计理念以适应煤矿机械化发展，提升装备制造能力适应市场需要。

推广神华集团公司综采成套设备研发的经验以促进7m左右综采工作面设备的发展，其经验包括：设备研发坚持有所为、有所不为，坚持与专业化厂家（公司）合作研发，设计上坚持不断学习和创新，质量控制坚持重大装备制造实施监造，研发执行高于国家的企业标准。

当前我国大采高综采成套设备研发的重点是大采高液压支架、电牵引长壁采煤机、刮板输送机、转载机、破碎机，综采工作面供电系统装备和大运量工作面巷道带式输送机等。

（50）7m高大采高液压支架近年又增添了4套，使用效果还好。

参 考 文 献

[1] 钱鸣高，刘听成．矿山压力及其控制［M］．北京：煤炭工业出版社，1991．

[2] 王国法，史元伟，陈忠恕，等．液压支架技术［M］．北京：煤炭工业出版社，1999．

[3] 赵宏珠，蒋哲明，李广申．缓倾斜厚煤层整层开采设备及工艺［M］．北京：煤炭工业出版社，1991．

[4] 陈炎光，等．中国煤矿高产高效技术［M］．徐州：中国矿业大学出版社，2001．

[5] 赵宏珠，等．大采高液压支架的稳定性问题［J］．煤炭科学技术，1986．

[6] 赵宏珠．大采高支架采面煤壁片帮规律及防护［J］．矿山压力，1989．

[7] 赵宏珠．大采高支架使用及参数研究［J］．煤炭学报，1991．

[8] 赵宏珠．高产高效综采工作面设备配套选型统计分析［J］．煤炭科学技术，2003．

[9] 赵宏珠．实现年产千万吨综采工作面技术途径［J］．煤炭科学技术，2004．

[10] 赵宏珠，宋秋爽．当代大采高液压支架发展与研讨［J］．采矿与安全工程学报，2007．

[11] 戴秋梁，赵宏珠．加大综采工作面几何参数对大采高支护设备发展新要求初探［J］．神华科技，2009．

[12] 钱建钢，赵宏珠．我国综采机械化发展30年回顾［J］．煤矿开采，2009．

[13] 李春卉，赵宏珠．改革开放30年综采、综掘设备发展令人瞩目［J］．煤矿机械，2010．

[14] 弓培林．大采高采场围岩控制理论及应用研究［M］．北京：煤炭工业出版社，2006．

[15] 宋朝阳．寺河矿大采高采场规律研究［J］．矿山压力与顶板管理，2005．

[16] 高玉斌，等．寺河矿6.2 m大采高综采工作面设备选型与实践［J］．煤炭工程，2008．

[17] 马允刚，等．"三软"厚煤层综采一次采全高实践［J］．煤炭工程，2008．

[18] 王伟，夏紧．快推综采面矿压显现规律与控制［J］．矿山压力与顶板管理，2005．

[19] 张宝春．潘一矿1521（3）工作面加大采高开采技术［J］．煤炭工程，2007．

[20] 程远辉．神东矿区综采工作面合理推采长度设计探讨［J］．煤炭工程，2006．

[21] 王建树，刘军，等．双突软煤层大采高综采面支承压力分布规律研究［J］．煤炭工程，2010．

[22] 栗献中．采用国产设备装备千万吨矿井［J］．煤炭工程，2009．

[23] 闫振东．寺河矿综采面国产大采高装备可靠性分析［J］．煤炭科学技术，2009．

[24] 田瑞云．补连塔煤矿大采高综采工作面合理参数的选择与分析［J］．煤炭工程，2009．

[25] 李占平．大采高综采工作面供电技术的发展与应用［J］．煤矿开采，2010．

[26] 周卫金，等．大采高综采工作面快速安装技术［J］．煤矿开采，2009．

[27] 万镇，吴士良．综采工作面回撤通道矿压观测研究［J］．煤矿开采，2009．

[28] 考宏凯，苏刚，等．超大采高综采面开切眼锚网索联合支护［J］．煤矿开采，2010．

[29] 尹达君．"两硬"大采高围岩控制技术及开采实践［J］．煤矿开采，2009．

[30] 雷煌．综采工作面快速搬家成套设备与技术的应用［J］．煤炭科学技术，2008．

[31] 王继生，樊运平．无轨胶轮车在神东矿井辅助运输系统中的应用［J］．煤炭工程，2007．

[32] 张喜武．综采加长工作面技术研究及实践［J］．煤炭科学技术，2007．

[33] 曹翾，李树伟．大采高长综采工作面3300 V高压供电技术改造［J］．煤炭工程，2007．

[34] 徐亚民．厚煤层大采高综采面配套设备的研制及应用［J］．煤炭科学技术，2008．

[35] 林光侨．7 m一次采全高综采工作面设备配套浅析［J］．煤矿开采，2010．

[36] 王国法．大采高技术与大采高液压支架的开发研究［J］．煤矿开采，2009．

[37] 高有进．6.3 m大采高液压支架关键技术研究和应用［J］．中国煤炭，2007．

[38] 王平虎．高瓦斯条件下大采高300 m工作面开采技术［J］．煤矿开采，2011．

［39］高圣元．寺河煤矿大采高综采装备国产化之路［J］．煤炭科学技术，2007.

［40］冉玉玺，等．6.3 m 大采高液压支架的研制［J］．煤矿机械，2008.

［41］崔亚仲．年产 6 Mt 综采工作面设备配套技术及实践［J］．煤矿开采，2004.

［42］雷亚军，罗文．1200 万 t/a 综采工作面设备选型研究［J］．煤炭工程，2007.

［43］李太连．对煤矿安全高效综采成套设备研发的思考［J］．中国煤炭，2007.

［44］南麓峻，等．浅谈我国煤矿机械化发展水平［J］．煤炭工程，2010.

［45］武华太．高瓦斯煤层群综采面瓦斯涌出影响因素研究［J］．中国煤炭，2008.

［46］张瑞林，魏军，等．瓦斯涌出影响因素及其变化特征研究［J］．煤炭科学技术，2005.

［47］李小军，宋根祥，等．工作面超前支承压力与瓦斯涌出关系研究［J］．煤炭工程，2008.

［48］闫帅，等．屯留煤矿高瓦斯厚煤层巷道布置技术［J］．煤炭科学技术，2009.

［49］袁亮．淮南矿区的瓦斯治理战略［J］．中国煤炭，2003.

［50］姜铁明．晋城千万吨矿井治理瓦斯的实践［J］．中国煤炭，2006.

［51］姚敞，杨立新，等．高瓦斯掘进工作面抽放技术［J］．煤炭科学技术，2005.

［52］范永杰，柏建彪．大采高突出煤层综采瓦斯综合治理技术应用［J］．煤炭工程，2006.

［53］姜铁明．晋城西部矿井瓦斯抽放模式研究［J］．煤炭科学技术，2006.

［54］朱晓明，等．寺河矿井下区域性瓦斯抽放试验［J］．煤炭科学技术，2003.

［55］王家臣，范志忠．厚煤层煤与瓦斯共采的关键问题［J］．煤炭科学技术，2008.

［56］刘耀军．通风及瓦斯防治措施在高瓦斯综采工作面设备回撤期间的应用［J］．煤炭工程，2005.

［57］凌志强，周宗波，等．沿煤层定向钻进瓦斯抽放技术在宁夏矿区的应用[J]．煤炭科学技术，2008.

［58］姚宁平，等．我国煤矿井下瓦斯抽放钻孔施工装备与技术［J］．煤炭科学技术，2008.

［59］倪兴华，苗秦军，杨永杰．综放工作面端头及顺槽超前液压支架支护技术［M］．北京：煤炭工业出版社，2008.

［60］赵宏珠，黄炳才，饶明杰．回采工作面端头支护技术与设备［M］．北京：煤炭工业出版社，2008.

［61］宋德军．综采面运输顺槽超前支护支架的研制［J］．煤矿机械，2006.

［62］罗文．工作面顺槽超前液压支架的研制及应用［J］．中国煤炭，2009.

［63］潘永健，卫进．工作面顺槽超前支护设备的设计［J］．中国煤炭，2009.

［64］张守祥，张洪军，刘国柱．异形巷道端头支护及设备研究［J］．煤矿机械，2008.

［65］张良．液压支架电液控制系统的应用现状及发展趋势［J］．煤炭科学技术，2003.

［66］马鑫，等．液压支架电液控制系统的设计［J］．煤矿机械，2007.

［67］曹春玲．液压支架电液控制系统中的电源管理［J］．煤矿机械，2005.

［68］刘茂林，刘毅涛．上湾矿 DBT 液压支架 PM4 电液控制系统［J］．煤矿机械，2006.

［69］王金华．我国大采高综采技术与装备的现状及发展趋势［J］．煤炭科学技术，2006.

［70］刘毅涛．上湾煤矿大采高液压支架的参数确定［J］．煤矿机械，2005.

［71］于斌．"两硬"条件下 4.5～5 m 大采高综采技术［J］．煤炭科学技术，2004.

［72］张银亮，刘军．国产大采高液压支架的研究现状与发展趋势［J］．煤矿开采，2008.

［73］何文斌，李宏，许兰贵．基于 ANSYS 的液压支架强度有限元分析［J］．煤矿机械，2006.

［74］王泽，徐亚军，陈立民．液压支架三维参数化设计方法研究［J］．煤矿机械，2007.

［75］延津平，陶晓巍．矿用液压支架结构件高强度材料的选择及应用［J］．煤矿机械，2005.

［76］宁桂峰，满翠华．CAE 在液压支架设计中的应用研究［J］．煤矿机械，2005.

［77］王国法，徐亚军，孙守山．液压支架三维建模及其运动仿真［J］．煤炭科学技术，2003.

［78］王国法，赵志礼，李政．液压支架立柱和千斤顶密封技术研究［J］．煤炭科学技术，2007.

［79］赵宏珠．端头液压支架设计研究［J］．矿山压力与顶板管理，1993.

［80］刘洪伟，刘卫方．采煤工作面煤壁片帮影响因素研究［J］．煤炭技术，2006.

［81］王建．液压支架整架有限元分析［J］．煤炭科学技术，1990.

［82］王建．液压支架结构件焊缝的计算［J］．煤矿机械，1992.

［83］王建．液压支架结构件焊缝裂纹的强度评价［J］．煤矿机电，1994.

［84］刘国柱．矿用液压支架带压浮动控制系统［J］．煤矿机械，2008.

［85］刘国柱．400m 以上高产高效工作面成套设备配套选型与研究［J］．煤矿机械，2008.

［86］刘国柱．异性巷道端头支护技术及装备研究［J］．煤矿机械，2008.

［87］刘国柱．DYNAMIC SIMULATION BASED DESIGN OF POWERED SUPPORT IN NTEGRATED MECHAIZED COAL MINING［J］．"NAS 第十届建模 & 仿真国际学术会议"论文集（意大利）．

［88］张晓健，张东来．CAN 总线在液压支架电液控制系统的应用［J］．微计算机信息，2006.

［89］杨仁春．液压支架计算机电液控制系统的模型分析［J］．机电产品开发与创新，2012，25（6）．

［90］韩续友．煤矿液压支架电液控制系统及应用环境探析［J］．中国新技术新产品，2012.

［91］王建．钱洋喜．支顶支掩式掩护式放顶煤液压支架的力学特性分析［J］．煤矿机械，2009（4）．

［92］钱洋喜．液压支架使用可靠性分析及结构件设计可靠性研究［D］．北京：中国矿业大学（北京），1998.

［93］钱洋喜．液压支架护帮板收回效果分析与研究［J］．煤矿机械，2014.

［94］钱建钢．复合铝土泥岩顶板下支护技术和设备的研究［J］．煤矿机械，2007（8）．

［95］钱建钢，等．高产高效刨煤机综合机械化采煤设备及技术［M］．北京：煤炭工业出版社，2008.

图书在版编目（CIP）数据

安全可靠大采高支护设备新技术/中煤北京煤矿机械有限责任公司编著. --北京：煤炭工业出版社，2014

ISBN 978-7-5020-4569-2

Ⅰ.①安…　Ⅱ.①中…　Ⅲ.①大采高—采煤综合机组—液压支架—新技术应用　Ⅳ.①TD355

中国版本图书馆 CIP 数据核字（2014）第 136720 号

煤炭工业出版社　出版

（北京市朝阳区芍药居 35 号　100029）

网址：www.cciph.com.cn

煤炭工业出版社印刷厂　印刷

新华书店北京发行所　发行

*

开本 787mm×1092mm¹/₁₆　印张 22¹/₂　插页 2

字数 529 千字

2014 年 10 月第 1 版　2014 年 10 月第 1 次印刷

社内编号 7434　定价 58.00 元